Matemáticas

2 ESO

Este material es una obra colectiva concebida, diseñada y creada en el departamento de Ediciones Educativas de Grazalema / Santillana.

En su elaboración han participado:
Sonia Alejo Sánchez, José Antonio Almodóvar Herráiz, Clara Inés Lavado Campos, Silvia Marín García, Lourdes Pérez González, Carlos Pérez Saavedra, Federico Rodríguez Merinero y Domingo Sánchez Figueroa

EDICIÓN
Sonia Alejo Sánchez
Clara Inés Lavado Campos
Silvia Marín García

EDICIÓN EJECUTIVA
Carlos Pérez Saavedra

DIRECCIÓN DEL PROYECTO
Domingo Sánchez Figueroa

El departamento editorial de Ediciones Grazalema, S. L. / Sanoma Educación, S. L. U., desea agradecer a **Maite López-Sáez Rodríguez-Piñero** y a **Teresa Grence Ruiz** su inestimable participación en este proyecto.

Las actividades de este libro no deben ser realizadas en ningún caso en el propio libro. Las tablas, esquemas y otros recursos que se incluyen son modelos que deberán ser trasladados a un cuaderno.

PROYECTO construyendo mundos

Grazalema Santillana

W0211363

Índice

Unidad	Construye tu conocimiento — Saberes básicos

	Practica las competencias específicas	
Procedimientos básicos	**Matemáticas en el mundo real**	**Situación de aprendizaje**
• Cómo se resuelven operaciones de sumas y restas con paréntesis • Cómo se resuelven las operaciones combinadas con números enteros • Cómo se calculan todos los divisores de un número • Cómo se factoriza un número • Cómo se resuelven problemas utilizando el m. c. d. o el m. c. m. • Cómo se extrae factor común en operaciones con números enteros • Cómo se calcula un múltiplo de un número comprendido entre otros dos	MATEMÁTICAS Y... • Cambio climático • Química • Historia • Geografía • Clima • Transporte • Tecnología *FAKE NEWS.* Análisis de noticias	¡Te vas a quedar helado! (Comprensión de las instrucciones y la puesta en marcha de un electrodoméstico)
• Cómo se calcula la fracción irreducible • Cómo se resuelven operaciones con fracciones negativas • Cómo se resuelven operaciones combinadas con paréntesis • Cómo se determina el tipo de número decimal que corresponde a una fracción • Cómo se dividen números decimales • Cómo se determinan números decimales entre otros dos números • Cómo se calcula el total conocida una parte	MATEMÁTICAS Y... • Móviles • Vehículos • Baloncesto • Apps • Ordenadores • Economía *FAKE NEWS.* Análisis de datos	El secreto de la familia (Comprensión de una receta de cocina y modificación de cantidades)
• Cómo se calcula el valor de la potencia de un número entero • Cómo se resuelven las operaciones combinadas con potencias y raíces • Cómo se calcula un producto o división de potencias • Cómo se resuelven operaciones cuando las bases tienen factores primos comunes	MATEMÁTICAS Y... • Ordenadores • Alimentación • Biología • Literatura *FAKE NEWS.* Reflexión sobre la evolución de la pandemia	Me faltan datos (Análisis y comprensión de las medidas informáticas de capacidad y velocidad)
• Cómo se resuelven operaciones combinadas con monomios • Cómo se extrae factor común de un polinomio • Cómo se expresa un polinomio como cuadrado de una suma o una diferencia • Cómo se expresa un polinomio como producto de una suma por una diferencia • Cómo se calcula un coeficiente de un polinomio conociendo uno de sus valores numéricos	MATEMÁTICAS Y... • Naturaleza • Ciclismo *FAKE NEWS.* Análisis de datos geométricos	Cuestión de imagen (Estudio de formatos y tamaños de imagen en vídeos y proyecciones)
• Cómo se resuelven ecuaciones de primer grado • Cómo se resuelven ecuaciones de primer grado con paréntesis • Cómo se resuelven ecuaciones de primer grado con denominadores • Cómo se sabe el número de soluciones que tiene una ecuación de segundo grado • Cómo se resuelven ecuaciones de segundo grado • Cómo se resuelven problemas utilizando ecuaciones • Cómo se resuelven ecuaciones con un solo denominador	MATEMÁTICAS Y... • Transporte • Historia • Economía *FAKE NEWS.* Análisis de ofertas. Educación financiera	La parábola del lanzador (Estudio del baloncesto desde una perspectiva matemática)
• Cómo se calculan soluciones de una ecuación lineal con dos incógnitas • Cómo se resuelve un sistema de ecuaciones lineales • Cómo se resuelven problemas utilizando sistemas de ecuaciones • Cómo se resuelve un sistema de ecuaciones con paréntesis y denominadores	MATEMÁTICAS Y... • Energía • Economía • Naturaleza • Transporte *FAKE NEWS.* Análisis de ofertas. Educación financiera	El coche fantástico (Análisis de modelos de coche y sus consumos)

Índice

Procedimientos básicos	Practica las competencias específicas	
	Matemáticas en el mundo real	Situación de aprendizaje
• Cómo se resuelven problemas mediante una regla de tres simple directa • Cómo se resuelven problemas mediante una regla de tres simple inversa • Cómo se realizan repartos directa o inversamente proporcionales • Cómo se resuelven problemas de porcentajes • Cómo se resuelven problemas de porcentajes encadenados • Cómo se calcula el precio inicial conociendo el precio aumentado o rebajado	MATEMÁTICAS Y... • Salud • Impuestos • Nutrición • Precios *FAKE NEWS.* Relaciones de proporcionalidad entre porcentajes y precios	Carga y descarga (Relación entre la capacidad de las baterías, el tiempo de carga y el tiempo de uso)
• Cómo se dividen segmentos en partes iguales o proporcionales • Cómo se resuelven problemas mediante la semejanza de triángulos • Cómo se calculan perímetros y áreas de polígonos semejantes • Cómo se calculan distancias en un mapa • Cómo se representan fracciones en la recta numérica usando el teorema de Tales • Cómo se determina la escala de un plano	MATEMÁTICAS Y... • Arquitectura • Cartografía • Fotografía • Modelismo *FAKE NEWS.* Aplicaciones de la semejanza	Naturaleza y diversión (Lectura y comprensión de mapas topográficos)
• Cómo se calculan los elementos de un cuadrilátero • Cómo se calculan los elementos de un polígono regular • Cómo se calculan áreas de figuras poligonales y figuras circulares • Cómo se calcula la medida de los catetos de un triángulo rectángulo isósceles • Cómo se halla la altura de un triángulo equilátero	MATEMÁTICAS Y... • Hogar • Atletismo • Circulación *FAKE NEWS.* Análisis de datos	Más allá de las estrellas (Formas geométricas en los telescopios espaciales)
• Cómo se obtiene el desarrollo plano de un prisma o una pirámide regulares • Cómo se calcula el área de un prisma y una pirámide • Cómo se calcula el área de un cuerpo de revolución • Cómo se calcula el volumen de un cuerpo geométrico • Cómo se calcula el área de una pirámide conociendo sus aristas	MATEMÁTICAS Y... • Cuerpo humano • Agricultura • Deporte • Meteorología *FAKE NEWS.* Cálculo de volúmenes en noticias	¡Una historia de la leche! (Estudio de la forma, capacidad y superficie de paquetes de leche)
• Cómo se representa una función a partir de su ecuación • Cómo se estudia e interpreta una función • Cómo se representan funciones lineales • Cómo se determina la ecuación de una función de proporcionalidad directa conociendo uno de sus puntos • Cómo se halla la ecuación de una función lineal conociendo dos de sus puntos	MATEMÁTICAS Y... • Transporte • Aviación *FAKE NEWS.* Cálculo de la depreciación de un bien	Cada gota importa (Análisis crítico de los recursos hídricos y su uso sostenible)

Procedimientos básicos	Matemáticas en el mundo real	Situación de aprendizaje
• Cómo se construyen tablas de frecuencias • Cómo se interpretan gráficos estadísticos • Cómo se calculan e interpretan las medidas estadísticas • Cómo se calculan probabilidades mediante la regla de Laplace • Cómo se dibujan pictogramas • Cómo se calculan probabilidades mediante un diagrama de árbol	MATEMÁTICAS Y... • Turismo • Reciclaje • Azar *FAKE NEWS.* Análisis crítico de datos estadísticos	Privacidad, seguridad, tranquilidad (Estudio de algunas formas de encriptar mensajes)

Itinerario didáctico

Aprender es un camino de largo recorrido que durará toda tu vida. Analizar el mundo que te rodea, comprenderlo e interpretarlo te permitirá intervenir en él para recorrer ese camino **CONSTRUYENDO MUNDOS** más equitativos, más justos y más sostenibles. Por ello, hemos pensado en:

1 EL PUNTO DE PARTIDA: **SITUACIÓN DE APRENDIZAJE**

Lee la SITUACIÓN DE APRENDIZAJE, te ayudará a poner en contexto la utilidad de los contenidos y procedimientos que vas a aprender.

Acepta el DESAFÍO, utiliza tu ingenio y tu razonamiento para resolver el **DESAFÍO MATEMÁTICO** que te proponemos al inicio de la unidad.

Recuerda los contenidos que ya sabes y que te serán útiles para la unidad. **Evalúa** esos conocimientos resolviendo las actividades propuestas.

2 CONSTRUYE TU CONOCIMIENTO: **LOS SABERES BÁSICOS**

Aprende a partir de textos claros y estructurados.

Afianza esos saberes mediante los **EJEMPLOS** incluidos para cada contenido.

Pon a prueba tus conocimientos y ayúdate de tu razonamiento matemático para resolver el **RETO**. ¡Llegarás a resultados inesperados!

Desarrolla tu **PENSAMIENTO COMPUTACIONAL** aprendiendo, paso a paso, las destrezas básicas.

Practica, aplica y reflexiona sobre los conocimientos que has adquirido realizando las **ACTIVIDADES**.

3 CONSOLIDA LO APRENDIDO: **ACTIVIDADES FINALES**

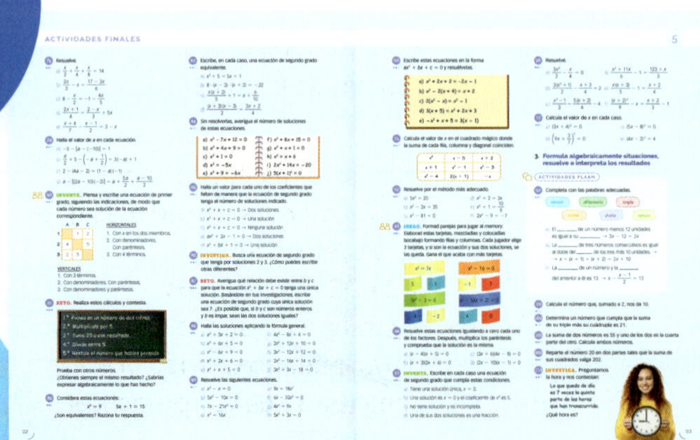

Trabaja los contenidos que has aprendido resolviendo actividades de todo tipo: **JUEGOS, INVENTA, INVESTIGA, RETOS, ACTIVIDADES FLASH**... Puedes resolver estas actividades mediante **CÁLCULO MENTAL**, utilizando **GEOGEBRA**, buscando algún tipo de información en **INTERNET**...

4 PRACTICA TUS DESTREZAS: **RESUELVE PROBLEMAS REALES**

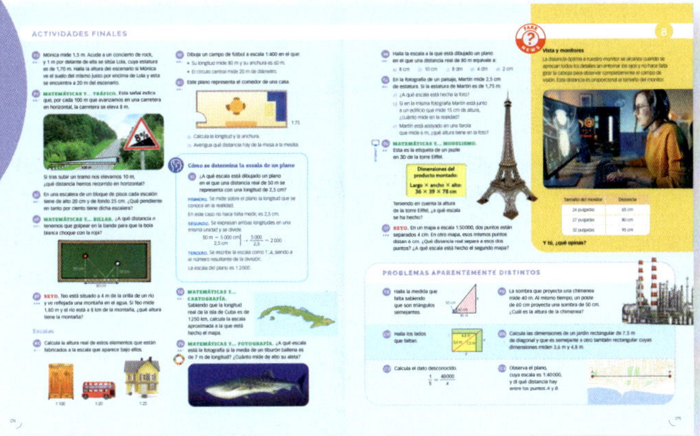

Enfréntate a las ***FAKE NEWS***. Utiliza los contenidos aprendidos para analizar la veracidad de noticias, comentarios y opiniones generalizadas en nuestro mundo.

Aplica los contenidos que has estudiado a situaciones de tu vida cotidiana relacionadas con los **ODS** y con distintos ámbitos del saber: **MATEMÁTICAS Y... NATURALEZA**, **ARQUITECTURA**, **CONSUMO**, **VIDA SALUDABLE**...

5 PASA A LA ACCIÓN: **SITUACIÓN DE APRENDIZAJE**

Comprende y analiza con sentido crítico situaciones reales en las que aplicar los contenidos que has aprendido para abordarlas de manera global y poder completar el **PRODUCTO FINAL**.

6 EVALÚA LO QUE HAS APRENDIDO: **AUTOEVALUACIÓN**

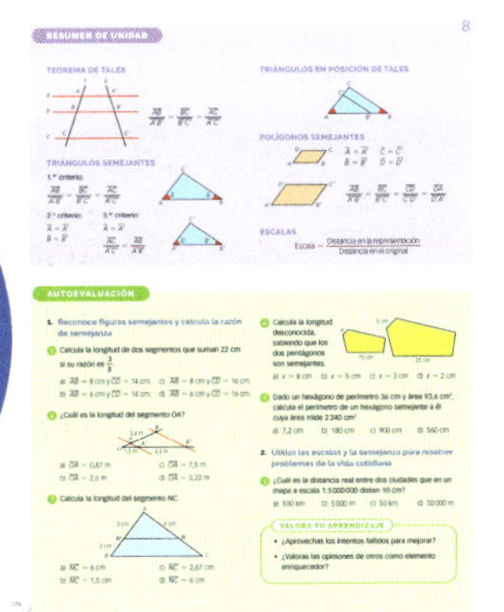

Repasa los saberes básicos de la unidad.

Evalúa lo que has aprendido resolviendo las actividades que se proponen en la **AUTOEVALUACIÓN**. Identifica y gestiona tus emociones aceptando el error como parte de tu aprendizaje.

1 Números enteros

DESAFÍO

Monedas y vasos

Se dispone de diez monedas y tres vasos.

¿Podrías colocar diez monedas en tres vasos de forma que haya un número impar de monedas en cada uno?

SITUACIÓN DE APRENDIZAJE

Comprobar la correcta utilización del frigorífico

Es importante almacenar adecuadamente los alimentos para que al consumirlos estén en perfectas condiciones.

- ¿A qué temperatura hay que conservar cada tipo de alimento?
- ¿En qué lugar del frigorífico debe almacenarse cada alimento? ¿Por qué?

Para contestar a estas preguntas necesitas conocer las propiedades de los números enteros.

¿Qué sabes ya?

Cómo se calculan el m.c.m. y el m.c.d. de números naturales

El m.c.m. de dos números naturales se calcula multiplicando los factores primos comunes y no comunes elevados al mayor exponente.

El m.c.d. de dos números naturales se calcula multiplicando los factores primos comunes elevados al menor exponente.

EJEMPLO

$\text{m.c.m.}(24, 36) = \text{m.c.m.}(2^3 \cdot 3, 2^2 \cdot 3^2) = 2^3 \cdot 3^2 = 72$

$\text{m.c.d.}(24, 36) = \text{m.c.d.}(2^3 \cdot 3, 2^2 \cdot 3^2) = 2^2 \cdot 3 = 12$

ACTIVIDADES

1 ¿Cuál es el máximo común divisor de 4, 12 y 28?

a) 2 b) 6 c) 4 d) 28

1. Números enteros

El conjunto de los números enteros se representa con la letra $\mathbb{Z}$ y está formado por:

- Números **enteros positivos:** $+1, +2, +3, +4, +5, \ldots$
- El número **cero**: 0.
- Números **enteros negativos:** $-1, -2, -3, -4, -5, \ldots$

1.1. Representación en la recta numérica

Escribimos los números enteros positivos sin el signo $+$.

$+2 = 2$ $\quad +13 = 13$

Los números enteros se representan ordenados en la recta numérica.

- El cero, 0, divide la recta en dos partes iguales.
- Los números enteros positivos se sitúan a la derecha del cero: $+1, +2, +3, \ldots$
- Los números enteros negativos se sitúan a la izquierda del cero: $-1, -2, -3, \ldots$

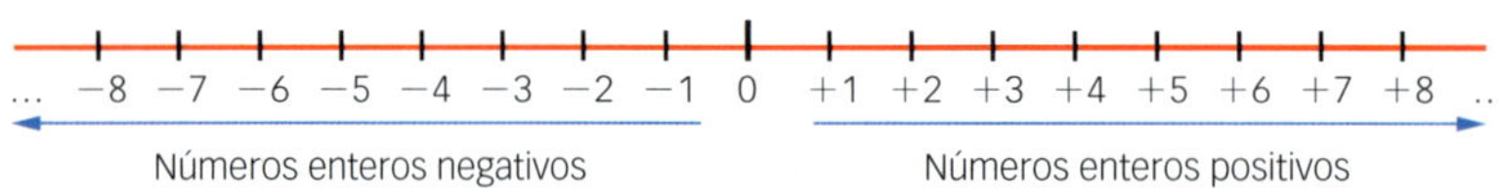

EJEMPLO

1. Representa estos números enteros en la recta numérica: $-8, -5, -2, -1, 0, +3, +5, +6$.

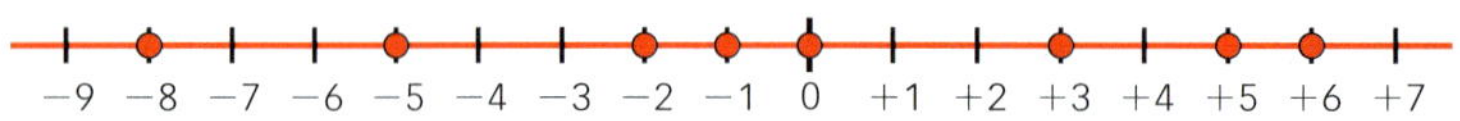

1.2. Valor absoluto de un número entero

El **valor absoluto** de un número entero *a* es el número que resulta de prescindir de su signo. Se escribe $|a|$.

Valor absoluto:

$|+a| = a$ $\quad |-a| = a$

EJEMPLO

2. Halla el valor absoluto de -6, 0 y $+4$.

Valor absoluto de $-6 \rightarrow |-6| = 6$ Valor absoluto de $0 \rightarrow |0| = 0$ Valor absoluto de $+4 \rightarrow |+4| = 4$

ACTIVIDADES

1. Representa en la recta numérica.

$-4, +5, -7, +2, -5, +3, -2$

2. Halla el valor absoluto de:

$-4, +5, -13, +27, -1, +18$

3. Escribe situaciones que correspondan a estos números.

a) $+57$ € b) -100 m c) -6 °C d) $+2$ ℓ

4. **REFLEXIONA.** El valor absoluto de un número entero *a* es 7. ¿Qué número es?

1.3. Opuesto de un número entero

El **opuesto de un número** entero es otro número entero con el mismo valor absoluto pero de signo contrario. El opuesto de a se escribe Op (a).

EJEMPLO

3. Halla el opuesto de -5 y $+5$. Represéntalos en la recta numérica.

Op $(-5) = +5$

Op $(+5) = -5$

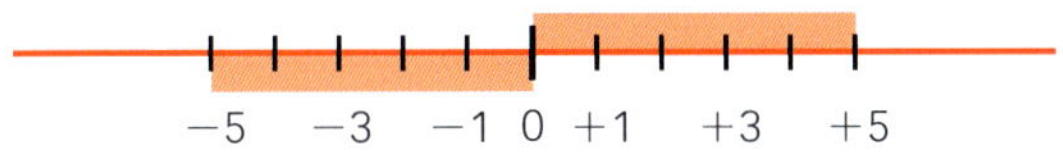

Dos números opuestos están situados a igual distancia del origen.

RETO

¿Qué es mayor: el valor absoluto del opuesto de un número o el opuesto de su valor absoluto?

1.4. Comparación de números enteros

GEOGEBRA

Un número entero es mayor que otro cuando está situado más a la derecha que él en la recta numérica.

- En un grupo de enteros positivos, es mayor el que tiene mayor valor absoluto.
- En un grupo de enteros negativos, es mayor el que tiene menor valor absoluto.
- Un número entero positivo es mayor que cualquier entero negativo.
- El cero es mayor que cualquier entero negativo y menor que cualquier entero positivo.

EJEMPLO

4. Compara estos números.

a) -2 y -5

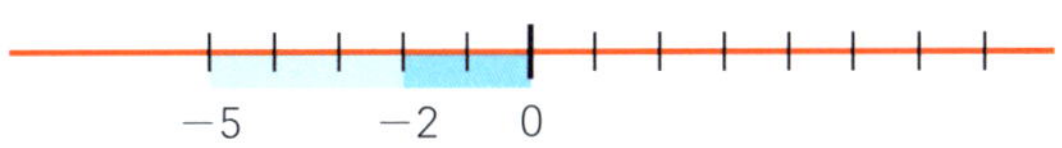

$$\left.\begin{array}{l}|-2| = 2 \\ |-5| = 5\end{array}\right\} \rightarrow |-2| < |-5| \rightarrow -2 > -5$$

b) $+5$ y -3

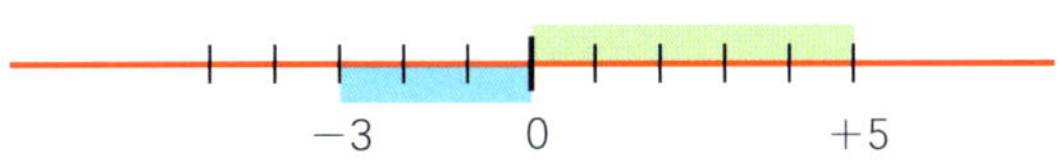

$+5 > -3$

Para «mayor que», utilizamos el símbolo $>$.

Para «menor que», utilizamos el símbolo $<$.

ACTIVIDADES

5. Ordena de menor a mayor.

$-7, -2, +5, 0, +3, -8, +4, -10$

6. Completa con el signo $<$ o $>$, según corresponda.

a) -2 ☐ Op (5) b) Op (7) ☐ 0 c) -1 ☐ Op (-2)

7. Comprueba gráficamente estas desigualdades.

a) $-4 < +9$ c) $-8 < -4$

b) $+8 > -5$ d) $-4 > -9$

8. **REFLEXIONA.** Si $a < -3$, ¿puede ser $a < 0$?

2. Operaciones con números enteros

2.1. Suma y resta de números enteros

GEOGEBRA

Para **sumar dos números enteros:**

- Si los sumandos tienen el **mismo signo**, se suman sus valores absolutos y al resultado se le pone el mismo signo.
- Si tienen **signo diferente**, se restan los valores absolutos y al resultado se le pone el signo del sumando de mayor valor absoluto.

Para **restar dos números enteros**, se suma al primero el opuesto del segundo.

EJEMPLO

5. Realiza estas sumas y restas de números enteros.

a) $\underbrace{(+6) + (+7)} = +13$

Mismo signo → $|+6| + |+7| = 6 + 7 = 13$

b) $\underbrace{(+6) + (-7)} = -1$

Distinto signo → $|-7| - |+6| = 7 - 6 = 1$

c) $(+6) - (+7) = (+6) + \text{Op}\,(+7) = (+6) + (-7) = -1$

d) $(+6) - (-7) = (+6) + \text{Op}\,(-7) = (+6) + (+7) = +13$

Para sumar y restar números enteros, se escriben en **forma abreviada** quitando los paréntesis. Después, se puede proceder de dos formas:

1.er método: sumar y restar los números en el orden en que aparecen.

2.º método: sumar los números positivos, sumar los negativos y restar los negativos de los positivos.

Forma abreviada:

$(+a) = a \qquad +(-a) = -a$

$(-a) = -a \qquad -(+a) = -a$

$+(+a) = +a \qquad -(-a) = +a$

RETO

Explica cuáles de las siguientes expresiones tienen el mismo resultado.

$a + \text{Op}\,(a) \qquad a + |a|$

$a - \text{Op}\,(a) \qquad a - |a|$

EJEMPLO

6. Calcula $(-3) + (+5) - (-4) + (-9)$.

En forma abreviada: $-3 + 5 + 4 - 9$.

1.er método:

$\underbrace{-3 + 5}_{+2} + 4 - 9 = \underbrace{2 + 4}_{6} - 9 =$

$= 6 - 9 = -3$

2.º método:

Suma de positivos: $5 + 4 = 9$

Suma de negativos: $3 + 9 = 12$

Resultado: $9 - 12 = -3$

ACTIVIDADES

9. Calcula utilizando los dos métodos estudiados.

a) $-11 + 8 - 6 - 7 + 9$

b) $3 - 8 + 12 - 15 - 1 + 10 - 4$

c) $(+15) - (+14) + (+9) + (-21) - (+13) - (-6)$

10. Cathy tenía 250 €. Ha pagado un recibo de 485 € y ha cobrado 900 €. ¿Cuál es su saldo actual?

11. **REFLEXIONA.** Completa en tu cuaderno.

a) $(+3) + \square = -9$

b) $\square - (-2) = +4$

Cómo se resuelven operaciones de sumas y restas con paréntesis

Estas operaciones también se pueden calcular resolviendo primero las operaciones que hay dentro de los paréntesis y, después, operando.

Resuelve esta operación.

$$-5 - (-3 + 2) - (3 - 1) + (-4 + 2)$$

① Eliminamos los paréntesis.

$$-5 - (-3 + 2) - (3 - 1) + (-4 + 2) = -5 + 3 - 2 - 3 + 1 - 4 + 2$$

Si el paréntesis tiene delante un signo −, los signos de los números de dentro cambian.

Si va delante un signo +, los números mantienen su signo.

② Resolvemos la operación resultante.

$$= \underbrace{-5 + 3}_{-2} - 2 - 3 + 1 - 4 + 2 = \underbrace{-2 - 2}_{-4} - 3 + 1 - 4 + 2 =$$

$$= \underbrace{-4 - 3}_{-7} + 1 - 4 + 2 = \underbrace{-7 + 1}_{-6} - 4 + 2 =$$

$$= \underbrace{-6 - 4}_{-10} + 2 = -10 + 2 = -8$$

ACTIVIDADES

12 Efectúa estas operaciones eliminando primero los paréntesis.

a) $(4 - 1) - (2 - 3)$

b) $(8 + 2) + (3 - 5)$

c) $(-8 + 10) - (10 - 8)$

d) $(-4 - 5) - (7 + 2)$

e) $(9 - 3) + (5 - 9)$

13 Halla el resultado de estas operaciones.

a) $-9 + (3 - 2 - 1) + 7$

b) $4 + (6 - 3) - (2 - 1)$

c) $-7 - (4 - 6) - (1 + 5)$

d) $5 - (4 + 2 + 3) - 6$

e) $-3 - (-1 - 2 - 3) + (5 - 1)$

14 Calcula.

a) $-(4 - 9 + 3) + (11 - 8 - 7) + (-15)$

b) $(+3) - (4 + 7 - 9) - (-19 + 3 - 10) + (-2)$

c) $-8 - 3 - (4 - 6) - (9 + 3) - 5$

d) $-4 - (9 + 3) + 11 - (8 - 7 + 15)$

e) $(3 - 4 + 7) - 9 - (-19 + 3) - 10 + 2$

f) $-(8 - 3) - 4 - 6 - (9 + 3 - 5)$

15 Realiza estas operaciones.

a) $6 + (-4 + 2) - (-3 - 1)$

b) $7 - (4 - 3) + (-1 - 2)$

c) $3 + (2 - 3) - (1 - 5 - 7)$

d) $-8 + (1 + 4) + (-7 - 9)$

16 Completa estas operaciones para que todas las igualdades sean ciertas.

a) $-5 + \square = 4$
$-1 - (-2 - \square) = 4$

b) $6 - \square = -1$
$(1 + \square - 3) - 1 = -1$

c) $\square + 4 = -3$
$3 - (\square - 1) = -3$

d) $\square + 2 = -4$
$(5 - \square + 1) - 2 = -4$

e) $-7 - \square = 13$
$9 + (2 - \square - 3) = 13$

17 Calcula el valor de a.

$$4 - (a + 2) - 3 = -1$$

2.2. Multiplicación de números enteros

GEOGEBRA

Para **multiplicar dos números enteros**, primero se multiplican sus valores absolutos. El resultado tendrá el signo $+$ si los dos factores tienen el mismo signo y signo $-$ si tienen signos diferentes.

Regla de los signos para la multiplicación:

$+ \cdot + = +$
$- \cdot - = +$
$+ \cdot - = -$
$- \cdot + = -$

EJEMPLO

7. Realiza estos productos.

a) $\underbrace{(+3) \cdot (+5)}_{\text{Mismo signo}} = +15$ → $|+3| \cdot |+5| = 3 \cdot 5 = 15$

b) $(-3) \cdot (-5) = +15$

c) $\underbrace{(-3) \cdot (+5)}_{\text{Distinto signo}} = -15$ → $|-3| \cdot |+5| = 3 \cdot 5 = 15$

d) $(+3) \cdot (-5) = -15$

Para calcular el producto de varios números enteros, se multiplican sus valores absolutos.

El resultado tendrá signo $+$ si el número de factores negativos es par y signo $-$ si es impar.

EJEMPLO

8. Calcula.

a) $(+5) \cdot (+8) \cdot (-2) = -80$

b) $(-10) \cdot (+3) \cdot (-5) \cdot (+2) = +300$

2.3. División de números enteros

Para **dividir dos números enteros**, primero se dividen sus valores absolutos. El resultado tendrá el signo $+$ si los dos factores tienen el mismo signo y signo $-$ si tienen signos diferentes.

Regla de los signos para la división:

$+ : + = +$
$- : - = +$
$+ : - = -$
$- : + = -$

RETO

Encuentra dos números enteros cuyo cociente sea mayor que ellos.

EJEMPLO

9. Realiza estas divisiones.

a) $\underbrace{(+27) : (-3)}_{\text{Distinto signo}} = -9$

b) $(+27) : (+3) = +9$

c) $\underbrace{(-27) : (-3)}_{\text{Mismo signo}} = +9$

d) $(-27) : (+3) = -9$

ACTIVIDADES

18 Resuelve estas operaciones.

a) $(-3) \cdot (+2)$
b) $(-2) \cdot (-8)$
c) $(-12) : (+6)$
d) $(-6) : (-2)$
e) $(+2) \cdot (+7)$
f) $(+5) \cdot (-4)$
g) $(+21) : (+7)$
h) $(+24) : (-4)$

19 Resuelve estas operaciones.

a) $(-4) \cdot (+2) \cdot (-6)$
b) $(+8) \cdot (-3) \cdot (-4)$
c) $(+20) : (+2) : (-5)$
d) $(-32) : (-4) : (-8)$

20 **REFLEXIONA.** Completa con los números adecuados.

a) $(\square) : 4 = -10$

b) $(-100) : (\square) = -25$

Cómo se resuelven las operaciones combinadas con números enteros

Recuerda que, al resolver las operaciones que hay entre paréntesis, el resultado queda entre paréntesis.

$-5-(3-7)=-5-(-4)=-5+4=-1$

Calcula el resultado de esta operación.

$(-15):(+3)+(-7)-(-9+1)-[(-5)\cdot(-4)]:(+2)+(-4)\cdot(-3)$

① Realizamos las operaciones que hay entre paréntesis y corchetes.

$(-15):(+3)+(-7)-(-9+1)-[(-5)\cdot(-4)]:(+2)+(-4)\cdot(-3)=$

$=(-15):(+3)+(-7)-(-8)-(+20):(+2)+(-4)\cdot(-3)=$

② Calculamos las multiplicaciones y divisiones en el orden en el que aparecen.

Mantenemos los paréntesis al efectuar las multiplicaciones y las divisiones.

$=(-5)+(-7)-(-8)-(+10)+(+12)=$

$+(-a)=-a$ $\quad -(-a)=a$ $\quad +(+a)=a$

③ Escribimos la operación de forma abreviada eliminando los paréntesis que nos quedan.

$=-5-7+8-10+12=$

④ Calculamos las sumas y restas en el orden en el que aparecen.

$=-12+8-10+12=$

$=-4-10+12=$

$=-14+12=-2$

ACTIVIDADES

21 Resuelve.

a) $(+18):(-2):(-3)\cdot(-5)$

b) $(-15)\cdot 3:(-9):5$

c) $[(-12):3]\cdot[(-8):(-4)]$

d) $(-18):[(-9):(-3)]\cdot(-6)$

e) $[(+4):(-2)\cdot(+8)]:[(+2)+(+6)]$

22 Calcula estas operaciones combinadas.

a) $(-10):(-5)+2:(-1)$

b) $3\cdot(-5)-4:(-2)+3$

c) $2+3\cdot(-4)-(-2)+2\cdot 7-(-3)$

23 Efectúa estas operaciones.

a) $9-(+8):(-4)-2+(+3)\cdot(+2)$

b) $[9-(+8):(-4)]:(+11)-(+6):(-3)$

c) $-5-[4-1+3]:(+2)-(10-8)$

d) $-6:(3-2-2)-(1-2+3)$

e) $4\cdot[3-2\cdot(-5)]-12:3+6:2$

f) $5\cdot(-2)-[10+2\cdot(-4)]:2-(-12):6$

24 Completa los huecos en tu cuaderno.

a) $(-12):(+6)-1=3-\square$

b) $(+10)\cdot[(+2):(-2)]=5+\square$

c) $6-(-8):(+2)=\square-4$

d) $(+5)\cdot(+3)+2=\square+3$

25 Averigua qué operaciones están bien hechas.

a) $-9+(8-2-1):(-5)=10$

b) $4-(-6-3):(-2-1)=1$

c) $(-7-1):4-(6+2):(-2)=-6$

d) $(-5-1+2+8):(-2-1-1)=-1$

e) $-3\cdot 2-2\cdot 3-(5-6+2)=13$

26 Coloca los paréntesis para que las igualdades sean ciertas.

a) $-1-2\cdot 3+4=-11$

b) $4+5-6\cdot 2-3=3$

c) $4+5-6\cdot 2-3=15$

d) $8-3+2+4\cdot 6=31$

3. Múltiplos y divisores de números enteros

Si la división $a : b$ es exacta, se cumple que:

a es **múltiplo** de b. ⟷ b es **divisor** de a.

a es **divisible** por b.

El conjunto de todos los múltiplos de un número se obtiene multiplicándolo por los sucesivos números enteros positivos. Se representa por $\dot{a}$. Un número tiene infinitos múltiplos.

$$\dot{a} = \{a \cdot 1,\ a \cdot 2,\ a \cdot 3,\ ...\}$$

EJEMPLO

10. Calcula los primeros cinco múltiplos de 8.

Múltiplos de 8 → $\dot{8} = \{8 \cdot 1, 8 \cdot 2, 8 \cdot 3, 8 \cdot 4, 8 \cdot 5, \ldots\} = \{8, 16, 24, 32, 40, \ldots\}$

La divisibilidad solemos estudiarla solo en los números enteros positivos, ya que para los negativos se cumplen las mismas propiedades.

RETO

¿Existe algún número cuyos divisores y múltiplos coincidan?

El conjunto de todos los divisores de un número se obtiene realizando las sucesivas divisiones entre los números positivos menores que él y seleccionando aquellos cuya división es exacta. Se representa por Div (a).

GEOGEBRA

EJEMPLO

11. ¿Es 9 divisor de 12? ¿Y de 18?

9 no es divisor de 12 porque la división 12 : 9 no es exacta.

9 sí es divisor de 18 porque 18 : 9 = 2.

Un número es **primo** cuando es positivo y sus únicos divisores son él mismo y la unidad. En caso contrario, es **compuesto**.

EJEMPLO

12. Determina si los números 13 y 21 son primos o compuestos.

Div (13) = {1, 13} → Dos divisores: es un número primo.

Div (21) = {1, 3, 7, 21} → Más de dos divisores: es compuesto.

Todo número entero es múltiplo y divisor de sí mismo:

- a es múltiplo de a.
- a es divisor de a.

ACTIVIDADES

27 Calcula diez múltiplos y todos los divisores de estos números. ¿Cuáles son primos?

a) 8 b) 7 c) 4 d) 10

28 **REFLEXIONA.** Dados dos números:

a) ¿Podemos hallar el mínimo común de sus divisores?

b) ¿Y el mayor de sus múltiplos comunes?

Cómo se calculan todos los divisores de un número

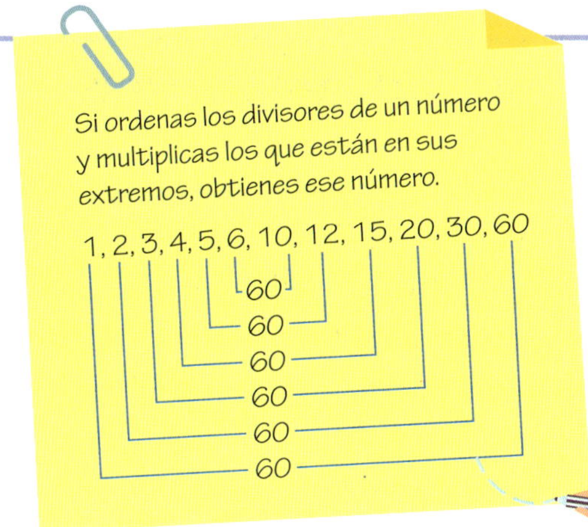

Halla todos los divisores de 60.

① Dividimos el número entre los números naturales (1, 2, 3...) hasta llegar a una división en la que el cociente sea menor que el divisor.

Dividendo	Divisor	Resto	Cociente
60	1	0	60
60	2	0	30
60	3	0	20
60	4	0	15
60	5	0	12
60	6	0	10
60	7	4	8
60	8	4	7

El cociente, 7, es menor que el divisor, 8. Dejamos de dividir.

② De cada división exacta, obtenemos dos divisores de ese número: el divisor y el cociente.

60 : 1 = 60 → 1 y 60 son divisores de 60.
60 : 2 = 30 → 2 y 30 son divisores de 60.
60 : 3 = 20 → 3 y 20 son divisores de 60.
60 : 4 = 15 → 4 y 15 son divisores de 60.
60 : 5 = 12 → 5 y 12 son divisores de 60.
60 : 6 = 10 → 6 y 10 son divisores de 60.
Las demás divisiones no son exactas.

Los divisores de 60 son Div (60) = {1, 2, 3, 4, 5, 6, 10, 12, 15, 20, 30, 60}.

ACTIVIDADES

29 Halla todos los divisores de estos números y averigua cuáles son primos.

a) 18 d) 80 g) 42
b) 31 e) 79 h) 41
c) 32 f) 37 i) 96

30 Calcula todos los divisores de estos números y averigua cuáles son primos.

a) 199 c) 582 e) 856
b) 424 d) 603 f) 1 021

31 Estos son todos los divisores de un número. Completa en tu cuaderno los que faltan. ¿De qué número se trata en cada caso?

a) {1, □, □, 8} c) {1, 2, 3, 5, □, 10, 15, □}
b) {1, 5, □} d) {□, 2, 4, □, 8, 10, □, 40}

32 Calcula los divisores de 24 y de 30. ¿Qué números aparecen en las dos listas? ¿Cuál es el mayor de sus divisores comunes?

33 Razona si es verdadero o falso.

a) Cualquier múltiplo de un número es mayor que ese número.
b) Todo número es divisor de su doble y de su triple.
c) Existe un número que es divisor de todos los números.
d) Todos los números impares son primos.
e) Todos los números primos, salvo el 2, son impares.
f) Cualquier divisor de un número es menor o igual que ese número.
g) Cualquier divisor de un número es menor que cualquier múltiplo de ese mismo número.

4. Factorización de un número entero

4.1. Criterios de divisibilidad

Los **criterios de divisibilidad** son reglas que nos permiten averiguar, sin dividir, si un número es divisible por otro.

Los criterios más útiles son los asociados con los números primos:

Divisible por	Criterio de divisibilidad
2	Si la última cifra es 0 o par.
3	Si la suma de sus cifras es divisible por 3.
5	Si la última cifra es 0 o 5.
11	Si la diferencia entre la suma de las cifras de lugar par y la suma de las cifras de lugar impar es 0 o divisible por 11.

Divisibilidad por 9:
Un número es divisible por 9 si la suma de sus cifras es múltiplo de 9.

Divisibilidad por 10:
Un número es divisible por 10 si acaba en 0.

RETO

Escribe los cuatro primeros números múltiplos de 3 cuyas cifras sean todas 1.

EJEMPLO

13. Averigua si 3 234 es divisible por 2, 3, 5 u 11.

Es divisible por 2 porque acaba en cifra par.

Es divisible por 3 porque el resultado de la suma $3 + 2 + 3 + 4 = 12$ es divisible por 3.

No es divisible por 5 porque su última cifra no es 0 ni 5.

Es divisible por 11 porque $(3 + 3) - (2 + 4) = 0$.

4.2. Descomposición en factores primos

Todo número entero se puede expresar de forma única como el producto de potencias de números primos. A esta expresión se le llama **factorización del número.**

Para descomponer un número negativo en factores primos realizamos la descomposición de su valor absoluto y, después, añadimos el factor -1 a la descomposición.

EJEMPLO

14. Comprueba que la factorización de 45 es $3^2 \cdot 5$.

3 y 5 son primos. $3^2 \cdot 5 = 9 \cdot 5 = 45$. Luego es la factorización de 45.

ACTIVIDADES

34. Dados los números 12, 15, 18, 24, 4, 423, 10, 267, 23, di cuáles son múltiplos de 2, 3, 5 o 9.

35. Comprueba si son divisibles por 2, 3, 5, 10 y 11.
a) 145 b) 3467 c) 12624 d) 212

36. ¿Qué factorizaciones son incorrectas?
a) $2 \cdot 4 \cdot 5$ b) $2^3 \cdot 5 \cdot 7$ c) $5^2 \cdot 7^3 + 11$

37. **REFLEXIONA.** Calcula el valor de *a* y *b* para que el número 5*a*7*b* sea múltiplo de 2 y de 11.

Cómo se factoriza un número

Si el número es primo, su descomposición es él mismo por la unidad.

$23 = 23 \cdot 1$

Descompón el número 1 404 como producto de factores primos.

① Dividimos el número entre los sucesivos números primos (2, 3, 5, 7, 11, 13...) tantas veces como se pueda hasta obtener la unidad.

- 1 404 es divisible por 2. $1404 : 2 = 702$
- 702 es divisible por 2. $702 : 2 = 351$
- 351 no es divisible por 2. 351 es divisible por 3. $351 : 3 = 117$
- 117 es divisible por 3. $117 : 3 = 39$
- 39 es divisible por 3. $39 : 3 = 13$
- 13 es un número primo. $13 : 13 = 1$

Para evitar errores, comenzamos a dividir por los números primos más pequeños y continuamos en orden creciente.

Esta descomposición se puede escribir de forma abreviada de esta manera:

		Factores primos
	1 404	2
1 404 : 2 →	702	2
702 : 2 →	351	3
351 : 3 →	117	3
117 : 3 →	39	3
39 : 3 →	13	13
13 : 13 →	1	

La factorización termina al llegar a un número primo. Al dividir este por sí mismo, obtenemos la unidad.

② Escribimos el número como producto de los factores primos y, si hay algunos repetidos, los expresamos como potencias.

La factorización de 1 404 es $\underbrace{2 \cdot 2}_{2^2} \cdot \underbrace{3 \cdot 3 \cdot 3}_{3^3} \cdot 13 = 2^2 \cdot 3^3 \cdot 13$.

ACTIVIDADES

38 Halla la factorización de estos números.

a) 15 b) 16 c) 24 d) 29 e) 55 f) 72 g) 86 h) 270 i) 400 j) 675 k) 405 l) 943

39 Determina si los siguientes números están bien factorizados. En caso de que no sea así, escribe la factorización correcta.

a) $60 = 3 \cdot 4 \cdot 5$
b) $72 = 2 \cdot 6^2$
c) $104 = 2^3 \cdot 13$
d) $222 = 2 \cdot 3 \cdot 37$
e) $360 = 2^3 \cdot 3^2$
f) $2450 = 5^2 \cdot 7^2$

40 Escribe la descomposición factorial de estos números sabiendo que $105 = 3 \cdot 5 \cdot 7$.

a) 210 b) 1 050 c) 315 d) 945

41 Razona si estas afirmaciones son verdaderas o falsas.

a) En la factorización de un número acabado en 0 hay como mínimo dos factores primos, el 2 y el 5.
b) Si un número es múltiplo de 6, en su factorización estarán el 2 y el 3.
c) El menor número que es múltiplo de 2, 3, 5 y 7 a la vez es 210.
d) Un número puede ser múltiplo de 8 y no ser múltiplo de 2.

42 Del número *a* sabemos que su factorización es:

$$a = 2^3 \cdot 3^2 \cdot 5 \cdot b$$

a) ¿Es un múltiplo de 6? ¿Y de 45?
b) ¿Podemos decir que el número *a* es divisible por 20? ¿Y por 14?

Razona tus respuestas.

5. Máximo común divisor y mínimo común múltiplo

El **máximo común divisor** de varios números enteros es el mayor número entero positivo que es divisor de todos ellos.

El **mínimo común múltiplo** de varios números enteros es el menor número entero positivo que es múltiplo de todos.

EJEMPLO

15. Calcula el m.c.d. y el m.c.m. de 4 y 6.

Div (4) = {1, 2, 4}

Div (6) = {1, 2, 3, 6}

El mayor divisor común es 2:

m.c.d. (4, 6) = 2

Múltiplos de 4 → 4, 8, 12, …

Múltiplos de 6 → 6, 12, 18, …

El menor múltiplo común es 12:

m.c.m. (4, 6) = 12

El máximo común divisor de dos o más números, a, b, c..., lo expresamos como m.c.d. (a, b, c...).

El mínimo común múltiplo lo expresamos como m.c.m. (a, b, c...).

RETO

¿Cuál es el m.c.d. de dos números primos? ¿Cuál es su m.c.m.?

Para **calcular el m.c.d.** de varios números, se descomponen en factores primos y se multiplican los factores primos comunes elevados al menor de sus exponentes.

Para **calcular el m.c.m.** de varios números, se descomponen en factores primos y se multiplican los factores primos comunes y no comunes elevados al mayor de sus exponentes.

EJEMPLO

16. Calcula el m.c.d. y el m.c.m. de 12 y 16.

$$\begin{array}{r|l} 12 & 2 \\ 6 & 2 \\ 3 & 3 \\ 1 & \end{array} \qquad 12 = 2^2 \cdot 3$$

$$\begin{array}{r|l} 16 & 2 \\ 8 & 2 \\ 4 & 2 \\ 2 & 2 \\ 1 & \end{array} \qquad 16 = 2^4$$

m.c.d.(12, 16) $= 2^2 = 4$

m.c.m.(12, 16) $= 2^4 \cdot 3 = 48$

Si los números no tienen factores en común, el m.c.d. es 1 y el m.c.m. es el producto de los números.

Cuando el m.c.d.$(a, b) = 1$, los números a y b no tienen divisores comunes (salvo el 1). En ese caso, decimos que son **primos entre sí**.

ACTIVIDADES

43 Descompón estos números en factores primos y calcula su máximo común divisor y su mínimo común múltiplo.

a) 18 y 20
b) 28 y 42
c) 18 y 4
d) 18 y 32
e) 48 y 32
f) 21 y 28

44 Halla el m.c.d. y el m.c.m. de estos números.

a) 10, 12 y 35
b) 15, 20 y 27

45 **REFLEXIONA.** ¿Es único el valor x que cumple que m.c.m.$(x, 8) = 40$?

Cómo se resuelven problemas utilizando el m. c. d. o el m. c. m.

El m. c. d. de varios números siempre es menor o igual que ellos.

El m. c. m. de varios números siempre es mayor o igual que ellos.

Álex tiene tres tipos de bolitas para hacer colgantes:

- 9 bolitas rojas, que miden 4 mm cada una.
- 12 bolitas verdes, que miden 6 mm cada una.
- 15 bolitas azules, que miden 8 mm cada una.

a) Si quiere hacer colgantes de un solo color, de manera que todos tengan el mismo número de bolitas, ¿cuántas bolitas llevará cada colgante como máximo?

b) Si quiere hacer colgantes de la misma longitud sin mezclar colores, ¿qué longitud tendrán como mínimo?

1 Analizamos cada problema y decidimos si hay que hallar el m. c. d. o el m. c. m.

a) Los collares solo pueden tener bolitas de un color y con el mismo número de bolitas. El número de bolitas de cada collar debe ser **divisor** de 9, 12 y 15. Además, tiene que ser el **máximo** posible, por lo que hay que calcular el m. c. d.

b) Si los collares son de un solo color, la longitud de los colgantes debe ser **múltiplo** de 4 mm, 6 mm y 8 mm. Además, el collar debe medir el **mínimo** de longitud posible, por lo que hay que calcular el m. c. m.

2 Descomponemos los números en factores primos.

a)

$$\begin{array}{r|l} 9 & 3 \\ 3 & 3 \\ 1 & \end{array} \qquad \begin{array}{r|l} 12 & 2 \\ 6 & 2 \\ 3 & 3 \\ 1 & \end{array} \qquad \begin{array}{r|l} 15 & 3 \\ 5 & 5 \\ 1 & \end{array}$$

$9 = 3^2$ $\qquad 12 = 2^2 \cdot 3$ $\qquad 15 = 3 \cdot 5$

b)

$$\begin{array}{r|l} 4 & 2 \\ 2 & 2 \\ 1 & \end{array} \qquad \begin{array}{r|l} 6 & 2 \\ 3 & 3 \\ 1 & \end{array} \qquad \begin{array}{r|l} 8 & 2 \\ 4 & 2 \\ 2 & 2 \\ 1 & \end{array}$$

$4 = 2^2$ $\qquad 6 = 2 \cdot 3$ $\qquad 8 = 2^3$

3 Calculamos el m. c. d. o el m. c. m. según corresponda.

a) m. c. d. (9, 12, 15) = 3

b) m. c. m. (4, 6, 8) = $2^3 \cdot 3 = 24$

4 Interpretamos el resultado.

a) Cada colgante llevará 3 bolitas.

b) Cada colgante medirá 24 mm.

ACTIVIDADES

46 Queremos enlosar una habitación rectangular de 520 cm de largo por 240 cm de ancho con baldosas cuadradas, con el lado más grande posible, sin cortar ninguna. ¿Qué medida deberá tener cada baldosa?

47 Silvia tiene tres relojes con alarmas programadas. El primero suena cada 30 minutos, el segundo cada 90 minutos y el tercero cada 150 minutos. A las 8 de la mañana, los tres relojes han sonado a la vez.

a) ¿Cuánto tiempo tiene que pasar para que vuelvan a coincidir los dos primeros?

b) ¿Y el segundo y el tercero?

48 Rosa tiene cubos azules de 55 mm de arista y cubos rojos de 45 mm de arista. Los apila en dos columnas, una de cada color.

Para conseguir que las dos columnas sean igual de altas, ¿cuántos cubos necesita, como mínimo, de cada color?

49 Los libros de una estantería se pueden colocar en montones de 4, 6 y 9 libros sin que sobre ninguno. ¿Cuál es la menor cantidad de libros que puede haber?

1. Expresa situaciones con números enteros y los compara

ACTIVIDADES FLASH

50 Expresa con números enteros.

a) El coche está aparcado en el sótano 4.

b) El pico de San Jerónimo tiene una altura de 1 236 m.

c) José le debe 10 € a su hermana.

d) Platón nació en el año 428 antes de Cristo.

51 Indica el número entero que corresponde a cada punto marcado en la recta numérica.

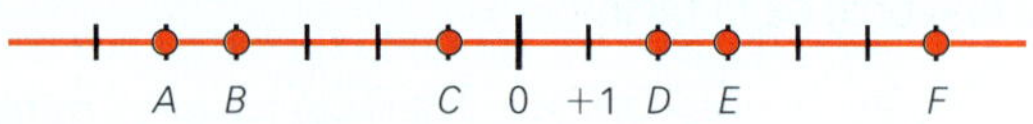

52 Escribe el número anterior y el posterior.

a) -4 c) 0 e) -80 g) -109

b) -1 d) -9 f) -99 h) -999

53 **INVENTA.** Escribe una situación de la vida cotidiana que corresponda a cada uno de estos números.

a) -4 b) $+15$ c) -25 d) 0

54 Completa las frases con la palabra adecuada.

HORIZONTALES

5. El valor … de un número negativo es el mismo número sin el signo.
6. -5 es el … de 5.

VERTICALES

1. El opuesto de un número positivo es un número …
2. 0 es … que cualquier número positivo.
3. Un número positivo y su valor absoluto son …
4. 0 es … que cualquier número negativo.

55 Encuentra los números enteros que están situados a una distancia igual o menor de tres unidades del número -7 y represéntalos en una recta numérica.

56 Si trazamos una circunferencia con centro en 0 y radio 6 unidades que corte a la recta numérica, ¿qué números enteros están dentro de ella?

CÁLCULO MENTAL

57 ¿En qué año escribió Calderón de la Barca su obra *La vida es sueño*?

a) $\text{Op}(-1)$ b) $|-6|$ c) $|\text{Op}(3)|$ d) $|+5|$

58 Completa en tu cuaderno los huecos.

a) $\text{Op}(\square) = -5$ c) $\text{Op}(\square) = 6$ e) $|\text{Op}(\square)| = 8$

b) $|\square| = 4$ d) $\text{Op}(|\square|) = 3$ f) $|\square - 1| = 2$

59 Dados los números -8, 5, 0, -2, 6, -1:

a) Represéntalos en una recta numérica.

b) Ordénalos de mayor a menor utilizando el signo correspondiente.

60 Compara estas parejas de números y completa en tu cuaderno con el signo $<$ o $>$.

a) $-5 \square +8$ e) $-3 \square -1$

b) $-2 \square -10$ f) $+15 \square -25$

c) $+6 \square 0$ g) $-3 \square -8$

d) $0 \square +6$ h) $-2 \square -5$

61 Escribe, en cada caso, tres números enteros.

a) Menores que 5 y mayores que -2.

b) Mayores que -4 y menores que 2.

c) Menores que -5 y mayores que -10.

62 **RETO.** Decide si son verdaderas o falsas estas afirmaciones, si $a < 0$.

a) $a < \text{Op}(a)$ c) $|a| \geq \text{Op}(a)$ e) $\text{Op}(|a|) \leq a$

b) $|a| \leq a$ d) $|a| = a$ f) $\text{Op}(a) > |a|$

INTERNET

63 **INVESTIGA.** Asigna un número entero al inicio de estas etapas históricas y ordénalas en un eje cronológico.

Neolítico — Edad de los Metales — Edad Media

Edad Antigua — Edad Moderna — Paleolítico

INTERNET

64 **INVESTIGA.** ¿En qué año nacieron estos matemáticos? Asigna un número entero y ordena de mayor a menor.

Pitágoras — Euclides — Arquímedes — Tales

65 **MATEMÁTICAS Y… CAMBIO CLIMÁTICO.** El calentamiento global conlleva, entre otros factores, un incremento de las temperaturas extremas, con días de frío muy intenso en invierno. La temperatura en Eskilstuna (Suecia) ayer no bajó de 5 °C bajo cero. A las 12 de la mañana era de -2 °C, la máxima del día.

a) ¿Se superaron en algún momento los 0 °C?

b) ¿Qué temperaturas pudo haber el resto del día?

66 **MATEMÁTICAS Y... QUÍMICA.** Los estados de la materia son las diferentes formas en las que podemos encontrar algunas sustancias puras o mezclas dentro de la naturaleza. Así, bajo las mismas condiciones de presión, las sustancias pueden cambiar de estado (sólido, líquido o gaseoso) al variar la temperatura.

Observa estas temperaturas de fusión.

Sustancia	Temperatura
Agua	0 °C
Aceite	23 °C
Mercurio	−39 °C
Vinagre	−2 °C
Alcohol	−97,6 °C
Oro	1064 °C

a) Ordena las sustancias de menor a mayor punto de fusión.

b) Un congelador tiene una temperatura de congelación de hasta −20 °C. Explica qué sustancias se encuentran en estado líquido y cuáles en estado sólido dentro del congelador a esta temperatura.

2. Opera con números enteros

ACTIVIDADES FLASH

67 Resuelve estas operaciones.

a) $(+4) + (-2)$ c) $(-3) - (-6)$ e) $(+2) + (+6)$

b) $(-3) + (-6)$ d) $(-15) - (-5)$ f) $(+4) - (-8)$

68 Calcula los productos.

a) $(-5) \cdot (-6)$ c) $(+15) \cdot (-3)$

b) $(-10) \cdot (+3)$ d) $(+12) \cdot (+4)$

69 Efectúa las siguientes divisiones.

a) $(-25) : (-5)$ c) $(-18) : (+6)$

b) $(+27) : (-9)$ d) $(+12) : (+4)$

70 **INVENTA.** Escribe cuatro pares de números enteros diferentes cuya suma sea −9.

71 **JUEGO.** Cada persona debe decir dos números enteros de diferente signo tales que, al sumarlos, el resultado sea cada vez una unidad menor: −1, −2, −3, ... Pierde quien se equivoque o no dé una respuesta.

72 Completa en tu cuaderno y responde.

a	b	$a+b$	$b+a$	$a-b$	$b-a$
−1		+4			
	+5		−2		
+3				+6	
	−6				−5

¿La suma de enteros es conmutativa? ¿Y la resta?

73 Copia el cuadrado mágico en tu cuaderno y complétalo. Recuerda que la suma de cada columna, fila y diagonal es la misma.

−4		
	−5	
−8		−6

a) Suma −4 a todos los números de las celdas del cuadrado. ¿El resultado sigue siendo un cuadrado mágico? ¿Cuánto vale ahora la suma de cada fila?

b) ¿Qué ocurre si sumas 2 a cada celda?

74 Escribe el resultado con letras en el crucigrama y contesta con la primera letra de cada respuesta. ¿Cuál es el pasado del verbo *to stand*?

HORIZONTALES

1. $(+6) + (-1) - (-2)$
3. $(-4) - (-2) + (+10)$

VERTICALES

2. $(-1) - (+2) - (-6)$
4. $(+15) + (-3) + (-1)$
5. $(+20) - (+3) - (+5)$

75 ¿Cuándo nació Lope de Vega? ab/cd/efgh.

a) $(-5) - (-4) + (+3)$ e) $(-2) - (-5) + (-2)$

b) $(+4) + (-6) - (-7)$ f) $(+4) - (-3) - (+2)$

c) $(-4) - (-6) + (-1)$ g) $(-3) - (-3) - (-6)$

d) $(-6) - (+2) + (+9)$ h) $(-5) + (+3) - (-4)$

76 Calcula.

a) $-5 + 6 - 8 + 12 - 6$ c) $-(10 + 4 - 3) + 8$

b) $2 - 8 + 13 - 7 + 9$ d) $12 - (6 - 3) - (-2 + 7)$

77 **MATEMÁTICAS E... HISTORIA.** Cleopatra, reina de Egipto, nació en el año 69 antes de Cristo. Isabel I nació en 1451 y Napoleón en el año 1759.

a) ¿Cuántos años pasaron desde el nacimiento de Isabel I hasta el de Napoleón?

b) ¿Cuánto tiempo pasó entre el nacimiento de Cleopatra y el de Isabel I?

78 ●○○ **MATEMÁTICAS Y... GEOGRAFÍA.** Observa la situación entre el mar Muerto y el mar Mediterráneo.

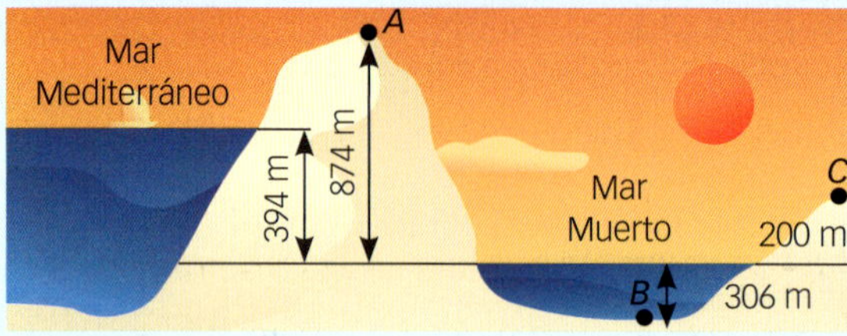

a) ¿A qué altura sobre el nivel del mar Mediterráneo están los puntos *A*, *B* y *C*?

b) ¿Qué punto está a menor distancia del nivel del mar Mediterráneo?

c) ¿A qué altura está *A* de *C*? ¿Y *B* de *C*?

CÁLCULO MENTAL

79 ●●● **RETO.** Completa con los números −1, 0, 1, 2. Solo pueden aparecer una vez en cada fila y columna. El número de cada bloque indica la suma o la resta. Siempre se resta el número menor al mayor.

2+		3−	3+
0+			
	2−	0+	

80 ●●○ Escribe el signo que tendrá el resultado:

a) 25 factores, 13 de ellos negativos.

b) El número −4 multiplicado por sí mismo 18 veces.

c) El número −2 multiplicado por sí mismo 13 veces.

d) 30 factores, la mitad de ellos negativos.

81 ●●● **RETO.** Coloca los números del 1 al 9 de forma que se cumplan las operaciones. Aplica de forma adecuada las propiedades de la jerarquía de las operaciones.

	:		−		=	−5
+		·		−		
	+		−		=	−3
−		+		+		
	−		·		=	0
=		=		=		
3		5		2		

82 ●●○ Pedro tenía 357 € en su cuenta bancaria y a lo largo de un día se han registrado en ella estos movimientos:

- Recibo del agua: 103 €.
- Recibo del gas: 125 €.
- Ingreso en efectivo: 80 €.
- Recibo de la luz: 213 €.
- Nómina: 1 200 €.

a) ¿De cuánto dinero dispone Pedro ahora?

b) ¿Ha estado en algún momento en números rojos?

CÁLCULO MENTAL

83 ●●○ Encuentra tres números seguidos tales que al multiplicarse sus resultados sean los siguientes.

−1	2	1	2
5	−3	−4	3
3	−2	5	2
4	−5	−1	1

a) 5 c) −30 e) −16

b) 6 d) 32 f) 12

84 ●○○ **MATEMÁTICAS Y... CLIMA.** Las temperaturas máxima y mínima registradas durante la última semana en Abusejo (Salamanca) han sido:

Lunes: 11 °C y 6 °C.
Martes: 5 °C y −2 °C.
Miércoles: 3 °C y −1 °C.
Jueves: −2 °C y −3 °C.
Viernes: 7 °C y 3 °C.

a) ¿Cuál fue la temperatura máxima el lunes? ¿Y la mínima? ¿Cuál fue la oscilación térmica ese día?

b) ¿Qué día hubo mayor oscilación térmica?

c) ¿En qué día se produjo la temperatura más alta? ¿Y la más baja? ¿Qué diferencia hubo entre las dos temperaturas?

Cómo se extrae factor común en operaciones con números enteros

85 Calcula $-4 \cdot (+2) + (-4) \cdot (-6)$.

PRIMERO. Se determina si existe un factor que se repite en todos los sumandos. Ese factor se denomina factor común.

$$-4 \cdot (+2) + (-4) \cdot (-6)$$

−4 se repite en los dos sumandos.

SEGUNDO. El factor repetido multiplica a la suma o resta del resto de los números.

$$-4 \cdot (+2) + (-4) \cdot (-6) = -4 \cdot [(+2) + (-6)] =$$
$$= -4 \cdot (-4) = 16$$

86 ●●○ Calcula sacando factor común.

a) $(-2) \cdot (+6) + (-5) \cdot (-2)$

b) $(-3) \cdot (+4) + (+4) \cdot (-1)$

c) $(+4) \cdot (-1) + (-7) \cdot (+4)$

d) $(-6) \cdot (-3) + (-6) \cdot (+2)$

87 ●●○ Completa en tu cuaderno y calcula.

a) $5 \cdot (-4) + \square \cdot (-7) = 5 \cdot [\square + (-7)]$

b) $(-9) \cdot 2 + (-9) \cdot (-4) = \square \cdot [2 + (-4)]$

88 Copia y completa en tu cuaderno.

a	*b*	*a* : *b*	|*a* : *b*|
−12	+2		
−100		−5	
	−3	+15	
+48		+6	

89 Un buque factoría ha pescado una gran cantidad de calamar y se dispone a congelarlo. En su cámara frigorífica la temperatura desciende 3 °C cada 15 minutos. Si al principio la cámara está a 9 °C:

a) ¿Cuánto tardará en alcanzar −27 °C?

b) ¿Qué temperatura tendrá tras dos horas y media?

90 Resuelve el crucigrama. Ten en cuenta que el signo negativo ocupa una celda.

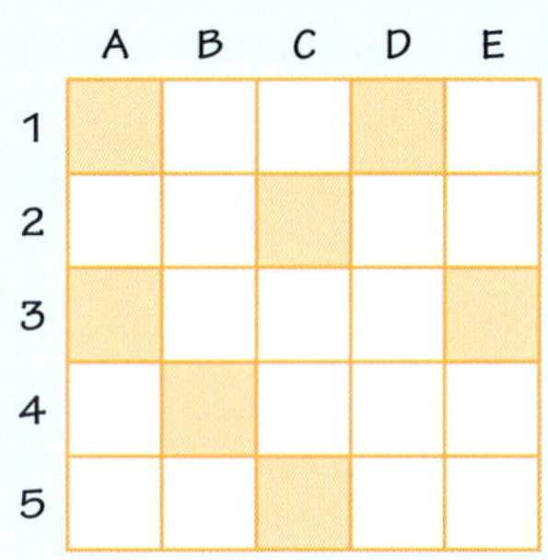

HORIZONTALES

1. $(+2) \cdot (-2)$
   $(-2) + (+3)$
2. $(-3) \cdot (-7)$
   $(+5) - (+7)$
3. $(-13) \cdot (-17)$
4. $(-16) : (-8)$
   $(-8) \cdot (+3) \cdot (-13)$
5. $(+4) \cdot (+8)$
   $(-7) \cdot (+4) \cdot (-2)$

VERTICALES

A. $-2 + 4$
   $-2 - 5 \cdot (-5)$

B. $6 \cdot (-2)$
   $-4 - (-6)$

C. $|2 - 6|$
   $-4 \cdot (-5) + 3$

D. $-8 \cdot (-15) + 5$

E. $-3 + 3 \cdot 5$
   $(-50) : (-2) + 1$

91 **JUEGO.** Los grupos tienen un minuto para obtener el número exacto o el más cercano posible. Para ello deben utilizar todos los datos una sola vez, algunas de las operaciones básicas (suma, resta, producto y cociente) y paréntesis si es necesario.

a) Número: 27
   Datos: −3, 5, −2, −6

b) Número: −1
   Datos: −54, −35, −7, 9

c) Número: −24
   Datos: −6, −4, 2, 3

d) Número: 0
   Datos: −54, −35, 2, 17

92 Calcula.

a) $(-6) \cdot [-(-2) - 3 \cdot (-4)]$

b) $[(-6) \cdot 2 - 3] \cdot (-4)$

c) $2 \cdot [(-2) - (-3) \cdot 5] + (-10) : (-2)$

3. Reconoce las propiedades de la divisibilidad entre números enteros

ACTIVIDADES FLASH

93 Razona si estas afirmaciones son ciertas.

a) 3 es divisor de 15.

b) 4 es múltiplo de 12.

c) 25 es divisible por 5.

d) 48 es múltiplo de 6.

94 Completa en tu cuaderno con *múltiplo* o *divisor*.

a) 5 es ☐ de 25.

b) 243 es ☐ de 3.

c) 25 es ☐ de 125.

d) 1 es ☐ de 22.

95 Razona.

a) ¿Cuál es el menor múltiplo de un número?

b) ¿Cuál es el mayor divisor que tiene un número? ¿Y el menor?

Cómo se calcula un múltiplo de un número comprendido entre otros dos

96 Encuentra un múltiplo de 38 que esté comprendido entre 470 y 515.

PRIMERO. Se divide el menor de los números, 470, entre el número del que se quiere hallar el múltiplo, 38.

$$\begin{array}{r|l} 470 & 38 \\ \hline 90 & 12 \\ 14 & \end{array}$$

SEGUNDO. Se aumenta en una unidad el cociente, y se multiplica por el número del que se quiere obtener el múltiplo.

$$\text{Múltiplo} = (12 + 1) \cdot 38 = 494$$

Se comprueba que 494 es múltiplo de 38 y está comprendido entre 470 y 515.

97 Calcula.

a) Un múltiplo de 27 comprendido entre 190 y 235.

b) El mayor múltiplo de 32 menor de 500.

c) El mayor múltiplo de 42 que tiene tres cifras.

d) El menor múltiplo de 29 que tiene cuatro cifras.

98 Calcula todos los divisores de estos números e indica cuáles son primos.

a) 68 b) 29 c) 120 d) 47 e) 346 f) 800

99 **INVENTA.** Escribe tres números capicúas de cinco cifras que sean divisibles por 2 y por 3, y otros tres que sean divisibles por 5 y por 9.

ACTIVIDADES FINALES

100 ●●○ **INVENTA.** Aplica los criterios de divisibilidad y escribe tres números en cada caso.

a) Que sean divisibles por 9.

b) Que sean divisibles por 11.

c) Que sean divisibles por 9 y 11.

d) Que sean divisibles por 2, 9 y 11.

101 ●●○ **INVESTIGA.** Contesta razonando tu respuesta.

a) El doble de un número primo, ¿puede ser también primo?

b) Un múltiplo de un número primo, ¿es también primo?

c) El producto de dos números primos, ¿es también un número primo?

102 ●●○ Completa los huecos en tu cuaderno para que:

a) 2 5□3 sea divisible por 3.

b) □4 103 sea divisible por 11.

c) 43□ sea divisible por 2 y por 3.

d) 1 37□ sea divisible por 2 y por 5.

103 ●●○ Halla la descomposición factorial de estos números.

a) 83 b) 48 c) 43 d) 60 e) 225

104 ●●● **RETO.** Cuatro estudiantes tienen edades diferentes por debajo de 18 años. El producto de sus edades es 882. ¿Cuánto vale la suma de sus edades?

105 ●●○ Resuelve el crucigrama.

HORIZONTALES

1. m.c.m. (3, 5)
2. m.c.m. (8, 12)
   m.c.d. (32, 28)
3. m.c.m. (18, 50)
4. m.c.d. (7, 13)
   m.c.d. (50, 75)

VERTICALES

A. m.c.d. (12, 14)
   m.c.d. (5, 6)

B. m.c.m. (16, 18)

C. m.c.d. (15, 50)
   m.c.m. (4, 26)

D. m.c.m. (45, 81)

106 ●●○ **INVENTA.** Escribe dos parejas de números con:

a) m.c.d. el número 10. b) m.c.m. el número 28.

107 ●●○ **INVESTIGA.** Si m.c.d. $(a, 12) = 6$, calcula el valor de a.

108 ●●○ Averigua qué parejas de números son primos entre sí.

a) 16 y 25 b) 12 y 51 c) 18 y 49 d) 27 y 108

109 ●●○ **INVENTA.** Escribe dos parejas de números primos entre sí.

4. Resuelve problemas cotidianos aplicando la divisibilidad de números enteros

110 ●●○ En un almacén quieren poner 84 botellas en cajas, sin que sobre ninguna. ¿De cuántas formas posibles las pueden distribuir poniendo el mismo número de botellas en cada una de las cajas?

111 ●●○ En un *catering* quieren envasar 240 bocadillos de jamón y 225 de tortilla en cajas, todas del mismo tamaño y sin mezclar sabores y con el mayor número posible de bocadillos. ¿Cuántos bocadillos tendrá cada caja? ¿Cuántas cajas habrá en total?

112 ●●○ En un aeropuerto hay dos pistas, una de despegue y otra de aterrizaje. A las 8 de la mañana hay 9 aviones. A partir de esa hora despega un avión cada 10 minutos y aterriza otro cada 12 minutos. ¿A qué hora no hay ningún avión en el aeropuerto por primera vez?

113 ●●○ En una clase de 32 estudiantes se tienen que hacer grupos para realizar un trabajo de Ciencias. Si el mínimo de componentes de cada grupo es dos y el máximo cuatro, y no queremos que nadie se quede solo, ¿cuál es el menor número de grupos que se pueden formar? ¿Y el mayor?

114 ●●○ **MATEMÁTICAS Y... TRANSPORTE.** Estos tres autobuses van de Plaza de Castilla a Tres Cantos.

Autobús 712			
De 6:10	a 23:30	cada	20 min

Autobús 713			
De 6:40	a 23:25	cada	15 min

Autobús 716

6 h	7 h	8 h	9 h	...	21 h	22 h	23 h
05	00	00	00		00	00	00
–	20	20	20		20	20	–
40	40	40	40		40	40	40

a) Si llego a las 6:30 h, ¿cuál es el primer autobús que puedo coger desde Plaza de Castilla?

b) ¿Coinciden el 712 y el 713 antes de las 8 h? ¿A qué hora? ¿Y el 713 y el 716?

c) ¿Coinciden el 712 y el 716 en algún momento?

d) ¿Cuántas veces habrá pasado cada autobús entre las 6 h y las 8 h?

115 ●●● **MATEMÁTICAS Y... TECNOLOGÍA.** Usualmente los termómetros que miden la temperatura del ambiente suelen tener una temperatura mínima de -10 °C y una máxima de 40 °C. Entre dos marcas de un termómetro hay siempre el mismo número de grados, entero y mayor que 1.

a) ¿Pueden estar señalados los grados de 2 en 2? ¿Qué marcas aparecerán entonces? ¿Y de 3 en 3?

b) ¿De cuántas maneras pueden estar señalados?

116 ●●○ Manuel quiere poner los 250 envases de productos químicos que hay en el almacén en estantes. Si en cada estante tiene que haber un mínimo de 15 envases:

a) ¿De cuántas maneras puede colocarlos, poniendo en cada estante el mismo número y sin que sobren?

b) ¿Se pueden colocar 21 en cada estante? ¿Por qué?

117 ●●○ Un local mide 35 m de largo por 25 m de ancho, y se quiere dividir, para hacer plazas de aparcamiento dobles, en trozos cuadrados lo más grandes posible sin que sobre espacio. ¿Qué dimensión máxima de lado pueden tener las plazas? ¿Cuántas se obtendrán?

118 ●●● Juan tiene una colección de monedas que puede agrupar de tres en tres, de cinco en cinco y de siete en siete sin que sobre ninguna. ¿Cuántas monedas tiene, sabiendo que son más de 215 pero menos de 350?

FAKE NEWS

¿Subo o bajo la temperatura?

En 2022 se aprobó una ley de ahorro energético que obligaba a mantener, en el interior de los edificios, una temperatura no inferior a los 27 °C en verano y no superior a los 19 °C en invierno. Los expertos estimaban que cada grado que se aumentaba o disminuía la temperatura suponía un ahorro del 7 % de la factura de la electricidad.

Y tú, ¿qué opinas?

PROBLEMAS APARENTEMENTE DISTINTOS

119 Opera.

a) $+4-(+6)+(+3)$

b) $+4+(-6)$

120 Sara vive en el cuarto piso. Baja 6 plantas para ir a su trastero y luego sube 3 para llevarle unos libros que ha recogido a su vecina Teresa. ¿En qué piso vive Teresa? ¿En qué piso está el trastero de Sara?

121 Calcula.

a) m.c.d.(60, 80)

b) [60 : m.c.d.(60, 80)] · [80 : m.c.d.(60, 80)]

122 En una escuela tienen que cortar una cartulina de 80 cm de largo y de 60 cm de ancho en trozos cuadrados tan grandes como sea posible. ¿Qué medida tendrá cada trozo? ¿Cuántos trozos podrán hacer?

123 Calcula el múltiplo común de 8, 9 y 12 más cercano a 450.

124 Mónica tiene cerca de 450 fotografías. Puede pegarlas en un álbum en grupos de 8, 9 o 12 fotografías sin que le sobre ninguna. ¿Cuántas fotografías tiene Mónica?

¡Te vas a quedar helado!

La aparición del frigorífico marca un antes y un después en la conservación y el transporte de los productos sensibles al calor, no solo en los alimentos, sino también en los medicamentos, las vacunas...

Uno de los electrodomésticos más usados en cualquiera de nuestras casas es el frigorífico, que nos ayuda a conservar los alimentos en condiciones óptimas de consumo durante cierto tiempo. Generalmente, tiene dos zonas diferenciadas: nevera y congelador.

Nevera

- Para conservar alimentos frescos durante unos días.
- Temperatura de funcionamiento entre 2 °C y 8 °C.
- Regulación de la temperatura de manera manual con pulsador.

Congelador

- Para conservar alimentos durante meses (se recomienda no superar 3 meses de almacenamiento).
- Temperatura de funcionamiento entre −14 °C y −24 °C.
- Regulación de la temperatura manual con pulsador o automática con modo de funcionamiento.
- Tarda 45 minutos en bajar un grado la temperatura.

1 Puesta en marcha

Al encender el frigorífico, la nevera está a 5 °C y el congelador a −19 °C. Se recomienda que la primera vez que se pone en marcha la nevera se mantenga a 4 °C y el congelador a −24 °C.

Cada uno dispone de un pulsador que al presionarlo hace que la temperatura seleccionada sea de un grado menos. Cuando llega al mínimo, salta a la máxima temperatura.

8 °C – 7 °C – 6 °C – 5 °C
2 °C – 3 °C – 4 °C

−14 °C – −15 °C – ...
−24 °C – −23 °C

- ¿Cuántas veces tengo que presionar cada pulsador para seleccionar la temperatura recomendada?
- ¿Cuál es la diferencia de temperatura recomendada entre la nevera y el congelador?

Modo congelador

- **Super Freeze**
  Se pone en −24 °C y después de 5 horas se regula manualmente con una ruleta.
  Posición 1: −20 °C
  Posición 2: −22 °C
  Posición 3: −24 °C
- **Normal**
  Se pone a −19 °C y no admite otra regulación.
- **ECO**
  Se pone a −17 °C y no admite otra regulación.

2 Modos de funcionamiento

La temperatura del congelador se puede regular manualmente, como en el apartado anterior, o utilizando alguno de sus modos predeterminados.

- En el modo Super Freeze, tras 5 horas de funcionamiento, ¿qué temperatura mínima puede alcanzar? ¿Y máxima?
- Si está en el modo ECO y pulsamos el modo Super Freeze, ¿cuántos grados tiene que bajar la temperatura del congelador durante las 5 horas?

PRODUCTO FINAL Comprueba si utilizas correctamente tu frigorífico

Infórmate sobre las recomendaciones de la Agencia Española de Seguridad Alimentaria y Nutrición (AESAN) acerca de la conservación de alimentos. Investiga qué alimentos no deben congelarse y cuáles no deben almacenarse en el frigorífico y por qué.

- Comprueba la temperatura de las distintas zonas de tu frigorífico y regúlala si es necesario.
- Haz una foto de tu frigorífico abierto y marca dónde se debe colocar cada tipo de alimento y la temperatura adecuada para su conservación. Puedes utilizar iconos o fotos de comida.
- Escribe una lista de los alimentos que estaban mal colocados y cuáles estaban bien.
- Comparte la foto y la lista con todos los miembros de tu familia para que utilicen correctamente el frigorífico y en común colaboréis para hacer un uso más eficiente.

RESUMEN DE UNIDAD

NÚMEROS ENTEROS

- Números enteros positivos:
  $+1, +2, +3, +4, +5, +6, +7, \ldots$
- El número 0.
- Números enteros negativos:
  $-1, -2, -3, -4, -5, -6, -7, \ldots$

REGLA DE LOS SIGNOS

$(+) \cdot (+) = +$ $\quad$ $(+) : (+) = +$

$(+) \cdot (-) = -$ $\quad$ $(+) : (-) = -$

$(-) \cdot (+) = -$ $\quad$ $(-) : (+) = -$

$(-) \cdot (-) = +$ $\quad$ $(-) : (-) = +$

VALOR ABSOLUTO

Para $a > 0$: $\quad |+a| = a \qquad |-a| = a \qquad |0| = 0$

OPUESTO DE UN NÚMERO ENTERO

$\text{Op}\,(+a) = -a$

$\text{Op}\,(-a) = +a$

$\text{Op}\,(0) = 0$

DIVISIBILIDAD

8 : 2 es una **división exacta**.

⇅

8 es **divisible** por 2.

⇗ ⇘

8 es **múltiplo** de 2. ⇄ 2 es **divisor** de 8.

AUTOEVALUACIÓN

1. Expresa situaciones con números enteros y los compara

1 Indica los puntos representados en la recta real.

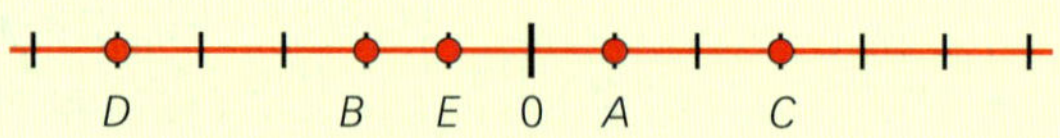

a) $A = 1, B = 3, C = -2, D = -5, E = -1$

b) $A = 1, B = -1, C = 3, D = -5, E = -2$

c) $A = 1, B = -2, C = 3, D = -5, E = -1$

2 Ordena de mayor a menor estos números enteros: $|-3|$, $\text{Op}\,(+3)$, $|+2|$, $|\text{Op}\,(-1)|$, $\text{Op}\,(|-7|)$.

a) $|-3| > |+2| > |\text{Op}\,(-1)| > \text{Op}\,(+3) > \text{Op}\,(|-7|)$

b) $\text{Op}\,(|-7|) > |-3| > |+2| > |\text{Op}\,(-1)| > \text{Op}\,(+3)$

c) $\text{Op}\,(|-7|) > \text{Op}\,(+3) > |\text{Op}\,(-1)| > |+2| > |-3|$

2. Opera con números enteros

3 Resuelve $4 + (-5) \cdot [4 \cdot (-3) + 2 \cdot (-4)] : (-3 - 2)$.

a) 36 $\quad$ b) -4 $\quad$ c) -16 $\quad$ d) 24

4 Completa $(-10) : (+2) - 2 + 3 = -2 - \square$.

a) 0 $\quad$ b) 2 $\quad$ c) 6 $\quad$ d) -2

3. Reconoce las propiedades de la divisibilidad entre números enteros

5 Señala el número primo.

a) 33 $\quad$ b) 91 $\quad$ c) 39 $\quad$ d) 61

6 Determina todos los divisores de 70.

a) {1, 2, 5, 7, 10, 14, 35}

b) {1, 2, 5, 7, 10, 14, 35, 70}

c) {1, 2, 5, 7, 10, 14, 15, 35, 70}

7 Halla la factorización del número 928.

a) $2^5 \cdot 29$ $\quad$ c) $2^4 \cdot 3^2 \cdot 5$

b) $2^5 \cdot 3^3$ $\quad$ d) $2^3 \cdot 5 \cdot 23$

8 Halla el m.c.d. y el m.c.m. de 35, 90 y 150.

a) m.c.d.(35, 90, 150) = 5, m.c.m.(35, 90, 150) = 5250

b) m.c.d.(35, 90, 150) = 5, m.c.m.(35, 90, 150) = 3150

c) m.c.d.(35, 90, 150) = 15, m.c.m.(35, 90, 150) = 500

4. Resuelve problemas cotidianos aplicando la divisibilidad de números enteros

9 Se están mezclando tres compuestos en un laboratorio de 20, 35 y 120 ml. Indica el número máximo de mezclas que se pueden hacer de forma que haya la misma cantidad de compuesto en todas las mezclas.

a) 5 $\quad$ b) 10 $\quad$ c) 15 $\quad$ d) 30

VALORA TU APRENDIZAJE

- ¿Vuelves a intentarlo si algo no te sale bien?
- ¿Te sientes a gusto trabajando con otras personas?

2 Fracciones y decimales

DESAFÍO

Igual subir que bajar

Estoy haciendo una excursión por la montaña. A las 10:00 h había recorrido un tercio del recorrido, y ahora, a las 12:00 h, las tres cuartas partes.

¿A qué hora he salido si siempre he mantenido el mismo ritmo?

SITUACIÓN DE APRENDIZAJE

Comparar los nutrientes de una tarta casera y una industrial

Actualmente contamos con una amplia oferta de productos precocinados y preparados que nos ahorran muchas horas en la cocina.

- ¿Cuáles crees que son las principales diferencias entre la comida casera y la precocinada o preparada?
- ¿Qué tipo de comida resulta más sana?

Para contestar a estas preguntas debes conocer las propiedades de las fracciones y de los números decimales.

¿Qué sabes ya?

Cómo se identifica una fracción menor, mayor o igual que la unidad

Se compara el numerador con el denominador.

- Si el numerador es menor, la fracción es menor que la unidad y se trata de una fracción propia.
- Si el numerador es mayor, la fracción es mayor que la unidad y se trata de es una fracción impropia.
- Si son iguales, la fracción es igual que la unidad.

EJEMPLO

$3 < 4 \rightarrow \frac{3}{4} < 1$ $4 = 4 \rightarrow \frac{4}{4} = 1$ $5 > 4 \rightarrow \frac{5}{4} > 1$

ACTIVIDADES

1 ¿Qué fracción es mayor?

a) $\frac{7}{9}$ b) $\frac{7}{7}$ c) $\frac{9}{7}$ d) $\frac{9}{9}$

1. Fracciones

Una **fracción** es una expresión $\frac{a}{b}$, con a y b números enteros y $b \neq 0$.

Al número a se le llama **numerador**, y a b, **denominador**.

RETO

Si una fracción es una parte de la unidad. ¿La otra parte es una fracción propia o impropia?

Una fracción se puede interpretar de distintas formas:

- Fracción como **parte de la unidad**: el denominador b representa el número de partes iguales en que se divide la unidad. Y el numerador a representa el número de partes que se toman.
- Fracción como **cociente**: para calcular su valor se divide el numerador entre el denominador.
- Fracción como **operador** (fracción de un número): para calcular su valor se multiplica el numerador por el número y el resultado se divide entre el denominador.

EJEMPLOS

1. Interpreta la fracción $\frac{3}{4}$ como parte de la unidad y como cociente.

$\frac{3}{4} \rightarrow$ 

Fracción como parte de la unidad

$3 : 4 = 0{,}75$

Fracción como cociente

2. Calcula $\frac{3}{4}$ de 20.

$20 \cdot 3 : 4 = 60 : 4 = 15$

Fracción como operador

3. En clase somos 21 estudiantes y 1 de cada 3 no va a ir a la excursión. ¿Cuántos van a la excursión?

1 de cada 3 $\rightarrow \frac{1}{3}$ $\qquad$ $\frac{1}{3}$ de $21 = 21 \cdot 1 : 3 = 7 \rightarrow$ No van a la excursión 7 estudiantes.

$21 - 7 = 14 \rightarrow$ Van a la excursión 14 estudiantes.

ACTIVIDADES

1 Representa con un gráfico y expresa en forma decimal estas fracciones.

a) $\frac{3}{5}$ b) $\frac{5}{8}$ c) $\frac{7}{9}$ d) $\frac{1}{2}$

2 Calcula.

a) $\frac{2}{3}$ de 30

b) $\frac{1}{5}$ de 25

c) $\frac{3}{5}$ de 250

d) $\frac{13}{100}$ de 50

3 Pablo tiene 12 billetes y tres cuartos de ellos son de 5 €.

a) ¿Cuántos billetes de 5 € tiene?

b) ¿Qué fracción representan los billetes que no son de 5 €?

4 **REFLEXIONA.** Representa la fracción $\frac{5}{6}$ con tres figuras distintas. Haz lo mismo con la fracción $\frac{6}{5}$. ¿Qué observas?

2. Fracciones equivalentes

Dos fracciones, $\frac{a}{b}$ y $\frac{c}{d}$, son **equivalentes**, y se escribe $\frac{a}{b} = \frac{c}{d}$, si se cumple que $\boldsymbol{a \cdot d = b \cdot c}$.

Dos fracciones equivalentes representan la misma parte de la unidad.

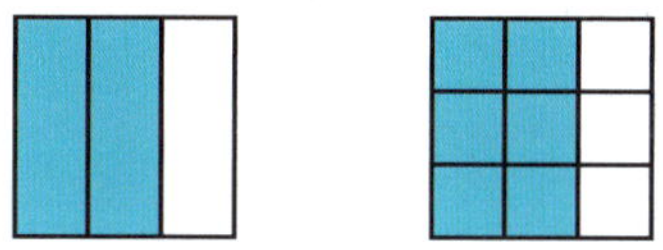

$\frac{2}{3} = \frac{6}{9}$

EJEMPLO

4. ¿Son equivalentes las fracciones $\frac{3}{5}$ y $\frac{6}{10}$?

$\frac{3}{5} \times \frac{6}{10} \rightarrow 3 \cdot 10 = 5 \cdot 6 \rightarrow 30 = 30$

Luego $\frac{3}{5}$ y $\frac{6}{10}$ son equivalentes: $\frac{3}{5} = \frac{6}{10}$.

2.1. Obtención de fracciones equivalentes

Podemos utilizar dos métodos para obtener fracciones equivalentes a una fracción dada:

- **Amplificación:** se multiplican el numerador y el denominador de la fracción por un mismo número distinto de cero. $\frac{a}{b} = \frac{a \cdot n}{b \cdot n}$
- **Simplificación:** se dividen el numerador y el denominador de la fracción entre un divisor común. $\frac{a}{b} = \frac{a : n}{b : n}$

RETO

¿Puedes escribir una fracción equivalente a $\frac{6}{9}$ que tenga como denominador 15?

EJEMPLO

5. Obtén dos fracciones equivalentes a $\frac{4}{6}$, una por amplificación y la otra por simplificación.

Amplificación $\rightarrow \frac{4}{6} = \frac{4 \cdot 2}{6 \cdot 2} = \frac{8}{12}$ $\quad \frac{4}{6} = \frac{8}{12} \rightarrow 4 \cdot 12 = 6 \cdot 8 \rightarrow 48 = 48$

Simplificación $\rightarrow \frac{4}{6} = \frac{4 : 2}{6 : 2} = \frac{2}{3}$ $\quad \frac{4}{6} = \frac{2}{3} \rightarrow 4 \cdot 3 = 6 \cdot 2 \rightarrow 12 = 12$

- *Todas las fracciones se pueden amplificar.*
- *Si el numerador y el denominador de una fracción no tienen divisores comunes, la fracción no se puede simplificar.*

ACTIVIDADES

5 ¿Son equivalentes los siguientes pares de fracciones?

a) $\frac{15}{6}$ y $\frac{105}{36}$ b) $\frac{17}{13}$ y $\frac{85}{52}$ c) $\frac{12}{30}$ y $\frac{5}{2}$

6 Escribe tres fracciones equivalentes por simplificación y otras tres por amplificación.

a) $\frac{72}{120}$ b) $\frac{140}{320}$ c) $\frac{450}{650}$

7 Comprueba gráficamente que son equivalentes.

a) $\frac{2}{5}$ y $\frac{8}{20}$ b) $\frac{3}{4}$ y $\frac{6}{8}$ c) $\frac{1}{2}$ y $\frac{3}{6}$

8 **REFLEXIONA.** Halla el término *a* para que se cumplan las igualdades.

a) $\frac{3}{a} = \frac{12}{20}$ b) $\frac{9}{12} = \frac{45}{a}$ c) $\frac{14}{11} = \frac{a}{22}$

2.2. Fracción irreducible

La **fracción irreducible** de una fracción dada es otra fracción equivalente a ella en la que el numerador y el denominador no tienen divisores comunes a excepción de la unidad.

Una fracción es irreducible si no se puede simplificar.

EJEMPLO

6. Determina si las fracciones $\frac{4}{15}$ y $\frac{6}{15}$ son irreducibles.

Div (4) = {1, 2, 4}   Div (6) = {1, 2, 3, 6}   Div (15) = {1, 3, 5, 15}

4 y 15 no tienen divisores comunes. → $\frac{4}{15}$ es irreducible.

6 y 15 tienen divisores comunes. → $\frac{6}{15}$ no es irreducible.

2.3. Reducción de fracciones a común denominador

Reducir fracciones a común denominador consiste en obtener otras fracciones equivalentes a ellas que tengan el mismo denominador.

EJEMPLO

7. Reduce a común denominador las fracciones $\frac{5}{4}$ y $\frac{7}{18}$.

Calculamos el mínimo común múltiplo de los denominadores:

$$\left.\begin{array}{l} 4 = 2^2 \\ 18 = 2 \cdot 3^2 \end{array}\right\} \rightarrow \text{m.c.m.}\ (4, 18) = 2^2 \cdot 3^2 = 36$$

Ese valor es el denominador común de las fracciones buscadas.

Para calcular el nuevo numerador de cada fracción, dividimos ese m.c.m. entre el denominador y el resultado lo multiplicamos por el numerador.

$\frac{5}{4}$: $36 : 4 = 9$ → $5 \cdot 9 = 45$ → $\frac{45}{36}$

$\frac{7}{18}$: $36 : 18 = 2$ → $7 \cdot 2 = 14$ → $\frac{14}{36}$

RETO

Escribe tres parejas de fracciones tales que, al reducirlas a común denominador, el denominador de las nuevas fracciones sea 16.

ACTIVIDADES

9. Calcula la fracción irreducible de estas fracciones.

a) $\frac{24}{36}$ b) $\frac{60}{25}$ c) $\frac{540}{320}$ d) $\frac{120}{90}$

10. Reduce a común denominador.

$\frac{1}{3}, \frac{2}{5}, \frac{1}{4}, \frac{7}{6}, \frac{1}{10}$

11. Señala las fracciones irreducibles.

a) $\frac{1}{3}$ b) $\frac{23}{17}$ c) $\frac{10}{25}$ d) $\frac{57}{21}$

12. **REFLEXIONA.** ¿Puede obtenerse la fracción $\frac{1}{3}$ simplificando $\frac{363}{369}$?

Cómo se calcula la fracción irreducible

GEOGEBRA

Si el m. c. d. del numerador y el denominador de una fracción es 1, significa que la fracción es irreducible.

Halla la fracción irreducible de $\frac{30}{25}$.

① Factorizamos el numerador y el denominador de la fracción.

Numerador →

$$\begin{array}{r|l} 30 & 2 \\ 15 & 3 \\ 5 & 5 \\ 1 & \end{array}$$

Factores: $30 = 2 \cdot 3 \cdot 5$

Denominador →

$$\begin{array}{r|l} 25 & 5 \\ 5 & 5 \\ 1 & \end{array}$$

Factores: $25 = 5 \cdot 5 = 5^2$

② Hallamos el m. c. d. del numerador y el denominador.

$$\left.\begin{array}{l} 30 = 2 \cdot 3 \cdot 5 \\ 25 = 5^2 \end{array}\right\} \rightarrow \text{m. c. d. } (30, 25) = 5$$

③ Dividimos el numerador y el denominador de la fracción entre el m. c. d.

$$\frac{30}{25} = \frac{30 : 5}{25 : 5} = \frac{6}{5}$$ ← Fracción irreducible

ACTIVIDADES

13 Calcula la fracción irreducible de estas fracciones.

a) $\frac{40}{42}$ c) $\frac{60}{64}$ e) $\frac{70}{33}$

b) $\frac{10}{18}$ d) $\frac{90}{88}$ f) $\frac{70}{63}$

14 Completa en tu cuaderno estas fracciones para que sean irreducibles. ¿Existe una única solución?

a) $\frac{\square}{2}$ c) $\frac{1}{\square}$ e) $\frac{210}{\square}$

b) $\frac{4}{\square}$ d) $\frac{\square}{6}$ f) $\frac{\square}{19}$

15 ¿Hay alguna fracción equivalente a la fracción $\frac{80}{36}$ que sea irreducible? ¿Y a la fracción $\frac{27}{77}$? Justifica tu respuesta.

16 Escribe tres fracciones que sean equivalentes entre sí. Después, calcula la fracción irreducible de cada una de ellas. ¿Qué observas?

¿Crees que ocurre lo mismo para cualquier conjunto de fracciones equivalentes? Pon varios ejemplos para justificar tu respuesta.

17 Simplifica estas fracciones hasta llegar a su fracción irreducible.

18 Piensa y escribe.

a) Dos fracciones irreducibles que tengan como numerador 2.

b) Dos fracciones irreducibles que tengan como denominador 2.

19 Marcos dice que puede obtener la fracción irreducible $\frac{1}{4}$ simplificando la fracción $\frac{140}{440}$. ¿Tiene razón Marcos? ¿Por qué?

20 Razona si las siguientes afirmaciones son ciertas o falsas.

a) Al reducir dos fracciones a común denominador, las fracciones que se obtienen no son irreducibles.

b) Dos fracciones irreducibles diferentes pueden ser equivalentes.

c) Las fracciones con numerador 1 son irreducibles.

d) Las fracciones cuyos términos son números primos distintos son irreducibles.

3. Comparación de fracciones

GEOGEBRA

Para **comparar dos o más fracciones**, se siguen estos criterios:

- Si tienen igual denominador, es mayor la fracción con mayor numerador.
- Si tienen igual numerador, es mayor la fracción con menor denominador.
- Si tienen distinto numerador y denominador, se reducen primero a común denominador y, después, se comparan los numeradores.

EJEMPLO

8. Compara las siguientes fracciones.

a) $\frac{3}{5}$ y $\frac{2}{5}$

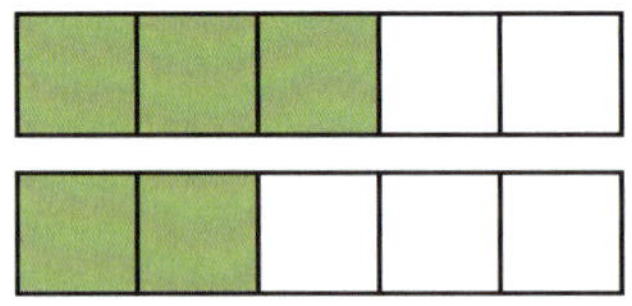

$\rightarrow \frac{3}{5}$, $\rightarrow \frac{2}{5}$ $\Big\} \rightarrow 3 > 2 \rightarrow \frac{3}{5} > \frac{2}{5}$

b) $\frac{3}{5}$ y $\frac{3}{4}$

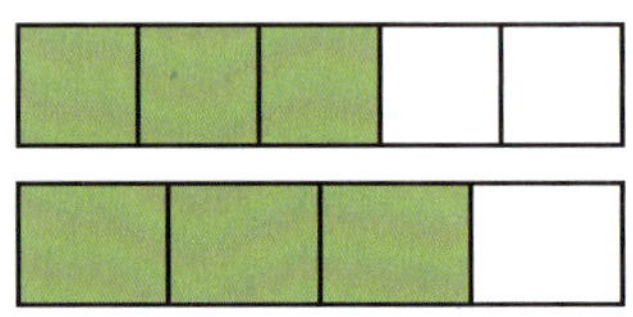

$\rightarrow \frac{3}{5}$, $\rightarrow \frac{3}{4}$ $\Big\} \rightarrow 4 < 5 \rightarrow \frac{3}{4} > \frac{3}{5}$

c) $\frac{3}{4}, \frac{5}{9}$ y $\frac{7}{12}$ → Como tienen distintos numerador y denominador, reducimos a común denominador.

$4 = 2^2$, $9 = 3^2$, $12 = 2^2 \cdot 3$ → m.c.m. $(4, 9, 12) = 2^2 \cdot 3^2 = 36$ ← Denominador común

$\frac{3}{4}$ → $36 : 4 = 9$ → $3 \cdot 9 = 27$ → $\frac{27}{36}$

$\frac{5}{9}$ → $36 : 9 = 4$ → $5 \cdot 4 = 20$ → $\frac{20}{36}$

$\frac{7}{12}$ → $36 : 12 = 3$ → $7 \cdot 3 = 21$ → $\frac{21}{36}$

Ordenamos las fracciones:

$\frac{20}{36} < \frac{21}{36} < \frac{27}{36} \rightarrow \frac{5}{9} < \frac{7}{12} < \frac{3}{4}$

RETO

Escribe dos fracciones comprendidas entre $\frac{2}{3}$ y $\frac{10}{9}$.

ACTIVIDADES

21 Ordena, de menor a mayor, aplicando los criterios de comparación de fracciones.

a) $\frac{3}{5}, \frac{2}{5}, \frac{1}{4}, \frac{1}{7}$

b) $\frac{2}{9}, \frac{3}{5}, \frac{6}{15}$

c) $\frac{6}{8}, \frac{5}{4}, \frac{5}{6}, \frac{10}{8}$

d) $\frac{4}{5}, \frac{7}{3}, \frac{9}{12}$

22 Ordena, de mayor a menor, hallando el valor numérico de cada fracción.

a) $\frac{1}{4}, \frac{1}{5}, \frac{1}{8}, \frac{1}{10}$

b) $\frac{2}{5}, \frac{2}{4}, \frac{2}{8}, \frac{2}{2}$

23 **REFLEXIONA.** Si $\frac{a}{5}$ es mayor que $\frac{-7}{3}$, ¿cuánto vale a?

4. Operaciones con fracciones

4.1. Suma y resta de fracciones

- Para **sumar o restar** fracciones con **igual denominador**, se suman o se restan los numeradores y se deja el mismo denominador.
- Para **sumar o restar** fracciones con **distinto denominador**, se reducen primero a común denominador y, después, se suman o restan los numeradores dejando el nuevo denominador.

Para operar con fracciones y números enteros, podemos escribir los números como fracciones con denominador 1.

$$a = \frac{a}{1}$$

EJEMPLO

9. Resuelve estas operaciones.

a) $\frac{7}{6} + \frac{9}{6} - \frac{2}{6} - \frac{4}{6} = \frac{7+9-2-4}{6} = \frac{10}{6} = \frac{5}{3}$ (Simplificamos.)

b) $\frac{2}{3} - \frac{1}{6} - \frac{3}{4} + 2 = \frac{2}{3} + \frac{1}{6} - \frac{3}{4} + \frac{2}{1} = \frac{8+2-9+24}{12} = \frac{25}{12}$

m.c.m. (3, 6, 4) = 12

4.2. Fracción opuesta

Dos fracciones son **opuestas** si la suma de ambas es cero.

Una fracción $\frac{a}{b}$ tiene siempre una fracción opuesta del tipo $\frac{-a}{b}$.

EJEMPLO

10. Calcula las fracciones opuestas a estas fracciones.

a) $\frac{2}{3} \rightarrow$ Su opuesta es $\frac{-2}{3}$ porque $\frac{2}{3} + \frac{-2}{3} = \frac{2+(-2)}{3} = \frac{0}{3} = 0$.

b) $-\frac{5}{4} \rightarrow$ Su opuesta es $\frac{5}{4}$ porque $-\frac{5}{4} + \frac{5}{4} = \frac{-5+5}{4} = \frac{0}{4} = 0$.

Las fracciones del tipo $\frac{-a}{b}$ y $\frac{a}{-b}$ las escribimos $-\frac{a}{b}$.

$$\frac{-2}{5} = \frac{2}{-5} = -\frac{2}{5}$$

Son **fracciones negativas**.

Las fracciones del tipo $\frac{-a}{-b}$ las escribimos $\frac{a}{b}$.

$$\frac{-2}{-5} = \frac{2}{5}$$

Son **fracciones positivas**.

ACTIVIDADES

24 Calcula y simplifica el resultado, si se puede.

a) $2 + \frac{4}{3} + \frac{1}{3}$

b) $\frac{3}{2} + \frac{1}{5} - \frac{1}{10}$

c) $\frac{3}{4} - \frac{7}{2} - \frac{1}{3}$

d) $\frac{4}{7} + \frac{2}{4} - \frac{1}{2}$

e) $\frac{6}{5} + \frac{1}{7} - 1$

f) $\frac{7}{5} - \frac{8}{3} + \frac{9}{10}$

g) $\frac{3}{2} - \frac{3}{4} - \frac{3}{8} - 1$

h) $\frac{7}{6} - \frac{3}{2} + \frac{4}{3} + 2$

25 Calcula.

a) $\frac{2}{15} + \frac{7}{18} + \frac{-5}{12}$

b) $\frac{2}{15} + \frac{7}{18} - \frac{5}{-12}$

26 **REFLEXIONA.** Calcula el valor de *a*.

$$\frac{a}{7} + 3 - \frac{1}{2} = \frac{45}{14}$$

4.3. Multiplicación y división de fracciones

GEOGEBRA

El **producto de** dos o más **fracciones** es otra fracción que tiene como numerador el producto de los numeradores y como denominador el producto de los denominadores.

$$\frac{a}{b} \cdot \frac{c}{d} = \frac{a \cdot c}{b \cdot d}$$

EJEMPLO

11. Calcula.

a) $\frac{3}{5} \cdot \frac{2}{9} \cdot \frac{7}{4} = \frac{3 \cdot 2 \cdot 7}{5 \cdot 9 \cdot 4} = \frac{42}{180} = \frac{7}{30}$ (Simplificando: m.c.d. (42, 180) = 6.)

b) $\frac{1}{4} \cdot 1\,000 = \frac{1}{4} \cdot \frac{1\,000}{1} = \frac{1 \cdot 1\,000}{4 \cdot 1} = \frac{1\,000}{4} = 250$

Dos **fracciones** son **inversas** cuando su producto es igual a la unidad.

La fracción inversa de $\frac{a}{b}$, distinta de cero, es $\frac{b}{a}$.

Las fracciones de numerador cero son cero.

$\frac{0}{b} = 0$ con $b \neq 0$

EJEMPLO

12. ¿Cuál es la fracción inversa de $\frac{3}{4}$? Su inversa es $\frac{4}{3}$, porque $\frac{4}{3} \cdot \frac{3}{4} = \frac{12}{12} = 1$.

Para **dividir dos fracciones**, multiplicamos la primera fracción por la fracción inversa de la segunda.

$$\frac{a}{b} : \frac{c}{d} = \frac{a}{b} \cdot \frac{d}{c} = \frac{a \cdot d}{b \cdot c}$$

Para dividir fracciones hay que multiplicar en cruz.

$$\frac{a}{b} \times \frac{c}{d} = \frac{a \cdot d}{b \cdot c}$$

RETO

Si divides una fracción propia entre una impropia, ¿qué obtienes?

EJEMPLO

13. Calcula.

a) $\frac{8}{3} : \frac{5}{9} = \frac{8}{3} \cdot \frac{9}{5} = \frac{8 \cdot 9}{3 \cdot 5} = \frac{72}{15} = \frac{24}{5}$

Inversa de $\frac{5}{9} \rightarrow \frac{9}{5}$

b) $\frac{12}{5} : 7 = \frac{12}{5} \cdot \frac{1}{7} = \frac{12 \cdot 1}{5 \cdot 7} = \frac{12}{35}$

Inversa de $\frac{7}{1} \rightarrow \frac{1}{7}$

ACTIVIDADES

27 Haz estas operaciones.

a) $\frac{3}{5} \cdot \frac{2}{5} \cdot \frac{1}{6}$

b) $\frac{4}{7} \cdot \frac{5}{6} \cdot \frac{9}{5}$

28 Calcula.

a) $\frac{2}{3}$ de 60

b) $\frac{3}{5}$ de 90

29 Los 3/4 del agua de un pueblo son reciclados y, de esa agua reciclada, los 2/5 son para riego. ¿Qué fracción del total de agua se utiliza para riego?

30 **REFLEXIONA.** Una vela se consume en 1/4 parte cada hora. Si nos queda 1/2 de vela, ¿cuántas horas la podremos tener encendida?

Cómo se resuelven operaciones con fracciones negativas

Recuerda la regla de los signos:

$+ \cdot + = +$	$+ : + = +$
$- \cdot - = +$	$- : - = +$
$+ \cdot - = -$	$+ : - = -$
$- \cdot + = -$	$- : + = -$

Resuelve estas operaciones.

a) $\frac{9}{2} + \left(-\frac{5}{4}\right)$

b) $\frac{3}{4} - \left(-\frac{4}{5}\right)$

c) $\left(-\frac{2}{3}\right) \cdot \frac{1}{4}$

d) $-\frac{3}{5} : \left(-\frac{6}{7}\right)$

① Aplicamos la regla de los signos.

- En sumas y restas.

a) $\frac{9}{2} + \left(-\frac{5}{4}\right) = \frac{9}{2} - \frac{5}{4}$ ($+ \cdot - = -$)

b) $\frac{3}{4} - \left(-\frac{4}{5}\right) = \frac{3}{4} + \frac{4}{5}$ ($- \cdot - = +$)

- En multiplicaciones y divisiones.

c) $\left(-\frac{2}{3}\right) \cdot \frac{1}{4} = -\frac{2 \cdot 1}{3 \cdot 4}$ ($- \cdot + = -$)

d) $-\frac{3}{5} : \left(-\frac{6}{7}\right) = \frac{3 \cdot 7}{5 \cdot 6}$ ($- : - = +$)

② Operamos.

- En sumas y restas.

a) $\frac{9}{2} - \frac{5}{4} = \frac{18 - 5}{4} = \frac{13}{4}$

b) $\frac{3}{4} + \frac{4}{5} = \frac{15 + 16}{20} = \frac{31}{20}$

- En multiplicaciones y divisiones.

c) $-\frac{2 \cdot 1}{3 \cdot 4} = -\frac{2}{12} = -\frac{1}{6}$

d) $\frac{3 \cdot 7}{5 \cdot 6} = \frac{21}{30} = \frac{7}{10}$

Simplificamos.

ACTIVIDADES

31 Resuelve estas operaciones.

a) $-2 + \frac{3}{6}$

b) $\frac{3}{-5} + \left(-\frac{2}{7}\right)$

c) $\frac{-2}{5} + (-5)$

d) $-\left(\frac{-1}{4}\right) - \left(-\frac{5}{6}\right)$

32 Opera, calculando de izquierda a derecha.

a) $\frac{1}{5} + 1 + \left(-\frac{4}{9}\right)$

b) $\frac{4}{3} + \left(-\frac{2}{9}\right) + \left(\frac{-5}{6}\right)$

c) $1 - \left(\frac{2}{-5}\right) + \left(-\frac{6}{7}\right)$

d) $-\left(\frac{1}{-2}\right) - 5 + \left(\frac{-3}{4}\right)$

33 Completa en tu cuaderno.

a) $\frac{-1}{5} + \frac{\square}{\square} = -\frac{3}{20}$

b) $\frac{\square}{\square} - \left(\frac{3}{-2}\right) = -\frac{1}{4}$

c) $\frac{\square}{\square} + \left(\frac{-6}{7}\right) = -\frac{1}{3}$

d) $5 - \frac{\square}{\square} = -\frac{1}{3}$

34 Di qué operaciones dan el mismo resultado.

a) $\frac{5}{3} : \left(-\frac{3}{5}\right)$

b) $\frac{4}{3} \cdot \left(-\frac{2}{11}\right)$

c) $\frac{-6}{5} : \left(-\frac{7}{4}\right)$

d) $\frac{5}{9} \cdot (-5)$

35 Opera, calculando de izquierda a derecha.

a) $\frac{2}{3} : \frac{3}{4} \cdot \left(-\frac{1}{5}\right)$

b) $\left(-\frac{7}{3}\right) \cdot \frac{4}{5} : \frac{1}{6}$

c) $-\frac{2}{3} : \left(\frac{-3}{4}\right) \cdot \left(-\frac{2}{7}\right)$

d) $-\left(\frac{1}{-2}\right) : (-5) \cdot \left(\frac{3}{-10}\right)$

36 Completa estas igualdades en tu cuaderno.

a) $\left(-\frac{2}{3}\right) \cdot \frac{\square}{\square} = \frac{14}{15}$

b) $\frac{\square}{\square} : \left(\frac{2}{-7}\right) = \frac{18}{7}$

c) $\frac{\square}{\square} \cdot \frac{2}{7} = -\frac{22}{21}$

d) $\frac{2}{3} : \frac{\square}{\square} = \frac{-16}{27}$

5. Operaciones combinadas con fracciones

Para realizar **operaciones combinadas con fracciones**, hay que seguir este orden:

1.º Se realizan las operaciones que hay entre paréntesis y corchetes, de dentro hacia fuera.

2.º Se resuelven las multiplicaciones y divisiones, de izquierda a derecha.

3.º Se resuelven las sumas y restas, de izquierda a derecha.

« No olvides simplificar los resultados siempre que sea posible.

EJEMPLO

14. Calcula.

a) $\frac{3}{4} - 4 + \frac{5}{6} : \frac{1}{3} + \frac{7}{8} \cdot \frac{5}{2} - 1$ → No hay operaciones entre paréntesis.

Multiplicaciones y divisiones

Sumas y restas

$$\frac{3}{4} - 4 + \frac{15}{6} + \frac{35}{16} - 1 = \frac{36}{48} - \frac{192}{48} + \frac{120}{48} + \frac{105}{48} - \frac{48}{48} =$$

m.c.m. (4, 6, 16) = 48

$$= \frac{21}{48} = \frac{7}{16}$$

Simplificamos.

b) $-5 + \frac{2}{5} + 2 : \left(-\frac{5}{3}\right) + \left(-\frac{3}{2}\right) \cdot \frac{4}{5}$ → No hay operaciones entre paréntesis.

Multiplicaciones y divisiones

$$-5 + \frac{2}{5} - \frac{6}{5} - \frac{12}{10} = -\frac{50}{10} + \frac{4}{10} - \frac{12}{10} - \frac{12}{10} =$$

m.c.m. (5, 10) = 10

$$= -\frac{70}{10} = -7$$

Simplificamos.

ACTIVIDADES

37 Realiza estas operaciones.

a) $\frac{11}{7} + \frac{4}{5} : \frac{7}{2}$

b) $-\frac{7}{30} \cdot \frac{6}{7} - \frac{31}{20}$

c) $\frac{5}{3} : \frac{5}{12} - \frac{7}{6} \cdot 3$

d) $\frac{4}{5} + 4 \cdot \frac{9}{10} - \frac{6}{15}$

38 Calcula.

a) $-\frac{3}{4} + \frac{4}{5} : 4 - \frac{1}{2}$

b) $-3 - \frac{3}{2} : \frac{3}{4} \cdot \frac{2}{7}$

c) $\frac{2}{3} - \frac{5}{12} - 2 \cdot \left(\frac{-2}{5}\right) : \frac{4}{5}$

d) $3 + \frac{4}{5} - \frac{3}{4} : \frac{3}{8} - \frac{7}{15}$

39 Haz estas operaciones.

a) $\frac{6}{5} : 3 + \frac{5}{2} \cdot (-2) + \frac{4}{9} \cdot \left(\frac{-3}{2}\right) - \frac{1}{3}$

b) $-\frac{5}{6} + 2 \cdot \frac{11}{6} \cdot \left(-\frac{3}{2}\right) + \frac{5}{2} + \frac{7}{12} : \left(\frac{-7}{6}\right)$

c) $\frac{5}{4} \cdot \frac{3}{10} + 4 + \frac{12}{5} : (-2) \cdot \frac{10}{3} - 2$

40 **REFLEXIONA.** Copia y completa en tu cuaderno.

a) $\frac{\square}{2} - \frac{3}{4} : \frac{1}{2} = 3$

b) $\frac{-2}{3} \cdot \frac{5}{\square} - 1 = \frac{-11}{6}$

Cómo se resuelven operaciones combinadas con paréntesis

Para sumar o restar un número entero y una fracción, transformamos el número entero en fracción con el mismo denominador que la fracción que queremos sumarle o restarle.

$$2-\frac{3}{11}=\frac{2\cdot 11}{11}-\frac{3}{11}=\frac{22}{11}-\frac{3}{11}=\frac{19}{11}$$

Resuelve esta operación.

$$2-\frac{1}{2}\cdot\left[\left(\frac{1}{2}:3\right)+\frac{1}{3}\right]-\frac{1}{2}$$

① Resolvemos las operaciones de dentro de los paréntesis y corchetes.

$$2-\frac{1}{2}\cdot\left[\left(\frac{1}{2}:3\right)+\frac{1}{3}\right]-\frac{1}{2}=$$

Escribimos como fracción.

$$=2-\frac{1}{2}\cdot\left[\left(\frac{1}{2}:\frac{3}{1}\right)+\frac{1}{3}\right]-\frac{1}{2}=$$

$$=2-\frac{1}{2}\cdot\left[\left(\frac{1}{6}\right)+\frac{1}{3}\right]-\frac{1}{2}=$$

m.c.m. (6, 3) = 6

$$=2-\frac{1}{2}\cdot\left[\frac{1}{6}+\frac{2}{6}\right]-\frac{1}{2}=$$

② Calculamos las multiplicaciones y divisiones en el orden en que aparecen.

$$=2-\frac{1}{2}\cdot\frac{3}{6}-\frac{1}{2}=$$

$$=2-\frac{3}{12}-\frac{1}{2}=$$

Mismo denominador que la fracción.

③ Calculamos las sumas y las restas de izquierda a derecha.

$$=\frac{24}{12}-\frac{3}{12}-\frac{1}{2}=\frac{24}{12}-\frac{3}{12}-\frac{6}{12}=\frac{15}{12}=\frac{5}{4}$$

m.c.m. (12, 2) = 12

Simplificamos.

ACTIVIDADES

41 Calcula. No olvides simplificar, si puedes, el resultado.

a) $\left(\frac{7}{3}-\frac{2}{8}\right):\left(1-\frac{5}{15}\right)$

b) $-\frac{7}{11}\cdot\frac{3}{8}-\frac{15}{44}$

c) $2-\left[\frac{1}{2}-\left(\frac{3}{4}\cdot\frac{8}{2}+1\right)\right]-\frac{4}{3}$

d) $\frac{2}{3}-\frac{12}{7}\cdot\left(\frac{13}{6}-2\right)-\frac{1}{3}$

e) $\frac{2}{5}+4\cdot\frac{3}{10}-\frac{6}{15}$

f) $-2\cdot\frac{4}{5}-\frac{3}{4}+\left(2:\frac{10}{9}\right)$

g) $\frac{2}{3}+\frac{2}{5}\cdot\frac{7}{2}-\left(\frac{4}{3}-\frac{2}{5}:\frac{2}{4}\right)$

h) $-\frac{1}{12}+\left[\frac{7}{5}-\left(1-\frac{2}{3}\right):\frac{4}{3}\right]+(-5)\cdot\frac{7}{30}$

42 Calcula estas operaciones y simplifica.

a) $4+\frac{5}{6}:\left(\frac{3}{2}-\frac{2}{3}\right)-\frac{8}{3}\cdot\frac{3}{4}$

b) $\frac{8}{11}\cdot\left(\frac{6}{5}-\frac{5}{6}\right):\frac{2}{5}+2\cdot\frac{5}{6}$

c) $\frac{2}{9}:\left(\frac{5}{3}-\frac{1}{5}-\frac{2}{15}\right)\cdot\frac{5}{2}+1:\frac{3}{4}$

d) $\frac{2}{5}:\left(\frac{3}{10}:\frac{2}{5}\right)\cdot\frac{5}{2}-\left(\frac{7}{6}+\frac{8}{3}\right)$

e) $\left[\left(\frac{2}{3}-\frac{1}{4}\right)\cdot 2+\frac{3}{2}\right]\cdot\left(\frac{3}{2}-\frac{2}{7}\right)$

f) $2-\frac{3}{2}\cdot\left[(-3):\left(\frac{1}{5}+\frac{1}{10}\right)\right]$

g) $\frac{8}{3}-\left[7\cdot\left(\frac{8}{3}+2:\frac{1}{6}\right)\right]$

h) $\left(4+\frac{2}{3}\right):7-\left(\frac{1}{2}\cdot\frac{3}{2}-\frac{1}{12}\right)$

6. Números decimales

Un número decimal tiene una **parte entera**, situada a la izquierda de la coma, y una **parte decimal**, situada a la derecha de la coma.

60,0507 → Sesenta unidades quinientas siete diezmilésimas

GEOGEBRA

Parte entera		Parte decimal			
decenas	unidades	décimas	centésimas	milésimas	diezmilésimas
6	0	0	5	0	7

Comparación de números decimales

Para comparar números decimales:

1.º Comparamos sus partes enteras: es mayor el número con mayor parte entera.

2.º Si las partes enteras son iguales, comparamos sus partes decimales cifra a cifra: se comparan las décimas, siendo mayor el número cuya cifra de las décimas es mayor. Si son iguales, se comparan las centésimas para ver qué cifra es mayor. Se repite el proceso hasta que las cifras no son iguales.

Date cuenta de que siempre cualquier número positivo es mayor que cualquier número negativo.

Si añadimos ceros a la derecha de un número decimal, el número no varía, es el mismo.

7,32
7,320
7,3200
7,32000
7,320000

EJEMPLOS

15. **Compara los números decimales 8,78 y 8,7911.**

Tienen la misma parte entera, 8.

Comparamos la parte decimal: tienen las mismas décimas. Las centésimas son mayores en el segundo número.

Por tanto: $8,78 < 8,7911$.

16. **Ordena de menor a mayor los números 1,2; −4 y −3,75.**

Todo número decimal positivo es mayor que cualquier negativo: 1,2 es el mayor de los tres números.

Al comparar las partes enteras de los otros dos números, −4 y −3, se obtiene que $-4 < -3$. Por tanto: $-4 < -3,75 < 1,2$.

RETO

Busca un número decimal que esté comprendido entre −0,001 y −0,002.

ACTIVIDADES

43. Ordena, de mayor a menor, los siguientes números decimales.
   a) 6,1; 4,22; 4,02; 6,11; 3,99; 3,9
   b) 5,602; 5,611; 5,6005; 5,60102
   c) 0,02; −1,05; 0,8; 0,12; −0,025; 0,07
   d) −1,1; −1,01; −1,11; −1,2
   e) −2,1; 2,21; −2,11; 2,12

44. Escribe cinco números comprendidos entre:
   a) 0,5 y 1,2
   b) 0,05 y 0,5
   c) −2,01 y −2

45. **REFLEXIONA.** Escribe tres números mayores que −7,123456…

7. Aproximación y estimación

7.1. Aproximación de números decimales

Para **truncar** un número decimal a un cierto orden, se eliminan las cifras de los órdenes inferiores a él.

Para **redondear** un número decimal a un cierto orden, se eliminan las cifras de los órdenes inferiores, de manera que si la cifra siguiente a la del orden considerado es:

- Mayor o igual que 5, se suma una unidad a la cifra del orden al que estamos redondeando.
- Menor que 5, no cambia la cifra del orden de redondeo.

"El error de aproximación es la diferencia (positiva) entre el valor exacto y la aproximación.

3,165 —Redondeando a las centésimas.→ 3,17

Error cometido:

3,17 − 3,165 = 0,005

EJEMPLO

17. Aproxima mediante redondeo y truncamiento el número 35,4929.

	A las milésimas	A las centésimas	A las décimas
Truncamiento	35,492	35,49	35,4
Redondeo	35,493	35,49	35,5

7.2. Estimación del resultado de una operación

En ocasiones, al operar con números decimales, es útil aproximarlos aunque se obtenga un resultado cercano en lugar del resultado exacto. Esta técnica se denomina **estimación**.

EJEMPLO

18. El peso máximo permitido para enviar un paquete es 2 kg. Quiero enviar tres libros, que pesan 0,522 g cada uno, y unos documentos de 0,293 g. ¿Puedo meterlo todo en un paquete?

Los libros pesan, más o menos, 0,5 kg cada uno, y los documentos, 0,3 kg.

Exacto	Aproximando a las décimas
0,522 · 3 = 1,566 kg 1,566 + 0,293 = 1,859 kg	0,5 · 3 = 1,5 kg 1,5 + 0,3 = 1,8 kg

No me excedo de 2 kg; por tanto, lo puedo meter todo en un paquete.

ACTIVIDADES

46 Aproxima por redondeo y por truncamiento a las centésimas estos números decimales.

a) 156,2593
b) 1,2064
c) 36,243
d) 9,0503

47 Estima el resultado de esta operación.

$$1{,}48 + 1{,}9785 - 0{,}9467 \cdot 3{,}023$$

48 **REFLEXIONA.** Aproxima por redondeo a las milésimas el área de un cuadrado de lado 2,35 cm.

8. Fracciones y números decimales

Para **expresar una fracción como un número decimal**, se divide el numerador entre el denominador.

Tipos de números decimales

- Un **número decimal** es **exacto** cuando tiene un número finito de cifras decimales.
- Un **número decimal** es **periódico** cuando tiene infinitas cifras decimales, de las cuales una o varias se repiten indefinidamente. Esa cifra o grupo de cifras se llama periodo.
  - Si el periodo comienza inmediatamente después de la coma, el número es un decimal **periódico puro**.
  - Si el periodo no comienza justo después de la coma, es un decimal **periódico mixto**. A las cifras decimales que no pertenecen al periodo se las llama **anteperiodo**.
- Un **número decimal** es **no exacto** y **no periódico** cuando tiene infinitas cifras decimales y ninguna se repite indefinidamente.

Para escribir de forma abreviada los números decimales periódicos, se coloca un arco sobre las cifras del periodo.

$4,272727... = 4,\overset{\frown}{27}$ (periodo: 27)

$1,45131313... = 1,4\overset{\frown}{513}$ (anteperiodo: 45; periodo: 13)

La expresión decimal de una fracción es siempre un número entero o un número decimal exacto o periódico.

Un número decimal no exacto y no periódico no se puede expresar mediante una fracción.

EJEMPLOS

19. Calcula la expresión decimal de cada fracción.

a) $\frac{11}{3} = 3,66666...$ → Periódico. Periodo = 6

b) $\frac{19}{90} = 0,21111...$ → Periódico mixto. Anteperiodo = 2. Periodo = 1

20. Completa la tabla con dos decimales de cada tipo.

Exacto	Periódico puro	Periódico mixto	No exacto y no periódico
0,08 2,675	1,666... 5,272727...	0,3777... 1,45131313...	$\sqrt{2}$ = 1,4142135... 0,12345678910...

ACTIVIDADES

49 Expresa de forma abreviada los números decimales.

a) 34,65555... c) 9,763333...

b) 0,31111... d) 0,6666...

50 Clasifica estos números decimales.

a) 61,454545... d) 58,37777...

b) 2,5 e) 0,55

c) 7,3333... f) 6,34444...

51 Escribe y clasifica el número decimal correspondiente a estas fracciones.

a) $\frac{45}{3}$ b) $\frac{12}{3}$ c) $\frac{5}{12}$ d) $\frac{95}{3}$

52 **REFLEXIONA.** ¿Cuáles de los siguientes números son no exactos y no periódicos?

a) 5,2233344444... c) 5,2345345345...

b) 5,232425... d) 5,223223223...

Cómo se determina el tipo de número decimal que corresponde a una fracción

Para obtener la fracción irreducible de una fracción, dividimos el numerador y el denominador entre el m. c. d. de ambos.

Averigua qué tipo de número decimal corresponde a estas fracciones.

$$\frac{14}{7} \qquad \frac{38}{50} \qquad \frac{11}{9} \qquad \frac{33}{45}$$

① Si el numerador es múltiplo del denominador, la expresión decimal es un número entero.

$\frac{14}{7} \xrightarrow{\text{14 múltiplo de 7}}$ Número entero $14 : 7 = 2$

② En caso contrario, calculamos la fracción irreducible y factorizamos el denominador.

$$\frac{38}{50} \xrightarrow[\text{Fracción irreducible}]{\text{m. c. d. }(38, 50) = 2} \frac{38}{50} = \frac{38 : 2}{50 : 2} = \frac{19}{25}$$

- Si la factorización solo tiene como factores 2 y 5, es un decimal exacto.

$\frac{19}{25} \xrightarrow[\text{Solo factor 5}]{\text{Denominador } = 25 = 5^2}$ Decimal exacto $19 : 25 = 0{,}76$

$$\frac{11}{9} \xrightarrow{\text{m. c. d. }(11, 9) = 1} \text{Fracción irreducible}$$

- Si la factorización no tiene como factores 2 ni 5, es un decimal periódico puro.

$\frac{11}{9} \xrightarrow[\text{Factores distintos de 2 y 5}]{\text{Denominador } = 9 = 3^2}$ Decimal periódico puro $11 : 9 = 1{,}222\ldots = 1{,}\widehat{2}$

$$\frac{33}{45} \xrightarrow[\text{Fracción irreducible}]{\text{m. c. d. }(33, 45) = 3} \frac{33}{45} = \frac{33 : 3}{45 : 3} = \frac{11}{15}$$

- Si la factorización tiene como factores 2 o 5 y otros, es un decimal periódico mixto.

$\frac{11}{15} \xrightarrow[\text{Factor 5 y otros}]{\text{Denominador } = 15 = 3 \cdot 5}$ Decimal periódico mixto $11 : 15 = 0{,}7333\ldots = 0{,}7\widehat{3}$

ACTIVIDADES

53 Determina sin hacer la división el tipo de número decimal asociado a cada fracción.

a) $\frac{21}{14}$ c) $\frac{5}{3}$ e) $\frac{21}{7}$

b) $\frac{7}{6}$ d) $\frac{45}{66}$ f) $\frac{13}{9}$

54 Calcula el decimal asociado a cada fracción de la actividad anterior y exprésalo de forma abreviada.

55 Averigua cuántas cifras decimales tiene el número decimal asociado a cada fracción.

a) $\frac{7}{100}$ c) $\frac{16}{55}$ e) $\frac{5}{30}$

b) $\frac{67}{6}$ d) $\frac{15}{8}$ f) $\frac{117}{134}$

56 Pedro ha comprado $\frac{5}{2}$ kg de manzanas; María, $\frac{9}{3}$ kg, y Pablo, $\frac{21}{5}$ kg. ¿Quién ha comprado más cantidad? Transforma las fracciones en números decimales para resolver el problema.

57 Escribe tres fracciones que representen los siguientes números.

a) Un número entero.

b) Un número decimal exacto.

c) Un número decimal periódico puro.

d) Un número decimal periódico mixto.

9. Operaciones con números decimales

9.1. Suma, resta y multiplicación de números decimales

GEOGEBRA

- Para **sumar o restar números decimales:**
  1.º Colocamos los números de forma que las comas decimales estén alineadas, y añadimos los ceros necesarios para que todos tengan el mismo número de cifras decimales.
  2.º Sumamos o restamos como si fueran números naturales, manteniendo la coma en su lugar correspondiente.
- Para **multiplicar** dos **números decimales:**
  1.º Los multiplicamos como si fueran números naturales.
  2.º Colocamos la coma en el resultado separando tantas cifras decimales como tengan en total entre ambos factores.

“

Para resolver operaciones combinadas con números decimales, se utiliza la misma jerarquía de las operaciones que con los números enteros.

1.º Paréntesis y corchetes.

2.º Multiplicaciones y divisiones.

3.º Sumas y restas.

$23,2 - (7,8 - 5,9) \cdot 7,01 =$
$= 23,2 - 1,9 \cdot 7,01 =$
$= 23,2 - 13,319 = 9,881$

EJEMPLO

21. Calcula estas operaciones.

a) $432,35 + 27,468$

$$\begin{array}{r} 432,350 \\ +\ 27,468 \\ \hline 459,818 \end{array}$$

b) $637,1 - 96,78$

$$\begin{array}{r} 637,10 \\ -\ 96,78 \\ \hline 540,32 \end{array}$$

c) $0,24 \cdot 9,5$

$$\begin{array}{rl} 0,24 & \leftarrow \text{2 decimales} \\ \times\ 9,5 & \leftarrow \text{1 decimal} \\ \hline 120 & \\ 216 & \\ \hline 2,280 & \leftarrow \text{3 decimales} \end{array}$$

RETO

Con la calculadora, efectúa esta división sin utilizar la coma decimal: 9,87 : 2,3.

9.2. División de números decimales

Para **dividir dos números decimales** hay que eliminar las cifras decimales del divisor multiplicando el dividendo y el divisor por la unidad seguida de tantos ceros como decimales tiene el divisor.

Después, se hace la división teniendo en cuenta que, cuando se baja la primera cifra decimal del dividendo, se pone una coma en el cociente.

ACTIVIDADES

58 Efectúa estas operaciones.

a) $72,82 + 4,003 + 9,0195$

b) $(5,02 - 3,009) + (7,96 - 2,1)$

c) $42,78 - (13,25 - 10,9672)$

59 Resuelve.

a) $3,2 \cdot 0,45$

b) $12,56 \cdot 1,05$

c) $7,25 \cdot 2,042$

d) $147,5 \cdot 1,3$

60 Haz las siguientes operaciones combinadas.

a) $(5,03 - 4,95) \cdot 1,26$

b) $9,82 + 6,2 \cdot 0,02$

c) $4,2 \cdot (7,05 - 5,92) + 3,2 \cdot 1,56$

61 **REFLEXIONA.** Completa el término que falta.

a) $7,24 + \square = 9,567$

b) $\square - 65,005 = 23,675$

Cómo se dividen números decimales

> En las divisiones en las que el dividendo o el divisor es un número decimal, el resto también es un número decimal.

Calcula estas divisiones.

a) 17,41 : 7

b) 17 : 0,71

c) 17,2 : 0,71

① *Si el divisor es un número natural, escribimos la coma en el cociente cuando bajamos la primera cifra decimal.*

a)
```
17,41 |7
 34    2,48
  61
   5
```
Cociente: 2,4(8) → centésimas

Resto: 0,0(5) → centésimas

El resto tiene el mismo orden que el cociente.

② *Si el divisor es un número decimal, multiplicamos el dividendo y el divisor por la unidad seguida de tantos ceros como cifras decimales tenga el divisor.*

b) 17 | 0,71 → 2 cifras decimales; · 100
```
1700 |71
 280  23
  67
```
Cociente: 23

Resto: 67 : 100 = 0,67

Dividimos el resto entre el número por el que hemos multiplicado.

c) 17,2 | 0,71 → 2 cifras decimales; · 100
```
1720 |71
 300  24
  16
```
Cociente: 24

Resto: 16 : 100 = 0,16

Dividimos el resto entre el número por el que hemos multiplicado.

ACTIVIDADES

62 Calcula el cociente y el resto de las siguientes divisiones.

a) 91,6 : 4	g) 5,3586 : 9
b) 178,65 : 5	h) 12,153 : 6
c) 80 : 3,2	i) 4 786 : 2,375
d) 289 : 4,25	j) 1 914 : 6,28
e) 127,4 : 9,8	k) 3,33 : 0,258
f) 9,6 : 3,84	l) 9,124 : 1,376

63 Sabiendo que 8,75 : 5 = 1,75, calcula:

a) 87,5 : 5	c) 875 : 5
b) 0,875 : 5	d) 8 750 : 5

64 Completa en tu cuaderno.

a) 0,12 : □ = 6

b) 15 : □ = 60

c) 25,38 : □ = 2,7

d) 92,16 : □ = 9,6

65 Carmen ha pagado 7,56 € por 4 kg de naranjas, 15 € por 2,5 kg de nueces y 11,90 € por 8,5 kg de plátanos.

a) ¿Cuánto cuesta el kilo de cada uno de los productos que compró Carmen?

b) ¿Qué producto es más caro?

66 El año pasado, Ernesto cotizó a la Seguridad Social 2 453,50 € durante los siete meses y medio que trabajó. ¿Cuál fue su cotización mensual?

1. Identifica los distintos tipos de números para representar información cualitativa

Fracciones

ACTIVIDADES FLASH

67 Expresa estas situaciones con una fracción.

a) Tengo 180 cromos de los 200 que tiene la colección completa.

b) El autobús ha tardado tres cuartos de hora.

c) Quedan cinco doceavas partes de la cosecha.

d) Conviene dormir ocho horas diarias.

68 Representa gráficamente las siguientes fracciones y exprésalas como un cociente.

a) $\frac{3}{4}$ b) $\frac{5}{8}$ c) $\frac{9}{10}$ d) $\frac{7}{16}$

69 La parte coloreada de esta figura representa la cantidad de estudiantes de un colegio que se quedan a comer cada día.

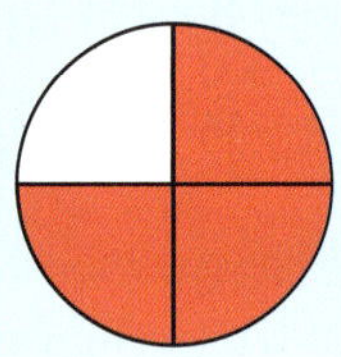

a) Expresa como fracción la cantidad de estudiantes que usan el comedor.

b) Si en el colegio hay 1 452 estudiantes, ¿cuántos asisten al comedor cada día?

70 **RETO.** El resultado de dividir el número de estudiantes que no hacen deporte entre el número de deportistas de una clase es 0,24. ¿Cuál es el menor número de estudiantes que hay en la clase?

71 Resuelve el crucigrama.

HORIZONTALES

1. $\frac{1}{5}$ de 60; $\frac{1}{8}$ de 16
2. $\frac{1}{4}$ de 104; $\frac{1}{10}$ de 100
3. $\frac{1}{5}$ de 1200
4. $\frac{1}{100}$ de 100; $\frac{1}{4}$ de 1300
5. $\frac{1}{3}$ de 168; $\frac{1}{6}$ de 240

VERTICALES

A. $\frac{1}{7}$ de 14; $\frac{1}{8}$ de 120

B. $\frac{1}{5}$ de 810; $\frac{1}{9}$ de 54

C. $\frac{1}{15}$ de 30; $\frac{1}{6}$ de 258

D. $\frac{1}{3}$ de 3072

E. $\frac{1}{5}$ de 100; $\frac{1}{4}$ de 200

72 **INVESTIGA.** Varias personas entran a una frutería:

- La primera compra 2 kiwis más la mitad de los que quedan.
- La segunda, 3 kiwis más un tercio de los que quedan.
- La tercera, 4 kiwis más un cuarto de los que quedan.

Y así sucesivamente.

a) Si había 50 kiwis, ¿cuántos kiwis quedan tras el primer comprador? ¿Y tras el segundo? ¿Puede comprar el tercero y no partir ningún kiwi?

b) Si hay 80 kiwis, ¿cuántos compradores puede haber sin llegar a partir ningún kiwi?

73 Encuentra tres fracciones más de cada tipo:

- Propias: 2/6
- Impropias: 5/2
- Irreducibles: 1/6
- Reducibles: 6/4
- Equivalentes a la unidad: 7/7

7	1	5	2	1	4
7	4	4	8	5	3
1	3	2	9	5	7
2	6	2	1	9	6
5	8	3	6	3	4

74 **INVENTA.** Piensa y escribe todas las fracciones:

a) Impropias positivas de numerador 5.

b) Propias positivas con denominador menor que 5.

Fracciones equivalentes

ACTIVIDADES FLASH

75 Determina si estas fracciones son equivalentes.

a) $\frac{2}{5}$ y $\frac{3}{10}$ b) $\frac{-7}{5}$ y $\frac{21}{-15}$ c) $\frac{32}{12}$ y $\frac{8}{3}$

76 Completa en tu cuaderno el número que falta para que las fracciones sean equivalentes.

a) $\frac{6}{\square} = \frac{9}{3}$ b) $\frac{4}{5} = \frac{\square}{10}$ c) $\frac{8}{12} = \frac{2}{\square}$

77 Indica la fracción que representa cada color. Representa de otras dos formas distintas la figura.

78 Reduce a común denominador.

a) $\frac{2}{5}, \frac{7}{10}$ y $\frac{14}{30}$

b) $\frac{11}{4}, \frac{9}{10}$ y $\frac{12}{15}$

c) $\frac{5}{6}, \frac{7}{8}, \frac{9}{10}$ y $\frac{11}{20}$

d) $\frac{5}{4}, \frac{7}{6}, \frac{9}{12}$ y $\frac{1}{15}$

79 **INVESTIGA.** Responde razonadamente.

a) ¿Existe alguna fracción equivalente a $\frac{2}{5}$ que sea irreducible?

b) ¿Hay alguna fracción equivalente a $\frac{2}{5}$ que tenga como denominador 12?

c) ¿Existe alguna fracción equivalente a $\frac{2}{5}$ que tenga por numerador -10?

80 Para simplificar una fracción hemos dividido el numerador y el denominador entre 5 y hemos obtenido la fracción $\frac{163}{37}$. ¿Es irreducible? ¿Cuál era la fracción original?

81 **RETO.** Si $\frac{a}{b} = \frac{1}{2}$ y $\frac{b}{c} = \frac{8}{5}$, ¿cuánto vale $\frac{a}{b+c}$?

Comparación de fracciones

82 Ordena de menor a mayor.

a) $\frac{11}{5}, \frac{9}{5}, \frac{13}{5}, \frac{7}{5}$

b) $\frac{13}{7}, \frac{13}{3}, \frac{13}{8}, \frac{13}{2}$

c) $\frac{6}{5}, \frac{5}{4}, \frac{7}{6}, \frac{3}{2}$

d) $\frac{12}{5}, 3, \frac{19}{6}, \frac{32}{10}$

e) $2, \frac{11}{2}, \frac{23}{4}, \frac{27}{5}$

f) $-\frac{8}{7}, -3, \frac{1}{2}, \frac{9}{14}$

83 ¿Qué famoso escritor francés es el autor de *El avaro*? Ordena las fracciones de menor a mayor, con su letra, para averiguarlo.

O	E	È	M	R	L	I
$\frac{1}{2}$	$\frac{11}{12}$	$\frac{3}{4}$	$\frac{1}{6}$	$\frac{5}{6}$	$\frac{7}{12}$	$\frac{2}{3}$

84 En una fiesta, Pablo come $\frac{3}{14}$ de una tarta y Jon $\frac{15}{70}$ de una tarta igual. ¿Quién ha comido más tarta? Razona tu respuesta.

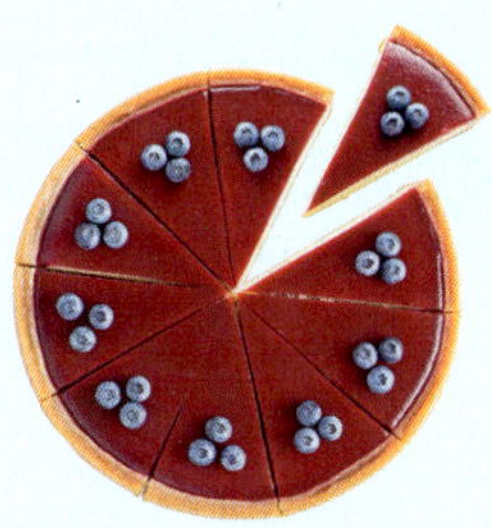

85 Ordena, de mayor a menor.

a) $\frac{2}{5}, \frac{-1}{3}, \frac{4}{9}, \frac{-1}{4}$ y $\frac{5}{2}$

b) $\frac{3}{5}, \frac{1}{3}, \frac{-3}{8}$ y $\frac{-9}{4}$

86 **INVESTIGA.** Escribe una fracción comprendida entre cada pareja de fracciones.

$\frac{3}{5}$ Y $\frac{4}{3}$ $\qquad$ $\frac{14}{7}$ Y $\frac{14}{6}$ $\qquad$ $\frac{11}{10}$ Y $\frac{3}{2}$

Números decimales

ACTIVIDADES FLASH

87 Escribe con cifras estos números.

a) Siete milésimas.

b) Diez centésimas.

c) Cuatro décimas.

d) Quince diezmilésimas.

e) Veinticinco centésimas.

f) Catorce décimas.

88 Indica el valor de cada cifra del número 51,3642.

89 Ordena de mayor a menor estos números.

a) 8,2 $\quad$ 8,25 $\quad$ 8,29 $\quad$ 8,9 $\quad$ 8,275 $\quad$ 8,201 $\quad$ 8,245

b) $-3,3$ $\quad$ $-4,2$ $\quad$ $-3,75$ $\quad$ $-3,6$ $\quad$ -2 $\quad$ $-1,9$ $\quad$ $-3,888$

90 Trunca y redondea a las décimas, a las centésimas y a las milésimas estos números.

12,3563 $\quad$ 1,120564 $\quad$ 71,59784 $\quad$ 6,04064 $\quad$ 3,25067

91 **INVENTA.** Escribe y calcula el error de tres números:

a) Cuyo redondeo a las décimas sea 13,8.

b) Cuyo truncamiento a las centésimas sea 0,76.

c) Cuyo redondeo a las milésimas sea 3,889.

92 **INVESTIGA.** ¿Cuándo coinciden las aproximaciones de un número decimal por truncamiento y redondeo?

93 Estima truncando a las décimas y calcula el error.

a) $3,8 : 2,5 + 6,78 \cdot 1,32$

b) $25,6 - 5,9 \cdot 2,65 - 12,9$

94 **INVENTA.** Escribe dos sumas cuya estimación:

a) Truncando a las décimas sea 9,7.

b) Redondeando a las centésimas sea 14,85.

95 Halla la expresión decimal de cada fracción.

a) $\frac{33}{4}$ $\quad$ b) $\frac{126}{6}$ $\quad$ c) $\frac{255}{17}$ $\quad$ d) $\frac{495}{33}$ $\quad$ e) $\frac{65}{30}$

96 Escribe en forma abreviada y clasifica estos números.

a) 6,99
b) 958,101102103...
c) 5,05636363...
d) 0,111111...
e) 3,141592654...
f) 12,7023

97 Sin calcular, determina el tipo de número decimal asociado a cada fracción. Después, calcula y comprueba tus respuestas.

a) $\frac{3}{5}$ b) $\frac{2}{15}$ c) $\frac{1}{3}$ d) $\frac{78}{39}$ e) $\frac{39}{40}$

Cómo se determinan números decimales entre otros dos números

98 Halla un número decimal entre:

a) 7,25 y 7,251 b) $3,4\hat{5}$ y $3,4\hat{6}$

PRIMERO. Se escriben los dos números con la misma cantidad de cifras decimales, añadiendo ceros si es necesario.

a) $7,25 = 7,250$
$7,251 = 7,251$

b) $3,4\hat{5} = 3,45555...$
$3,4\hat{6} = 3,46666...$

SEGUNDO. Se añaden al número menor cifras decimales mayores que el último decimal y distintas de 0.

a) $7,250 < 7,2501 < 7,2502 < ... < 7,2509 < 7,251$

b) $3,4\hat{5} < 3,4\widehat{56} < 3,4\widehat{57} < 3,4\widehat{58} < ... < 3,4\hat{6}$

99 Escribe tres números decimales exactos entre:

a) 23,5 y 23,51
b) 8,001 y 8,002
c) −0,035 y −0,04
d) −15,6 y −15,687

100 Escribe tres números decimales periódicos puros comprendidos entre:

a) $8,\widehat{25}$ y $8,\widehat{26}$ b) $0,\widehat{456}$ y $0,\widehat{457}$ c) $12,\hat{3}$ y $12,\hat{4}$

101 Halla tres números decimales periódicos puros mayores que 12,2 y tres números decimales periódicos mixtos mayores que $4,\widehat{89}$.

102 **INVESTIGA.** Di si estas afirmaciones son ciertas.

a) Entre dos números decimales cualesquiera, siempre podemos encontrar infinitos decimales diferentes.
b) La expresión decimal de una fracción puede dar como resultado un número decimal de cualquier tipo.
c) −45,89767676... es un decimal periódico puro.
d) En el número $24,\widehat{183}$, la cifra decimal que ocupa el undécimo lugar es un 8.

2. Realiza operaciones elementales y aplica la jerarquía de las operaciones

Operaciones con fracciones

103 Completa la pirámide sabiendo que cada pieza es la suma de las dos piezas inferiores.

104 Resuelve estas sumas y restas.

a) $\frac{5}{12} + \frac{34}{12} + \frac{27}{12}$ b) $\frac{47}{6} - \frac{19}{6} - \frac{37}{6}$

105 Calcula.

a) $2 - \frac{1}{2}$ b) $\frac{4}{15} - 1 + \frac{8}{10}$ c) $-\frac{5}{2} + 8 - \frac{4}{6}$

106 Resuelve este cuadrado mágico donde la suma de todas sus filas, columnas y diagonales coincide.

1			$\frac{1}{2}$
$-\frac{5}{6}$	$\frac{1}{6}$		
	$-\frac{1}{2}$	$-\frac{2}{3}$	$\frac{1}{3}$
		$\frac{5}{6}$	$-\frac{3}{2}$

107 Escribe la fracción opuesta de cada una.

a) $\frac{2}{3}$ b) $\frac{-3}{710}$ c) $\frac{12}{-5}$ d) $\frac{-17}{-3}$

108 Haz estas operaciones.

a) $4 - \left(\frac{6}{7} + \frac{5}{2}\right)$
b) $-7 + \left(\frac{26}{8} - 4\right)$
c) $\left(2 - \frac{4}{5}\right) - \left(\frac{1}{3} - \frac{2}{5} + 1\right)$
d) $\left(\frac{5}{6} + \frac{1}{3}\right) + \left(-\frac{3}{4} + \frac{1}{2}\right) - \frac{3}{8}$

109 **INVESTIGA.** Si sumas dos fracciones propias con el mismo denominador:

a) El resultado de la suma, ¿es también una fracción propia? Indica los diferentes casos posibles.
b) ¿Y si sumas dos fracciones impropias?

110 Resuelve estas multiplicaciones.

a) $\frac{18}{4} \cdot \frac{2}{-11}$ b) $\frac{8}{15} \cdot 15$ c) $\frac{7}{10} \cdot \frac{-14}{3}$

111 Escribe la fracción inversa en cada caso.

a) $\frac{4}{5}$ b) $-\frac{2}{7}$ c) $\frac{-1}{-6}$ d) $\frac{8}{-9}$

112 **RETO.** Calcula. $\left(1-\frac{1}{2}\right)\left(1-\frac{1}{3}\right)\left(1-\frac{1}{4}\right)\cdot \ldots \cdot\left(1-\frac{1}{10}\right)$

113 Resuelve estas divisiones de dos formas.

a) $\frac{8}{5}:\frac{7}{9}$ b) $\frac{-6}{8}:\frac{10}{5}$ c) $\frac{-25}{2}:\frac{17}{-3}$

114 Opera.

a) $4:\frac{-2}{5}:\frac{10}{3}$

b) $\frac{3}{5}\cdot(-2):\frac{5}{6}$

c) $\frac{7}{2}:\frac{6}{9}:(-2)$

d) $\frac{2}{7}:4\cdot\frac{28}{3}$

115 Calcula.

a) $\frac{2}{3}-\frac{7}{8}\cdot\frac{1}{4}$

b) $5-\frac{4}{9}:\frac{2}{3}$

c) $\left(5-\frac{4}{9}\right):\frac{2}{3}$

d) $5\cdot\frac{4}{9}-\frac{2}{3}$

e) $5\cdot\frac{4}{9}+\frac{2}{3}$

f) $\left(5+\frac{4}{9}\right)\cdot\frac{2}{3}$

116 Resuelve y descubre cuándo se publicó el primer libro de Harry Potter en Reino Unido (ab/cd/efgh).

a) $\frac{1}{3}+\frac{1}{4}+\frac{17}{12}$

b) $\left(\frac{3}{4}+\frac{57}{20}\right)\cdot\left(\frac{28}{15}-\frac{1}{5}\right)$

c) $\frac{1}{5}:\frac{1}{7}-\left(\frac{9}{10}+\frac{1}{2}\right)$

d) $\left(\frac{53}{12}+\frac{7}{3}\right)\cdot\frac{8}{9}$

e) $1-\left(\frac{2}{5}-\frac{1}{4}\right)+\left(\frac{9}{40}\cdot\frac{2}{3}\right)$

f) $\frac{7}{3}+\frac{15}{2}\cdot\frac{2}{3}+\frac{5}{3}$

g) $\frac{14}{5}:\left(\frac{1}{2}-\frac{1}{10}\right)+\frac{5}{2}:\frac{5}{4}$

h) $\left(\frac{45}{4}+\frac{1}{2}\right)\cdot\frac{2}{3}-\frac{5}{6}$

117 Calcula.

a) $8-\frac{16}{5}\cdot\frac{5}{2}-\left(\frac{2}{3}-\frac{7}{5}\right)\cdot(-5)$

b) $\frac{2}{5}\cdot\left(\frac{6}{4}+\frac{1}{10}-4\cdot\frac{2}{5}\right)\cdot 7-\frac{8}{7}$

c) $\frac{2}{8}-\left(\frac{16}{5}-2\cdot\frac{16}{5}\right)-\frac{3}{4}\cdot\left(4+\frac{2}{3}\cdot\frac{5}{2}\right)$

118 Calcula.

a) 21,56 − 2,8 + 3,055

b) 75,25 + 12,05 − 6,3

c) 9,08 − 3,589 − 1,09

d) 12,9 + 7,05 − 3,95

119 Halla.

a) (−2,75) · 0,5 + 15,03

b) 17,256 · 6,51 − 7,21

c) 16,25 · (−0,05) + 0,2

d) (−108) · (−15,05) − 2

120 Divide.

a) 2,79 : 3

b) 19,258 : 2

c) 155,205 : 5

d) 44,8 : 2,8

e) 35,95 : 3,3

f) 35,6 : 8,8

121 **JUEGO.** Cada grupo debe tratar de obtener el número exacto o el número más cercano posible, utilizando todos los datos una vez, algunas de las operaciones básicas (suma, resta, producto y cociente) y paréntesis si es necesario. Gana el primer grupo en encontrar el número exacto o que más se aproxime a él.

a) Número: 6,76 Datos: 0,5; 1,2; 4,5; 2,3

b) Número: 0,16 Datos: 0,6; 4,05; 1,2; 6,21

3. Trabaja y opera con distintos tipos de números para resolver problemas cotidianos

Operaciones con fracciones y decimales

122 **MATEMÁTICAS Y... MÓVILES.** Un teléfono con una batería de 4 000 mAh tarda en cargarse alrededor 2 horas. ¿Cuánto tardarán en cargarse estos teléfonos si su batería es de 4 000 mAh?

123 **MATEMÁTICAS Y... VEHÍCULOS.** La capacidad del depósito de gasolina de un coche es 55 ℓ. ¿Cuántos litros quedan en cada caso?

a) b)

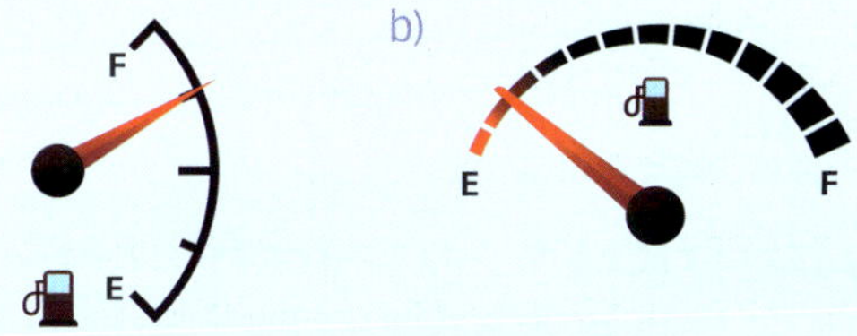

124 En un centro deportivo, dos séptimas partes de la clientela practican *aquagym*; tres quintas partes, pilates; una décima parte, yoga, y los demás, otras modalidades. ¿Qué fracción representan los abonados que no practican ninguna de estas modalidades?

125 ••• **RETO.** Carla, su hermano y su prima han pedido 2 raciones de gambas. Carla se ha comido la mitad, su prima la tercera parte y su hermano, que no le gustan demasiado, la novena parte. Cuando han preguntado al camarero cuántas gambas les habían puesto, les ha contestado que una ración suele traer entre 15 y 20 gambas. ¿Cuántas gambas tenía cada ración?

Cómo se calcula el total conocida una parte

126 Andrés ha recorrido 90 km, que son $\frac{3}{7}$ del camino que ha de hacer. ¿Cuál es la longitud total del camino?

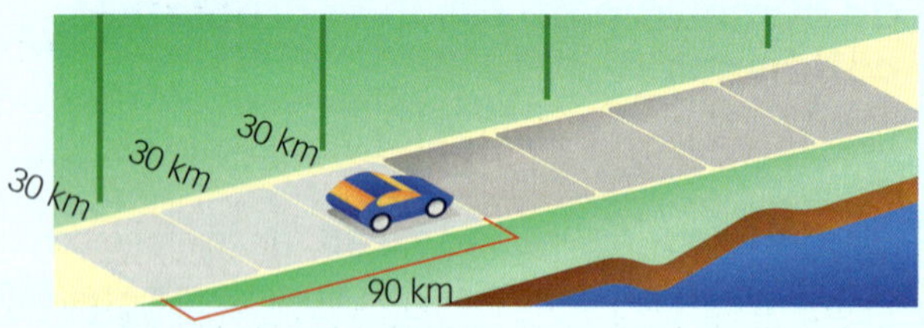

PRIMERO. Se calcula cuántos metros son una parte.

Si $\frac{3}{7}$ son 90 km $\rightarrow$ $\frac{1}{7}$ son 90 : 3 = 30 km.

SEGUNDO. Se halla la longitud total del camino.

Si una de las 7 partes son 30 km, las 7 partes son:

$$30 \cdot 7 = 210 \text{ km}$$

La longitud total del camino es 210 km.

127 ••○ Un autocar ha invertido 24 minutos en hacer dos quintas partes del trayecto que separa la casa de Manuel del instituto. ¿Cuánto tiempo invertirá en hacer todo el trayecto?

128 ••○ **MATEMÁTICAS Y… BALONCESTO.** España y Francia disputaron la final del Eurobasket de 2022. En el último cuarto, España anotó 22 puntos y Francia 19, que son exactamente la cuarta parte de los puntos que anotaron en todo el partido.

a) ¿Cuántos puntos en total anotaron ambas selecciones?

b) ¿Cuántos puntos anotaron en los otros cuartos?

129 ••○ En una promoción de viviendas, una arquitecta proyectó construir 54 viviendas, de las cuales, finalmente, no se construyó una sexta parte. Del resto, se vendieron tres quintas partes el primer mes después de construidas. Determina:

a) El número de viviendas que no se pudieron construir.

b) La fracción de viviendas que se construyeron.

c) El número de viviendas vendidas el primer mes.

130 ••○ **RETO.** Cuatro amigas compraron un barco. La primera amiga pagó la mitad de lo que pagaron entre las otras tres. La segunda, la tercera parte de la suma pagada por las otras. La tercera, la cuarta parte de lo que habían pagado las demás. Y la cuarta, exactamente 130 euros. ¿Cuánto les costó el barco? ¿Cuánto dinero puso cada amiga?

131 ••○ Miguel compró una garrafa de agua de seis litros y medio, y se bebió una sexta parte. Si después Rocío bebió la mitad de lo que quedaba, ¿qué cantidad de agua queda ahora en la garrafa?

132 ••○ **MATEMÁTICAS Y… APPS.** Cada vez son más las personas que recurren a la compraventa de artículos de segunda mano. Existen aplicaciones que permiten poner a la venta estos productos desde el móvil, aunque hay algunas que cobran una comisión por utilizarlas.

He puesto a la venta en la app un videojuego que ya no utilizo. Me han advertido que se cobran en proporción 1 € por cada 20 € del precio del videojuego. Si el videojuego lo quiero vender por 55 €, ¿cuánto me cobrarán de comisión? ¿Cuál es el tanto por ciento de comisión de la app?

133 ••○ Marta mide 162 cm; Alberto, 1,73 m; Marco, 175 cm, y Ana, 1,69 m. ¿Cuál es su diferencia de estatura?

134 ••○ ¿Cuántos vasos de 33 cl podemos llenar con una garrafa de 5 litros? ¿Cuánta agua sobrará?

135 ••○ María tiene 5,50 €. ¿Cuántos kilos de naranjas podrá comprar si el precio de cada kilo de naranjas es de 1,25 €?

136 ••○ **RETO.** Una taza está llena de café con leche, de manera que, al principio, hay el doble de leche que de café. Cuando ya me he bebido la mitad del contenido, vuelvo a rellenar la taza hasta arriba con leche. ¿Qué fracción del contenido es ahora café?

137 **MATEMÁTICAS Y... ORDENADORES.** En un procesador de texto, como Word, existen muchos tipos de letras que se puede escribir con diferentes tamaños. El tamaño de las letras se mide en puntos.

Un punto equivale a $\frac{3}{8}$ de milímetro.

a) Un punto, ¿mide más o menos que un milímetro?

b) ¿Qué fracción, en centímetros, representa un punto?

c) ¿Cuántos milímetros de alto medirá una letra de 10 puntos? ¿Y una letra de 12 puntos?

d) Si una letra mide 3 milímetros de alto, ¿cuál es su medida en puntos? ¿Y si mide 6 milímetros?

e) El grosor de las líneas también se mide en puntos. ¿Qué grosor en milímetros tendrá una línea de 2 puntos? ¿Y de 4 puntos?

f) ¿Qué grosor tendrá una línea de $\frac{1}{4}$ de punto? ¿Y de $\frac{1}{2}$ de punto?

138 **MATEMÁTICAS Y... TRANSPORTE.** Entre septiembre y diciembre de 2022, en Madrid, un metrobús de 10 viajes, que costaba 12,20 €, pasó a costar un 30 % menos. Por otro lado, Cercanías Renfe creó un abono de 10 € en el que si viajabas más de 16 veces en este periodo te reembolsaban los 10 €.

a) ¿Cuánto costaba el metrobús de 10 viajes?

b) En 2022, un viaje sencillo del Cercanías valía 2,60 €. ¿Salía rentable el abono si solo viajabas 3 veces?

c) Y, si haces 18 viajes en Renfe, ¿cuánto dinero te ahorras?

FAKE NEWS

La habitación más peligrosa de la casa: la cocina

Aproximadamente, 8 de cada 10 accidentes que sufren los menores se producen en el hogar familiar. De ellos, 4 se producen en la cocina, que se convierte en la habitación de la casa más peligrosa para ellos. En la cocina se produce la mitad de los accidentes que suelen sufrir los menores.

Y tú, ¿qué opinas?

139 **MATEMÁTICAS Y... ECONOMÍA.** Debido a la subida del precio de los combustibles provocado por la guerra en Ucrania, en 2022 se aprobó un decreto ley por el que se bonificaba a los ciudadanos con 0,20 € por cada litro de gasolina. Si el precio del litro de gasolina era 1,848 €, expresa mediante una sola operación lo que tengo que pagar, aplicando el descuento, por echar 45 ℓ de gasolina.

PROBLEMAS APARENTEMENTE DISTINTOS

140 Opera.

a) $4 : \frac{2}{3}$ b) $3 : \frac{2}{3}$

141 Marta recorre en 4 horas dos terceras partes de un trayecto, mientras que Enrique tarda 3 horas. ¿Cuánto tardará cada uno en hacer todo el trayecto?

142 Realiza estas operaciones con números decimales.

a) 14 502,7 + 32 806,9

b) 63 540 − 47 309,6

143 En una excursión se recorre un trayecto de 63,54 km en tres etapas. Si se caminan 14 502,7 m en la primera etapa y 32 806,9 m en la segunda, ¿cuánto queda por recorrer?

144 Resuelve.

a) $1 - \frac{4}{7}$ b) $\frac{2}{3} \cdot \frac{3}{7}$ c) $1 - \frac{4}{7} - \frac{2}{7}$ d) $10 : \frac{1}{7}$

145 Juan se ha gastado cuatro séptimas partes de su paga. De lo que le queda, presta a su hermana dos tercios y todavía le sobran 10 €. ¿Cuánto recibe de paga?

El secreto de la familia

Ha llegado el día, la fórmula secreta pasará a la siguiente generación. En mi familia se tiene la tradición de celebrar el decimocuarto cumpleaños con una tarta de manzana, que hace quien los cumple , siguiendo la receta familiar.

La abuela, mi padre y yo nos ponemos manos a la obra para hacer, para los 8 de la familia, la mejor tarta del mundo.

Ingredientes para 8 raciones

- 5 manzanas
- 2 cucharaditas de levadura
- 1 cucharada de mantequilla
- 1/2 taza de azúcar moreno
- 2 tazas y media de harina
- 2 huevos grandes
- 300 ml de leche (unos 300 g)
- 2 cucharadas de mermelada de albaricoque
- Mucho amor

Paso a paso

1. Reservamos la tercera parte de las manzanas para el recubrimiento. El resto las troceamos.
2. Echamos las manzanas troceadas, la harina, la levadura, los huevos y el azúcar en un bol y lo pasamos por la batidora.
3. Ponemos la mezcla en el molde de la tarta, que previamente hemos untado con mantequilla y espolvoreado con harina.
4. Pelamos las manzanas que hemos reservado y las colocamos en láminas finas cubriendo la masa por entero.
5. Horneamos durante una hora aproximadamente.
6. Dejamos enfriar un poco y, con una brocha, untamos las láminas con mermelada de albaricoque.
7. Partimos en porciones y servimos la tarta.

1 Entender la receta

Para que todo salga a pedir de boca es fundamental estar familiarizado con los pesos y medidas de la receta, la tarta nos saldrá mejor si somos fieles a la receta.

- Las manzanas son todas iguales, ¿qué fracción de las manzanas se trocea? ¿Cuántas manzanas son?
- La levadura viene en bolsitas de 15 g, ¿cuántas cucharaditas son?
- La harina se compra en paquetes de medio kilo. Si tengo, aproximadamente, medio paquete, ¿será suficiente harina para hacer la tarta?

TAZAS A GRAMOS	Harina	Azúcar	Levadura	Cacao	Mantequilla
1 taza	120 g	240 g	120 g	120 g	240 g
1/2 taza	60 g	120 g	60 g	60 g	120 g
1/4 taza	30 g	60 g	30 g	30 g	60 g
1/8 taza	15 g	30 g	15 g	15 g	30 g

LÍQUIDOS

Taza	Mililitros	Onzas
1	240	8
1/2	120	4
1/4	60	2
1/8	30	1
1/16	15	0,47

TAZAS A CUCHARADAS

Taza	Cucharada	Cucharadita
1	16	48
1/2	8	24
1/4	4	12
1/8	2	6
1/16	1	3

- He echado el medio paquete de harina que tenía. ¿Cuántas tazas, cucharadas o cucharaditas tengo que añadir para dejar la cantidad justa de la receta?
- ¿Puedo conseguir echar la cantidad justa de leche midiendo con las tazas? ¿Cuánto es?

2 El peso y el horno

El peso total del contenido que hemos metido en el molde es muy importante, ya que de él dependerá el tiempo exacto de horneado a razón de 1 minuto más por cada 50 g que supere 1 kg y medio. El tiempo de horneado ha sido 1 hora y 7 minutos.

- ¿Cuánto pesa la masa que hemos metido en el molde?
- ¿Cuánto ha pesado cada ingrediente?
- ¿Cuánto ha pesado cada huevo? ¿Qué fracción representa respecto de un kilo?

Peso de las 5 manzanas: 0,99 kg = 990 g

PRODUCTO FINAL Compara una tarta casera y una industrial

La tarta de manzana es un postre sano para todos y muy nutritivo, ya que nos aporta proteínas de calidad y azúcares de asimilación lenta para que tengamos energía, y apenas tiene grasas. La tabla muestra el aporte nutricional de la tarta de manzana de la receta.

	Por cada 100 g
Energía	237 Kcal
Grasa	11 g
Carbohidratos	34 g
Fibra	1,6 g
Azúcares	22,6 g

- Elabora una tabla como la anterior que exprese las cantidades por cada ración.
- Busca la información nutricional de una tarta de manzana industrial. Elabora una tabla como la anterior y compáralas.

RESUMEN DE UNIDAD

FRACCIÓN

Numerador → 3
Denominador → 4

$\frac{3}{4}$

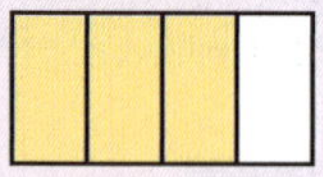

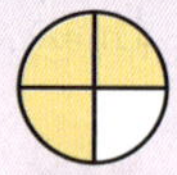

FRACCIONES EQUIVALENTES

$$\frac{2}{7} = \frac{4}{14} \rightleftarrows 2 \cdot 14 = 7 \cdot 4$$

FRACCIÓN IRREDUCIBLE

$$\frac{24}{30} = \frac{24 : \text{m.c.d.}(24, 30)}{30 : \text{m.c.d.}(24, 30)} = \frac{4}{5}$$

NÚMERO DECIMAL

$17,2\widehat{08}$

Anteperiodo: 2 — Periodo: 08 — Parte entera: 17 — Parte decimal: 208

Exacto:	0,03	9,1586	−12,2
Periódico puro:	$0,\widehat{03}$	$9,\widehat{1586}$	$-12,\widehat{2}$
Periódico mixto:	$0,0\widehat{3}$	$9,15\widehat{86}$	$-12,0\widehat{2}$

No exacto y no periódico: 1,234… 1,112233…

AUTOEVALUACIÓN

1. Identifica los distintos tipos de números para representar información cualitativa

1 ¿Qué puntos representan A y B?

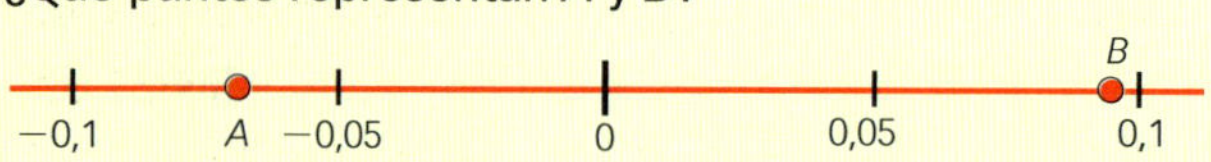

a) $A = -0{,}7$ y $B = 0{,}9$

b) $A = -0{,}65$ y $B = 0{,}95$

c) $A = -0{,}07$ y $B = 0{,}09$

2 Señala la ordenación, de menor a mayor, de estas fracciones: $-\frac{2}{3}, \frac{5}{7}, \frac{5}{2}, -\frac{8}{21}$ y $-\frac{15}{42}$.

a) $-\frac{2}{3} < -\frac{8}{21} < -\frac{15}{42} < \frac{5}{7} < \frac{5}{2}$

b) $-\frac{15}{42} < -\frac{8}{21} < -\frac{2}{3} < \frac{5}{7} < \frac{5}{2}$

c) $-\frac{15}{42} < -\frac{8}{21} < -\frac{2}{3} < \frac{5}{2} < \frac{5}{7}$

3 Halla el valor para que estas fracciones sean equivalentes: $\frac{3}{42} = \frac{5}{\square}$.

a) 31 b) 70 c) 44 d) 72

4 ¿Cuál de las siguientes fracciones es irreducible?

a) $\frac{18}{27}$ b) $\frac{615}{246}$ c) $\frac{21}{10}$ d) $\frac{23}{69}$

5 La fracción $\frac{19}{13}$ expresa un número decimal:

a) Exacto.
b) Periódico puro.
c) Periódico mixto.
d) No exacto y no periódico.

6 El número $5,\widehat{3}$ es la expresión decimal de:

a) $\frac{53}{9}$ b) $\frac{16}{3}$ c) $\frac{48}{3}$ d) $\frac{53}{10}$

2. Realiza operaciones elementales y aplica la jerarquía de las operaciones

7 Calcula $\frac{3}{2} - \frac{4}{2} \cdot \frac{1}{5} : \frac{1}{2}$.

a) $\frac{11}{5}$ b) $-\frac{1}{5}$ c) $\frac{7}{10}$ d) $\frac{1}{5}$

8 Resuelve $0{,}517 : 0{,}01 + 42{,}8 \cdot 0{,}02$.

a) 8,56517
b) 2 191,7
c) 555,56
d) 52,556

3. Trabaja y opera con distintos tipos de números para resolver problemas cotidianos

9 Manuel se ha comprado un par de plantas. Cada una le ha costado 6,75 €. De camino a casa se ha comprado una regadera por 4 € y un par de maceteros por 3 € cada uno. Si ha salido con 25,25 € de casa, ¿cuánto dinero le ha sobrado?

a) 2,50 € b) 1,50 € c) 1,25 € d) 1,75 €

VALORA TU APRENDIZAJE

- ¿Aprovechas las equivocaciones como principio para mejorar?
- ¿Aprecias todas las opiniones al trabajar en grupo?

3 Potencias y raíz cuadrada

DESAFÍO

De hijas, hijos y edades

Carlota tiene tres hijos y Héctor dos hijas, todos de distintas edades. La suma de las edades de los hijos de Carlota es igual a la suma de las edades de las hijas de Héctor. La suma del cubo de las edades coincide también.

¿Cuál es la menor edad que pueden tener?

SITUACIÓN DE APRENDIZAJE

Determinar el tiempo de descarga de un archivo

El tiempo de descarga de un archivo depende de su tamaño, de la velocidad de internet contratada y de otros factores.

- ¿Es posible calcular el tiempo de descarga de un archivo?
- ¿Tarda lo mismo una descarga en el móvil que en el ordenador?

Para contestar a estas preguntas necesitas estudiar las propiedades de las potencias.

¿Qué sabes ya?

Cómo se calcula la potencia de un número natural

Una potencia es una forma abreviada de escribir una multiplicación de factores iguales.

El factor que se repite, *a*, es la base.

El número de veces que se repite la base, *n*, es el exponente.

$$a^n = \underbrace{a \cdot a \cdot a \cdot a \cdot \ldots \cdot a}_{n \text{ veces}}$$

EJEMPLO

Producto	Potencia	Se lee
$9 \cdot 9$	9^2	9 al cuadrado
$7 \cdot 7 \cdot 7 \cdot 7$	7^4	7 a la cuarta

ACTIVIDADES

1 ¿Cómo se representa de otra forma 5^6?

a) $5 \cdot 5 \cdot 5 \cdot 5 \cdot 5 \cdot 5$ b) $6 \cdot 6 \cdot 6 \cdot 6 \cdot 6$

1. Potencias de números enteros

Una **potencia de un número entero** es una forma abreviada de escribir una multiplicación de números enteros iguales.

$$a^n = \underbrace{a \cdot a \cdot a \cdot a \cdot \ldots \cdot a}_{n \text{ veces}}$$

$a \rightarrow$ Se llama **base** y es el número entero que se repite.

$n \rightarrow$ Se llama **exponente** y es el número de veces que se multiplica ese número entero.

Ten en cuenta que $(-2)^4 \neq -2^4$, porque:

$(-2)^4 = (-2) \cdot (-2) \cdot (-2) \cdot (-2) = +16$

$-2^4 = -(2 \cdot 2 \cdot 2 \cdot 2) = -16$

EJEMPLO

1. Expresa cada producto como potencia y escribe cómo se lee.

Producto	Potencia	Se lee
$(+3) \cdot (+3)$	$(+3)^2$	3 al cuadrado
$(-8) \cdot (-8) \cdot (-8)$	$(-8)^3$	Menos 8 al cubo
$7 \cdot 7 \cdot 7 \cdot 7 \cdot 7$	7^5	7 a la quinta

Signo de una potencia de un número entero

GEOGEBRA

En una potencia de base un número entero y exponente natural:

- Si la base es un entero positivo, la potencia es siempre positiva.
- Si la base es un entero negativo, la potencia es positiva cuando el exponente es par y negativa cuando es impar.

RETO

¿Cuándo tiene el mismo signo la potencia de un número entero que la de su opuesto?

Para hallar potencias de números enteros con la calculadora usamos la tecla $x^{\blacksquare}$.

$2^6 \rightarrow$ 2 [$x^{\blacksquare}$] 6 [=] [64]

$(-2)^6 \rightarrow$ [(] [−] 2 [)] [$x^{\blacksquare}$] 6 [=] [64]

EJEMPLO

2. Calcula el signo de estas potencias.

a) $(-3)^6$ Base negativa y exponente par $\rightarrow$ Signo +

b) $(-2)^7$ Base negativa y exponente impar $\rightarrow$ Signo −

c) $(+4)^9$ Base positiva $\rightarrow$ Signo +

ACTIVIDADES

1 Escribe cómo se leen las potencias y calcula su signo.

a) 3^5 c) $(-8)^6$ e) 10^3 g) $(-4)^2$

b) 2^2 d) $(-5)^3$ f) 4^2 h) $(-2)^3$

2 Expresa en forma de potencia y halla su signo.

a) $6 \cdot 6 \cdot 6$ c) $(-2) \cdot (-2) \cdot (-2)$

b) $2 \cdot 2 \cdot 2 \cdot 2 \cdot 2$ d) $(-5) \cdot (-5)$

3 Calcula el exponente de estas potencias.

a) $3^{\square} = 27$ c) $4^{\square} = 64$

b) $(-3)^{\square} = -27$ d) $(-2)^{\square} = 16$

4 **REFLEXIONA.** Busca dos números tales que, al elevarlos a la cuarta potencia, tengan el mismo valor. ¿Cuántos números cumplen esta condición?

Cómo se calcula el valor de la potencia de un número entero

Halla el valor de las siguientes potencias.

a) 3^2 b) $(-3)^3$ c) $(-3)^4$ d) -3^4

La potencia -3^4 es una potencia con base positiva, 3. Al llevar delante el signo −, el resultado es negativo.

$-3^4 = -(3 \cdot 3 \cdot 3 \cdot 3) = -81$

① Tomamos el valor absoluto de la base y calculamos su potencia.

a) $3^2 = 3 \cdot 3 = 9$ b) $3^3 = 3 \cdot 3 \cdot 3 = 27$ c) y d) $3^4 = 3 \cdot 3 \cdot 3 \cdot 3 = 81$

② Si la base es negativa y el exponente es un número impar, añadimos el signo − al resultado. En caso contrario, la potencia es positiva.

a) $3^2 = +9$ — Base positiva → Signo +

b) $(-3)^3 = -27$ — Exponente impar; Base negativa → Signo −

c) $(-3)^4 = +81$ — Exponente par; Base negativa → Signo +

d) $-3^4 = -81$ — Signo − delante; Base positiva → Signo −

ACTIVIDADES

5 Calcula las potencias de números enteros.

a) $(-2)^4$ d) 5^2 g) -7^3

b) 2^3 e) $(-7)^3$ h) $(-6)^2$

c) $(-1)^7$ f) $(-10)^4$ i) -9^2

6 Escribe la potencia en cada caso y calcula su valor.

a) Base -2 y exponente 5.

b) Base -1 y exponente 6.

c) $(-4) \cdot (-4) \cdot (-4) \cdot (-4)$

d) Tres factores iguales a 5.

e) Cinco factores iguales a -3.

f) Seis factores iguales a -2.

7 Razona cuál es el signo de cada potencia y su valor.

- 35 factores iguales a −1.
- 24 factores iguales a −1.
- 7 factores iguales a −10.
- 13 factores iguales a 1.
- 15 factores iguales a −10.
- 9 factores iguales a 10.

8 Forma todas las potencias posibles y halla su valor.

Bases: −3, −2, −10, 5

Exponentes: 3, 2, 4

9 Indica si estas desigualdades son ciertas.

a) $(-3)^2 > (-2)^3$ c) $(-3)^3 < (-3)^4$ e) $4^2 < (-2)^3$

b) $(-3)^4 < -3^4$ d) $4^3 > 3^4$ f) $4^2 > (-4)^4$

10 Completa los huecos en tu cuaderno.

a) $(-2)^{\square} = -8$ c) $-\square^4 = -16$

b) $(-4)^{\square} = 256$ d) $\square^3 = 125$

11 Razona si estas afirmaciones son ciertas.

a) Dos números enteros distintos al elevarlos a la cuarta pueden dar el mismo resultado.

b) Dos números enteros iguales elevados a diferentes exponentes pueden dar el mismo resultado.

c) Dos números enteros distintos elevados a distintos exponentes pueden dar el mismo resultado.

d) Si un número entero es menor que otro y los elevamos a un exponente común, el valor de la potencia del menor es menor que el de la potencia del mayor.

2. Notación científica

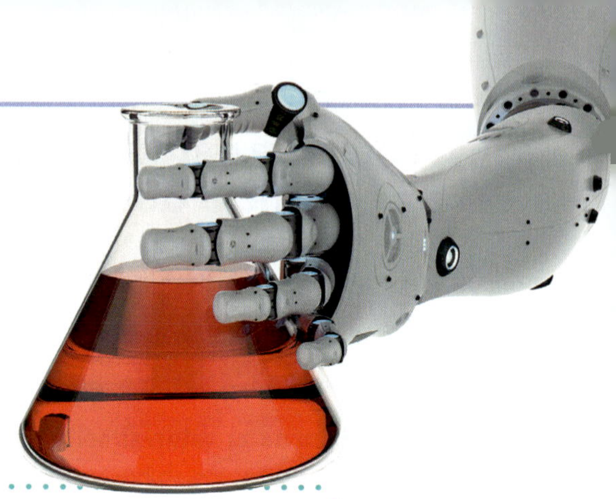

2.1. Potencias de base 10

Una **potencia de base 10** es igual a la unidad seguida de tantos ceros como indica el exponente.

EJEMPLO

3. Halla el valor de estas potencias de base 10.

a) $10^4 = 10\,000$

b) $10^6 = 1\,000\,000$

c) $10^8 = 100\,000\,000$

d) $10^9 = 1\,000\,000\,000$

2.2. Expresión de números muy grandes

GEOGEBRA

Los números muy grandes se suelen expresar con potencias de base 10.

Un número está expresado en **notación científica** cuando viene dado como el producto de un número mayor o igual que 1 y menor que 10 por una potencia de 10.

El exponente de la potencia de 10 se llama **orden de magnitud**.

RETO

¿Qué número es mayor?

$(10^5)^2$ $\quad 10^{(5^2)}$

EJEMPLOS

4. Expresa en notación científica indicando el orden de magnitud.
La extensión de Europa es de 10 530 000 km².

$$10\,530\,000 = 1{,}053 \cdot 10\,000\,000 = 1{,}053 \cdot 10^7$$

El orden de magnitud es 7.

5. Determina si estos números están expresados en notación científica.

a) $17{,}45 \cdot 10^8$ → No, porque 17,45 es mayor que 10.

b) $7 \cdot 10^5$ → Está expresado en notación científica.

c) $5{,}89 \cdot 10^{22}$ → Está expresado en notación científica.

El número por el que se multiplica la potencia de 10 puede ser entero o decimal.

ACTIVIDADES

12 Calcula el valor de estas potencias de base 10.

a) 10^3 c) 10^5 e) 10^{12}

b) 10^7 d) 10^{10} f) 10^{11}

13 Escribe estos números en notación científica e indica el orden de magnitud.

a) 4 590 c) 39 876 e) 324 000 000

b) 13 800 d) 475 000 f) 800 500 000

14 Completa los huecos en tu cuaderno.

a) $89\,000 = \square \cdot 10^4$ b) $30\,500 = 3{,}05 \cdot 10^{\square}$

15 **REFLEXIONA.** Razona tu respuesta.

a) Si un número tiene mayor orden de magnitud que otro en notación científica, ¿es mayor que él?

b) Un número de 20 cifras, ¿qué orden de magnitud tendrá en notación científica?

3. Potencias de fracciones

GEOGEBRA

Para elevar **una fracción a una potencia**, elevamos el numerador y el denominador a esa potencia.

$$\left(\frac{a}{b}\right)^n = \underbrace{\frac{a}{b} \cdot \frac{a}{b} \cdot \frac{a}{b} \cdot \ldots \cdot \frac{a}{b}}_{n \text{ veces}} = \frac{a^n}{b^n}$$

RETO

La potencia de una fracción propia, ¿es propia? ¿Es mayor o menor que la inicial?

EJEMPLO

6. Calcula.

a) $\left(\frac{2}{3}\right)^4 = \frac{2}{3} \cdot \frac{2}{3} \cdot \frac{2}{3} \cdot \frac{2}{3} = \frac{2^4}{3^4} = \frac{16}{81}$

b) $\left(-\frac{1}{5}\right)^3 = \left(-\frac{1}{5}\right) \cdot \left(-\frac{1}{5}\right) \cdot \left(-\frac{1}{5}\right) = \frac{(-1)^3}{5^3} = -\frac{1}{125}$

Signo de la potencia de una fracción

En una potencia de base una fracción y un exponente natural:

- Si la base es una fracción positiva, la potencia es positiva.
- Si la base es una fracción negativa, la potencia es positiva cuando el exponente es par y negativa cuando es impar.

EJEMPLO

7. Calcula.

a) $\left(-\frac{1}{2}\right)^6 = \frac{(-1)^6}{2^6} = \frac{1}{64}$ Base negativa y exponente par → Signo +

b) $\left(-\frac{1}{2}\right)^3 = \frac{(-1)^3}{2^3} = -\frac{1}{8}$ Base negativa y exponente impar → Signo −

c) $\left(\frac{3}{2}\right)^2 = \frac{3^2}{2^2} = \frac{9}{4}$ Base positiva → Signo +

Son fracciones negativas:

$$\frac{-3}{4} = \frac{3}{-4} = -\frac{3}{4}$$

Son fracciones positivas:

$$\frac{-3}{-4} = \frac{3}{4}$$

ACTIVIDADES

16 Expresa como potencia.

a) $\left(-\frac{2}{3}\right) \cdot \left(-\frac{2}{3}\right) \cdot \left(-\frac{2}{3}\right)$

b) $\left(\frac{-3}{4}\right) \cdot \left(\frac{-3}{4}\right) \cdot \left(\frac{3}{-4}\right) \cdot \left(\frac{3}{-4}\right)$

c) $\frac{3}{5} \cdot \frac{3}{5} \cdot \frac{3}{5} \cdot \frac{3}{5}$

d) $\left(-\frac{7}{8}\right) \cdot \left(-\frac{7}{8}\right)$

17 Indica el signo de cada potencia.

a) $\left(-\frac{9}{2}\right)^5$ b) $\left(\frac{11}{3}\right)^7$ c) $\left(\frac{8}{-5}\right)^6$ d) $-\left(\frac{3}{11}\right)^8$

18 Calcula.

a) $\left(-\frac{1}{2}\right)^6$

b) $\left(-\frac{5}{6}\right)^3$

c) $\left(\frac{3}{4}\right)^5$

d) $\left(\frac{-2}{3}\right)^4$

e) $\left(\frac{11}{-3}\right)^2$

f) $\left(\frac{5}{3}\right)^4$

19 **REFLEXIONA.** ¿La inversa de la potencia de una fracción es igual que la misma potencia de la fracción inversa?

4. Operaciones con potencias

4.1. Producto de potencias de la misma base

Para **multiplicar** dos o más **potencias con la misma base**, se deja la misma base y se suman los exponentes.

$$a^n \cdot a^m = a^{n+m}$$

Al multiplicar potencias de la misma base, los exponentes se suman, NO se multiplican.

$2^5 \cdot 2^3 = 2^{5+3} = 2^8$

$2^5 \cdot 2^3 \neq 2^{5 \cdot 3} = 2^{15}$

EJEMPLO

8. Escribe estos productos como una sola potencia.

	Por la definición de potencia	Por la propiedad
$2^2 \cdot 2^3$	$\underbrace{2 \cdot 2}_{2\text{ veces}} \cdot \underbrace{2 \cdot 2 \cdot 2}_{3\text{ veces}} = 2^5$	$2^{2+3} = 2^5$
$(-4)^2 \cdot (-4)$	$\underbrace{(-4) \cdot (-4)}_{2\text{ veces}} \cdot \underbrace{(-4)}_{1\text{ vez}} = (-4)^3$	$(-4)^{2+1} = (-4)^3$

4.2. Cociente de potencias de la misma base

Para **dividir** dos o más **potencias con la misma base**, se deja la misma base y se restan los exponentes.

$$a^n : a^m = a^{n-m} \qquad n \geq m$$

EJEMPLO

9. Escribe estos productos como una sola potencia.

	Por la definición de la potencia	Por la propiedad
$3^5 : 3^2$	$\frac{3^5}{3^2} = \frac{\cancel{3} \cdot \cancel{3} \cdot 3 \cdot 3 \cdot 3}{\cancel{3} \cdot \cancel{3}} = 3^3$	$3^{5-2} = 3^3$
$(-5)^3 : (-5)^2$	$\frac{(-5)^3}{(-5)^2} = \frac{\cancel{(-5)} \cdot \cancel{(-5)} \cdot (-5)}{\cancel{(-5)} \cdot \cancel{(-5)}} = -5$	$(-5)^{3-2} = -5$

Al dividir potencias de la misma base, los exponentes se restan, NO se dividen.

$7^8 : 7^2 = 7^{8-2} = 7^6$

$7^8 : 7^2 \neq 7^{8:2} = 7^4$

ACTIVIDADES

20 Expresa estas operaciones como una sola potencia. Usa la calculadora para hallar sus valores.

a) $(-2)^3 \cdot (-2)^6$

b) $\left(\frac{5}{2}\right)^4 \cdot \left(\frac{5}{2}\right)^3$

c) $\left(-\frac{1}{3}\right)^2 \cdot \left(-\frac{1}{3}\right)^5$

d) $(-2)^6 : (-2)^3$

e) $\left(\frac{5}{2}\right)^4 : \left(\frac{5}{2}\right)^3$

f) $\left(-\frac{1}{3}\right)^5 : \left(-\frac{1}{3}\right)^2$

21 Escribe los productos y cocientes como una sola potencia y, después, opera.

a) $5^2 \cdot 5^2 + 3^6 : 3^5 - 10^2 \cdot 10^3$

b) $5^2 : 5 + 3^3 \cdot 3^2 + 10^2 : 10^2$

22 **REFLEXIONA.** Copia y completa en tu cuaderno.

a) $4^6 \cdot 4^{\square} = 4^9$

b) $(-7)^{\square} : (-7)^3 = (-7)^3$

- Una potencia de exponente 0 es igual a la unidad.

$(-5)^0 = 1$ $\left(\frac{2}{3}\right)^0 = 1$

- Una potencia de exponente 1 es igual a la base

$(-7)^1 = -7$ $\left(\frac{7}{2}\right)^1 = \frac{7}{2}$

4.3. Potencia de una potencia

Para **elevar una potencia a otra potencia**, se deja la misma base y se multiplican los exponentes.

$$(a^n)^m = a^{n \cdot m}$$

EJEMPLO

10. Expresa $(5^2)^4$ como una sola potencia.

Por la definición de potencia	Por la propiedad
$(5^2)^4 = \underbrace{5^2 \cdot 5^2 \cdot 5^2 \cdot 5^2}_{\text{4 veces}} = 5^{2+2+2+2} = 5^8$	$(5^2)^4 = 5^{2 \cdot 4} = 5^8$

4.4. Potencia de un producto y de un cociente

- La **potencia de un producto** es igual al producto de las potencias de sus factores.

$$(a \cdot b)^n = a^n \cdot b^n$$

- La **potencia de un cociente** es igual al cociente de las potencias de sus factores.

$$(a : b)^n = a^n : b^n$$

RETO

Expresa en forma de potencia cuántos abuelos, bisabuelos y tatarabuelos tienes.

EJEMPLO

11. Resuelve las siguientes operaciones con potencias.

Por la definición de potencia	Por la propiedad
$(5 \cdot 2)^4 = \underbrace{(5 \cdot 2) \cdot (5 \cdot 2) \cdot (5 \cdot 2) \cdot (5 \cdot 2)}_{\text{4 veces}} = 10 \cdot 10 \cdot 10 \cdot 10 = 10\,000$	$(5 \cdot 2)^4 = 5^4 \cdot 2^4 = 625 \cdot 16 = 10\,000$
$\left(\frac{1}{2} \cdot \frac{2}{3}\right)^2 = \underbrace{\left(\frac{1}{2} \cdot \frac{2}{3}\right) \cdot \left(\frac{1}{2} \cdot \frac{2}{3}\right)}_{\text{2 veces}} = \frac{2}{6} \cdot \frac{2}{6} = \frac{4}{36} = \frac{1}{9}$	$\left(\frac{1}{2} \cdot \frac{2}{3}\right)^2 = \left(\frac{1}{2}\right)^2 \cdot \left(\frac{2}{3}\right)^2 = \frac{1}{4} \cdot \frac{4}{9} = \frac{4}{36} = \frac{1}{9}$
$(8 : (-4))^3 = \underbrace{(8 : (-4)) \cdot (8 : (-4)) \cdot (8 : (-4))}_{\text{3 veces}} = (-2) \cdot (-2) \cdot (-2) = -8$	$(8 : (-4))^3 = 8^3 : (-4)^3 = 512 : (-64) = -8$

ACTIVIDADES

23 Opera y expresa como una sola potencia.

a) $(5^4)^3$
b) $\left(\frac{1}{3}\right)^3 \cdot \left(\frac{3}{2}\right)^3$
c) $\left[(-3)^4\right]^3$
d) $\left[\left(\frac{2}{3}\right)^4 \cdot \frac{2}{3}\right]^3$
e) $\left[(-3)^9\right]^0$
f) $\left[\left(-\frac{1}{2}\right)^2 : \left(-\frac{1}{2}\right)\right]^4$

24 **REFLEXIONA.** Razona en cada caso el número que falta y completa en tu cuaderno.

a) $(5^{\square})^4 = 5^{20}$
b) $[(-6)^{\square}]^4 = (-6)^8$
c) $(2^3)^{\square} = 2^{27}$
d) $[(-8)^7]^{\square} = (-8)^{21}$

5. Raíz cuadrada de números enteros

5.1. Raíz cuadrada exacta

La **raíz cuadrada exacta** de un número a es otro número, b, tal que al elevarlo al cuadrado obtenemos el número a.

$$\sqrt{a} = b \rightarrow b^2 = a$$

a es el **radicando**, $\sqrt{}$ es el símbolo de la raíz y b es la **raíz.**

Símbolo de la raíz → $\sqrt{a} = b$ ← Raíz
↑ Radicando

Los números con raíz cuadrada exacta se llaman **cuadrados perfectos.**

- Un número entero positivo tiene siempre dos raíces cuadradas, una positiva y otra negativa.
- Un número entero negativo no tiene raíz cuadrada.

Para calcular la raíz de un número usamos la tecla [√■].

[√■] 25 [=] [5]

[√■] [−] 25 [=] [MATH ERROR]

$(+2)^2 = +4 \quad (-2)^2 = +4$

No existe ningún número que, elevado al cuadrado, dé -4.

EJEMPLO

12. Calcula.

a) $\sqrt{49} = 7$ porque $7^2 = 49$; $\sqrt{49} = -7$ porque $(-7)^2 = 49$ → Lo escribimos $\sqrt{49} = \pm 7$.

b) $\sqrt{-4}$ → No existe, porque ningún número elevado al cuadrado es negativo.

5.2. Raíz cuadrada entera

Si el radicando no es un cuadrado perfecto, su raíz no es exacta.

GEOGEBRA

La **raíz cuadrada entera** de un número a es el mayor número b cuyo cuadrado es menor que a. El **resto** de la raíz entera es la diferencia entre el radicando, a, y el cuadrado de la raíz entera, b.

$$\text{Resto} = a - b^2$$

RETO

¿Qué valores puede tener la última cifra de un número que tenga raíz cuadrada exacta?

EJEMPLO

13. Calcula $\sqrt{45}$. → 45 no es un cuadrado perfecto.

Tanteando: $\ldots, 5^2 = 25, 6^2 = 36, 7^2 = 49, \ldots \rightarrow 6^2 < 45 < 7^2$

La raíz entera de 45 es 6 y su resto es $45 - 6^2 = 45 - 36 = 9$.

ACTIVIDADES

25 Halla la raíz cuadrada en estos números.

a) 169 b) 400 c) 196 d) 900 e) 225

26 Calcula la raíz cuadrada entera y el resto.

a) 45 b) 87 c) 115

27 Obtén un número cuya raíz cuadrada entera sea 6 y su resto 2.

28 **REFLEXIONA.** ¿Cuánto puede valer como máximo el resto de una raíz cuadrada entera?

5.3. Aproximación decimal de una raíz cuadrada

Los números que no tienen raíz cuadrada exacta tienen como raíz un número decimal con infinitas cifras decimales. Podemos hallar la raíz de estos números mediante una **aproximación decimal**.

EJEMPLO

14. Calcula una aproximación decimal de $\sqrt{14}$.

1.º Calculamos la raíz entera del número.

$3^2 < 14 < 4^2 \rightarrow$ Raíz cuadrada entera $= 3$

2.º Añadimos una cifra decimal a la raíz entera y determinamos el valor que se aproxima más al radicando. Se suele empezar por la mitad del intervalo para, a partir de ahí, buscar el número apropiado.

$$\left.\begin{array}{l} 3{,}5^2 = 12{,}25 < 14 \\ \dots \\ 3{,}7^2 = 13{,}69 < 14 \\ 3{,}8^2 = 14{,}44 > 14 \end{array}\right\} \rightarrow 3{,}7^2 < 14 < 3{,}8^2$$

3.º Continuamos con el proceso hasta obtener el número de cifras decimales que deseamos.

$$\left.\begin{array}{l} 3{,}75^2 = 14{,}0625 > 14 \\ 3{,}74^2 = 13{,}9876 < 14 \end{array}\right\} \rightarrow 3{,}74^2 < 14 < 3{,}75^2$$

4.º Calculamos el valor del resto.

Resto $= 14 - 3{,}74^2 = 0{,}0124$

$\sqrt{14} = 3{,}74$ y resto $= 0{,}0124$

«

Al hallar la raíz cuadrada de un número que no es un cuadrado perfecto con la calculadora, obtenemos un número decimal.

[√■] 97 [=] 9,8488578

Ese número tendrá tantos decimales como la calculadora permita.

Si calculamos el cuadrado de ese número:

$9{,}8488578^2 = 96{,}999999$

no obtenemos el radicando porque la raíz de un número que no es un cuadrado perfecto tiene infinitas cifras decimales.

RETO

Si la aproximación de una raíz tiene 2 cifras decimales, ¿cuántas puede tener como máximo el resto?

La raíz se ha hallado correctamente si se cumple que:

$$\text{Radicando} = (\text{raíz})^2 + \text{resto}$$

EJEMPLO

15. Si aproximamos $\sqrt{18}$ por 4,24; ¿cuál es su resto?

Radicando $= (\text{raíz})^2 +$ resto $\rightarrow 18 = 4{,}24^2 +$ resto

Despejando obtenemos:

Resto $= 18 - 4{,}24^2 = 18 - 17{,}9776 = 0{,}0224$

ACTIVIDADES

29 Halla el valor de estas raíces cuadradas.

a) $\sqrt{19}$	d) $\sqrt{16}$	g) $\sqrt{625}$
b) $\sqrt{51}$	e) $\sqrt{37}$	h) $\sqrt{1}$
c) $\sqrt{7}$	f) $\sqrt{127}$	i) $\sqrt{28}$

30 Calcula la aproximación decimal de las siguientes raíces cuadradas, con dos cifras decimales y obtén su resto.

a) $\sqrt{21}$ b) $\sqrt{10}$ c) $\sqrt{45}$ d) $\sqrt{84}$

31 **REFLEXIONA.** ¿Existen dos números enteros de manera que la aproximación decimal de su raíz cuadrada sea 6,23?

6. Raíz cuadrada de fracciones

La **raíz cuadrada de una fracción** es el cociente entre la raíz cuadrada del numerador y la raíz cuadrada del denominador.

$$\sqrt{\frac{a}{b}} = \frac{\sqrt{a}}{\sqrt{b}}$$

Una fracción tiene raíz cuadrada exacta si su numerador y su denominador son cuadrados perfectos.

La **raíz cuadrada exacta de una fracción** es un número cuyo cuadrado es igual a dicha fracción.

$$\sqrt{\frac{a}{b}} = \frac{c}{d} \rightarrow \left(\frac{c}{d}\right)^2 = \frac{a}{b}$$

- Una fracción positiva tiene siempre dos raíces cuadradas, una positiva y otra negativa.
- Una fracción negativa no tiene raíz cuadrada.

EJEMPLO

16. Calcula.

a) $\sqrt{\frac{16}{25}} = \frac{\sqrt{16}}{\sqrt{25}} = \frac{4}{5} \rightarrow \left(\frac{4}{5}\right)^2 = \frac{4^2}{5^2} = \frac{16}{25}$

$\sqrt{\frac{16}{25}} = \frac{\sqrt{16}}{\sqrt{25}} = -\frac{4}{5} \rightarrow \left(-\frac{4}{5}\right)^2 = \frac{(-4)^2}{5^2} = \frac{16}{25}$

Es decir, $\sqrt{\frac{16}{25}} = \pm\frac{4}{5}$.

b) $\sqrt{-\frac{16}{25}}$ → No existe ningún número con cuadrado negativo.

c) $\sqrt{\frac{1}{4}} = \frac{\sqrt{1}}{\sqrt{4}} = \pm\frac{1}{2}$

d) $\sqrt{\frac{10}{9}} = \frac{\sqrt{10}}{\sqrt{9}} = \pm\frac{\sqrt{10}}{3}$

RETO

La raíz cuadrada de una fracción positiva, ¿es siempre una fracción?

ACTIVIDADES

32 Calcula.

a) $\sqrt{\frac{9}{100}}$ c) $\sqrt{\frac{4}{81}}$ e) $\sqrt{\frac{121}{25}}$

b) $\sqrt{\frac{64}{144}}$ d) $\sqrt{\frac{16}{441}}$ f) $\sqrt{\frac{36}{225}}$

33 Completa las siguientes afirmaciones en tu cuaderno.

a) $\frac{2}{7}$ es una raíz cuadrada de la fracción…

b) $-\frac{5}{3}$ es una raíz cuadrada de la fracción…

34 Completa los huecos en tu cuaderno.

a) $\sqrt{\frac{49}{\square}} = \frac{7}{2}$ c) $\sqrt{\frac{\square}{2}} = 4$

b) $\sqrt{\frac{\square}{4}} = -\frac{5}{\square}$ d) $\sqrt{\frac{\square}{3}} = -3$

35 **REFLEXIONA.** Razona tu respuesta, ayudándote de algunos ejemplos.

La raíz cuadrada de una fracción impropia, ¿es también una fracción impropia?

Cómo se resuelven las operaciones combinadas con potencias y raíces

Cuando operamos con raíces, se toma el resultado positivo.

$\sqrt{9}=3$

Resuelve esta operación considerando el resultado positivo de la raíz cuadrada.

$$\left[(-2)^3\cdot\frac{1}{2}\right]^2:\sqrt{16}-(6^5:6^4)\cdot\sqrt{\frac{81}{36}}+1$$

① Resolvemos las operaciones que hay dentro de los paréntesis y corchetes.

$$\left[(-2)^3\cdot\frac{1}{2}\right]^2:\sqrt{16}-(6^5:6^4)\cdot\sqrt{\frac{81}{36}}+1=$$

División de potencias de la misma base.

$$=\left[-8\cdot\frac{1}{2}\right]^2:\sqrt{16}-(6^{5-4})\cdot\sqrt{\frac{81}{36}}+1=$$

$6^1=6$

$$=\left[-\frac{8}{2}\right]^2:\sqrt{16}-6\cdot\sqrt{\frac{81}{36}}+1=$$

② Calculamos las potencias y las raíces.

$$=[-4]^2:\sqrt{16}-6\cdot\sqrt{\frac{81}{36}}+1=$$

$\frac{\sqrt{81}}{\sqrt{36}}=\frac{9}{6}$

③ Resolvemos las multiplicaciones y las divisiones de izquierda a derecha.

$$=16:4-6\cdot\frac{9}{6}+1=$$

④ Hallamos las sumas y las restas.

$$=4-9+1=-4$$

ACTIVIDADES

36 Calcula y simplifica.

a) $1+\frac{2}{3}:\left(\frac{1}{2}+\frac{2}{3}\right)-\frac{9}{8}\cdot\sqrt{\frac{16}{9}}$

b) $\sqrt{\frac{4}{16}}\cdot\left(\frac{4}{5}-\frac{3}{2}\right)^2:\frac{7}{5}+2\cdot\frac{1}{10}$

c) $\frac{2}{5}:\left(\frac{5}{3}-\frac{1}{5}+\frac{2}{15}\right)\cdot\sqrt{\frac{9}{16}}+1:\left(-\frac{4}{3}\right)^2$

d) $\frac{2}{5}:\left(\frac{5}{3}:\frac{10}{9}\right)^2\cdot\frac{5}{2}-\left(\frac{5}{2}-\frac{5}{3}\right)^2$

e) $\left[\left(\frac{2}{3}-\frac{1}{4}\right)\cdot2-\frac{3}{10}\right]\cdot\left(\frac{11}{7}-\frac{1}{2}\right)$

f) $-3-\sqrt{\frac{4}{25}}\cdot\left[(-3):\left(\frac{1}{5}+\frac{1}{10}\right)\right]^3$

g) $\frac{8}{3}-\left[7\cdot\left(\frac{8}{3}+2:\frac{1}{6}\right)\right]$

h) $\left(\frac{2}{6}+\frac{1}{3}\right)^3:\sqrt{\frac{4}{9}}:\left(\frac{1}{2}\cdot\frac{3}{2}-1\right)$

37 Resuelve estas operaciones.

a) $\sqrt{\frac{16}{25}}-\frac{7}{2}+\left[\left(\frac{3}{2}\right)^2+1-\frac{2}{5}\right]$

b) $\left(\frac{1}{5}+\frac{7}{2}\right)+\left[\left(\sqrt{\frac{9}{4}}+\frac{3}{10}\right)-2^3\right]$

c) $(-3)^3\cdot\frac{1}{9}+\frac{5}{3}-\left(-4:\sqrt{\frac{1}{64}}+3^3\right)$

d) $\frac{3}{5}\cdot4-\left(\frac{6}{5}\right)^2-\left(\frac{13}{10}-\sqrt{\frac{144}{25}}+2\right)$

e) $\frac{3}{2}:\left[\left(-4+\frac{11}{8}\right)\cdot\left(-\frac{2}{7}\right)^2\right]$

f) $3^2-\left[3+\left(\frac{5}{2}\right)^3+\frac{3}{4}\right]:\left(\sqrt{\frac{49}{4}}-1\right)$

g) $\left[\frac{3}{4}+\left(\frac{7}{3}-2\right)^3\cdot\frac{9}{2}\right]-\left(\sqrt{\frac{49}{144}}+\sqrt{\frac{1}{16}}\right)$

h) $\left(-\frac{2}{3}\right)^3+\frac{7}{8}:\left[\left(\frac{1}{2}\right)^4-\frac{1}{2}\right]\cdot\left(\sqrt{\frac{49}{36}}-\frac{1}{4}\right)+2$

1. Realiza cálculos en los que intervienen potencias de exponente natural

ACTIVIDADES FLASH

38 Escribe en forma de potencia si es posible y explica cuál es la base y cuál es el exponente en cada caso.

a) $5 \cdot 5 \cdot 5 \cdot 5$

b) $\frac{3}{5} \cdot \frac{3}{5} \cdot \frac{3}{5}$

c) $(-4) \cdot (-4) \cdot (-4) \cdot (-4) \cdot (-4)$

d) $\frac{-2}{7} \cdot \frac{2}{-7} \cdot \frac{-2}{7} \cdot \left(-\frac{2}{7}\right)$

39 Indica los términos de estas potencias y léelas en voz alta.

a) $(-2)^3$ d) 3^2 g) 1^{10}

b) 4^4 e) 2^6 h) $(-1)^{15}$

c) $\left(\frac{2}{5}\right)^3$ f) $\left(-\frac{7}{2}\right)^3$ i) $\left(\frac{-2}{3}\right)^4$

40 Expresa en forma de producto y halla el resultado de las siguientes potencias.

a) $\left(\frac{10}{3}\right)^2$ b) $\left(\frac{2}{3}\right)^4$ c) $\left(-\frac{1}{2}\right)^7$

41 Copia y completa el autodefinido.

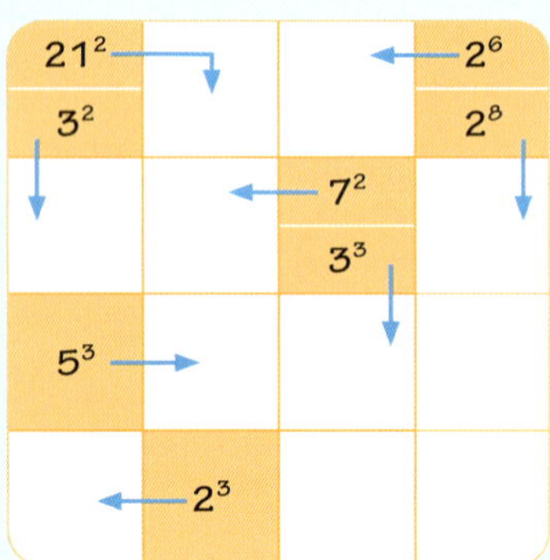

CÁLCULO MENTAL

42 Determina el valor de *a* en estas igualdades.

a) $\left(\frac{5}{4}\right)^a = \frac{125}{64}$ c) $\left(\frac{3}{4}\right)^a = \frac{9}{16}$

b) $\left(-\frac{5}{4}\right)^a = -\frac{125}{64}$ d) $\left(-\frac{3}{4}\right)^a = \frac{9}{16}$

43 **INVESTIGA.** ¿En qué casos el cuadrado de un número coincide con su cubo?

44 Indica si son ciertas las siguientes igualdades.

a) $\left(-\frac{5}{3}\right)^2 = \frac{25}{3}$ c) $-\left(-\frac{7}{2}\right)^3 = \frac{-343}{8}$

b) $\left(\frac{-3}{-3}\right)^4 = 81$ d) $\frac{(-2)^5}{-7^5} = \left(-\frac{2}{7}\right)^5$

45 **JUEGO.** Formad parejas para jugar al *memory*. Elaborad estas tarjetas, mezcladlas y colocadlas bocabajo formando filas y columnas.

$(-2)^4$	-3^2	-2^4	-25
$(-3)^2$	$(-5)^2$	16	25
9	-9	-5^2	-16

46 **RETO.** Comprueba que el número 153 es igual a la suma de los cubos de sus dígitos. Encuentra otros dos números de tres cifras que cumplan la misma condición y contenga las cifras 0 y 7.

47 **INVESTIGA.** Sabiendo que 2^{10} es aproximadamente igual a 10^3 (1 024 frente a 1 000), contesta:

a) ¿A qué potencia de 10 equivale 2^{60}?

b) ¿A qué potencia de 2 equivale 10^{81}?

c) ¿Qué es mayor, 2^{40} o mil millones? ¿Cuántas veces es mayor aproximadamente?

2. Representa cantidades de forma adecuada

Notación científica

ACTIVIDADES FLASH

48 Escribe con todas sus cifras los siguientes números expresados en notación científica.

a) $1{,}5 \cdot 10^4$ c) $5{,}607 \cdot 10^8$

b) $9{,}03 \cdot 10^3$ d) $6{,}01 \cdot 10^{11}$

49 Expresa en notación científica estos números.

a) 87 000 f) 90 000 000 000

b) 1 256,7 g) 94 300 000

c) 482,63 h) 1 852,67

d) 2 100 000 i) 4 540 000

e) 19 037,453 j) 45,9

50 Escribe los siguientes números en notación científica e indica el orden de magnitud en cada caso.

a) Doce mil quinientos.

b) Siete millones doscientos mil.

c) Ciento trece mil setecientos.

d) Cuatrocientos veintidós billones.

INTERNET

51 **INVESTIGA.** Busca en internet las distancias medias a las que se encuentran estos planetas del Sol y exprésalas en notación científica y con todas sus cifras.

a) Mercurio.
b) Venus.
c) Marte.
d) Júpiter.

52 Calcula y expresa en notación científica.

a) La distancia en kilómetros que recorre la luz en un año (velocidad de la luz: 300 000 km/s).

b) La masa en kilos de 500 000 litros de mercurio (1 litro de mercurio pesa 13,6 kg).

53 ¿Cuántos metros hay de la Tierra a la Luna? Cada casilla se obtiene multiplicando las dos de abajo.

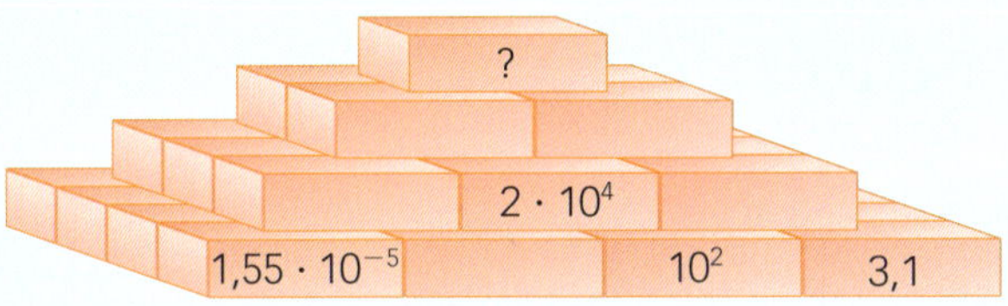

3. Aplica las reglas básicas de las operaciones con potencias

54 Expresa como una sola potencia.

a) $(2^4)^3$
b) $(7^0)^2$
c) $[(-1)^3]^5$
d) $\left[\left(\frac{3}{4}\right)^6\right]^3$
e) $[((-5)^4)^2]^4$
f) $\left[\left(-\frac{2}{11}\right)^7\right]^8$

55 **INVENTA.** Escribe un número que se pueda expresar como una potencia de exponente 4 y otra potencia de exponente 3 al mismo tiempo.

56 Expresa como una sola potencia y calcula.

a) $(2 \cdot 3)^3$
b) $[5 \cdot (-2)]^5$
c) $\left(\frac{2}{3} \cdot \frac{5}{2}\right)^3$
d) $[(-2) \cdot (-1)]^{10}$
e) $[(-9) : (-3)]^4$
f) $\left[\left(-\frac{3}{2}\right) : \left(\frac{3}{4}\right)\right]^6$

57 Determina el signo de cada operación.

a) $5^6 \cdot 5^{12}$
b) $[(-12) : 3]^2$
c) $\left(-\frac{3}{4}\right)^5 : \left(-\frac{3}{4}\right)^2$
d) $(-5)^7 : (-5)^4$
e) $[(-9) : 3]^8$
f) $\left[\left(-\frac{7}{3}\right)^3\right]^5$

58 Copia y completa el cuadrado mágico multiplicativo en el que el producto de los elementos de sus filas, columnas y diagonales coinciden.

		3^2
	3^5	
3^8		3^6

59 **INVENTA.** Escribe posibles exponentes en cada operación para que se cumpla el resultado. Compara tu respuesta con la de un compañero o compañera.

a) $5^4 \cdot 5^{\square} \cdot 5^{\square} = 5^9$
b) $13^{\square} \cdot 13^{\square} \cdot 13^{\square} = 13^5$
c) $(-11)^{\square} \cdot (-11)^4 \cdot (-11)^{\square} = (-11)^7$
d) $(-10)^8 \cdot (-10)^{\square} \cdot (-10)^{\square} = (-10)^{11}$

60 Coloca paréntesis para que las igualdades sean ciertas.

a) $4^4 \cdot 4^{20} : (4^6)^3 \cdot 4^2 = 4^4$
b) $3^{12} : 3^5 \cdot (3^5)^3 \cdot 3^2 = 3^{24}$
c) $(-2)^6 \cdot (-2)^8 : (-2)^4 : (-2)^2 = (-2)^{12}$
d) $\left(\frac{3}{5}\right)^{20} : \left(\frac{3}{5}\right)^6 \cdot \left(\frac{3}{5}\right)^4 : \left(\left(\frac{3}{5}\right)^2\right)^2 = \left(\frac{3}{5}\right)^6$

61 Expresa como una sola potencia.

a) $(2^4)^2$
b) $(3^0)^2$
c) $[(-2)^3]^4$
d) $\left[\left(\frac{1}{3}\right)^6\right]^5$
e) $[((-3)^4)^1]^2$
f) $\left[\left(-\frac{2}{5}\right)^7\right]^3$

62 **INVESTIGA.** Calcula estas potencias.

$7^1 \quad 7^2 \quad 7^3 \quad 7^4 \quad 7^5 \quad 7^6 \quad 7^7$

¿En qué cifra terminará 7^8? ¿Y 7^{10}? ¿Y 7^{7^7}?

63 Expresa como una sola potencia.

a) $(6^2 \cdot 6^3) \cdot (6^4 : 6^3)$
b) $[(-3)^{12} : (-3)^7)] \cdot [(-3)^5 \cdot (-3)^2]$
c) $(-4)^{35} : [(-4)^5 \cdot (-4)^{20}]$
d) $\left[\left(\frac{5}{4}\right)^6 \cdot \left(\frac{5}{4}\right)^2\right] : \left[\left(\frac{5}{4}\right)^3 \cdot \left(\frac{5}{4}\right)^4\right]$
e) $4^{10} : [(4^6)^2 \cdot 4^3] \cdot 4^3$
f) $\left(\left(\frac{5}{2}\right)^2\right)^7 : \left[\left(\frac{5}{2}\right)^5 \cdot \left(\frac{5}{2}\right)^6\right]$
g) $((-2)^4 \cdot (-2)^5) : (-2)^3 \cdot ((-2)^2)^5$
h) $\left[\left(\frac{2}{3}\right) \cdot \left(\frac{3}{4}\right)\right]^8 : \left(\left(\frac{1}{2}\right)^3\right)^3$

Cómo se calcula un producto o división de potencias

64 Expresa, si se puede, con una sola potencia.

a) $6^7\cdot 6^3$ c) $6^5\cdot(-2)^5$ e) $(-6)^5\cdot 2^3$

b) $6^7 : 6^3$ d) $6^5 : (-2)^5$ f) $(-6)^5 : 2^3$

PRIMERO. Se estudia si las bases o los exponentes de las potencias son iguales.

a) y b) 6^7 y 6^3 $\longrightarrow$ La base de las dos potencias es la misma, 6.

c) y d) 6^5 y $(-2)^5$ $\rightarrow$ Las bases son distintas, pero los exponentes son iguales, 5.

e) y f) $(-6)^5$ y 2^3 $\longrightarrow$ No son iguales las bases ni los exponentes.

SEGUNDO.

- Si las bases son iguales, se suman o restan los exponentes.

  a) $6^7\cdot 6^3 = 6^{7+3} = 6^{10}$ b) $6^7 : 6^3 = 6^{7-3} = 6^4$

- Si las bases no son iguales, pero los exponentes sí, se multiplican o dividen las bases.

  c) $6^5\cdot(-2)^5 = (6\cdot(-2))^5 = (-12)^5$

  d) $6^5 : (-2)^5 = (6 : (-2))^5 = (-3)^5$

- Si no son iguales las bases ni los exponentes, no se puede expresar como una sola potencia.

  e) $(-6)^5\cdot 2^3 = (-6)^5\cdot 2^3$

  f) $(-6)^5 : 2^3 = (-6)^5 : 2^3$

65 ●○○ Expresa, si se puede, con una sola potencia.

a) $9^8 : 9^3$

b) $11^6\cdot 11^5$

c) $(-6)^8 : (-6)^5$

d) $13^5\cdot 2^7$

e) $\left(\frac{2}{3}\right)^7 : \left(\frac{2}{3}\right)^5$

f) $\left(-\frac{4}{5}\right)^3\cdot\left(-\frac{4}{5}\right)^6$

g) $\left(\frac{2}{3}\right)^5 : \left(\frac{3}{2}\right)^5$

h) $(-2)^3\cdot 3^3$

i) $9^8 : (-3)^5$

j) $5^6 : 5^4$

k) $(-5)^6 : (-5)^2$

l) $\left(\frac{2}{3}\right)^7 : \left(\frac{3}{2}\right)^5$

m) $\left(-\frac{10}{4}\right)^7\cdot\left(-\frac{5}{2}\right)^7$

n) $\left(\frac{-3}{2}\right)^3\cdot\left(\frac{-3}{2}\right)^8$

66 ●○○ **INVENTA.** Escribe tres productos y tres cocientes de potencias que tengan como resultado:

a) 7^{10} b) $\left(\frac{3}{5}\right)^9$ c) $\left(-\frac{5}{2}\right)^4$

67 ●●○ Completa los huecos en tu cuaderno.

a) $9^8 : \square^8 = (-3)^8$

b) $\left(-\frac{3}{2}\right)^{\square}\cdot\left(\frac{\square}{\square}\right)^3 = \left(-\frac{9}{4}\right)^3$

c) $(-6)^5\cdot(-6)^{\square} = (-6)^9$

Cómo se resuelven operaciones cuando las bases tienen factores primos comunes

68 Simplifica estos productos de potencias.

a) $8^4\cdot 16^2$ b) $3^4\cdot 9^2$ c) $(-3)^4\cdot 18^2$

PRIMERO. Se descomponen las bases de las potencias en producto de factores primos.

a) $8 = 2^3$, $16 = 2^4$ b) $3 = 3$, $9 = 3^2$ c) $-3 = -1\cdot 3$, $18 = 2\cdot 3^2$

SEGUNDO. Se sustituyen las bases por su descomposición en factores y se opera.

a) $8^4\cdot 16^2 = (2^3)^4\cdot(2^4)^2 = 2^{12}\cdot 2^8 = 2^{20}$

b) $3^4\cdot 9^2 = 3^4\cdot(3^2)^2 = 3^4\cdot 3^4 = 3^8$

c) $(-3)^4\cdot 18^2 = (-1\cdot 3)^4\cdot(2\cdot 3^2)^2 =$
$= (-1)^4\cdot 3^4\cdot 2^2\cdot 3^4 =$
$= 1\cdot 2^2\cdot 3^8 = 2^2\cdot 3^8$

69 ●●○ Simplifica estos productos de potencias.

a) $(-3)^5\cdot 9^4$ c) $6^5\cdot(-3)^4$ e) $6^7\cdot 12^4$

b) $15^3\cdot 3^2$ d) $16^7\cdot 32^3$ f) $8^{10}\cdot 10^3$

70 ●●○ Simplifica estos cocientes de potencias.

a) $15^3 : 3^2$ c) $9^5 : (-3)^4$ e) $9^7 : 3^5$

b) $(-8)^5 : 2^3$ d) $(-16)^{10} : 4^3$ f) $16^7 : 32^3$

71 ●●● Resuelve.

a) $[(-4)^8\cdot 8^2]^3\cdot 2^5$

b) $[2^{13}\cdot 4^2 : 8^5]^2 : 2^3$

c) $(-6)^{30} : ((-6)^{12})^2\cdot 12^3$

d) $(-13)^5\cdot((13)^4)^0 : 13^2$

e) $(18^6)^3 : [(-2)^5\cdot(-2)^3]\cdot 4^3$

f) $(-15)^8 : [3^{10}\cdot(5^2)^5]\cdot 15^4$

72 ●●● **RETO.** Si $1^2 + 2^2 + 3^2 + \ldots + 25^2 = 5\,525$, di cuál es el valor de $2^2 + 4^2 + 6^2 + \ldots + 50^2$.

73 ●●● **INVESTIGA.** Utiliza la calculadora para hallar las potencias 2^{13}, 2^{17}, 2^{18}, 2^{20}, 2^{22}, 2^{25}.

a) Los resultados, ¿son números pares o impares?

b) ¿Qué ocurre con las potencias 3^4, 3^7, 3^{12}, 3^{13}?

c) El número resultante de la suma $2^7 + 2^4$, ¿será par o impar? ¿Y el de la suma $3^5 + 3^6$?

4. Calcula el valor de expresiones numéricas con raíces cuadradas

ACTIVIDADES FLASH

74 Completa los huecos en tu cuaderno.

a) $\sqrt{16} = \square \rightarrow 4^{\square} = 16$

b) $\sqrt{\square} = 5 \rightarrow \square^2 = \square$

c) $9^2 = \square \rightarrow \sqrt{\square} = 9$

d) $\square^2 = 121 \rightarrow \sqrt{\square} = \square$

75 Indica todos los cuadrados perfectos comprendidos entre 1 y 250.

76 Copia y completa el crucigrama.

VERTICALES

1. En $\sqrt{54}$, 54 es el ___.
2. Los números con raíz cuadrada exacta se llaman cuadrados ___.

HORIZONTALES

3. En $\sqrt{121} = 11$, 11 es la ___.
4. Si el radicando es un cuadrado perfecto, su raíz cuadrada es ___.
5. Si el radicando no es un cuadrado perfecto, su raíz cuadrada es ___.
6. En $\sqrt{82}$, el ___ es 1.

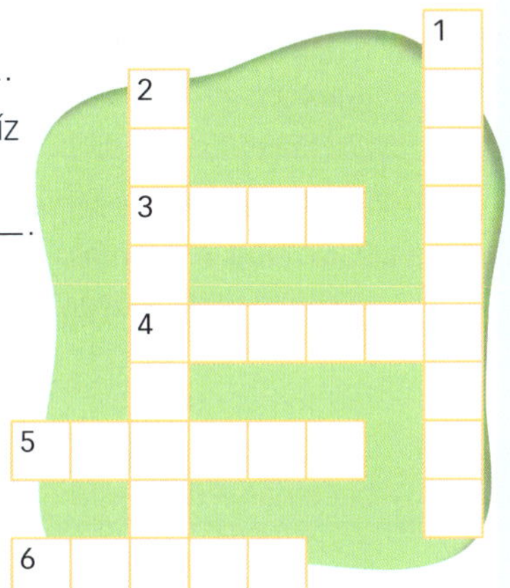

77 **INVESTIGA.** ¿Qué números enteros positivos son iguales a su raíz cuadrada exacta positiva?

78 Copia en tu cuaderno la tabla y complétala.

	Raíz cuadrada entera	Resto
$\sqrt{27}$		
$\sqrt{201}$		
$\sqrt{34}$		

CÁLCULO MENTAL

79 Calcula la raíz cuadrada entera de estos números.

a) 19 b) 49 c) 79 d) 119 e) 229

80 Halla el resto en cada caso.

a) Raíz = 12
Radicando = 160

b) Raíz = 30
Radicando = 901

81 Resuelve el crucigrama.

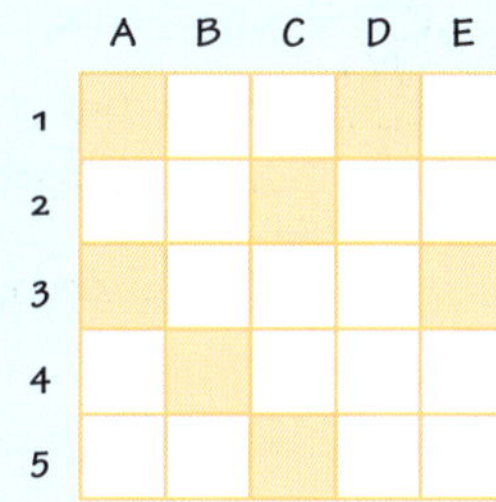

VERTICALES

A. $\sqrt{\square} = 1$ y resto 1. $\sqrt{\square} = 6$

B. $\sqrt{\square} = 20$ y resto 32. $\sqrt{\square} = 2$

C. $\sqrt{\square} = 2$ y resto 1. $\sqrt{\square} = 5$

D. $\sqrt{\square} = 39$ y resto 42.

E. $\sqrt{\square} = 6$ y resto 10. $\sqrt{\square} = 7$

HORIZONTALES

1. $\sqrt{\square} = 6$ y resto 9. $\sqrt{\square} = 2$
2. $\sqrt{\square} = 4$ y resto 7. $\sqrt{\square} = 4$
3. $\sqrt{\square} = 15$
4. $\sqrt{\square} = 1$ y resto 2. $\sqrt{\square} = 23$ y resto 35.
5. $\sqrt{\square} = 8$ $\sqrt{\square} = 6$ y resto 3.

82 **INVESTIGA.** Un número tiene por raíz cuadrada entera 5 y su resto es el máximo posible. ¿Cuál es el resto? ¿Y cuál es el número?

83 Escribe todos los números enteros de dos cifras cuya raíz cuadrada entera tenga de resto 2.

84 Halla el menor número que, sumado a 265, da un cuadrado perfecto.

85 **INVESTIGA.** Un número tiene como raíz cuadrada entera 12. ¿Cuál es el resto más grande que puede tener ese número? ¿Y si tuviera como raíz entera 135?

86 ¿Es posible que el resto de una raíz sea negativo? Razona tu respuesta.

87 Calcula.

a) $\sqrt{\frac{4}{9}}$ b) $\sqrt{\frac{400}{64}}$ c) $\sqrt{\frac{1600}{49}}$ d) $\sqrt{\frac{81}{36}}$

88 **RETO.** Escribe los números 3, 9 y 14 utilizando 4 cuatros y las operaciones de suma, resta, multiplicación, división, potencias y raíz cuadrada.

5. Realiza operaciones combinadas con la jerarquía de las operaciones

89 Resuelve considerando solo el resultado positivo.

a) $(-3)^3 : (-9) + \sqrt{64} : (-2) \cdot 5^2 - (-8)$

b) $(-2) \cdot (-3)^2 : \sqrt{9} - (-8)^4 : 2^3 - \sqrt{100}$

c) $\sqrt{\frac{36}{25}} + \left(\frac{3}{5}\right)^2 + \left[\frac{1}{5} - \left(\frac{3}{5}\right)^3\right] : \left(\frac{1}{5}\right)^3$

d) $\left[\sqrt{\frac{16}{9}} : \sqrt{\frac{25}{36}}\right]^2 - \left(\frac{-5}{2}\right)^2 : \left(\frac{5}{3}\right)^2$

90 Opera.

a) $\sqrt{\frac{16}{9}} \cdot \frac{7}{4} - \frac{3}{2}$

b) $\frac{1}{3} \cdot \sqrt{\frac{400}{64}} + 8 : \frac{2}{5}$

c) $\left(-\frac{5}{6}\right)^2 : \left(\frac{2}{3}\right)^2 - \sqrt{\frac{121}{36}}$

91 Simplifica.

a) $[((-2)^2)^4 : (-2)^3 \cdot (-2)^5]^2 \cdot [((-2)^3)^2 : (-2)^5]$

b) $\left(\sqrt{\frac{25}{4}}\right)^3 : \left(\frac{5}{2}\right)^2 + \left[\left(\frac{5}{2}\right)^6 : \left(\frac{5}{2}\right)^3 \cdot \left(\frac{5}{2}\right)^5\right]^2$

c) $[3^4 : 3^3 \cdot 3^8 : 3^6]^2 \cdot [(3^4)^4 : 3^7]^3 : \sqrt{81}$

d) $\left[\sqrt{\frac{25}{9}} - \frac{5}{4}\right]^4 : \left(\frac{5}{3} \cdot \frac{1}{4}\right)^2 - \left(\left(\frac{5}{12}\right)^2\right)^3$

e) $\sqrt{\frac{16}{81}} - \left(\frac{2}{3}\right)^3 + [(3^2)^4 : 3^3]^2 \cdot 3^4$

6. Emplea los distintos tipos de números para resolver problemas de la vida real

INTERNET

92 **MATEMÁTICAS Y... ORDENADORES.** Los ordenadores más potentes que se están diseñando podrán realizar mil billones de operaciones por segundo.

a) Expresa ese número como potencia de 10.

b) Arquímedes calculó que el número de granos de arena necesarios para llenar el universo que los griegos conocían era 10^{51}. ¿Cuánto tiempo tardaría un ordenador de ese tipo en computar ese número de operaciones? Exprésalo en segundos y en años.

c) Un gúgol es un 1 seguido de 100 ceros. ¿Cuánto tardaría uno de estos ordenadores en computar un gúgol de operaciones?

93 ¿Cuál es el cuadrado más grande que podemos formar con 48 monedas? ¿Y con 169 monedas?

94 Se ha organizado un concurso de tiro con arco. Participan cinco equipos de cinco personas cada uno. Cada persona del equipo dispone de cinco flechas para lanzar a la diana. ¿Cuántas flechas se necesitan?

95 **INVESTIGA.** El matemático británico Augustus de Morgan decía que él tenía x años en el año x^2. Se sabe que murió en 1871. ¿Cuándo nació?

96 **RETO.** Un viaje espacial sale de la Tierra hacia un planeta situado a 2^{20} km. Después de hacer un cuarto del trayecto, la nave pierde el contacto con la Tierra, recuperándolo cuando está a 2^{19} km de ella. ¿Cuántos kilómetros recorrió la nave sin comunicación?

97 **MATEMÁTICAS Y... ALIMENTACIÓN.** La calidad del yogur casero viene determinada por el tiempo y la temperatura a la que se deja fermentar. Durante el proceso de fermentación, las bacterias se multiplican duplicando su población cada 20 minutos. Estas bacterias se comen la lactosa y generan ácido láctico. Cuanto más tiempo se deje fermentar, menos cantidad de lactosa contendrá el yogur. Contamos inicialmente con 10 millones de bacterias.

a) ¿Cuántas habrá al cabo de una hora?

b) A una temperatura adecuada, podemos conseguir yogur entre 6 y 8 horas. ¿Cuántas bacterias tendrá el yogur?

c) Para reducir aún más la cantidad de azúcar, el yogur se deja fermentar durante 24 horas. ¿Cuántas bacterias tendrá este tipo de yogures?

Escribe los resultados en notación científica.

98 **MATEMÁTICAS Y... BIOLOGÍA.** Algunos animales como el oso polar o el oso panda se encuentran en peligro de extinción. Muchas de las especies en peligro de extinción tienen periodos de gestación largos, como en el caso del oso polar, de hasta 265 días y con solo dos crías por camada. Estas especies contrastan con otras poblaciones que se reproducen de manera exponencial en un corto periodo de tiempo. Por ejemplo, las hembras del pez luna pueden soltar hasta 300 millones de huevos en el agua de una sola vez. Estos peces alcanzan su edad madura sexual a los cinco años y su esperanza de vida es de unos 10 años.

a) Escribe el número de huevos en notación científica.

b) Suponiendo que, de los huevos, la mitad dan lugar a peces hembras, ¿cuántos peces producirán estas al cabo de 5 años?

INTERNET

99 En una mudanza, se han preparado 28 cajas cúbicas de cartón con los objetos del salón, 21 en las habitaciones y 15 en la cocina. Si apilan todas las cajas formando un cubo, ¿cuántas cajas tendrá de altura?

100 **MATEMÁTICAS Y… LITERATURA.** En el país de los liliputienses, las dimensiones (altura, anchura y grosor) de todas las personas, los animales, plantas… eran 12 veces menores que en nuestro mundo. Gulliver, por lo tanto, era 12 veces mayor que un liliputiense.

a) «Para llevarme a la capital en caballo mandaron millar y medio de los más grandes caballos», cuenta Gulliver. ¿Crees que fueron suficientes?

b) «De un centenar y medio de colchones, cosidos entre sí, salió uno en el que cabía libremente a lo largo y ancho. Pusieron uno encima de otro, cuatro colchones como este, pero aun así el lecho era duro como el suelo de piedras». ¿Por qué era tan duro para Gulliver? ¿Cabía en la cama?

FAKE ? NEWS

El principio del fin

Después de unos meses, que a mucha gente le habrán podido parecer años, la prensa ha amanecido con el esperanzador titular de que, por fin, el factor R0 de la pandemia es menor que la unidad. Las mediciones de los expertos estiman que R0 $= \frac{4}{5}$ y que, por tanto, la pandemia remitirá en no mucho tiempo.

Empezamos, por fin, a ver luz al final del túnel, aunque tengamos que seguir tomando las precauciones recomendadas.

Y tú, ¿qué opinas?

El R0 de una enfermedad es el número de nuevos infectados, en promedio, que van a ser causados por una persona contagiada.

PROBLEMAS APARENTEMENTE DISTINTOS

101 Realiza esta operación y expresa el resultado en forma de potencia.

$$4 \cdot 4 \cdot 4 \cdot 4$$

102 El ayuntamiento dispone de un comedor benéfico con cuatro plantas iguales, tienen cuatro salas y en cada sala cuatro mesas con capacidad para cuatro personas. ¿Cuántas personas pueden comer al mismo tiempo? Expresa el resultado en forma de potencia.

103 Halla el resultado de estas operaciones.

a) $120 \cdot \left(\frac{3}{4}\right)^{5-1}$

b) $120 \cdot \left(\frac{3}{4}\right)^{3-1} - 120 \cdot \left(\frac{3}{4}\right)^{6-1}$

104 La distancia que recorre una bola situada en el extremo de un péndulo es, en cada oscilación, tres cuartas partes de lo que recorrió en la anterior. Si la primera oscilación midió 120 cm:

a) ¿Cuánto medirá la quinta oscilación?

b) ¿Qué diferencia hay entre la tercera y la sexta?

105 Sigue las instrucciones y contesta a la pregunta.

a) Halla las potencias de 2 y súmalas hasta que su resultado sea mayor o igual que 30 000. ¿Cuántas potencias de 2 has sumado?

b) Continúa sumando potencias de 2 hasta pasar de 30 000 000 000. ¿Cuántos sumandos han sido?

106 La capacidad de un almacén es de 1 000 t de arroz. El primer día llevo dos granos de arroz y, a partir de ahí, llevaré el doble cada día. Si en 1 kg de arroz hay 30 000 granos aproximadamente:

a) ¿Cuántos días pasarán hasta que haya 1 kg?

b) ¿Cuánto tiempo se tarda en llenar el almacén?

Me faltan datos

Estamos en la era de la comunicación, todo este mundo parece interrelacionado y a veces la información nos satura. ¿Quién subirá todos esos datos, imágenes, sonidos... a la red? ¿Cómo podemos comunicarnos con los ordenadores y servidores que almacenan la información?

La información en un ordenador, tanto de datos como de programas, se almacena en unidades básicas de 1 byte (agrupación de 8 bits) y sus múltiplos: kilobyte, megabyte, gigabyte, terabyte...

Múltiplos del byte
Sistema Internacional

Múltiplos (abreviaturas)	Valor en bytes
Kilobyte (kB)	10^3
Megabyte (MB)	10^6
Gigabyte (GB)	10^9
Terabyte (TB)	10^{12}
Petabyte (PB)	10^{15}
Exabyte (EB)	10^{18}
Zettabyte (ZB)	10^{21}
Yottabyte (YB)	10^{24}

Terabyte

Son 200 000 fotos o canciones de mp3 en un único disco de 1 TB.

Petabyte

Serían 1 000 discos de 1 TB. Ocuparían 2 armarios de almacenamiento.

Exabyte

Serían un millón de discos de 1 TB. Ocuparían un edificio de 4 pisos.

Zettabyte

Ocuparían 1 000 edificios de 4 pisos, una superficie similar a 1 200 campos de fútbol.

Yottabyte

Ocuparían una superficie similar a la Región de Murcia.

1 ¿Qué capacidad tengo?

La capacidad de almacenaje en dispositivos móviles, teléfonos o tabletas, y en los dispositivos informáticos, PC, portátiles, discos de memoria..., se mide, por lo general, en MB.

- Haz una tabla con la memoria de los dispositivos móviles que tienes tú y tus personas conocidas, y comprueba si esas capacidades se pueden escribir en forma de potencia.
- ¿Cuántos megas (MB) tienen 8 gigas (GB)? ¿Cuántos megas (MB) son 1 tera (TB)?
- Indica con una sola potencia la memoria de un dispositivo de 512 GB en bytes.

2 ¿La nube o la realidad?

Después de meses pidiendo fotos a familiares y escaneando las más antiguas, que estaban impresas, por fin las tengo todas. Las he clasificado en carpetas y, en total, ocupan 49 GB en mi ordenador. Quiero hacer una copia y no tengo claro si será mejor comprar un disco duro o almacenar en la nube. Evidentemente, los gastos los compartiríamos entre los 5 familiares.

1 000 GB
57,99 € (IVA incluido)

Almacenamiento en la nube
- Plan de 15 GB: gratis.
- Plan de 50 GB: 0,99 € al mes.
- Plan de 200 GB: 2,99 € al mes.
- Plan de 2 TB: 9,99 € al mes.

- Económicamente, ¿qué oferta nos interesaría más?
- Si, además de las fotos, incluimos también vídeos y música, el tamaño aumenta hasta 132 GB. ¿Qué nos interesa ahora si consideramos solo el precio?

PRODUCTO FINAL Calcula el tiempo de descarga

Infórmate sobre la velocidad de la conexión a internet que tienes en casa y si los teléfonos móviles de los miembros de tu familia son 4G o 5G.

La siguiente tabla muestra la velocidad de descarga correspondiente a cada velocidad de internet.

Velocidad de internet	Velocidad de descarga
100 Mbps	12,5 MB/s
300 Mbps	37,5 MB/s
600 Mbps	75 MB/s
1 000 Mbps	125 MB/s

Internet móvil
5G → 20 Mbps
4G → 4 Mbps

- Consulta cuánto ocupa una foto hecha con el teléfono móvil de alguno de tus familiares. ¿Cuánto tardarías en descargar 300 fotos como esa desde tu casa? ¿Y desde el móvil?
- Cada minuto de vídeo en alta calidad (4K) ocupa 375 MB. Busca un vídeo que te guste y consulta la duración. ¿Cuánto espacio ocuparía si fuera de alta calidad? ¿Cuánto tardarías en descargarlo?

RESUMEN DE UNIDAD

POTENCIAS DE NÚMEROS ENTEROS

$$a^n = \underbrace{a \cdot a \cdot a \cdot a \cdot \ldots \cdot a}_{n \text{ veces}}$$

a = base $\quad$ n = exponente

POTENCIA DE UNA FRACCIÓN

$$\left(\frac{a}{b}\right)^n = \underbrace{\frac{a}{b} \cdot \frac{a}{b} \cdot \frac{a}{b} \cdot \ldots \cdot \frac{a}{b}}_{n \text{ veces}} = \frac{a^n}{b^n}$$

PRODUCTO DE POTENCIAS DE LA MISMA BASE

$$a^n \cdot a^m = a^{n+m}$$

COCIENTE DE POTENCIAS DE LA MISMA BASE

$$a^n : a^m = a^{n-m}$$

POTENCIA DE UNA POTENCIA

$$(a^n)^m = a^{n \cdot m}$$

POTENCIA DE UN PRODUCTO

$$(a \cdot b)^n = a^n \cdot b^n$$

POTENCIA DE UN COCIENTE

$$(a : b)^n = a^n : b^n$$

RAÍZ CUADRADA

$$\sqrt{a} = b \rightarrow b^2 = a$$

Símbolo de la raíz → $\sqrt{a} = b$ ← Raíz

Radicando ↑

RAÍZ CUADRADA DE UNA FRACCIÓN

$$\sqrt{\frac{a}{b}} = \frac{\sqrt{a}}{\sqrt{b}}$$

$$\sqrt{\frac{a}{b}} = \frac{c}{d} \rightarrow \left(\frac{c}{d}\right)^2 = \frac{a}{b}$$

AUTOEVALUACIÓN

1. Realiza cálculos en los que intervienen potencias de exponente natural

1 ¿Cuál de las siguientes potencias tiene como resultado un número negativo?

a) $(-10)^2$ b) $(+10)^2$ c) $(+10)^3$ d) $(-10)^3$

2 Señala la forma correcta de expresar $\left(-\frac{1}{2}\right) \cdot \left(-\frac{1}{2}\right) \cdot \left(-\frac{1}{2}\right)$.

a) $\left(-\frac{1}{2}\right)^3$ b) $\left(\frac{1}{2}\right)^3$ c) $-\frac{1^3}{2}$ d) $\left(\frac{-1}{-2}\right)^3$

2. Representa cantidades de forma adecuada

3 Escribe 0,00000000123 en notación científica.

a) $1{,}23 \cdot 10^{-7}$ c) $1{,}23 \cdot 10^{-8}$

b) $12{,}3 \cdot 10^{-10}$ d) $1{,}23 \cdot 10^{-9}$

3. Aplica las reglas básicas de las operaciones con potencias

4 Opera $2^4 \cdot (12^7 : 12^5 : 6^2) \cdot 3^6$.

a) 6^{14} b) 6^6 c) 6^8 d) 6^{12}

5 Resuelve $\left(-\frac{5}{2}\right)^6 : \left(-\frac{5}{2}\right)^4 \cdot \left(-\frac{10}{4}\right)^3$.

a) $-\left(\frac{5}{2}\right)^5$ b) $\left(\frac{5}{2}\right)^5$ c) $(-8) \cdot \left(\frac{5}{2}\right)^5$ d) $8 \cdot \left(\frac{5}{2}\right)^5$

4. Calcula el valor de expresiones numéricas con raíces cuadradas

6 Aproxima hasta las centésimas $\sqrt{11}$.

a) 3,35 b) 3,36 c) 3,37 d) 3,31

5. Realiza operaciones combinadas con la jerarquía de las operaciones

7 Calcula $\frac{5}{3} : \left[\sqrt{\frac{16}{49}} : \frac{2}{7} - \left(\frac{1}{2}\right)^2\right] \cdot \frac{3}{2}$.

a) $\frac{7}{10}$ b) $\frac{10}{7}$ c) $\frac{5}{32}$ d) $\frac{5}{72}$

6. Emplea los distintos tipos de números para resolver problemas de la vida real

8 María debe 16 € a su hermana. Cada semana le da la mitad de lo que le debe. ¿Cuántas semanas pasan hasta que solo deba 0,50 €?

a) 3 b) 5 c) 7 d) 9

VALORA TU APRENDIZAJE

- ¿Te enfrentas a los retos con optimismo?
- ¿Participas activamente en el grupo?

4 Expresiones algebraicas

DESAFÍO

¿De Italia?

En una residencia conviven 20 estudiantes de España e Italia. Entre los españoles, María conoce a siete de Italia, Olga a ocho, Vera a nueve, y así hasta llegar a Antonio, que conoce a todos los estudiantes de Italia.

¿Cuántos italianos e italianas hay en la residencia?

SITUACIÓN DE APRENDIZAJE

Realizar un corto divulgativo

Los televisores, monitores y proyectores permiten elegir el modo en el que queremos ver las imágenes; por ejemplo, la resolución o la relación entre el largo y el alto de las mismas.

- ¿Qué formatos son los más habituales?
- ¿Qué aspectos debemos tener en cuenta a la hora de proyectarlas?

Para contestar a estas preguntas necesitas saber qué son las expresiones algebraicas y para qué se utilizan.

¿Qué sabes ya?

Cómo se suprimen paréntesis al operar

- Si el paréntesis viene precedido por el signo $+$, se mantienen los signos del interior tal cual aparecen.
- Si el paréntesis viene precedido por el signo $-$, se cambian los signos del interior, cada uno por su opuesto.

EJEMPLO

$+(-8-4+9)=-8-4+9$

$-3+(-8-4+9)-(3+4-6)=$

$-(3+4-6)=-3-4+6$

$=-3-8-4+9-3-4+6=-7$

ACTIVIDADES

1 La expresión $-(-3+2-5+1-8)$ es igual a:

a) $-3-2+5-1+8$ c) $3-2+5-1+8$

b) $3-2-5-1-8$ d) $-3+2-5+1-8$

1. Expresiones algebraicas

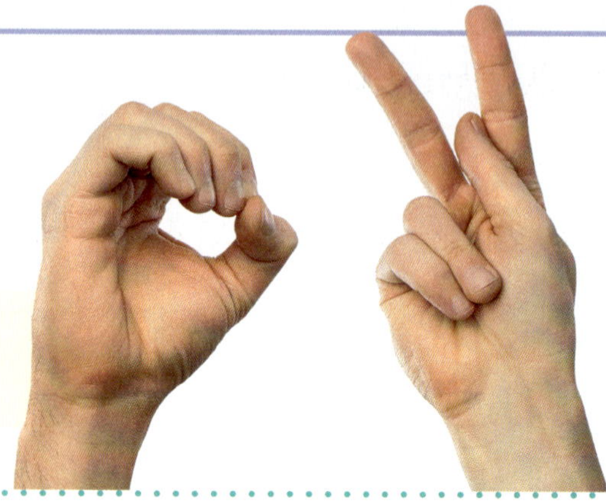

El lenguaje que utiliza letras y números unidos por los signos de las operaciones aritméticas se denomina lenguaje algebraico.

Una **expresión algebraica** es un conjunto de números y letras unidos por los signos de las operaciones aritméticas.

EJEMPLO

1. Escribe estos enunciados como expresiones algebraicas.

a) Un número menos dos unidades.
$x - 2$

b) La suma de dos números consecutivos.
$x + (x + 1)$

c) El triple de un número más la mitad de otro.
$3x + \frac{y}{2}$

d) El perímetro de un rectángulo de lados a y b.
$2a + 2b$

e) El volumen de un cubo de arista a.
$a \cdot a \cdot a = a^3$

f) El 15% de una cantidad C.
$\frac{15}{100} \cdot C$

Valor numérico de una expresión algebraica

El **valor numérico** de una expresión algebraica es el número que resulta al sustituir las letras por unos números determinados y realizar las operaciones indicadas.

«El valor numérico de una expresión algebraica varía con los valores que tomen las letras o variables.»

EJEMPLOS

2. Halla el valor numérico de estas expresiones algebraicas.

a) $x^2 + 1$, para $x = 2$.
$x^2 + 1 \xrightarrow{x=2} 2^2 + 1 = 4 + 1 = 5.$

b) $2a - 3b$, cuando $a = 2$ y $b = -1$.
$2a - 3b \xrightarrow{a=2,\, b=-1} 2 \cdot 2 - 3 \cdot (-1) = 4 + 3 = 7$

3. Calcula el perímetro de un triángulo equilátero de lado 5 cm.

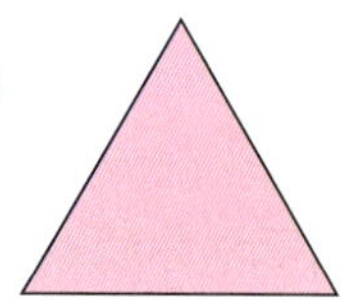

Como los tres lados son iguales, el perímetro es:

$P = l + l + l = 3l \xrightarrow{l = 5\text{ cm}} 3 \cdot 5 = 15$ cm

ACTIVIDADES

1 Expresa en lenguaje algebraico.

a) La mitad de un número más su triple.
b) La edad de María hace 3 años.
c) El precio de x kg de peras a 1,50 €/kg.

2 Calcula el valor numérico de estas expresiones algebraicas para $x = 3$.

a) $\frac{1 - 3x}{5}$ b) $7x + \frac{5x}{2} - 2$

3 Indica mediante una expresión algebraica cuánto miden el perímetro y el área de un cuadrado cuyo lado mide x cm. Halla su valor numérico cuando el lado mide:

a) 4 cm b) 5 cm c) 6 cm

4 **REFLEXIONA.** Halla el valor de a para que el valor del siguiente polinomio sea 3 para $x = 2$.

$$P(x) = ax^2 - 3x + 5$$

2. Monomios

GEOGEBRA

Un **monomio** es una expresión algebraica formada por el producto de un número y una o varias letras, denominadas **variables**.

El número se denomina **coeficiente**, y las variables con sus exponentes son la **parte literal**.

El **grado** de un monomio es la suma de los exponentes de las variables que lo forman.

EJEMPLOS

4. Escribe cuatro monomios distintos. $2x$ $\quad -7ab$ $\quad \frac{3}{2}x^2y^3$ $\quad -4m^3n$

5. Indica los elementos y el grado de los monomios $12a^2$ y $-24xy^3z^2$.

$12a^2 \rightarrow$ Grado $= 2$ (Coeficiente: 12; Parte literal: a^2)

$-24xy^3z^2 \rightarrow$ Grado $= 1 + 3 + 2 = 6$ (Coeficiente: -24; Parte literal: xy^3z^2)

- El signo del producto entre números y letras no se escribe.
  $5 \cdot x^2 \cdot y^3 = 5x^2y^3$
- El exponente 1 no se escribe.
  $a^1b^1 = ab$
- Si un monomio está formado solo por variables, su coeficiente es 1.
  $1 \cdot x^2yz^3 = x^2yz^3 \rightarrow$ Coeficiente 1
- Un monomio de grado 0 es un número.
  $-5x^0 = -5 \qquad 2a^0 = 2$

- Dos monomios son **semejantes** si tienen la misma parte literal.
- Dos monomios son **opuestos** si son semejantes y sus coeficientes son números opuestos.

EJEMPLOS

6. Determina si estos monomios son semejantes.

a) $-5x^2y$ y $x^2y \rightarrow$ Lo son, porque su parte literal, x^2y, es la misma.

b) $3a^2$ y $3a \rightarrow$ No lo son, porque sus partes literales son distintas.

7. Indica si los monomios siguientes son opuestos.

a) $-7x^2y^3$ y $7x^2y^3 \rightarrow$ Lo son, porque sus partes literales son iguales y sus coeficientes opuestos, Op$(-7) = 7$.

b) $3ab^2$ y $\frac{1}{3}ab^2 \rightarrow$ No lo son; aunque sus partes literales son iguales, sus coeficientes, 3 y $\frac{1}{3}$, no son opuestos.

ACTIVIDADES

5 Indica el coeficiente, la parte literal y el grado de estos monomios.

a) $7x^2yz$ c) $15x^2$ e) $3abc$ g) $9m^2$

b) $-2xy^3z^2$ d) $8xy^2$ f) $-4a^2bc^4$ h) 6

6 Indica si las afirmaciones son verdaderas o falsas. Razona tu respuesta.

a) $12ab$ y $-2ab$ son semejantes.

b) $11xyz$ y $-11xy$ son opuestos.

7 **REFLEXIONA.** Escribe si es posible.

a) Dos monomios de grado 5 que sean semejantes y no opuestos.

b) Dos monomios de grado 5 que sean opuestos y no semejantes.

c) Dos monomios de grado 5 con 3 variables, que sean semejantes y no opuestos.

d) Dos monomios de grado 5 con 6 variables, que sean semejantes.

3. Operaciones con monomios

3.1. Suma y resta de monomios

Para sumar **dos monomios semejantes**, se suman los coeficientes y se deja la misma parte literal.

Para restar **dos monomios semejantes**, se restan los coeficientes y se deja la misma parte literal.

Si los monomios no son semejantes, no se pueden sumar ni restar y se deja indicada la suma o la resta.

EJEMPLO

8. Haz la suma y la resta de estos monomios.

a) $7xy^4$ y $3xy^4$ → Son semejantes. → $\begin{cases} 7xy^4 + 3xy^4 = (7+3)xy^4 = 10xy^4 \\ 7xy^4 - 3xy^4 = (7-3)xy^4 = 4xy^4 \end{cases}$

b) $7y^4$ y $3xy^4$ → No son semejantes. → $\begin{cases} 7y^4 + 3xy^4 \\ 7y^4 - 3xy^4 \end{cases}$ → Estos monomios no se pueden sumar ni restar.

3.2. Multiplicación y división de monomios

- Producto de potencias:
  $x^m \cdot x^n = x^{m+n}$
- Cociente de potencias:
  $x^m : x^n = x^{m-n}$
- Potencias de exponentes 0 y 1:
  $x^1 = x$
  $x^0 = 1$

Para **multiplicar monomios**, se multiplican por un lado sus coeficientes y por el otro sus partes literales.

Para **dividir monomios**, se dividen por un lado sus coeficientes y por el otro sus partes literales (si se puede).

EJEMPLO

9. Calcula estas operaciones con monomios.

a) $3x^2 \cdot 5x^4 = (3 \cdot 5) \cdot (x^2 \cdot x^4) = 15x^{2+4} = 15x^6$

b) $-2ab^3 \cdot b^2 = (-2 \cdot 1) \cdot (ab^3 \cdot b^2) = -2ab^{3+2} = -2ab^5$

c) $-4a^2b^3 : (3ab) = (-4 : 3) \cdot (a^2b^3 : (ab)) = -\frac{4}{3}a^{2-1}b^{3-1} = -\frac{4}{3}ab^2$

ACTIVIDADES

8 Realiza las siguientes operaciones.

a) $5x + 2x$

b) $-3y^2 + 4y^2$

c) $2ab^2 - a^2b$

d) $-4x^3 \cdot 2x$

e) $\frac{1}{2}a^3 \cdot \frac{3}{4}a^2$

f) $9a : (3a)$

g) $-10x^3y^2 : (x^2y)$

h) $5x^2 + 7x$

i) $4x - 5xy$

j) $-3x + 4y^2$

k) $10x^3 : (2xy^2)$

9 Resuelve estas operaciones.

a) $5x^3 - 6x + 7x - x^3 - x + 4x^3$

b) $2x^2 \cdot x^3 \cdot 3x^5 : (-6x)$

10 **REFLEXIONA.** Calcula.

a) $8x^4 : (2x^2 + 2x^2)$

b) $(5y^3 - 2y^3) : (3xy^2)$

Cómo se resuelven operaciones combinadas con monomios

La jerarquía de las operaciones con monomios es la misma que para las operaciones con números.

Calcula estas operaciones con monomios siguiendo la jerarquía de las operaciones.

a) $8x^2 - (5x^4 + x^4) : (2x^2) + 5x^4 \cdot (3x \cdot x)$

b) $10x^7 : (x^3 - 6x^3) + 4x^3 \cdot 5x - (3x^2 \cdot x^2)$

1 Resolvemos las operaciones que hay dentro de los paréntesis.

a) $8x^2 - (5x^4 + x^4) : (2x^2) + 5x^4 \cdot (3x \cdot x) =$

$(5+1)x^4$; $(3 \cdot 1)x^{1+1}$

$= 8x^2 - 6x^4 : (2x^2) + 5x^4 \cdot 3x^2$

b) $10x^7 : (x^3 - 6x^3) + 4x^3 \cdot 5x - (3x^2 \cdot x^2)$

$(1-6)x^3$; $(3 \cdot 1)x^{2+2}$

$= 10x^7 : (-5x^3) + 4x^3 \cdot 5x - 3x^4$

2 Resolvemos las multiplicaciones y las divisiones de izquierda a derecha.

a) $8x^2 - 6x^4 : (2x^2) + 5x^4 \cdot 3x^2 =$

$(6:2)x^{4-2}$; $(5 \cdot 3)x^{4+2}$

$= 8x^2 - 3x^2 + 15x^6$

b) $10x^7 : (-5x^3) + 4x^3 \cdot 5x - 3x^4 =$

$(10:(-5))x^{7-3}$; $(4 \cdot 5)x^{3+1}$

$= -2x^4 + 20x^4 - 3x^4$

3 Resolvemos las sumas y las restas de izquierda a derecha.

a) $8x^2 - 3x^2 + 15x^6 =$

$= 5x^2 + 15x^6$

b) $-2x^4 + 20x^4 - 3x^4 =$

$= 18x^4 - 3x^4 =$

$= 15x^4$

ACTIVIDADES

11 Calcula estas operaciones.

a) $3x + 2x - 8x$

b) $3xy - 11x^2y + 4xy + 6x^2y + 7xy$

c) $2x^2 + 3x^2 + 3x^3 - x^2 + x + 1$

d) $3x^2 + 9x^2 + 8x^2 + 3x^3 - 5x^2$

e) $\frac{1}{2}x^3 - 6x + 7x - \frac{2}{3}x^3 - x + \frac{1}{4}x^3$

12 Halla el resultado.

a) $3x \cdot 2x^2 : (3x)$

b) $10x^2y : (5xy) \cdot 4y$

c) $2x^2 \cdot 3x^2 \cdot 3x^3 : (9x^2)$

d) $3xy^3 : (4xy^2) \cdot \frac{1}{2}x$

e) $8x^2y^2z^2 : (2xy^2z) \cdot xyz^2$

13 Opera y simplifica.

a) $12x \cdot 3x^2 : x + 14x \cdot x^3 : (7x^2)$

b) $16x \cdot x^3 : (-4) + 9x^5 : x^4 \cdot (-3x^3)$

c) $3x^2 \cdot (10 \cdot 5x^3) - 10x^4 \cdot 6x^2 : (2x)$

d) $(5x^2 - 2x^2 + 7x^2) \cdot (4x^3 - x^3 + 6x^3)$

e) $(-4xy^2 + 9xy^2) : (3xy + 2xy)$

f) $(x^3 - 8x^3 + 4x^3) \cdot (y - 3y + 5y)$

14 Resuelve estas operaciones y simplifica.

a) $10x^7 : (x^3 - 6x^3) + 4x^3 \cdot 5x - (3x^2 \cdot x^2)$

b) $8x^4 : (2x^2 + 2x^2 - 5x^2) + 5x^3$

c) $2x^2 \cdot x^3 \cdot 3x^5 : (-6x) + (5x^2 \cdot 2x^7) - 2x^6$

d) $(9yx^2 - 4yx^2) \cdot 6xy + 10x^2y^3 - 4x^3y^2$

e) $(5y^3 - 2y^3) \cdot 3xy^3 + 4xy \cdot y^5$

f) $\frac{1}{2}xy^3 \cdot 6x^2y : \left(\frac{1}{3}xy\right) + x^2y^3 - \frac{1}{2}x^3y^2$

4. Polinomios

Un **polinomio** es una expresión algebraica formada por la suma o la resta de dos o más monomios no semejantes.

Cada uno de los monomios se llama **término**, y si no tiene parte literal, **término independiente**. El mayor de los grados de todos sus términos se denomina **grado** del polinomio.

Antes de trabajar con un polinomio, se suman o se restan sus monomios semejantes.

$4xy^2 - 3y + 2x - 6xy^2 =$
$= -2xy^2 - 3y + 2x$

Para designar los polinomios utilizamos una letra mayúscula, indicando entre paréntesis las variables que hay en el polinomio.

$P(x) = 5x^4 + 4x - 7$
$Q(m, n) = -4mn^3 - 7m^2 + 3n - 1$

EJEMPLO

10. Determina los elementos y el grado de este polinomio.

$5y^3 - 3xy^4 + y^3 - 7y + 2x + 4$ → Término independiente

Términos

Término de mayor grado: $-3xy^4$ → Grado del polinomio: $1 + 4 = 5$

El polinomio opuesto de $P(x)$, que designamos como $-P(x)$, se obtiene cambiando de signo los coeficientes de todos los términos de $P(x)$.

$$P(x) = -2x^4 + 3x^3 + x - 7 \xrightarrow{\text{Opuesto}} -P(x) = 2x^4 - 3x^3 - x + 7$$

Valor numérico de un polinomio

GEOGEBRA

El **valor numérico** de un polinomio $P(x)$ para $x = a$, $P(a)$, se obtiene sustituyendo la variable x por el valor a y operando.

RETO

¿Cuánto vale P(0) si P(x) no tiene término independiente?

EJEMPLO

11. Halla el valor numérico del polinomio $P(x) = 5x^3 + x - 3$ para $x = 2$ y para $x = -2$.

$P(x) = 5x^3 + x - 3 \xrightarrow{x=2} P(2) = 5 \cdot 2^3 + 2 - 3 = 39$

$P(x) = 5x^3 + x - 3 \xrightarrow{x=-2} P(-2) = 5 \cdot (-2)^3 + (-2) - 3 = -45$

ACTIVIDADES

15 Reduce los términos semejantes en estos polinomios, ordena sus términos, de mayor a menor grado, e indica el grado de cada polinomio.

a) $P(x) = 5x^3 - x + 7x^3 - x^2 - 8x - 2$
b) $Q(x) = 12 + x^2 + 7x - x^4 - 8 + 3x^2$
c) $R(x) = 9x - 4x^2 - 6 - 10x + 1$
d) $S(x) = 4x^2 - x^3 + 4x^3 - x^5 + 8 - x^2$
e) $T(x) = 2x - 1 + 5x^2 + 3x^2 + 2 - x^3$
f) $V(x) = -x^2 + 3 + 2x^3 - 5x + x^3 + 1$

16 Calcula el valor numérico de estos polinomios para $x = -3$.

a) $Q(x) = \dfrac{1 - 3x}{2}$

b) $R(x) = -5 + 7x + \dfrac{3x}{2}$

17 **REFLEXIONA.** Halla el opuesto de cada polinomio de la actividad anterior y vuelve a calcular el valor numérico para $x = -3$.

5. Operaciones con polinomios

5.1. Suma y resta de polinomios

Para **sumar polinomios**, se suman los monomios semejantes y se deja indicada la suma de los monomios no semejantes.

Para **restar polinomios**, se suma al primer polinomio el polinomio opuesto del segundo.

EJEMPLO

12. Suma estos polinomios.

$P(x) = -x^5 + 4x^3 - 5x + 1$

$Q(x) = -2x^4 - 3x^3 + x^2 + 5x - 7$

$$\begin{array}{rrrrrrrr} & & -x^5 & & +4x^3 & & -5x & +1 \\ & + & & -2x^4 & -3x^3 & +x^2 & +5x & -7 \\ \cline{2-8} P(x)+Q(x) \rightarrow & & -x^5 & -2x^4 & +x^3 & +x^2 & & -6 \end{array}$$

Para restar polinomios ten en cuenta que $P(x) - Q(x) = P(x) + [-Q(x)]$.

EJEMPLO

13. Realiza esta resta de polinomios: $P(x) - Q(x)$.

$P(x) = -x^5 + 4x^3 - 5x + 1$

$Q(x) = -2x^4 - 3x^3 + x^2 + 5x - 7 \xrightarrow{\text{Opuesto}} -Q(x) = 2x^4 + 3x^3 - x^2 - 5x + 7$

$$\begin{array}{rrrrrrrr} & & -x^5 & & +4x^3 & & -5x & +1 \\ P(x)-Q(x)=P(x)+[-Q(x)] \rightarrow & + & & +2x^4 & +3x^3 & -x^2 & -5x & +7 \\ \cline{2-8} & & -x^5 & +2x^4 & +7x^3 & -x^2 & -10x & +8 \end{array}$$

5.2. Producto de un polinomio por un monomio

Para **multiplicar un polinomio por un monomio**, se multiplica el monomio por cada uno de los términos del polinomio.

RETO

¿Por qué monomio has de multiplicar un polinomio $P(x)$ para obtener su polinomio opuesto?

EJEMPLO

14. Multiplica el polinomio $P(x) = 4x^5 + 6x^3 - 2x^2 - 7x - 5$ por $5x^2$.

$5x^2 \cdot P(x) = 5x^2 \cdot (4x^5 + 6x^3 - 2x^2 - 7x - 5) = 20x^7 + 30x^5 - 10x^4 - 35x^3 - 25x^2$

ACTIVIDADES

18 Realiza las siguientes operaciones con estos polinomios.

$P(x) = x^2 - 3x + 7$ $\qquad S(x) = 8x - 2$

$Q(x) = 5x^3 - 6x^2 + x - 3$ $\qquad R(x) = 7x^2 + 4$

a) $Q(x) + S(x)$

b) $R(x) - P(x)$

c) $2x^2 \cdot Q(x)$

d) $P(x) \cdot 7x$

19 Calcula con los polinomios anteriores.

a) $(P(x) - R(x)) \cdot 2$

b) $(R(x) - Q(x)) \cdot (-x^2)$

20 **REFLEXIONA.** Indica, sin multiplicar, el grado y el número de términos del polinomio $(x^2 + x + 3) \cdot x^2$.

5.3. Producto de polinomios

El **producto de dos polinomios** se calcula multiplicando cada término de uno de los polinomios por el otro y, después, sumando los polinomios obtenidos en los productos.

EJEMPLO

15. Halla el producto de estos polinomios. $P(x) = 4x^3 - 5x + 1 \qquad Q(x) = 2x^2 - 7$

El producto lo podemos hacer en vertical:

$$\begin{array}{rr} & 4x^3 - 5x + 1 \\ & \times \quad 2x^2 - 7 \\ \hline & -28x^3 \qquad + 35x - 7 \\ & 8x^5 - 10x^3 + 2x^2 \qquad\qquad \\ \hline P(x) \cdot Q(x) \rightarrow & 8x^5 - 38x^3 + 2x^2 + 35x - 7 \end{array}$$

Y también podemos multiplicar cada monomio de uno de los polinomios por el otro polinomio:

$$\begin{aligned} P(x) \cdot Q(x) &= (4x^3 - 5x + 1) \cdot (2x^2 - 7) = \\ &= (4x^3 - 5x + 1) \cdot (2x^2) + (4x^3 - 5x + 1) \cdot (-7) = \\ &= (8x^5 - 10x^3 + 2x^2) + (-28x^3 + 35x - 7) = \\ &= 8x^5 - 38x^3 + 2x^2 + 35x - 7 \end{aligned}$$

5.4. División de un polinomio entre un monomio

Para **dividir un polinomio entre un monomio**, se divide cada término del polinomio entre el monomio.

EJEMPLO

16. Divide el polinomio $P(x) = 18x^5 - 9x^4 + 6x^3 - 12x^2$ entre $3x^2$.

$$\begin{aligned} P(x) : (3x^2) &= (18x^5 - 9x^4 + 6x^3 - 12x^2) : (3x^2) = \\ &= (18x^5 : (3x^2)) - (9x^4 : (3x^2)) + (6x^3 : (3x^2)) - (12x^2 : (3x^2)) = \\ &= 6x^3 - 3x^2 + 2x - 4 \end{aligned}$$

La propiedad distributiva nos permite transformar un producto en una suma o una resta, y viceversa.

$7 \cdot (3 + 5) = 7 \cdot 3 + 7 \cdot 5$

↓

$7 \cdot 3 + 7 \cdot 5 = 7 \cdot (3 + 5)$

$4 \cdot (6 - 2) = 4 \cdot 6 - 4 \cdot 2$

↓

$4 \cdot 6 - 4 \cdot 2 = 4 \cdot (6 - 2)$

5.5. Factor común

Extraer factor común consiste en transformar una expresión de suma o resta en producto.

$$a \cdot b + a \cdot c = a \cdot (b + c) \qquad a \cdot b - a \cdot c = a \cdot (b - c)$$

ACTIVIDADES

21 Realiza estas operaciones.

a) $(6x^2 - 8x + 3) \cdot (3x - 1)$

b) $(-x^3 + 4x^2 - 5) \cdot (-x - 1)$

c) $(18x^5 - 10x^4 + 6x^2) : (-2x)$

d) $(12x^4 - 24x^3 + x^2) : (3x^2)$

22 Haz la siguiente operación.

$$[(30a^2b - 15ab^2 + 5a^2b^2) \cdot (-a - b)] : (ab)$$

23 **REFLEXIONA.** Calcula el valor de a para que:

$$(2x^2 + x - 3) \cdot a = 2x^4 + x^3 - 3x^2$$

Cómo se extrae factor común de un polinomio

Saca factor común en estos polinomios.

a) $2x + 4y$

b) $24x^3 + 72x^2 - 6x$

c) $7xy^5 - 8x^2y^4 - 12y^2$

Cuando el factor común coincide con alguno de los términos, en lugar de ese, colocamos la unidad.

$a \cdot x + a = a \cdot (x + 1)$

① Comprobamos si hay variables que se repiten en todos los términos. Si las hay, tomamos las que se repiten con los exponentes menores.

a) $2x + 4y$
No se repiten variables.
El factor común solo puede ser un número.

b) $24x^3 + 72x^2 - 6x$
x en todos los términos.
x con el exponente menor: x.

c) $7xy^5 - 8x^2y^4 - 12y^2$
y en todos los términos.
y con el exponente menor: y^2.

② Hallamos el m.c.d. de los coeficientes de cada término.

a) m.c.d. (2, 4) = 2

b) m.c.d. (6, 24, 72) = 6

c) m.c.d. (7, 8, 12) = 1

En el factor común no se escribe el coeficiente 1.

③ El factor común está formado por el producto del m.c.d. y las variables que se repiten en todos los términos.

a) Factor común: 2.

b) Factor común: $6x$.

c) Factor común: y^2.

④ Dividimos el polinomio entre el factor común para expresarlo como producto del factor común por el polinomio cociente de la división.

a) $2x + 4y \xrightarrow{:2} x + 2y$
$2x + 4y = 2 \cdot (x + 2y)$

b) $24x^3 + 72x^2 - 6x \xrightarrow{:(6x)} 4x^2 + 12x - 1$
$24x^3 + 72x^2 - 6x = 6x \cdot (4x^2 + 12x - 1)$

Como el factor común coincide con el último término, escribimos 1.

c) $7xy^5 - 8x^2y^4 - 12y^2 \xrightarrow{:y^2} 7xy^3 - 8x^2y^2 - 12$
$7xy^5 - 8x^2y^4 - 12y^2 = y^2 \cdot (7xy^3 - 8x^2y^2 - 12)$

ACTIVIDADES

24 Determina si se puede sacar factor común, y hazlo en los casos en los que sea posible.

a) $-5x^4 + 2x^3$

b) $3x^2 + 6x^2 - 9x^3$

c) $3x^2 - 3x + 3$

d) $x^6 - x^3$

e) $7x^2 - 4y^2$

f) $3x^2 + 2$

g) $12x - 4y$

h) $5x^2 - 10$

25 Extrae el factor común.

a) $4x^5 + 3x^4 - 5x^2$

b) $-6y^4 + 8y^3 + 4y$

c) $10x^2y - 15xy + 20xy^2$

d) $3z^4 + 9z^2 - 6z^3$

26 Completa en tu cuaderno.

a) $3x^2 \cdot (\square - x^3 + \square) = -6x^2 - \square + 3x^3$

b) $xy^2 \cdot (\square - \square) = 8x^2y^4 - 5xy^2$

c) $2x^2y^2 \cdot (\square + \square - x^3) = -2x^2y^3 + 6x^3y^4 - \square$

d) $-3a^2b \cdot (\square + \square) = 3a^2b^4 + 15a^3b$

27 Calcula a para que el factor común sea yx^2 en ambos casos.

a) $yx^5 + 4x^2y^3 - 6y^3x^a$ b) $3axy - 2ax^2y + x^2y^2$

6. Igualdades notables

Se llaman igualdades notables a ciertos productos que sirven para facilitar algunos cálculos con expresiones algebraicas.

6.1. Cuadrado de una suma

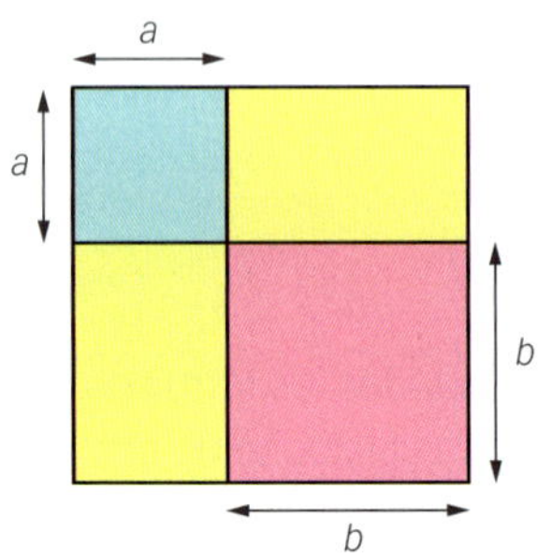

$(a+b)^2 = a^2 + 2 \cdot a \cdot b + b^2$

Área total — Área azul — Área amarilla — Área rosa

GEOGEBRA

El **cuadrado de una suma de monomios, *a* y *b***, es igual al cuadrado del primero más el doble del producto del primero por el segundo más el cuadrado del segundo.

$$(a+b)^2 = a^2 + 2 \cdot a \cdot b + b^2$$

EJEMPLO

17. Calcula estos cuadrados.

a) $(3x+4)^2 = (3x)^2 + 2 \cdot 3x \cdot 4 + 4^2 = 9x^2 + 24x + 16$ ($a = 3x$, $b = 4$)

b) $(x^2+3)^2 = (x^2)^2 + 2 \cdot x^2 \cdot 3 + 3^2 = x^4 + 6x^2 + 9$ ($a = x^2$, $b = 3$)

6.2. Cuadrado de una diferencia

El **cuadrado de una diferencia de monomios, *a* y *b***, es igual al cuadrado del primero menos el doble del producto del primero por el segundo más el cuadrado del segundo.

$$(a-b)^2 = a^2 - 2 \cdot a \cdot b + b^2$$

EJEMPLO

18. Calcula estos cuadrados.

a) $(5-3x)^2 = 5^2 - 2 \cdot 5 \cdot 3x + (3x)^2 = 25 - 30x + 9x^2$ ($a = 5$, $b = 3x$)

b) $(3x^2-4x)^2 = (3x^2)^2 - 2 \cdot 3x^2 \cdot 4x + (4x)^2 = 9x^4 - 24x^3 + 16x^2$ ($a = 3x^2$, $b = 4x$)

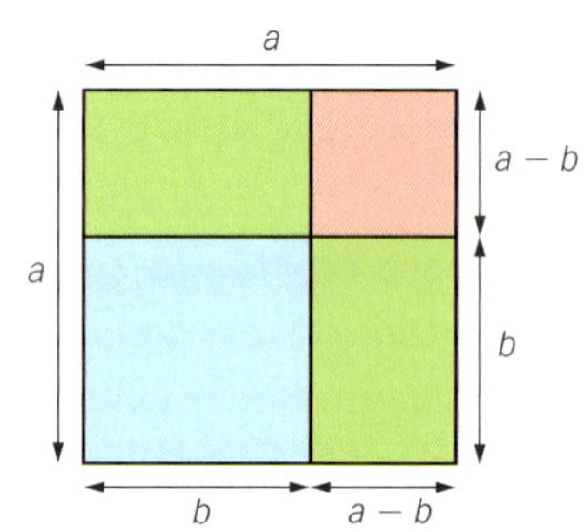

$a^2 = (a-b)^2 + b^2 + 2(a-b)\,b =$

Área total — Área rosa — Área azul — Área verde

$= (a-b)^2 + b^2 + 2ab - 2b^2$

$a^2 - 2ab + b^2 = (a-b)^2$

ACTIVIDADES

28 Calcula estos cuadrados.

a) $(4x+5)^2$

b) $(x^2+7x)^2$

c) $\left(\frac{5x}{6} + \frac{2}{7}\right)^2$

d) $(3a-5b)^2$

e) $\left(\frac{x}{4} - \frac{2x}{3}\right)^2$

f) $(8-3x)^2$

29 Corrige los errores cometidos.

a) $(6x^4-4)^2 = 36x - 8x + 16$

b) $(2x-5y^3)^2 = 2x^4 + 20xy^3 - 25y^6$

30 **REFLEXIONA.** El cuadrado de una suma, ¿es igual a la suma de cuadrados? Razona tu respuesta.

Cómo se expresa un polinomio como cuadrado de una suma o una diferencia

Para poder expresar un polinomio mediante el cuadrado de una suma o de una diferencia, su grado debe ser par y ha de tener tres términos.

Estudia si los siguientes polinomios pueden expresarse como el cuadrado de una suma, $(a + b)^2$, o de una diferencia, $(a - b)^2$.

a) $x^2 + 2x + 1$ b) $9x^4 - 12x^3 + 4x^2$ c) $16x^4 - 8x^3 + 4x^2$

1 Hallamos a y b.

Los términos de mayor y menor grado corresponden a a^2 y a b^2.

a) $x^2 + 2x + 1$

Término de mayor grado: $x^2 \rightarrow a^2 = x^2 \rightarrow a = x$

Término de menor grado: $1 \rightarrow b^2 = 1 \rightarrow b = 1$

b) $9x^4 - 12x^3 + 4x^2$

Término de mayor grado: $9x^4 \rightarrow a^2 = 9x^4 \rightarrow a = 3x^2$ ($a = \sqrt{9x^4} \rightarrow a = 3x^2$)

Término de menor grado: $4x^2 \rightarrow b^2 = 4x^2 \rightarrow b = 2x$ ($b = \sqrt{4x^2} \rightarrow b = 2x$)

c) $16x^4 - 8x^3 + 4x^2$

Término de mayor grado: $16x^4 \rightarrow a^2 = 16x^4 \rightarrow a = 4x^2$

Término de menor grado: $4x^2 \rightarrow b^2 = 4x^2 \rightarrow b = 2x$

2 Comprobamos que el término restante es igual a $2ab$. Si no es así, no podemos expresar el polinomio como el cuadrado de una suma o una diferencia.

a) $x^2 + 2x + 1 \xrightarrow{a = x,\ b = 1} 2ab = 2 \cdot x \cdot 1 = 2x$

El término corresponde a $2ab$.

b) $9x^4 - 12x^3 + 4x^2 \xrightarrow{a = 3x^2,\ b = 2x} 2ab = 2 \cdot 3x^2 \cdot 2x = 12x^3$

El término corresponde a $2ab$.

c) $16x^4 - 8x^3 + 4x^2 \xrightarrow{a = 4x^2,\ b = 2x} 2ab = 2 \cdot 4x^2 \cdot 2x = 16x^3$

Como $16x^3 \neq 8x^3$, no podemos expresarlo como un cuadrado.

3 Si se puede, escribimos el polinomio como el cuadrado de una suma o de una diferencia dependiendo del signo del término $2ab$.

- Si $2ab$ es positivo, la expresión es de la forma $(a + b)^2$.
- Si $2ab$ es negativo, la expresión es de la forma $(a - b)^2$.

a) $x^2 + 2x + 1 = (x + 1)^2$ b) $9x^4 - 12x^3 + 4x^2 = (3x^2 - 2x)^2$ c) $16x^4 - 8x^3 + 4x^2$

ACTIVIDADES

31 Expresa como el cuadrado de una suma si puedes.

a) $16x^4 + 24x^2 + 9$

b) $9x^4 + 12x^3 + 4x^2$

c) $25a^2b^4 + 20a^2b^2 + 4a^2$

d) $a^2b^2 + 2ab + 2$

32 Expresa como el cuadrado de una diferencia si es posible.

a) $9x^2 - 12x + 4$

b) $b^4 + 4ab^2 + 4a^2$

c) $x^2y^2 + 16xy - 6^4$

d) $a^4 - 2a^3b + a^2b^2$

33 Expresa estos polinomios como el cuadrado de una suma o de una diferencia.

a) $x^2 + 4x + 4$ d) $x^4 + 2x^2 + 1$

b) $4x^4 - 12x^2 + 9$ e) $9x^4 - 6x^3 + x^2$

c) $\frac{1}{4}x^2 - x + 1$ f) $9x^4 + 6x^2y + y^2$

34 Completa con los términos que faltan.

a) $(2x + 4)^2 = \square + 16x + \square$

b) $(3x^2 - 2)^2 = 9\square + \square - 12x^2$

c) $(\square + 5)^2 = x^4 + 10\square + \square$

6.3. Suma por diferencia

GEOGEBRA

Si a y b son dos monomios, el producto de **su suma por su diferencia** es igual a la diferencia de sus cuadrados.

$$(a + b)(a - b) = a^2 - b^2$$

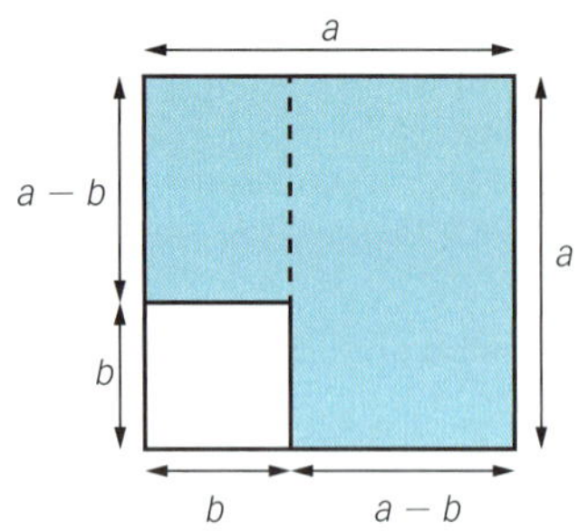

$$a^2 = b^2 + a(a - b) + (a - b)\,b =$$
$$= b^2 + (a - b)(a + b)$$
$$a^2 - b^2 = (a - b)(a + b)$$

EJEMPLO

19. Calcula estos cuadrados.

a) $(x + 5)(x - 5) = x^2 - 5^2 = x^2 - 25$ ($a = x, b = 5$)

b) $(5 + x)(5 - x) = 5^2 - x^2 = 25 - x^2$ ($a = 5, b = x$)

c) $(2x + 3)(2x - 3) = (2x)^2 - 3^2 = 4x^2 - 9$ ($a = 2x, b = 3$)

d) $(x^2 + 1)(x^2 - 1) = (x^2)^2 - 1^2 = x^4 - 1$ ($a = x^2, b = 1$)

e) $(4x^2 - 5)(4x^2 + 5) = (4x^2)^2 - 5^2 = 16x^4 - 25$ ($a = 4x^2, b = 5$)

f) $(2x - 3x^2)(2x + 3x^2) = (2x)^2 - (3x^2)^2 = 4x^2 - 9x^4$ ($a = 2x, b = 3x^2$)

g) $(-2 + 3x)(-2 - 3x) = (-2)^2 - (3x)^2 = 4 - 9x^2$ ($a = -2, b = 3x$)

h) $\left(\frac{x}{2} - 3\right)\left(\frac{x}{2} + 3\right) = \left(\frac{x}{2}\right)^2 - 3^2 = \frac{x^2}{4} - 9$ ($a = \frac{x}{2}, b = 3$)

RETO

Sin hacer el cálculo, explica si se cumple la siguiente igualdad.

$$(x^2 - 5)(x^2 + 5) =$$
$$= (x^2 - 5)(-x^2 - 5)$$

ACTIVIDADES

35 Expresa estos productos como una diferencia de cuadrados.

a) $(x - 4)(x + 4)$

b) $(x^2 - 1)(x^2 + 1)$

c) $(3 - 2x)(3 + 2x)$

d) $(-x^2 + 3)(-x^2 - 3)$

e) $\left(\frac{x}{3} + 5\right)\left(\frac{x}{3} - 5\right)$

36 Copia en tu cuaderno y corrige los errores que hay en estas igualdades.

a) $(x - 3)(x + 3) = x^2 + 9$

b) $(2a - 5)(2a + 5) = 2a^2 - 25$

c) $(x^3 + 3y)(x^3 - 3y) = x^9 - 9y^2$

d) $(a^2 - 1)(a^2 + 1) = a^4 + 2a^2 - 1$

37 **REFLEXIONA.** Calcula los valores de a y b para que se cumpla que:

$$(7x^2 + b)(7x^2 - b) = a - 25$$

Cómo se expresa un polinomio como producto de una suma por una diferencia

Para poder expresar un polinomio como una suma por una diferencia debe tener dos términos, uno positivo y otro negativo, y su grado ha de ser par o 0.

Estudia si los siguientes polinomios pueden expresarse como el producto de una suma por una diferencia, $a^2 - b^2$.

a) $x^2 - 16$ b) $-4 + 9x^4$ c) $4x^2 - 25x^4$ d) $25x^4 + x^2$ e) $9x^4 - 6x$

① Hallamos a y b, y comprobamos que tienen grado par o 0.

- El término positivo corresponde a a^2.
- El término negativo corresponde a b^2.

a) $x^2 - 16$

Término positivo: $x^2 \rightarrow a^2 = x^2 \rightarrow a = x$

Término negativo: $16 \rightarrow b^2 = 16 \rightarrow b = 4$

b) $-4 + 9x^4$

Término positivo: $9x^4 \rightarrow a^2 = 9x^4 \rightarrow a = 3x^2$ ← $a = \sqrt{9x^4} \rightarrow a = 3x^2$

Término negativo: $4 \rightarrow b^2 = 4 \rightarrow b = 2$

c) $4x^2 - 25x^4$

Término positivo: $4x^4 \rightarrow a^2 = 4x^2 \rightarrow a = 2x$ ← $a = \sqrt{4x^2} \rightarrow a = 2x$

Término negativo: $25x^4 \rightarrow b^2 = 25x^4 \rightarrow b = 5x^2$ ← $b = \sqrt{25x^2} \rightarrow b = 5x^2$

d) $25x^4 + x^2$

No tiene término con signo −.

e) $9x^4 - 6x$

El término $6x$ tiene grado impar.

② Si se puede, escribimos el polinomio como el producto de una suma por una diferencia utilizando los valores de a y b calculados.

a) $x^2 - 16 = (x + 4)(x - 4)$ b) $-4 + 9x^4 = (3x^2 + 2)(3x^2 - 2)$ c) $4x^2 - 25x^4 = (2x + 5x^2)(2x - 5x^2)$

d) $25x^4 + x^2$
e) $9x^4 - 6x$
← No se pueden expresar como una suma por una diferencia.

ACTIVIDADES

38 Expresa como suma por diferencia si se puede.

a) $36x^2 - 16$
b) $49 + x^2$
c) $\frac{49}{25} - 4x^2$
d) $9x^2 - 12x + 4$
e) $25y^2 - 16x^2$
f) $4x^4 - 4x^2$
g) $100x^2 - \frac{16}{36}$
h) $-9 - 9x^4$

39 Completa los huecos en tu cuaderno.

a) $16z^2 - \square = (\square + 5)(\square - 5)$
b) $\square - 9x^4 = (6 + \square)(6 - \square)$

40 Asigna a cada polinomio su producto.

a) $x^2 - 1$
b) $x^2 - y^2$
c) $x^2 - 9y^2$
d) $9x^4 - y^2$

I) $(3x^2 + y)(3x^2 - y)$
II) $(x + 1)(x - 1)$
III) $(x + 3y)(x - 3y)$
IV) $(x + y)(x - y)$

41 Expresa como el producto de una suma por una diferencia.

a) $100 - 64x^2$
b) $49x^4 - 36x^2$
c) $9x^6 - x^8$
d) $1 - x^2$

42 ¿Cómo hallarías el valor de cada expresión en una calculadora rota que no puede multiplicar?

a) $100^2 - 99^2$
b) $312^2 - 311^2$
c) $765^2 - 764^2$
d) $15\,743^2 - 15\,742^2$

43 Explica cuáles de los siguientes polinomios pueden expresarse como una suma por una diferencia.

a) $x^4 - xy^2$
b) $6x^4 - y^2$
c) $x^4 - 2x + y^2$
d) $-x^4 + 5$
e) $-x^2 - 1$
f) $x^6 + 25x^2$

ACTIVIDADES FINALES

1. Describe situaciones mediante expresiones algebraicas y opera con ellas

Expresiones algebraicas

ACTIVIDADES FLASH

44 Indica qué expresiones son algebraicas.

a) $3 \cdot x + 4 = 12$
b) $23 - 5 : 9$
c) $3 \cdot a + 5 \cdot b^2 - 9$
d) $2 \cdot 4 + 8 = 16$

45 Expresa algebraicamente.

a) Las ruedas necesarias para fabricar x coches.
b) Los días que hay en n semanas.
c) El número de horas de a días.
d) El total de patas de una granja, donde hay x gallinas e y conejos.
e) Los turistas de un autobús después de bajarse 7.

46 Si x es la edad de Sergio, expresa en lenguaje algebraico:

a) La edad que tenía hace 5 años.
b) La edad que tendrá dentro de 5 años.
c) Los años que faltan para que cumpla 70 años.
d) Su edad cuando pasen el doble de los años que tiene.

47 **INVESTIGA.** Indica qué expresiones son ciertas y corrige en tu cuaderno las que sean falsas.

a) El cuadrado de la suma de dos números: $a^2 + b^2$.
b) La suma de los cuadrados de dos números: $(x + y)^2$.
c) La mitad de un número más 5 unidades: $\frac{n}{2} + 5$.

48 Expresa algebraicamente el perímetro de las siguientes figuras planas.

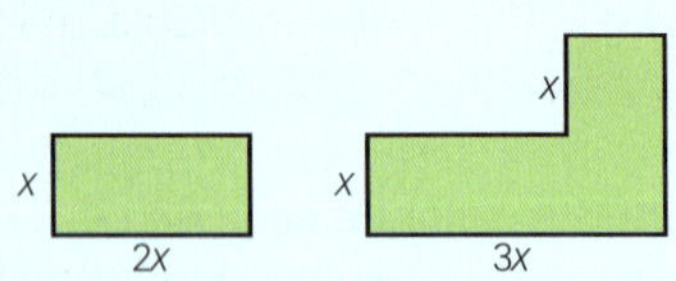

49 **INVENTA.** Escribe un enunciado para cada una de las siguientes expresiones algebraicas, teniendo en cuenta que:

$a \rightarrow$ Cantidad de dinero (en euros).
$b \rightarrow$ Longitud del lado de un cuadrado (en cm).
$c \rightarrow$ Edad de una persona (en años).

a) $a + 10$
b) $2 \cdot a$
c) b^2
d) $4 \cdot b$
e) $c + 7$
f) $c - 9$

Monomios. Operaciones

ACTIVIDADES FLASH

50 Responde a las siguientes preguntas.

a) ¿Cuál es el coeficiente de la expresión $-8x^2$?
b) ¿Cuál es la parte literal del monomio $6abc$?
c) ¿Cuál es el coeficiente de x^2y?
d) ¿Y el grado del monomio $-6a$?

51 Determina los monomios semejantes a $2xy$.

$4x^2y \qquad -3xy \qquad 2x \qquad 3y^2 \qquad \frac{1}{4}xy$

52 Escribe dos monomios semejantes y el opuesto.

a) $-5x$
b) $-2xy^3$
c) $\frac{2}{5}a^3b$

53 **INVESTIGA.** Indica si es verdadero o falso.

a) $12ab$ y $-2ab$ son semejantes.
b) $7xyz$ y $-7xy$ son opuestos.
c) $7xy^2z$ y $-7x^2yz$ son semejantes y opuestos.

54 **INVENTA.** Escribe si es posible.

a) Dos monomios que sean semejantes y no opuestos.
b) Dos monomios que sean opuestos y no semejantes.

55 Copia y completa este cuadrado mágico donde las sumas de los monomios de cada fila, columna y diagonal coinciden.

		$2xy$
	$-xy$	$-3xy$
$-4xy$		

56 **INVESTIGA.** Sustituye los triángulos por dos números entre 1 y 6 para que valga 0 para $x = 1$.

$$5(2x - ▲) - (▼x + 3)(x - 2)$$

57 Simplifica.

a) $6x + 3y - 2x - y - y$
b) $2a - 2b + 2a - 2b$
c) $2a^2 - 6a - 2a + 3a^2$
d) $2x + 3 - 6x + 6 - 4$

58 **INVESTIGA.** Razona si las siguientes igualdades son verdaderas o falsas y corrige los errores cometidos.

a) $a + a = 2a$
b) $2a + a = 2a^2$
c) $2a - a = 2$
d) $2a - 2 = a$
e) $2a - b = 2 \cdot (a - b)$
f) $2a + 3a = 5a$
g) $2a + 3b = 5ab$
h) $2a^2 = 4a$

59 Completa en tu cuaderno con el monomio que falta.

a) $x^3 - \square = -3x^3$
b) $a + \square = -6a$
c) $-5b^2 - \square = -4b^2$
d) $x \cdot \square = 2x^4$

60 Resuelve las operaciones y completa el crucigrama en tu cuaderno. Para ello, ordena la parte literal alfabéticamente y coloca cada letra junto con su exponente en una celda.

HORIZONTALES

1. $2b \cdot 3b$
2. $12a^3 : (4a)$
   $6d : (3d)$
3. $bc \cdot cd$
4. $bc^2d : (bcd)$
   $3bcde : (3bc)$

	A	B	C	D
1		6		
2		a^2		
3		b		
4				

VERTICALES

A. $6a^2 : (2a^2)$ $\quad abc^2 : (abc)$
B. $3ab \cdot 2a$
C. $ab^2 : a$ $\quad cd \cdot c$
D. $ad \cdot 4e : (2a)$

61 Opera y simplifica todo lo que puedas.

a) $(6x^7) : (-3x) - x^2 \cdot x \cdot (-5x^3)$
b) $(6y^4 + 7y^4 - y^4) : (2y^4 + 4y^4)$
c) $(-5z^6 + 3z^6) \cdot (8z^3 - 6z^3)$

62 Calcula y reduce.

a) $(-2a^2b)^3 + 3a \cdot 6(ab)^3 : (-2a^2)$
b) $(3x + 5x)^2 : (-2x)^3$
c) $8a^8 : (2a^2)^2 - (4a^6 \cdot a^7) : (2a)$

63 **INVENTA.** Escribe $12x^2y$ como:

a) Suma o resta de tres monomios.
b) Producto o cociente de tres monomios.

Polinomios. Operaciones

ACTIVIDADES FLASH

64 Escribe el número de términos, el término independiente y el grado de cada polinomio.

$P(x) = -2x^2 + 3x - 5 \qquad Q(a, b) = 5ab - 5a^2b$

$R(a, b, c) = \frac{3}{5}ab^2c^3 + 2abc \qquad S(x) = 6x - 7$

65 Indica los elementos y el grado de cada polinomio.

a) $-8 + 6x + 3x^2$
b) $4ab^2 - 6a + 2b^2$
c) $a^4 - 6a^3 + a^2 - 2a + 7$
d) $x(x + 4) + 3x^3 + 6$

66 Calcula el valor numérico de los siguientes polinomios para $x = 0$, $x = 1$, $x = -1$ y $x = \frac{1}{2}$.

$P(x) = x^3 - x^2 + 3x - 1 \quad Q(x) = 4x^4 - x + 2$

67 Copia y completa el crucigrama en tu cuaderno.

VERTICALES

1. En un monomio, parte con las letras y sus exponentes.
2. Expresión algebraica formada por el producto de un número y una o varias letras.
3. Cada uno de los monomios que forman un polinomio.

HORIZONTALES

4. Dos monomios que tienen la misma parte literal.
5. Número que multiplica a la parte literal.
6. La suma de los exponentes de las variables que forman un monomio.

68 **RETO.** Halla el valor de z si $x + y + z = 15$ y $x + y - z = 15$.

Cómo se calcula un coeficiente de un polinomio conociendo uno de sus valores numéricos

69 Halla el valor de a en $P(x) = 2x^2 - ax + 5$ sabiendo que $P(-2) = 19$.

PRIMERO. Se sustituye en el polinomio la variable por su valor.

$P(-2) = 2 \cdot (-2)^2 - a \cdot (-2) + 5 = 13 + 2a$

SEGUNDO. Se igualan los valores numéricos.

$$\left.\begin{array}{l} P(-2) = 13 + 2a \\ P(-2) = 19 \end{array}\right\} \rightarrow 13 + 2a = 19$$

TERCERO. Se despeja la incógnita de la ecuación.

$13 + 2a = 19 \rightarrow 2a = 19 - 13 = 6 \rightarrow$
$\rightarrow a = 6 : 2 = 3$

Por tanto, el polinomio es $P(x) = 2x^2 - 3x + 5$.

70 Halla el valor de a en cada caso.

a) $P(x) = 3x^3 - 2x^2 + 3x - a$, con $P(3) = 70$.

b) $Q(x) = x^4 - ax^2 - 5x - 1$, con $Q(-1) = 1$.

71 Teniendo en cuenta que $P(x) = 9x^2 - 2x + 7$, encuentra un valor de x que hace que $P(x)$ tenga como valor numérico 14.

72 Copia y completa el cuadrado mágico donde la suma de cada fila, columna y diagonal coinciden.

$3x^2 + x$	$4x^2 + x$	
	$2x^2$	
		$x^2 - x$

73 **JUEGO.** Cada grupo debe indicar dos polinomios tales que al sumarlos el resultado sea $Q(x) = 2x^3 - 8x^2 + x - 1$. Se eliminan los grupos que no digan ninguno o repitan.

74 Con estos polinomios, calcula.

$A(x) = 2x^3 - 3x^2 + x - 7$

$B(x) = x^3 + 7x^2 - 4x$

$C(x) = -2x^2 + x - 5$

a) $A(x) + B(x) + C(x)$

b) $B(x) + C(x)$

c) $A(x) - B(x)$

d) $A(x) - B(x) - C(x)$

75 Opera y reduce términos semejantes.

a) $(x + 3) \cdot (x - 2)$

b) $(2x - 6) \cdot (3x + 5)$

c) $(4 - 6x + 3x^2) \cdot (-2 - x + x^2)$

76 Realiza estas operaciones.

a) $(x^3 + 3x^3) : x^2$

b) $(7x^3 - 4x^2 + 5x) : x$

c) $(9x^3y^3 + 3x^2y + 15xy^2) : (3xy)$

d) $(12xy - x^2y) : (xy)$

CÁLCULO MENTAL

77 Copia y completa en tu cuaderno.

a) $(10x^5 + 8x^3 - 6x^2 + 12x) : \square = 5x^4 + 4x^2 - 3x + 6$

b) $(12x^4z^3 - 18x^3z^4 + 24x^2z^2) : \square = 4x^2z - 6xz^2 + 8$

c) $(4x^5yz - 7x^4yz^2 + 6x^3y^3z^2) : \square = 4x^2 - 7xz + 6y^2z$

78 Calcula.

a) $-2x^4 + 3x^3 - 1 - (6x^4 + 2x^2) : (2x)$

b) $6x^5 + x^3 - x + (x^4 + 5x^3) : x^2 - 2x \cdot 4x^3$

c) $(3x^2 + x)(x^3 - 1) - (12x^3 + 8x^2) : (10x^5 : (5x^3))$

79 Extrae el factor común en cada caso.

a) $3x + 6x - 9x$

b) $10xy - 5xy + 15xy$

c) $14x^4 - 35x^3 - 7x^2 + 42$

d) $x^2y - xy^3 + xy$

2. Utiliza las igualdades notables para transformar expresiones algebraicas

Igualdades notables

80 Desarrolla las siguientes igualdades notables.

a) $(2x^2 + 5)^2$

b) $(y^2 - x^3)^2$

c) $(3a^3 + b^4)^2$

81 Expresa como el cuadrado de una suma o diferencia.

a) $x^2 + 4x + 4$

b) $4x^2 - 12x + 9$

c) $x^4 + 2x^2 + 1$

d) $9x^4 - 6x^3 + x^2$

82 Expresa como diferencia de cuadrados.

a) $(x + 2) \cdot (x - 2)$

b) $(2x + 4) \cdot (2x - 4)$

c) $(1 - x^2) \cdot (1 + x^2)$

d) $(3a - 4a^2) \cdot (3a + 4a^2)$

83 Expresa como producto de suma por diferencia.

a) $4x^2 - 9$

b) $16x^2 - 49$

c) $1 - 36b^2$

d) $a^8 - 9$

e) $25x^4 - 4x^2$

f) $49 - 144x^4$

84 **RETO.** Si divido por la mitad los trozos de chocolate negro y mermelada de esta tarta rectangular, ¿cuál de los dos trozos que quedan con chocolate blanco será mayor?

3. Resuelve problemas utilizando expresiones algebraicas

85 Expresa en lenguaje algebraico que los pesos de los platillos de cada balanza son iguales.

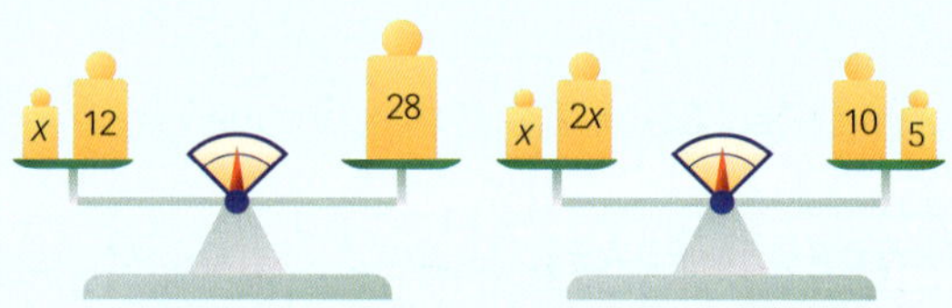

86 **MATEMÁTICAS Y... NATURALEZA.** Se cree que el número de veces que un grillo hace su peculiar sonido por minuto depende de la temperatura del aire. Esta relación se ha determinado mediante la expresión $7t - 30$, donde t es la temperatura en grados centígrados. Halla el número de veces que un grillo emite su sonido en un minuto a 35 °C. ¿Qué ocurrirá cuando la temperatura sea de 1 °C? ¿A qué temperatura comienza a cantar el grillo?

87 **RETO.** Un elefante come, cada día, la misma cantidad de zanahorias que un conejo durante un año. Expresa los kilos de zanahorias que comen entre los dos en un día.

88 Halla la expresión del área del piso sabiendo que:

- El largo del recibidor es el triple que el ancho.
- La cocina y las dos habitaciones tienen, de ancho, el doble que el del recibidor, y de largo, el triple.
- El pasillo tiene de ancho un medio del de la cocina, y el largo, cinco veces el ancho del recibidor.
- El salón tiene de ancho el mismo que el largo de la cocina, y de largo, cinco veces el ancho del recibidor.
- El servicio es un cuadrado de lado igual al ancho de la cocina.

INTERNET

89 **MATEMÁTICAS Y... CICLISMO.** La Vuelta Ciclista a España de 2022 tuvo 21 etapas. La cuarta etapa empezó en Vitoria y tenía un recorrido de 152,5 km. Expresa en lenguaje algebraico:

a) El número de etapas que quedaban por disputar en función del número de etapas que habían pasado.

b) Los kilómetros que les faltaban por recorrer a los ciclistas en la 4.ª etapa en función de los recorridos.

c) El número de corredores que quedaron delante de un corredor según la posición que ocupó.

FAKE NEWS

¿Hay trato?

El ayuntamiento del pueblo necesita un terreno para un centro de día para las personas mayores y han propuesto a mi familia un cambio de terrenos. Nosotros cedemos un terreno cuadrado con una parte, también cuadrada, interior que no nos pertenece.

Y a cambio nos ofrecen un terreno rectangular que mide igual de largo que el nuestro más la longitud del lado de la parte que no nos pertenece, y de ancho, como el nuestro menos la parte que no nos pertenece.

Nos han asegurado que la superficie es la misma.

Y tú, ¿qué opinas?

PROBLEMAS APARENTEMENTE DISTINTOS

90 Expresa en lenguaje algebraico el resultado de sumar un número más su doble más su triple.

91 María tiene el doble de dinero que Elena y Laura tiene el triple que Elena. ¿Cuánto dinero tienen entre las tres?

92 Calcula el valor numérico de $P(x) = 2x$ para estos valores.

a) $x = 5$

b) $x = 20$

c) $x = 30$

d) $x = 1$

93 El año pasado se tardó el doble de tiempo que este año en realizar una tarea. Calcula cuánto se habría tardado si este año se ha empleado:

a) 5 min

b) 20 min

c) 30 min

d) 1 h

94 Expresa en lenguaje algebraico la mitad de la multiplicación de un número por su doble.

95 El patio del instituto tiene forma de rombo y la distancia entre sus esquinas opuestas son una el doble que la otra. ¿Cuál es la superficie del patio?

Cuestión de imagen

Queda todavía bastante tiempo para la semana cultural del instituto. El año pasado nos gustó mucho, pero nuestra participación fue escasa. Sin embargo, este año planeamos montar un festival de cine con películas hechas por nosotros mismos.

- La temática es libre.
- Los vídeos se harán con el móvil en formato 16:9.
- La duración de cada vídeo no puede exceder de 10 minutos.
- El proyector utilizado admite formatos de 4:3, 16:9 y 21:9.

Formato 4:3

3 unidades

4 unidades

Formato 16:9

9 unidades

16 unidades

Formato 21:9

9 unidades

21 unidades

Tamaño de la imagen en relación con la distancia a la que está colocado el proyector en el formato 16:9.

Distancia	Ancho	Altura
1 m	80 cm	45 cm
2 m	160 cm	90 cm
3 m	320 cm	180 cm

1 La pantalla en la pared

Como pantalla vamos a utilizar la pared del fondo.

- Si al proyectar sobre la pared se ve una imagen de x metros de ancho e y metros de altura, ¿cómo se puede expresar el perímetro?
- ¿Cómo se puede expresar la superficie que ocupa la imagen proyectada?
- Si la proyección es en formato 16:9 y se ve una imagen proyectada de x metros de ancho, ¿cuál será su altura?
- ¿Cómo se puede expresar algebraicamente el perímetro de una imagen proyectada en formato 16:9 si su ancho es x metros? ¿Y su área?

2 El proyector y la imagen

El tamaño de la imagen que se proyecta en la pared depende de la distancia a la que coloquemos el proyector. Cada metro que lo alejamos, se duplican el ancho y la altura de la imagen proyectada.

- Comprueba que esto es cierto en el formato 16:9. ¿Cuál será el tamaño de la imagen proyectada a 4 m en este formato?
- Comprueba que el ancho de la imagen en este formato se puede calcular mediante la expresión algebraica $2^{d-1} \cdot 80$ y su altura mediante $2^{d-1} \cdot 45$, siendo d la distancia a la que está colocado el proyector.
- ¿Cuál será la dimensión de la imagen si colocamos el proyector a 7 m?
- ¿A qué distancia hay que colocar el proyector para que la imagen proyectada tenga 12,8 m de ancho y 7,2 m de altura?
- ¿A qué distancia como máximo podemos colocar el proyector si la pared en la que vamos a proyectar la imagen tiene unas medidas de 22 m de ancho y 3,6 m de altura?

3 Diversión y palomitas

Al final de la semana, antes de anunciar el corto ganador, hemos proyectado dos cortos realizados por prestigiosos directores de cine, uno que usaba un formato 4:3 y el otro con un formato 21:9. Las dimensiones de las imágenes al proyectarlas sobre la pared siguen las mismas reglas que para el formato 16:9.

- ¿Cuál es el ancho de las imágenes proyectadas a una distancia de 1 m en estos formatos, si la altura es de 45 cm? ¿Y a 2 m?
- ¿Qué dimensiones tendrán las imágenes, en cada formato, si colocamos el proyector a x metros?
- ¿A qué distancia como máximo podremos colocar el proyector, en cada formato, para que la imagen no sobrepase la pared de 22 m de ancho y 3,6 m de altura?

PRODUCTO FINAL Realiza un corto

Por grupos, realizad un corto en el que expliquéis los distintos formatos de vídeo y cómo se calculan las dimensiones de las imágenes proyectadas sobre la pared, siguiendo las mismas reglas que para el formato 16:9.

RESUMEN DE UNIDAD

LENGUAJE ALGEBRAICO

El doble de un número más uno → $2x + 1$ (Expresión algebraica)

MONOMIO

Monomio: $4x^2$

Coeficiente: 4 — Parte literal: x^2 — Grado: 2

MONOMIOS SEMEJANTES

$17x^3y$ $\quad -5x^3y$

Misma parte literal

POLINOMIO

Polinomio: $3y^4 + 2xy^3 + y^2 + 5$

Términos: $3y^4$, $2xy^3$, y^2, 5 — Término independiente: 5

IGUALDADES NOTABLES

- Cuadrado de una suma:
  $(a + b)^2 = a^2 + 2ab + b^2$
- Cuadrado de una diferencia:
  $(a - b)^2 = a^2 - 2ab + b^2$
- Suma por diferencia:
  $(a + b)(a - b) = a^2 - b^2$

AUTOEVALUACIÓN

1. Describe situaciones mediante expresiones algebraicas y opera con ellas

1 ¿Qué expresión se corresponde con el enunciado? «Al triple de la suma de un número más un medio le resto 7 veces otro número».

a) $3x + \frac{1}{2} - 7y$ c) $3x + \left(\frac{1}{2} - 7y\right)$

b) $3\left(x + \frac{1}{2}\right) - 7y$ d) $3x - \frac{1}{2} - 7y$

2 ¿Qué monomio no es semejante a x^2y^4?

a) $-x^2y^4$ c) $(xy^2)^2$

b) y^4x^2 d) x^4y^2

3 Opera y reduce la siguiente expresión algebraica.

$$(-x^2y + 5x^2y) : (2xy) \cdot 3x$$

a) $\frac{2}{3}$ c) $\frac{2}{3}xy$

b) $6x^2$ d) $-6x^2$

4 Calcula $A(x) \cdot [B(x) - C(x)] + D(x)$, siendo:

$A(x) = 2x - 3$

$B(x) = x - 2$

$C(x) = x^3 + x^2 + x - 1$

$D(x) = 2x^4 + 2x - 2$

a) $x^3 + 3x^2 + 1$

b) $4x^5 - 8x^4 + x^3 + 7x^2 - 12x + 9$

c) $2x^4 - x^3 + x^2 - 6x + 5$

d) $-3x^3 - 1$

5 Señala el valor numérico del polinomio $P(x) = 2x^4 + 3x^2 - x - 26$ para $x = -2$.

a) 16 b) 20 c) -48 d) -72

2. Utiliza las igualdades notables para transformar expresiones algebraicas

6 Señala el desarrollo de $(x^2 - 5)(x^2 + 5)$.

a) $x^2 - 25$ c) $x^4 - 25$

b) $x^2 + 25$ d) $x^4 + 25$

7 Indica el desarrollo de $(4 - 2x)^2$.

a) $4x^2 - 16x - 16$ c) $8 - 4x^2 + 8x^4$

b) $16x - 4x^2 + 16$ d) $4x^2 - 16x + 16$

8 Calcula el desarrollo de $(2x^3 + 1)^2$.

a) $4x^6 + 4x^3 + 2$ c) $4x^6 + 1 + 4x^3$

b) $4x^9 + 4x^3 + 2$ d) $4x^9 + 1 + 4x^3$

3. Resuelve problemas utilizando expresiones algebraicas

9 Si Laura tiene x años y su hermana Carmen 7 años más, ¿cuál será la edad de Carmen dentro de 15 años?

a) $x + 7$ b) $x + 15$ c) $x + 21$ d) $x + 22$

VALORA TU APRENDIZAJE

- ¿Lo intentas de nuevo si algo no te sale bien?
- ¿Aceptas la ayuda de otras personas?

5 Ecuaciones de primer y segundo grado

DESAFÍO

¡Menudo tocho!

En un libro, para marcar el número de cada página, se han empleado 3 901 cifras.

¿Cuántas páginas tiene?

SITUACIÓN DE APRENDIZAJE

Estudiar la velocidad de un lanzamiento en baloncesto

En el baloncesto, quienes juegan deben ser capaces de calcular de manera instintiva la fuerza y velocidad para lanzar a canasta.

- ¿Es posible hacer un cálculo exacto de la velocidad que se debe aplicar para encestar?
- ¿Cómo podemos hacerlo?

Para contestar a estas preguntas necesitas saber plantear y resolver ecuaciones de primer y de segundo grado.

¿Qué sabes ya?

Cómo se traduce al lenguaje algebraico

El **lenguaje numérico** expresa la información matemática solo mediante números.

EJEMPLO

Enunciado	Expresión algebraica
El triple de un número	$3x$
La mitad de un número	$\frac{x}{2}$
El cuadrado de un número	x^2
El cuadrado de un número más dos unidades	$x^2 + 2$

ACTIVIDADES

1. Señala en lenguaje algebraico «la diferencia del triple de un número y una unidad».

   a) $3x - 1$ b) $3(x - 1)$ c) $3x - 3$ d) $(x - 1)^3$

1. Igualdades algebraicas

GEOGEBRA

Una **igualdad algebraica** está formada por dos expresiones algebraicas separadas por el signo $=$.

Una igualdad algebraica es:

- Una **identidad** cuando es cierta para todo valor de las letras.
- Una **ecuación** cuando solo es cierta para algunos valores de las letras.

Una igualdad compuesta solo por números se denomina igualdad numérica.

$10 - 5 = 4 + 1$

$\frac{2}{3} + \frac{5}{3} = \frac{7}{3}$

RETO

¿Qué valor ha de tomar a para que la expresión $2x^2 - 3x + a = 0$ sea una identidad?

EJEMPLOS

1. Determina cuáles de estas igualdades son algebraicas.

   a) $x + 1 = -5$ → Es una igualdad algebraica.

   b) $7 - 3 = 4$ → No es una igualdad algebraica, sino numérica.

2. Clasifica estas igualdades en identidades o ecuaciones.

   a) $x + 2x = 4x - x$ b) $x^2 - x - 2 = 0$

   a) $x + 2x = 4x - x \xrightarrow{x=0} 0 + 2 \cdot 0 = 4 \cdot 0 - 0$, $0 = 0$

   $x + 2x = 4x - x \xrightarrow{x=1} 1 + 2 \cdot 1 = 4 \cdot 1 - 1$, $3 = 3$

   $x + 2x = 4x - x \xrightarrow{x=-1} (-1) + 2 \cdot (-1) = 4 \cdot (-1) - (-1)$, $-3 = -3$

   Si probásemos con más valores, veríamos que se sigue cumpliendo.
   $x + 2x = 4x - x$ es una identidad, puesto que se cumple para cualquier valor de x.

   b) $x^2 - x - 2 = 0 \xrightarrow{x=0} 0^2 - 0 - 2 \neq 0$, $-2 \neq 0$

   $x^2 - x - 2 = 0 \xrightarrow{x=1} 1^2 - 1 - 2 \neq 0$, $-2 \neq 0$

   $x^2 - x - 2 = 0 \xrightarrow{x=-1} (-1)^2 - (-1) - 2 = 0$, $0 = 0$

   $x^2 - x - 2 = 0$ es una ecuación, porque solo es cierta para algunos valores de x, como $x = -1$.

ACTIVIDADES

1 Clasifica estas igualdades algebraicas en identidades y ecuaciones.

a) $2x - 1 = 3x + 4$

b) $2(x + 4) = 3x - (x - 8)$

c) $(x - 1) + 3(x - 1) = 2x + 4$

d) $2x + 1 = 11$

e) $x + x = 2x$

f) $\frac{x}{2} = -8$

g) $4x + 5 = 5 + 4x$

2 Comprueba si se cumplen las igualdades.

a) $13 + x = 18$, para $x = 6$.

b) $3x = -12$, para $x = -4$.

c) $6x - 2 = 6 - 2x$, para $x = 1$.

d) $-2(x + 3) = x - 6$, para $x = -1$.

e) $x^2 + 3 - x = 9$, para $x = -2$.

3 **REFLEXIONA.** Con la expresión $3x - 5$, escribe:

a) Una identidad. b) Una ecuación.

2. Elementos de una ecuación

Los elementos de una ecuación son:

- **Miembro:** expresión algebraica que hay a cada lado del signo $=$.
- **Término:** cada uno de los sumandos de los miembros. Si está formado por un solo número, se llama **término independiente**.
- **Incógnita:** cada una de las letras con valor desconocido.
- **Grado:** es el mayor grado de sus términos después de hacer las operaciones indicadas y reducir los términos semejantes.

Antes de calcular el grado de una ecuación tenemos que reducir los términos semejantes.

$\cancel{x^2} - 3x + 1 - \cancel{x^2} = 0$

↓

$-3x + 1 = 0$

↓

Grado 1

EJEMPLOS

3. Determina los miembros, los términos y las incógnitas.

a) 1.er miembro: $14y^2 - 3x$; 2.º miembro: $4 + x$

$14y^2 - 3x = 4 + x$ → Incógnitas: x, y

Términos: $14y^2$, $3x$, 4, x

b) 1.er miembro: $3x - 1$; 2.º miembro: 0

$3x - 1 = 0$ → Incógnita: x

Términos: $3x$, 1, 0

4. Halla el grado de estas ecuaciones.

a) $-2x - 6 = 3$ → Ecuación de grado 1 o de primer grado.

b) $(x + 2) \cdot (x - 1) = 0$ → Antes de hallar el grado, operamos:

$(x + 2) \cdot (x - 1) = 0 \rightarrow x^2 - x + 2x - 2 = 0 \rightarrow x^2 + x - 2 = 0$

Ecuación de grado 2 o de segundo grado.

Las **soluciones** de una ecuación son los valores numéricos de las incógnitas que hacen cierta la ecuación. **Resolver una ecuación** es hallar sus soluciones.

Dos **ecuaciones** son **equivalentes** cuando tienen las mismas soluciones.

RETO

Halla el grado de esta igualdad:

$x + 2x - 1 = 2 + 3x - 3$

Razona si todas las identidades tienen el mismo grado.

EJEMPLO

5. Analiza si los valores 1 y -1 son soluciones de la ecuación $3 - x = 4$.

$3 - x = 4 \xrightarrow{x=1} 3 - 1 \neq 4 \rightarrow 2 \neq 4$. El valor $x = 1$ no es solución.

$3 - x = 4 \xrightarrow{x=-1} 3 - (-1) = 4 \rightarrow 4 = 4$. El valor $x = -1$ es solución.

ACTIVIDADES

4 Determina los miembros, los términos y el grado de estas ecuaciones.

a) $x + 3 = 10$

b) $4x - x = x + 8$

c) $x(x - 2) = 3 - 4(x + 2)$

d) $x - x^2 + 3 = 8 + x(5 - x)$

e) $x^2(x - 3) + 5x^2 = x(1 + x^2)$

5 ¿Cuáles de estos valores son solución de la ecuación $x(x + 1) = 6$?

a) $x = 2$

b) $x = -2$

c) $x = 3$

d) $x = -3$

6 **REFLEXIONA.** Calcula, probando valores, la solución.

a) $x - 5 = 20$

b) $-4 + x = -12$

3. Ecuaciones de primer grado

Una **ecuación de primer grado** es una igualdad entre expresiones algebraicas que se puede escribir de la forma $ax + b = 0$, siendo a y b números reales y $a \neq 0$.

Esta ecuación tiene una única solución: $x = -\frac{b}{a}$.

Transposición de términos

- Si a los dos miembros de una ecuación se les **suma** o **resta** un mismo número o expresión algebraica, se obtiene una ecuación equivalente a la dada.
- Si los dos miembros de una ecuación se **multiplican** o **dividen** por un mismo número distinto de cero, se obtiene una ecuación equivalente a la dada.

EJEMPLO

6. Resuelve estas ecuaciones.

a) $x + 7 = -2$

Se resta 7 a los dos miembros de la ecuación.

$x + \cancel{7} - \cancel{7} = -2 - 7 \rightarrow x = -9 \rightarrow$ Solución: $x = -9$.

b) $\frac{x}{4} = 5$ Se multiplican los dos miembros por 4.

$\frac{x}{\cancel{4}} \cdot \cancel{4} = 5 \cdot 4 \rightarrow x = 20 \rightarrow$ Solución: $x = 20$.

Para abreviar este proceso, al cambiar un término de miembro:

- Si estaba sumando, pasa restando, y, si estaba restando, pasa sumando.
- Si estaba multiplicando, pasa dividiendo, y, si estaba dividiendo, pasa multiplicando.

Esta técnica se llama **transposición de términos.**

EJEMPLO

7. Resuelve estas ecuaciones.

a) $x + 7 = -2$

El 7 que está sumando pasa restando al segundo miembro.

$x = -2 - 7 \rightarrow x = -9 \rightarrow$ Solución: $x = -9$.

b) $\frac{x}{4} = 5$

El 4 que está dividiendo pasa multiplicando.

$x = 5 \cdot 4 \rightarrow x = 20 \rightarrow$ Solución: $x = 20$.

ACTIVIDADES

7 Resuelve por transposición de términos.

a) $x + 2 = 9$
b) $x - 3 = 5$
c) $\frac{x}{7} = 5$
d) $2x = 10$
e) $3x = -9$
f) $x - \frac{1}{4} = \frac{1}{2}$

8 Halla el valor de la incógnita.

a) $-10 = -x + 3$ b) $\frac{x}{4} = -8$ c) $-6x = 3$

9 **REFLEXIONA.** Calcula el valor de a para que la solución de $x + a = 10$ sea 7.

Cómo se resuelven ecuaciones de primer grado

> Para resolver una ecuación hay que agrupar todos los términos con *x* en un miembro y los números en el otro miembro.

GEOGEBRA

Resuelve las siguientes ecuaciones.

a) $3x - 2 = 7$ b) $4x + 1 - 2x = 9 + 5x - 2$

① Agrupamos los términos con *x* en un miembro y los términos sin *x* en el otro. Para ello, utilizamos la transposición de términos.

a) $3x - 2 = 7$

Pasa como +2.

$3x = 7 + 2$

b) $4x + 1 - 2x = 9 + 5x - 2$

Pasa como −1.

$4x - 2x = 9 + 5x - 2 - 1$

Pasa como −5x.

$4x - 2x - 5x = 9 - 2 - 1$

② Operamos los números y reducimos los términos semejantes si los hay.

a) $3x = 9$

Pasa dividiendo.

b) $-3x = 6$

Pasa dividiendo.

③ Despejamos *x* utilizando la transposición de términos.

a) $x = \frac{9}{3} = 3$

La solución es $x = 3$.

b) $x = \frac{6}{-3} = -2$

La solución es $x = -2$.

ACTIVIDADES

10 Resuelve estas ecuaciones.

a) $x + 2 = 7$
b) $x - 3 = 15$
c) $x + 13 = 21$
d) $x - 7 = 2$
e) $x + 11 = 3$
f) $x - 17 = 17$
g) $x + \frac{6}{2} = 11$
h) $4x = 20$
i) $13x = 91$
j) $-x = 3$
k) $-7x = 21$
l) $6x = 18$
m) $-12x = 60$
n) $\frac{x}{4} = 5$

11 Resuelve estas ecuaciones.

a) $x - 1 = 9 - x$
b) $5x - 5 = 25$
c) $5(x - 1) - 6x = 3x - 9$
d) $4(x - 2) + 1 + 3x = 5(x + 1)$

12 Completa los huecos en tu cuaderno para que cada ecuación tenga como solución $x = 3$.

a) $2x + \square = 9$
b) $-4x - 7 = \square$
c) $\square x + 6 = 21$
d) $\square x - 2 = 20 - 4$

13 Halla la solución de las ecuaciones.

a) $x + 4 + x = 18 + 3$
b) $5x - 2 + 2x = 6x + 8$
c) $4x + 3x - 2x = 45$
d) $-x + 4x - 3 = 5 - 2x$

14 Resuelve las ecuaciones siguientes.

a) $2x + 3 + 5x = -9 - 4x + 2x$
b) $8 + 2x - 7 - 5x = 3x + 2 - 9x$
c) $9x + 2x - 5x = 11 - 6 - 7$
d) $3 - 3x + 2 - 2x = 5 + 6x - 6 - x$

15 Empareja cada ecuación con su solución.

a) $3x - 1 = 2x$ I) -1
b) $x + 5x + 3 = 0$ II) 1
c) $1 + x = 3x$ III) $1/2$
d) $-5 - 4x = x$ IV) $-1/2$

16 Escribe dos ecuaciones sencillas que tengan como solución $x = 6$. Después, resuélvelas y comprueba que lo has hecho correctamente.

Cómo se resuelven ecuaciones de primer grado con paréntesis

Recuerda que, si el paréntesis viene precedido por el signo −, al suprimirlo se transforman los signos de los sumandos del interior en sus opuestos.

$-3(x+2) = -3x - 6$

$-(3 - x) = -3 + x$

Resuelve la ecuación $3x - (5 - x) = -2(x - 2) - x - 2$.

① **Eliminamos los paréntesis.**

$$3x - (5 - x) = -2(x - 2) - x - 2$$

Cuando el paréntesis está precedido por el signo −, cambiamos los signos de todos los sumandos del interior.

Cuando un número multiplica al paréntesis, multiplicamos por ese número todos los sumandos del interior del paréntesis.

$$3x - 5 + x = -2x + 4 - x - 2$$

② **Operamos los números y reducimos los términos semejantes si los hay.**

$$4x - 5 = -3x + 2$$

③ **Agrupamos los términos con x en un miembro y los términos numéricos en el otro y volvemos a reducir términos.**

$$4x + 3x = 2 + 5$$

$$7x = 7$$

④ **Despejamos x y calculamos su valor numérico.**

$$x = \frac{7}{7} = 1$$

La solución es $x = 1$.

ACTIVIDADES

17 Halla la solución de estas ecuaciones.

a) $6x - (1 - x) = 4x - 4$

b) $9x - (8 + x + 12) = -x + 7$

c) $x + 3(x - 1) + 4 = 8 - x$

d) $5(2x + 1) + 7(x - 1) = 3x + 12$

e) $6(x + 2) - (8x + 5) = -1$

f) $4(2x - 5) = -9(2 - x)$

g) $2(-x + 3) - (5x - 10) = -4(1 - 3x) + (8x - 7)$

18 Completa los huecos en tu cuaderno para que la solución de cada ecuación sea $x = 3$.

a) $2x - (\square + 4) = -1$

b) $4(x - \square) + 2(x + 1) = 16$

c) $3(\square x - 5) - (x + 2) = -2$

d) $\square(x + 2) - (x - 1) = 23$

19 Resuelve las siguientes ecuaciones de primer grado.

a) $x + 2(x - 1) = 4$

b) $2(3x - 5) - x - (2x - 3) = 1 - (2x - 5)$

c) $7(x + 2) + 4(x + 3) = 3x + 1$

d) $3(x - 3) - 4(2 - 3x) = 2(1 - 2x)$

20 Corrige los errores cometidos al reducir términos semejantes de estas ecuaciones.

a)
$$7x - (2 - x) = 3x + 1$$
$$7x - 2 - x = 3x + 1$$
$$7x - x - 3x - 2 + 1 = 0$$
$$3x - 1 = 0$$

b)
$$8(2 - x) - x = x$$
$$16 - 8x - x = x$$
$$8x - x - x + 16 = 0$$
$$6x + 16 = 0$$

c)
$$5 - (x - 3) = x - (-7)$$
$$5 + 7 - x - 3 - x = 0$$
$$-2x + 9 = 0$$

21 Escribe dos ecuaciones con paréntesis que tengan como solución $x = -4$. Después, resuélvelas y comprueba que lo has hecho correctamente.

22 Resuelve.

a) $3(2x - 3) + (4 - 2x) = 3(2x + 4) - 13$

b) $4(4 - 3x) - 3(2x - 1) = 7(2 - 3x) + 5$

c) $3(x - 3) - 4(2 - 3x) = 2(1 - 2x)$

Cómo se resuelven ecuaciones de primer grado con denominadores

Para calcular el m.c.m.:

1.º Descomponemos los números en factores primos.

2.º Multiplicamos los factores comunes y no comunes elevados al mayor exponente.

Resuelve la ecuación $\frac{x+4}{3} - \frac{x-1}{2} = \frac{x+1}{6} + 2$.

① **Eliminamos los denominadores.**
Para ello, multiplicamos los dos miembros de la ecuación por el m.c.m. de los denominadores.

$$\text{m.c.m.}(2, 3, 6) = 2 \cdot 3 = 6 \rightarrow 6\left(\frac{x+4}{3}\right) - 6\left(\frac{x-1}{2}\right) = 6\left(\frac{x+1}{6}\right) + 6 \cdot 2$$

$6 : 3 = 2$ $\quad$ $6 : 2 = 3$ $\quad$ $6 : 6 = 1$

$$2(x+4) \quad - 3(x-1) \quad = (x+1) \quad + 12$$

② **Eliminamos los paréntesis y reducimos términos semejantes.**

$$2x + 8 - 3x + 3 = x + 1 + 12$$
$$-x + 11 = x + 13$$

③ **Agrupamos los términos con *x* en un miembro y los términos numéricos en el otro, y reducimos.**

$$11 - 13 = x + x$$
$$-2 = 2x$$

④ **Despejamos *x* y calculamos su valor numérico.**

$$x = \frac{-2}{2} = -1$$

⑤ **Comprobamos la solución.**
Sustituimos el valor de *x* en la ecuación y operamos.

$$\text{Para } x = -1 \rightarrow \frac{-1+4}{3} - \frac{-1-1}{2} = \frac{-1+1}{6} + 2$$
$$\frac{3}{3} - \frac{-2}{2} = \frac{0}{6} + 2 \rightarrow 1 - (-1) = 0 + 2$$
$$2 = 2$$

Por tanto, $x = -1$ es solución de la ecuación. → Si obtenemos una igualdad, la solución es correcta.

ACTIVIDADES

23 Resuelve las siguientes ecuaciones de primer grado.

a) $\frac{5-x}{7} = 1$

b) $\frac{x-8}{6} = 3$

c) $\frac{x+5}{6} = 4$

d) $\frac{3x+8}{4} = x$

e) $\frac{3x}{2} - 25 = x - 20$

f) $\frac{x+4}{5} - 1 = \frac{x}{2} - x$

24 Resuelve estas ecuaciones.

a) $\frac{2x-1}{5} = 9$

b) $\frac{x-3}{12} = \frac{3x-9}{10}$

25 Resuelve estas ecuaciones con denominadores.

a) $\frac{x+3}{4} = \frac{x+1}{2} + \frac{x-4}{5}$

b) $\frac{x+6}{40} - \frac{1}{4} = \frac{x-4}{3}$

c) $-(x+4) + \frac{x}{3} = -\frac{8x}{3}$

26 Halla la solución de las ecuaciones.

a) $\frac{2x}{5} + \frac{x}{10} = \frac{x}{15} + 13$

b) $\frac{x}{2} - x = \frac{x+4}{5} - 1$

c) $\frac{3x-4}{4} = x - 3$

d) $\frac{x}{3} - 7 = \frac{3x}{5} - 9$

27 Empareja cada ecuación con su solución.

a) $\frac{x+8}{2} = \frac{x-4}{6} + 2$

b) $\frac{x-5}{5} + \frac{8-2x}{2} = 3 - \frac{2x-10}{2}$

c) $\frac{x-10}{2} - 5 = \frac{x-20}{4} + \frac{x-30}{3}$

d) $-\frac{3x-12}{4} = -1 - \frac{2x-10}{3}$

I) 8

II) 60

III) 25

IV) −8

28 Obtén la solución de las siguientes ecuaciones.

a) $\frac{4x+3}{5} - \frac{x-2}{4} = 2 - \frac{x+3}{6}$

b) $\frac{13-2x}{6} + \frac{5x-2}{4} = 1 - \frac{x+1}{12}$

4. Ecuaciones de segundo grado

Una **ecuación de segundo grado con una incógnita** es una igualdad entre dos expresiones que se puede escribir de la forma $\mathbf{ax^2 + bx + c = 0}$, siendo a, b y c números reales y $a \neq 0$.

Una ecuación de segundo grado es **completa** si b y c son distintos de cero. Si alguno de los dos o ambos son cero, es **incompleta**.

4.1. Ecuaciones de segundo grado completas

Las soluciones de una ecuación de segundo grado completa se obtienen usando la fórmula:

$$x = \frac{-b \pm \sqrt{b^2 - 4ac}}{2a} \quad \textbf{(fórmula general)}$$

El doble signo $\pm$ indica que pueden existir dos soluciones:

$$x_1 = \frac{-b + \sqrt{b^2 - 4ac}}{2a}$$

$$x_2 = \frac{-b - \sqrt{b^2 - 4ac}}{2a}$$

Cuando hay dos soluciones, las llamamos x_1 y x_2 para distinguirlas.

EJEMPLO

8. Resuelve estas ecuaciones.

a) $x^2 + 2x - 3 = 0 \rightarrow a = 1, b = 2, c = -3$

$$x = \frac{-b \pm \sqrt{b^2 - 4ac}}{2a} = \frac{-2 \pm \sqrt{2^2 - 4 \cdot 1 \cdot (-3)}}{2 \cdot 1} = \frac{-2 \pm \sqrt{4 + 12}}{2} \rightarrow \begin{cases} x_1 = \dfrac{-2 + \sqrt{16}}{2} = 1 \\ x_2 = \dfrac{-2 - \sqrt{16}}{2} = -3 \end{cases}$$

Esta ecuación tiene dos soluciones: 1 y -3.

b) $4x^2 + 4x + 1 = 0 \rightarrow a = 4, b = 4, c = 1$

$$x = \frac{-b \pm \sqrt{b^2 - 4ac}}{2a} = \frac{-4 \pm \sqrt{4^2 - 4 \cdot 4 \cdot 1}}{2 \cdot 4} \rightarrow \begin{cases} x_1 = \dfrac{-4 + \sqrt{16 - 16}}{8} = \dfrac{-4}{8} = -\dfrac{1}{2} \\ x_2 = \dfrac{-4 - \sqrt{16 - 16}}{8} = \dfrac{-4}{8} = -\dfrac{1}{2} \end{cases}$$

Esta ecuación tiene una única solución: $x = -\dfrac{1}{2}$.

c) $2x^2 + 3x + 3 = 0 \rightarrow a = 2, b = 3, c = 3$

$$x = \frac{-b \pm \sqrt{b^2 - 4ac}}{2a} = \frac{-3 \pm \sqrt{3^2 - 4 \cdot 2 \cdot 3}}{2 \cdot 2} = \frac{-3 \pm \sqrt{-15}}{2} \rightarrow \text{No tiene solución.}$$

Se llama **discriminante** de la ecuación al número $\Delta = b^2 - 4ac$, y su valor permite saber el número de soluciones de dicha ecuación: dos, una o ninguna solución.

ACTIVIDADES

29 Resuelve estas ecuaciones.

a) $x^2 - 6x + 8 = 0$

b) $2x^2 - x - 1 = 0$

c) $3x^2 + 4x + 1 = 0$

d) $-x^2 + 4x - 3 = 0$

30 Calcula la solución de las siguientes ecuaciones.

a) $(x - 2)(x + 1) = 0$ b) $x^2 + 2x = 15$

31 **REFLEXIONA.** En la ecuación $x^2 + 3x + c = 0$, obtén c sabiendo que sus soluciones son -1 y -2.

GEOGEBRA

Cómo se sabe el número de soluciones que tiene una ecuación de segundo grado

Averigua el número de soluciones de estas ecuaciones.

a) $x^2 + 6x - 7 = 0$ b) $x^2 - 10x + 25 = 0$ c) $x^2 + 3x + 4 = 0$

$\sqrt{b^2 - 4ac}$ solo existirá cuando $b^2 - 4ac \geq 0$. Por tanto:

- Si $b^2 - 4ac > 0$, la ecuación tiene dos soluciones.

$$x_1 = \frac{-b + \sqrt{b^2 - 4ac}}{2a}$$

$$x_2 = \frac{-b - \sqrt{b^2 - 4ac}}{2a}$$

- Si $b^2 - 4ac = 0$, la ecuación tiene una solución.

$$x = \frac{-b \pm \sqrt{b^2 - 4ac}}{2a} = \frac{-b \pm 0}{2a} = -\frac{b}{2a}$$

- Si $b^2 - 4ac < 0$, la ecuación no tiene solución. $\sqrt{b^2 - 4ac}$ no existe.

1. Identificamos los coeficientes a, b y c de la ecuación para calcular el valor del discriminante $\Delta = b - 4ac$.

a) $a = 1$ $b = 6$ $c = -7$

$\Delta = b^2 - 4ac = 6^2 - 4 \cdot 1 \cdot (-7) = 36 - (-28) = 64$

b) $a = 1$ $b = -10$ $c = 25$

$\Delta = b^2 - 4ac = (-10)^2 - 4 \cdot 1 \cdot 25 = 100 - 100 = 0$

c) $a = 1$ $b = 3$ $c = 4$

$\Delta = b^2 - 4ac = 3^2 - 4 \cdot 1 \cdot 4 = 9 - 16 = -7$

2. Estudiamos el signo del discriminante.

- Si $\Delta > 0$, la ecuación tiene dos soluciones distintas.
- Si $\Delta = 0$, la ecuación solo tiene una solución.
- Si $\Delta < 0$, la ecuación no tiene solución.

a) $\Delta = 64 > 0 \rightarrow x^2 + 6x - 7 = 0 \rightarrow$ Tiene dos soluciones.

b) $\Delta = 0 \rightarrow x^2 - 10x + 25 = 0 \rightarrow$ Tiene una única solución.

c) $\Delta = -7 < 0 \rightarrow x^2 + 3x + 4 = 0 \rightarrow$ No tiene solución.

ACTIVIDADES

32 Escribe las ecuaciones de segundo grado con estos coeficientes. ¿Cuántas soluciones tienen?

a) $a = 1, b = 3, c = 2$

b) $a = 1, b = 8, c = 12$

c) $a = 5, b = 5, c = 60$

33 Halla el discriminante de estas ecuaciones y averigua cuántas soluciones tienen. Después, resuélvelas y comprueba que el número de soluciones coincide.

a) $x^2 + 7x + 6 = 0$

b) $x^2 + 5x + 9 = 0$

c) $x^2 - 14x + 49 = 0$

d) $x^2 - 11x + 30 = 0$

34 Averigua el valor de b en la ecuación:

$$x^2 + bx + 4 = 0$$

para que tenga dos, una o ninguna solución.

35 Escribe una ecuación de segundo grado con dos soluciones, otra con una sola y otra que no tenga solución. Comprueba que lo has hecho bien.

36 Encuentra una ecuación de segundo grado cuyo coeficiente de x^2 sea 1 y que cumpla que:

a) $b = 1$ y no tenga solución.

b) $b = 4$ y tenga dos soluciones.

c) $b = 4$ y tenga una solución única.

d) $b = 2$ y tenga dos soluciones.

e) $b = 5$ y tenga dos soluciones.

f) $b = 12$ y tenga una solución única.

37 Escribe tres ecuaciones de segundo grado con $c = 0$ que tengan dos, una y ninguna solución, respectivamente.

38 Escribe una ecuación de segundo grado con todos sus coeficientes iguales. ¿Cuántas soluciones tiene? ¿Ocurre siempre lo mismo?

4.2. Ecuaciones de segundo grado incompletas

Son aquellas en las que $b = 0$, $c = 0$ o ambos son cero. Aunque pueden resolverse usando la fórmula general, existen formas más sencillas de hacerlo.

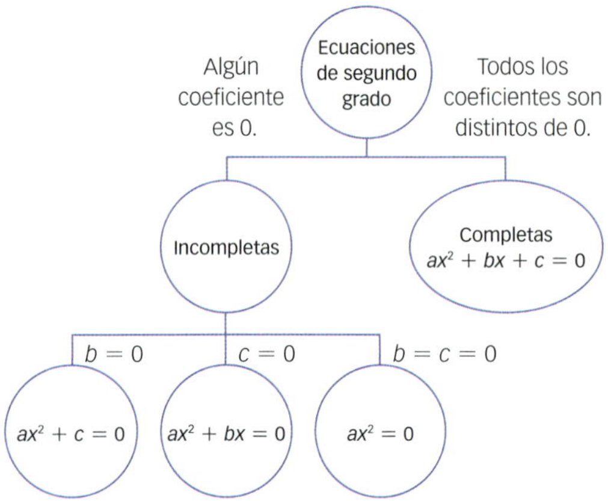

CASO 1. Si $b = 0$. Ecuaciones del tipo $ax^2 + c = 0$.

- Si $-\dfrac{c}{a}$ es positivo, hay dos soluciones: $x = \pm\sqrt{-\dfrac{c}{a}}$.
- Si $-\dfrac{c}{a}$ es negativo, no tienen solución.

EJEMPLO

9. Resuelve la ecuación $4x^2 - 16 = 0$.

$b = 0$ y $c \neq 0 \rightarrow$ Ecuación del tipo $ax^2 + c = 0$, con $a = 4$ y $c = -16$.

$$-\frac{c}{a} = -\frac{-16}{4} = 4 > 0$$

Sus soluciones son $x = \pm\sqrt{-\dfrac{c}{a}} = \pm\sqrt{4} \rightarrow \begin{cases} x_1 = 2 \\ x_2 = -2 \end{cases}$

CASO 2. Si $c = 0$. Ecuaciones del tipo $ax^2 + bx = 0$.

- Tienen dos soluciones: $x_1 = 0$ y $x_2 = -\dfrac{b}{a}$.

10. Resuelve la ecuación $5x^2 - 3x = 0$.

$c = 0 \rightarrow$ Ecuación del tipo $ax^2 + bx = 0$, con $a = 5$ y $b = -3$.

Sus soluciones son $x_1 = 0$ y $x_2 = -\dfrac{b}{a} = -\dfrac{-3}{5} = \dfrac{3}{5}$.

CASO 3. Si $b = 0$ y $c = 0$. Ecuaciones del tipo $ax^2 = 0$.

- Tienen una solución única: $x = 0$.

EJEMPLO

11. Resuelve la ecuación $9x^2 = 0$.

$b = 0$ y $c = 0 \rightarrow$ Ecuación del tipo $ax^2 = 0$, con $a = 9$.

Su solución es $x = 0$.

RETO

¿Cómo hallarías las soluciones de estas ecuaciones sin operar?

$x(x + 5) = 0$

$9x(x - 4) = 0$

«Si en una ecuación de segundo grado a es 0:

$ax^2 + bx + c = 0 \xrightarrow{a = 0} bx + c = 0$

En realidad es una ecuación de primer grado.

ACTIVIDADES

39 Resuelve estas ecuaciones.

a) $x^2 - 36 = 0$

b) $x^2 + 16 = 0$

c) $5x^2 - 320 = 0$

d) $x^2 - 2x = 0$

40 Resuelve las siguientes ecuaciones de segundo grado.

a) $2x^2 = 72$

b) $3x^2 = -27$

c) $-2x^2 = 72x$

d) $-3x^2 = -27x$

41 **REFLEXIONA.** Escribe una ecuación con soluciones:

a) $x_1 = 5, x_2 = -5$

b) $x_1 = 0, x_2 = -2$

Cómo se resuelven ecuaciones de segundo grado

Aunque todas las ecuaciones de segundo grado se pueden resolver mediante la fórmula general, en las ecuaciones incompletas se utilizan métodos particulares que nos ayudarán a resolver otras ecuaciones de grado mayor que 2.

Resuelve estas ecuaciones.

a) $2x^2 + 10x + 8 = 0$

b) $-4x^2 + 16 = 0$

c) $-7x^2 = 0$

d) $-9x^2 + 18x = 0$

① Identificamos los coeficientes *a*, *b* y *c* de la ecuación para determinar si es completa o incompleta.

② Aplicamos el método adecuado.

a) $a = 2 \quad b = 10 \quad c = 8$

$a \neq 0,\ b \neq 0$ y $c \neq 0 \rightarrow$ Ecuación completa.

Utilizamos la fórmula general.

$$x = \frac{-10 \pm \sqrt{10^2 - 4 \cdot 2 \cdot 8}}{2 \cdot 2} = \frac{-10 \pm \sqrt{36}}{4} \rightarrow \begin{cases} x_1 = -1 \\ x_2 = -4 \end{cases}$$

b) $a = -4 \quad b = 0 \quad c = 16$

$b = 0$ y $c \neq 0 \rightarrow$ Ecuación incompleta del tipo $ax^2 + c = 0$.

Despejamos x^2.

$$-4x^2 + 16 = 0 \rightarrow -4x^2 = -16 \rightarrow x^2 = \frac{-16}{-4} = 4 \rightarrow$$

$$\rightarrow x = \pm\sqrt{4} \rightarrow \begin{cases} x_1 = 2 \\ x_2 = -2 \end{cases}$$

c) $a = -7 \quad b = 0 \quad c = 0$

$b = 0$ y $c = 0 \rightarrow$ Ecuación incompleta del tipo $ax^2 = 0$.

Despejamos x^2.

$$-7x^2 = 0 \rightarrow x^2 = \frac{0}{-7} = 0 \rightarrow x = 0$$

d) $a = -9 \quad b = 18 \quad c = 0$

$b \neq 0$ y $c = 0 \rightarrow$ Ecuación incompleta del tipo $ax^2 + bx = 0$.

Sacamos factor común x.

$$-9x^2 + 18x = 0 \rightarrow x(-9x + 18) = 0 \rightarrow$$

$$\rightarrow \begin{cases} x_1 = 0 \\ -9x + 18 = 0 \rightarrow x = \dfrac{-18}{-9} \rightarrow x_2 = 2 \end{cases}$$

ACTIVIDADES

42 Resuelve las siguientes ecuaciones.

a) $x^2 - 6x + 8 = 0$

b) $2x^2 - x - 1 = 0$

c) $3x^2 + 4x + 1 = 0$

d) $-x^2 + 4x - 3 = 0$

e) $-4x^2 + 4x - 1 = 0$

43 Resuelve estas ecuaciones de segundo grado incompletas.

a) $x^2 - 25 = 0$

b) $3x^2 - 108 = 0$

c) $9x^2 - 5x = 0$

d) $x^2 = 25$

e) $-4x^2 - 8x = 0$

f) $-2x^2 + x = 0$

g) $7x^2 = 7$

h) $6x^2 - 3x = 0$

44 Calcula las soluciones de estas ecuaciones de segundo grado.

a) $-7x + 8 = x^2$

b) $x^2 - 11x = -10$

c) $x^2 + 2 = -3x$

d) $x(2x + 5) = 7$

e) $3(x + 2) + x^2 = 4$

f) $x - x(x + 1) = -9$

g) $(8 + x)(x - 2) = 11$

h) $(2x + 1)(2x - 1) = 3$

i) $8 - x^2 + 2x = 9$

j) $2x - 2x^2 = x - 1$

5. Resolución de problemas mediante ecuaciones

Para resolver un problema usando ecuaciones, traducimos su enunciado al lenguaje algebraico y, después, resolvemos la ecuación que se obtiene.

EJEMPLO

12. Expresa mediante ecuaciones estos problemas.

a) El precio de un bote de champú es 2,35 €. Sara ha comprado 2 botes de champú y 3 botes de gel y ha pagado 12,65 € en total. ¿Cuánto cuesta un bote de gel?

Lo que sabemos	Lo que no sabemos
Un bote de champú cuesta 2,35 €. 2 botes de champú y 3 de gel cuestan 12,65 €.	El precio del bote de gel.

Al dato desconocido que queremos hallar lo llamamos x.

Precio de un bote de gel: x

Un bote de champú cuesta 2,35 €. → Precio de un bote de champú = 2,35

Sara ha comprado 2 botes de champú y 3 botes de gel. → $2 \cdot 2{,}35 + 3 \cdot x$

Ha pagado 12,65 € en total. → $2 \cdot 2{,}35 + 3 \cdot x = 12{,}65$

b) El largo de una esterilla de yoga es 2,5 veces su ancho. Si su área es 25 000 cm^2, ¿cuáles son sus dimensiones?

Lo que sabemos	Lo que no sabemos
El largo de la esterilla es 2,5 veces su ancho. Su área es 25 000 cm^2.	El largo de la esterilla. El ancho de la esterilla.

Expresamos los datos desconocidos con x.

Ancho de la esterilla: x

El largo es 2,5 veces su ancho.

Largo de la esterilla = $2{,}5 \cdot x$

Su área es 25 000 cm^2.

$$\text{largo} \cdot \text{ancho} = 25000 \rightarrow (2{,}5 \cdot x) \cdot x = 25000 \rightarrow 2{,}5x^2 = 25000 \rightarrow$$

$$\rightarrow x^2 = \frac{25000}{2{,}5} = 10000 \rightarrow x = 100 \text{ cm}$$

Largo de la esterilla = $2{,}5 \cdot 100 = 250$ cm

Las dimensiones de la esterilla son 1 m de ancho y 2,5 m de largo.

ACTIVIDADES

45 Expresa cada problema con una ecuación.

a) La edad de Beatriz es dos quintos de la edad de José. La suma de sus edades es 28 años. ¿Qué edad tiene cada uno?

b) En una clase de 2.º de ESO hay el doble de chicas que de chicos. Si hay 30 estudiantes, ¿cuántos chicos y chicas hay en la clase?

46 Escribe un problema que se resuelva con la ecuación: $28 - 5x = 12$.

47 **REFLEXIONA.** Expresa con una ecuación este enunciado:

«La diferencia de un número y la mitad del anterior a él es 13. ¿Cuál es este número?»

Cómo se resuelven problemas utilizando ecuaciones

Las soluciones negativas en un problema muchas veces no tienen sentido, ya que no existen medidas, edades… negativas.

Un equipo de arquitectos trabaja en dos proyectos para dos parcelas diferentes de las que desconocen las dimensiones.

a) La primera parcela mide 3 m más de largo que de ancho y su perímetro es 34 m.

b) La segunda parcela tiene un área de 80 m^2 y su largo es 2 m menor que su ancho.

Calcula las dimensiones de ambas parcelas.

① Identificamos la incógnita, el dato que desconocemos.

a)

Lo que sabemos	Lo que no sabemos
El largo es 3 m más que el ancho. El perímetro es 34 m.	El largo de la parcela. El ancho de la parcela.

Largo de la parcela: x

b)

Lo que sabemos	Lo que no sabemos
El largo es 2 m menor que el ancho. El área es 80 m^2.	El largo de la parcela. El ancho de la parcela.

Largo de la parcela: x

② Planteamos la ecuación en la que aparece esa incógnita.

a) Largo de la parcela: x

El largo es 3 m más que el ancho.

Ancho de la parcela: $x - 3$

El perímetro es 34 m.

$2x + 2(x - 3) = 34$

b) Largo de la parcela: x

El largo es 2 m menor que el ancho.

Ancho de la parcela: $x + 2$

El área es 80 m^2.

$x(x + 2) = 80$

③ Resolvemos la ecuación y hallamos los valores de la incógnita.

a) $4x - 6 = 34 \rightarrow 4x = 34 + 6 \rightarrow 4x = 40 \rightarrow$

$\rightarrow x = \dfrac{40}{4} = 10$

b) $x^2 + 2x = 80 \rightarrow x^2 + 2x - 80 = 0 \rightarrow$

$\rightarrow x = \dfrac{-2 \pm \sqrt{2^2 - 4 \cdot 1 \cdot (-80)}}{2 \cdot 1} = \dfrac{-2 \pm 18}{2} = \begin{cases} x_1 = 8 \\ x_2 = -10 \end{cases}$

④ Comprobamos las soluciones, descartando las que no tienen sentido.

a) $4x - 6 = 34 \xrightarrow{x\,=\,10} 4 \cdot 10 - 6 = 34 \rightarrow 34 = 34$

Obtenemos una igualdad, la solución es correcta.

La parcela mide 10 m de largo y 7 m de ancho.

b) $8^2 + 2 \cdot 8 = 80 \xrightarrow{x\,=\,8} 64 + 16 = 80 \rightarrow 80 = 80$

Una medida no puede ser negativa, así que la única solución válida es $x = 8$ m.

Obtenemos una igualdad, la solución es correcta.

La parcela mide 8 m de largo y 10 m de ancho.

ACTIVIDADES

48 En una reserva natural hay el doble número de chimpancés que de gorilas. Si en total son 171 animales, ¿cuántos habrá de cada especie?

49 Antonio tiene 4 € de paga semanal y se gasta 2,50 € cada semana. Si quiere comprarse un teléfono móvil que vale 54 €, ¿cuánto tiempo tardará en ahorrar lo suficiente?

50 Juan tiene una multa por aparcar en doble fila. Por cada día de retraso en el pago se aumenta su coste en 3 €. ¿Cuántos días se ha retrasado en pagar si ha tenido que abonar 156 € en vez de 105 €?

1. Identifica propiedades y leyes generales a partir de procesos numéricos

Identidades y ecuaciones

ACTIVIDADES FLASH

51 Decide si estas igualdades algebraicas son identidades o ecuaciones.

a) $x - 5 = 2x + 3$ c) $1 + 3x - 2 = 2x - 1 + x$

b) $5x + 1 = 2 - 3x$ d) $3x + 2 = 2x - x + 5$

52 Indica cuáles de los siguientes valores hacen cierta la igualdad $4x + 2y = 8$.

a) $x = 2, y = 0$ c) $x = 0, y = 3$

b) $x = 1, y = 3$ d) $x = 0, y = 4$

53 Averigua si estas igualdades son identidades o ecuaciones. Razona tu respuesta.

a) $3(a - 2) = 2a - 6 + a$

b) $10 + t = 12$

c) $8m - 2 = -2(-4m + 1)$

54 **INVENTA.** Escribe dos igualdades algebraicas que sean identidades y otras dos que sean ecuaciones.

55 ¿Estas igualdades son identidades o ecuaciones?

a) $\frac{1}{a} + \frac{1}{b} = \frac{1}{a+b}$ c) $\frac{a}{3} + \frac{b}{3} = \frac{a+b}{3}$

b) $\frac{1}{a} + \frac{1}{b} = \frac{2}{a+b}$ d) $\frac{1}{a} \cdot \frac{1}{b} = \frac{1}{a \cdot b}$

56 Elige los valores que hacen cierta la igualdad $-2(8x - 5) = -11x - (9x - 4) - 6$.

a) $x = 2$ b) $x = -3$ c) $x = 3$ d) $x = -5$

57 ¿Para qué valor de x es cierta la igualdad $\frac{x+5}{6} - 3 = \frac{4x-7}{3} - 8$?

a) $x = 10$ b) $x = -4$ c) $x = -2$ d) $x = 7$

58 Calcula a para que la ecuación $x^2 - 2x + a = 0$ sea cierta para $x = -1$.

59 **INVENTA.** Encuentra una igualdad algebraica que sea cierta para cada uno de estos valores.

a) $x = -2$ b) $x = 0$ c) $x = 1$ d) $x = 2$

CÁLCULO MENTAL

60 ¿Qué valores cumplen que $x(x - 1) = x^2 + 1$?

a) $x = -2$ d) $x = -4$ g) $x = -3$

b) $x = 0$ e) $x = 2$ h) $x = 5$

c) $x = 3$ f) $x = -1$ i) $x = 10$

Elementos de una ecuación

ACTIVIDADES FLASH

61 Completa la tabla en tu cuaderno.

Ecuación	1.er miembro/ 2.º miembro	Incógnita	Grado
$8x - 1 = 15$			
$3(x - 1) = 2(x + 1)$			
$x^2 - 4x = x^2 + 8$			
$2y + \frac{y}{5} = 8$			
$t^2 - 5t + 6 = 0$			
$a^3 - 3a = 5a^2$			

62 Escribe una ecuación para cada enunciado.

a) El doble de un número es 8.

b) El triple de un número es 12.

c) La mitad de un número es 10.

d) La tercera parte de un número es 2.

e) El doble de un número más 3 es 8.

f) La mitad de un número menos 5 es 120.

g) La cuarta parte de un número menos 6 es 7.

h) El doble de un número más 7 es 18.

63 Expresa cada enunciado con una ecuación.

a) El cubo de un número menos su cuadrado es 18.

b) El cuadrado de la diferencia entre un número y la tercera parte de este número es 36.

c) La suma de un número y su consecutivo es 11.

d) La diferencia entre un número y el doble de su número anterior es −3.

e) El producto de dos números pares consecutivos es 8.

64 **INVENTA.** Inventa enunciados que correspondan a estas ecuaciones.

a) $2x - 10 = 4$ d) $2(x + 1) = 12$

b) $3x + 5 = 1$ e) $\frac{x^2}{2} = 8$

c) $x + (x - 1) = 7$ f) $3x + x^3 = 14$

65 Determina las ecuaciones equivalentes a $2x = -1$.

a) $4x = 2$ c) $-2x = 1$ e) $8x = -4$

b) $5x = -10$ d) $4x = -2$ f) $x = -2$

66 Halla dos ecuaciones equivalentes a:

a) $3x - 2 = 0$ b) $4 + 2x = 6$

2. Resuelve ecuaciones e interpreta el resultado obtenido

Ecuaciones de primer grado

ACTIVIDADES FLASH

67 Halla el valor de x transponiendo términos.

a) $x - 6 = 4$
b) $x + 1 = -2$
c) $\frac{x}{5} = -3$
d) $2x = 10$
e) $-3x = -27$
f) $\frac{x}{-2} = 5$

68 Calcula el valor de x para que esto sea un cuadrado mágico, es decir, para que la suma de las filas, columnas y diagonales coincida.

$2x$	$x - 3$	$3x$
$2x + 1$	$5 - x$	$3 - x$
$x - 2$	$3x + 1$	$2(x - 1)$

69 **INVESTIGA.** Corrige los errores cometidos al reducir términos semejantes en estas ecuaciones.

a)
$$x - (10 - 2x) = x + 6$$
$$x - 10 - 2x = x + 6$$
$$x - 10 - 2x - x + 6 = 0$$
$$-2x - 4 = 0$$

b)
$$3(x - 1) - 5 = -(x - 1)$$
$$3x - 1 - 5 = -x - 1$$
$$3x - 1 - 5 - x + 1 = 0$$
$$3x - 5 = 0$$

70 Resuelve esta pirámide, donde cada casilla es igual a la suma de las dos que tiene inmediatamente debajo. En la base encontrarás el año en el que Neil Armstrong pisó la Luna.

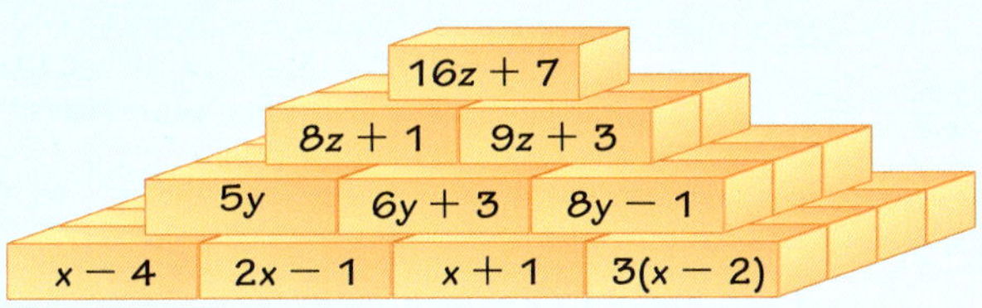

71 Obtén la solución de estas ecuaciones de primer grado.

a) $4x + 1 + 3x - 5 = 2(x - 2) + 30$
b) $3(x + 8) = 6(x - 2) + 24$
c) $3(x + 8) - (x - 4) = 12$
d) $2(4 - x) + 3(4x + 16) = 3$
e) $6(x + 8) - 2(x - 4) = 24$
f) $6(x - 2) = 3(x + 8) - 24$

Cómo se resuelven ecuaciones con un solo denominador

72 Resuelve la ecuación $\frac{x+3}{3} - 4 = -5$.

PRIMERO. Se deja la fracción en un miembro y se pasan los demás términos al otro miembro.

$$\frac{x+3}{3} - 4 = -5 \rightarrow \frac{x+3}{3} = -5 + 4 \rightarrow$$
$$\rightarrow \frac{x+3}{3} = -1$$

SEGUNDO. Se suprime el denominador pasándolo al otro miembro multiplicando.

$$\frac{x+3}{3} = -1 \rightarrow x + 3 = (-1) \cdot 3 \rightarrow x + 3 = -3$$

TERCERO. Se despeja la incógnita.

$$x + 3 = -3 \rightarrow x = -3 - 3 \rightarrow x = -6$$

73 Resuelve.

a) $\frac{x+7}{2} = 11$
b) $\frac{x-6}{9} = -2$
c) $\frac{3x-10}{2} = -x$
d) $\frac{6x-8}{2} = x - 3$
e) $\frac{-4x+9}{-5} = x - 2$
f) $\frac{2x+5}{4} = 5 - x$

74 **INVENTA.** Escribe una ecuación que sea equivalente a esta pero sin fracciones. Comprueba tu respuesta.

$$\frac{x}{3} + 5 = x - 2$$

75 Resuelve.

a) $\frac{4x-3}{10} = \frac{1}{2}$
b) $\frac{-5x+7}{3} = -\frac{16}{6}$
c) $\frac{8+2x}{6} = \frac{8}{3}$
d) $\frac{2x+5}{3} = \frac{4+x}{6}$
e) $\frac{9-3x}{8} = \frac{5-x}{4}$
f) $\frac{5x+4}{3} = \frac{x-3}{12}$

76 Halla la solución de estas ecuaciones.

a) $\frac{9-x}{2} + \frac{2x-10}{4} = x + 3$
b) $\frac{x-5}{6} = \frac{x-2}{3} - \frac{x-3}{2}$
c) $\frac{2x-2}{2} = \frac{3x-6}{3} - \frac{4x-15}{5}$
d) $\frac{2x-1}{3} = \frac{x-3}{2} - \frac{3x-7}{4}$

77 **RETO.** Si $\frac{a}{b} = \frac{1}{2}$ y $\frac{b}{c} = \frac{5}{8}$, ¿cuánto vale $\frac{a}{b+c}$?

78 Resuelve.

a) $\frac{x}{2}+\frac{x}{4}+\frac{x}{8}=14$

b) $\frac{2x}{3}-x=\frac{17-3x}{6}$

c) $8-\frac{x}{2}=-1-\frac{4x}{5}$

d) $\frac{2x+1}{4}=\frac{2-x}{3}+5x$

e) $\frac{x+4}{7}-\frac{x-1}{2}=3-x$

79 Halla el valor de a en cada ecuación.

a) $-5-[a-(-10)]=1$

b) $\frac{a}{2}+5-\left(-a+\frac{1}{2}\right)=3(-a)+1$

c) $2-(4a-2)=(1-a)(-1)$

d) $a-[(2a-10)(-2)]=a+\frac{5a}{2}+\frac{a-10}{2}$

80 **INVENTA.** Piensa y escribe una ecuación de primer grado, siguiendo las indicaciones, de modo que cada número sea solución de la ecuación correspondiente.

	A	B	C
1		1	2
2	4		5
3	2	3	

HORIZONTALES
1. Con x en los dos miembros.
2. Con denominadores. Con paréntesis.
3. Con 4 términos.

VERTICALES
1. Con 3 términos.
2. Con denominadores. Con paréntesis.
3. Con denominadores y paréntesis.

81 **RETO.** Realiza estos cálculos y contesta.

1.° Piensa en un número de dos cifras.
2.° Multiplícalo por 5.
3.° Suma 25 a ese resultado.
4.° Divide entre 5.
5.° Réstale el número que habías pensado.

Prueba con otros números.
¿Obtienes siempre el mismo resultado? ¿Sabrías expresar algebraicamente lo que has hecho?

82 Considera estas ecuaciones:

$$x^2=9 \qquad 5x+1=15$$

¿Son equivalentes? Razona tu respuesta.

83 Escribe, en cada caso, una ecuación de segundo grado equivalente.

a) $x^2+5=5x+1$

b) $8\cdot(x-3)\cdot(x+2)=-32$

c) $\frac{x(x+2)}{5}+1=x+\frac{6}{10}$

d) $\frac{(x+3)(x-3)}{2}=\frac{3x+2}{4}$

84 Sin resolverlas, averigua el número de soluciones de estas ecuaciones.

a) $x^2-7x+12=0$
b) $x^2+4x+9=0$
c) $x^2+1=0$
d) $x^2=-5x$
e) $x^2+9=-6x$
f) $x^2+8x+15=0$
g) $x^2+x+1=0$
h) $x^2=x+6$
i) $2x^2+14x=-20$
j) $5(x+1)^2=0$

85 Halla un valor para cada uno de los coeficientes que faltan de manera que la ecuación de segundo grado tenga el número de soluciones indicado.

a) $x^2+x+c=0$ → Dos soluciones

b) $x^2+x+c=0$ → Una solución

c) $x^2+x+c=0$ → Ninguna solución

d) $ax^2+2x-1=0$ → Dos soluciones

e) $x^2+bx+1=0$ → Una solución

86 **INVESTIGA.** Busca una ecuación de segundo grado que tenga por soluciones 2 y 3. ¿Cómo puedes escribir otras diferentes?

87 **RETO.** Averigua qué relación debe existir entre b y c para que la ecuación $x^2+bx+c=0$ tenga una única solución. Basándote en tus investigaciones, escribe una ecuación de segundo grado cuya única solución sea 7. ¿Es posible que, si b y c son números enteros y b es impar, sean las dos soluciones iguales?

88 Halla las soluciones aplicando la fórmula general.

a) $x^2+3x+2=0$
b) $x^2+6x+5=0$
c) $x^2-6x+9=0$
d) $x^2+2x+6=0$
e) $x^2+x+5=0$
f) $4x^2-8x+4=0$
g) $2x^2+12x+10=0$
h) $3x^2-12x+12=0$
i) $2x^2-16x+14=0$
j) $3x^2+3x-18=0$

89 Resuelve las siguientes ecuaciones.

a) $x^2-x=0$
b) $5x^2-10x=0$
c) $7x-21x^2=0$
d) $x^2=16x$
e) $9x=18x^2$
f) $6x-10x^2=0$
g) $4x^2=9x$
h) $5x^2+3x=0$

90 Escribe estas ecuaciones en la forma $ax^2 + bx + c = 0$ y resuélvelas.

a) $x^2 + 2x + 2 = -2x - 1$
b) $x^2 - 2(x + 4) = x + 2$
c) $2(x^2 - x) = x^2 - 1$
d) $3(x + 5) = x^2 + 2x + 3$
e) $-x^2 + x + 5 = 3(x - 1)$

91 Calcula el valor de x en el cuadrado mágico donde la suma de cada fila, columna y diagonal coinciden.

x^2	$x - 5$	$x + 2$
$x + 1$	$x^2 - 1$	$x^2 - 3$
$x^2 - 4$	$2(x + 1)$	$-x$

92 Resuelve por el método más adecuado.

a) $5x^2 = 20$
b) $x^2 - 2x = 35$
c) $x^2 - 81 = 0$
d) $x^2 + 2 = 3x$
e) $x^2 + 1 = \frac{10}{9}$
f) $2x^2 - 9 = -7$

93 **JUEGO.** Formad parejas para jugar al *memory*. Elaborad estas tarjetas, mezcladlas y colocadlas bocabajo formando filas y columnas. Cada jugador elige 3 tarjetas, y si son la ecuación y sus dos soluciones, se las queda. Gana el que acaba con más tarjetas.

$x^2 = 7x$		$x^2 - 16 = 0$	
5	1	-1	7
$3x^2 - 3 = 0$		$(x - 5)(x + 2) = 0$	
-4	-2	4	0

94 Resuelve estas ecuaciones igualando a cero cada uno de los factores. Después, multiplica los paréntesis y comprueba que la solución es la misma.

a) $(x - 4)(x + 5) = 0$
b) $(x + 3)(2x + 6) = 0$
c) $(3x + 6)(4x - 8) = 0$
d) $(2x - 10)(x - 1) = 0$

95 **INVENTA.** Escribe en cada caso una ecuación de segundo grado que cumpla estas condiciones.

a) Tiene una solución única, $x = 3$.
b) Una solución es $x = 0$ y el coeficiente de x^2 es 5.
c) No tiene solución y es incompleta.
d) Una de sus dos soluciones es una fracción.

96 Resuelve.

a) $\frac{3x^2}{2} - \frac{x}{4} = 0$
b) $\frac{3(x^2+1)}{2} - \frac{x+3}{4} = 2$
c) $\frac{x^2-1}{3} = \frac{5(x+2)}{4} - 4$
d) $\frac{x^2 + 11x}{6} - 1 = \frac{123 + x}{3}$
e) $\frac{x(x+3)}{5} - 1 = \frac{x+2}{4}$
f) $\frac{(x+2)^2}{9} - x = \frac{x+2}{3} - 1$

97 Calcula el valor de x en cada caso.

a) $(3x + 4)^2 = 0$
b) $\left(9x + \frac{3}{7}\right)^2 = 0$
c) $(5x - 8)^2 = 0$
d) $(4x - 2)^2 = 4$

3. Formula algebraicamente situaciones, resuelve e interpreta los resultados

ACTIVIDADES FLASH

98 Completa con las palabras adecuadas.

menor · diferencia · triple · suma · doble · mitad

a) El ________ de un número menos 12 unidades es igual a su ________. → $3x - 12 = 2x$
b) La ________ de tres números consecutivos es igual al doble del ________ de los tres más 10 unidades. → → $x + (x + 1) + (x + 2) = 2x + 10$
c) La ________ de un número y la ________ del anterior a él es 13. → $x - \frac{x-1}{2} = 13$

99 Calcula el número que, sumado a 2, nos da 10.

100 Determina un número que cumpla que la suma de su triple más su cuádruple es 21.

101 La suma de dos números es 55 y uno de los dos es la cuarta parte del otro. Calcula ambos números.

102 Reparte el número 20 en dos partes tales que la suma de sus cuadrados valga 202.

103 **INVESTIGA.** Preguntamos la hora y nos contestan:

Lo que queda de día es 7 veces la quinta parte de las horas que han transcurrido.

¿Qué hora es?

104 **MATEMÁTICAS Y... TRANSPORTE.** Estas son las tarifas de un taxi en Madrid de lunes a viernes.

Tarifa 1

De las 7:00 a las 21:00 h.

- Inicio del servicio: **2,50 €**
- km recorrido: **1,15 €**

Tarifa 2

De las 21:00 a las 7:00 h del día siguiente.

- Inicio del servicio: **3,15 €**
- km recorrido: **1,40 €**

Resuelve estas preguntas mediante una ecuación.

a) Si el martes por la tarde nos cobraron por un trayecto en taxi 20,90 €, ¿cuántos kilómetros recorrimos?

b) En la madrugada del jueves nos cobraron 25,55 € por un trayecto. ¿Cuántos kilómetros recorrimos?

105 El precio total de un anillo y su estuche es de 10 200 € y el anillo vale 10 000 € más que el estuche. ¿Cuál es el precio de cada uno?

106 Una atleta de triatlón hace la mitad de un recorrido corriendo, una tercera parte en bicicleta, una doceava parte nadando y el último kilómetro caminando.

a) ¿Qué distancia ha recorrido en total?

b) ¿Qué distancia ha recorrido en cada disciplina?

107 **MATEMÁTICAS E... HISTORIA.** Palas Atenea es la principal diosa de la mitología griega. En una estatua suya se podía leer:

«Yo, Palas Atenea, estoy hecha de oro martillado, obsequio de los poetas. La mitad fue regalada por Kariseo, un octavo por Tespis, Solón donó un décimo y Temisón una vigésima parte. Los nueve talentos restantes fueron obsequiados por Aristódico».

¿Cuántos talentos de oro había en la estatua?

108 Un padre tiene 80 años y su hijo la mitad. ¿Cuánto tiempo ha pasado desde que la edad del padre era triple de la de su hijo?

109 La suma de las edades de Carmen y su hija Lara, actualmente, es de 60 años. Si dentro de 10 años Lara tendrá 2 años más que la mitad de la edad de su madre, ¿qué edades tienen actualmente?

110 **MATEMÁTICAS Y... ECONOMÍA.** Una de las fuentes de financiación de los Estados son los bonos del Tesoro. Consisten en títulos financieros que se venden a particulares y que ofrecen una cierta rentabilidad. La rentabilidad de los bonos a 10 años a finales de 2022 estaba en el 3,39 %.

a) Si esta rentabilidad se mantiene, para obtener 50 000 € a los 10 años, ¿cuánto dinero tendría que invertir?

b) Si invierto 20 000 € y quiero obtener 22 000 € dentro de 10 años, ¿qué rentabilidad media tengo que tener?

111 Caminando suelo llevar una velocidad de 4 km/h y corriendo 6 km/h. Si corriendo tardo 3 min. menos en llegar al instituto que andando, ¿a qué distancia vivo?

112 **RETO.** Si un ciclista pedalea a 10 km/h llegaría una hora tarde a su cita, y si fuese a 15 km/h, llegaría una hora antes. ¿A qué velocidad debe viajar para llegar a la hora adecuada?

113 Un anciano al morir dejó 65 monedas de oro que debían repartirse entre sus cinco hijos, de modo que cada uno recibiera tres monedas menos que el hermano que le antecede. ¿Cómo las repartió?

114 **MATEMÁTICAS Y... TRANSPORTE.** Para alquilar un coche hay que tener en cuenta esto:

- El alquiler se paga por días de utilización del coche.
- Si se recoge o entrega el coche en el aeropuerto, se cobra el 12 % más sobre el precio total del alquiler.
- Si se recorre más de 350 km en un día, se cobran 0,19 € por kilómetro adicional.
- Si se entrega el coche en una sucursal distinta de recogida, hay que pagar 0,34 € por cada kilómetro de distancia entre las dos sucursales.

He alquilado un coche en el aeropuerto de Sevilla y lo he devuelto, 3 días después, en Córdoba, a 131 km de Sevilla. En total he recorrido 1 122 km y me han cobrado 251,33 €. ¿Cuál era el precio del coche al día?

115 Calcula las dimensiones de un rectángulo de 80 cm^2 cuyo largo es 2 cm mayor que el ancho.

116 Para embaldosar un salón de 6 m de largo por 4 m de ancho se han usado 1 200 baldosas cuadradas. ¿Cuánto mide el lado de cada baldosa?

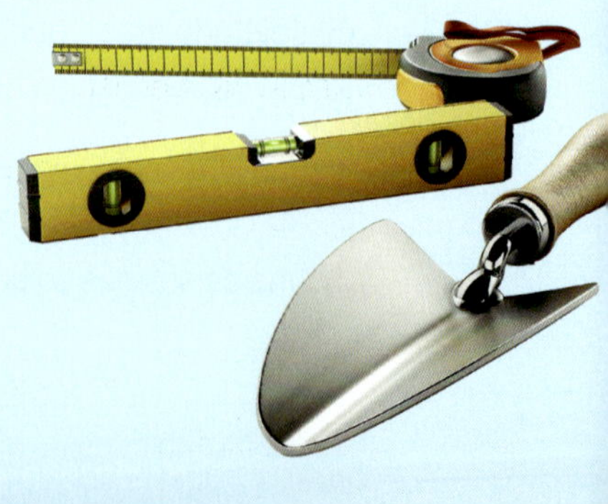

117 Quitando una franja de 3 cm de un tablero rectangular se obtiene otro tablero rectangular de 54 cm² de área.

a) ¿Qué dimensiones tenía el tablero que obtuvo?

b) ¿Cuánto medía el lado del tablero original?

118 Un cine tiene igual número de filas que de butacas por fila. Se quitan una butaca por fila y tres filas y quedan 323 butacas.

a) ¿Cuántas filas tenía el cine antes del cambio?

b) ¿Cuántas butacas hay ahora en cada fila?

119 **RETO.** Por la compra de un ordenador te rebajan el 15 % y, después, te descuentan 90 €. En otra tienda solo te rebajan del 25 % del precio. Si en la primera tienda el ordenador cuesta 15 € menos, ¿cuál es el precio original del ordenador?

120 **RETO.** Calcula la distancia que falta.

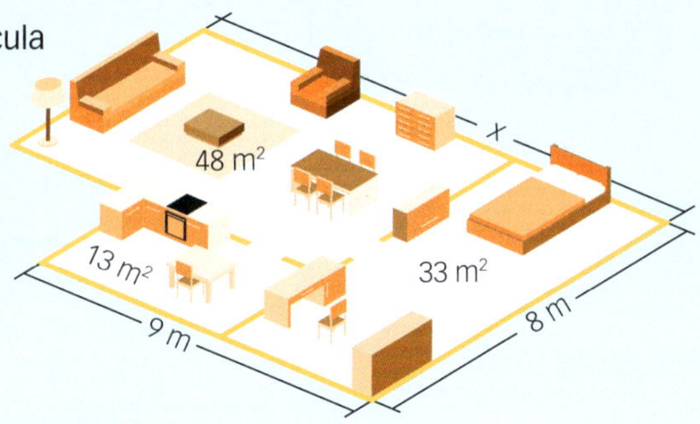

¡Cada vez mejor!... ¿O no?

Las ofertas del supermercado varían durante el mes. Según el folleto, cada vez los descuentos son mayores.

Y tú, ¿qué opinas?

PROBLEMAS APARENTEMENTE DISTINTOS

121 Resuelve la ecuación.

$$47 - x = 2 \cdot (25 - x)$$

122 El fundador de una *start-up* tiene 47 años y el socio más joven 25. ¿Cuántos años han pasado desde que la edad del mayor era el doble de la edad del joven?

123 Resuelve la ecuación.

$$x - \frac{2}{5}x + 100 = x + 40$$

124 Una accionista vendió los dos quintos de sus acciones de una empresa y luego compró 100 más. Tras esto tenía el mismo número que si hubiese comprado 40 acciones desde el principio. ¿Cuántas tenía antes de venderlas?

125 Resuelve la ecuación.

$$100 = x^2 + \left(\frac{3}{4}x\right)^2$$

126 Una escalera que mide 10 m está apoyada contra una pared. Halla la altura a la que se apoya sabiendo que la distancia del pie de la escalera a la base de la pared mide tres cuartas partes de la altura a la que se apoya.

La parábola del lanzador

Me he apuntado a la liga de baloncesto de los recreos. Me gusta jugar, pero ¡no siempre meto canasta!

Mi profesor de Matemáticas me ha dicho que puedo aplicar las matemáticas para mejorar mis tiros. Lo que tengo que saber es desde qué altura lanzo mejor, con qué ángulo de tiro encesto mejor y cuál es la velocidad que le doy al balón.

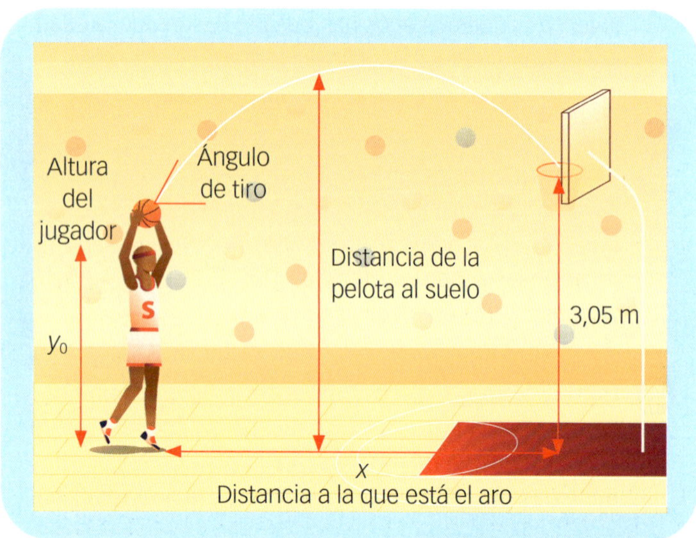

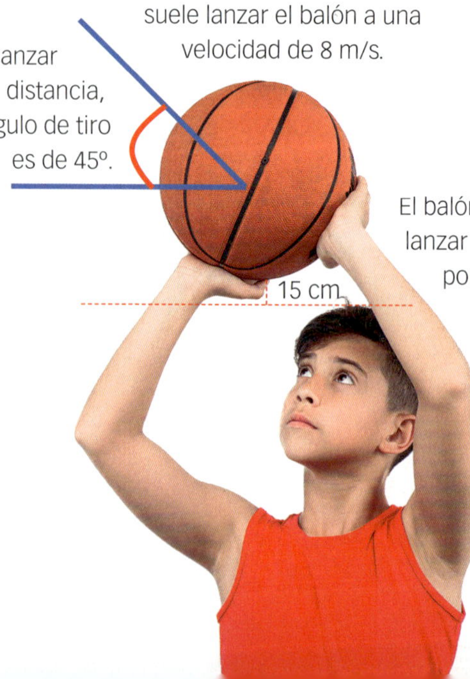

1 La mecánica de tiro

La trayectoria que describe el balón hasta llegar a la canasta depende de la distancia a la que se está del aro, x, de la altura del lanzador, y del ángulo y la velocidad con que sale la pelota.

La ecuación para calcular la altura a la que está la pelota del suelo cuando un lanzador la ha lanzado a canasta es esta:

$$y = \text{altura desde la que se lanza la pelota} + x - \left(\frac{\text{gravedad}}{\text{velocidad}^2}\right)x^2$$

- Mi estatura es 1,75 m. Cuando tiro a canasta, ¿desde qué altura lanzo la pelota aproximadamente?
- Si tiro la pelota con la velocidad usual en mi edad, 15 años, ¿con qué velocidad tiro a canasta?
- Si lo que quiero es encestar, ¿a qué altura del suelo debe llegar la pelota?
- Traslada todos los datos anteriores a la fórmula de arriba para calcular la altura a la que está la pelota del suelo cuando un lanzador lanza a canasta y transfórmala en una ecuación de segundo grado.
- ¿A qué distancia me tengo que colocar del aro para encestar?

2 Dinámica de juego

Cuando se tira a canasta durante un partido, se suele hacer en suspensión, es decir, el lanzador salta y lanza la pelota cuando está en el aire.

- Si lanzo en suspensión, a 30 cm del suelo, y con el mismo ángulo y velocidad que normalmente, ¿a qué distancia debo estar para encestar?
- Una canasta vale 3 puntos cuando se encesta desde una distancia de 6,75 m o más. Si lanzo desde esa distancia parado, ¿a qué velocidad debo lanzar la pelota para encestar? ¿Y si lo hago en suspensión a 30 cm del suelo?

PRODUCTO FINAL Realiza un estudio del lanzamiento

En la cancha de tu centro escolar o de un parque de tu zona, mide la distancia a la que se encuentran la línea de tiros libres y la de triples de la vertical de la canasta, y mide también la altura de la canasta.

- Si lanzas con el ángulo adecuado para que la pelota alcance la máxima distancia, ¿a qué velocidad debes lanzar la pelota para encestar el tiro libre?
- ¿A qué velocidad debes lanzar un triple?
- Intenta estimar la altura que alcanzas cuando saltas. ¿A qué velocidad debes lanzar el balón en suspensión para encestar un tiro libre? ¿Y un triple?

RESUMEN DE UNIDAD

IGUALDAD ALGEBRAICA

$x + x = 2x$ → Identidad

$x + 1 = 2$ → Ecuación

ECUACIÓN

$3xy + 4 = 12$

- Primer miembro: $3xy + 4$
- Segundo miembro: 12
- Términos: $3xy$, 4, 12
- Incógnitas: x, y
- Grado: $1 + 1 = 2$

ECUACIÓN DE PRIMER GRADO

$$ax + b = 0 \xrightarrow{\text{Solución}} x = -\frac{b}{a}$$

ECUACIÓN DE SEGUNDO GRADO COMPLETA

$$ax^2 + bx + c = 0 \xrightarrow{\text{Solución}} \rightarrow x = \frac{-b \pm \sqrt{b^2 - 4ac}}{2a}$$

ECUACIÓN DE SEGUNDO GRADO INCOMPLETA

$$ax^2 + c = 0 \xrightarrow{\text{Solución}} x = \pm\sqrt{-\frac{c}{a}}$$

$$ax^2 + bx = 0 \xrightarrow{\text{Solución}} \begin{cases} x_1 = 0 \\ x_2 = -\dfrac{b}{a} \end{cases}$$

$$ax^2 = 0 \xrightarrow{\text{Solución}} x = 0$$

AUTOEVALUACIÓN

1. Identifica propiedades y leyes generales a partir de procesos numéricos

1 ¿Cuál de estas igualdades es una ecuación?

a) $(x + 1)^2 + 4 = x^2 + 2x + 5$

b) $(x - 1)^2 + 3 = x^2 - 2x + 4$

c) $(x + 1)^2 + 3 = x^2 + 2x + 4$

d) $(x - 1)^2 + 3 = x^2 + 2x + 4$

2 La igualdad $x^2 + 2 - x = 5 + x^3$ es cierta para el valor:

a) $x = 1$ b) $x = -1$ c) $x = 2$ d) $x = -2$

3 ¿De qué ecuación es solución $x = -2$?

a) $x^3 - x^2 = 2x - 2x^2$

b) $x^3 - x^2 = 2x + 2x^2$

c) $x^3 + x^2 = 2x - 2x^2$

d) $x^3 + x^2 = 2x + 2x^2$

2. Resuelve ecuaciones e interpreta el resultado obtenido

4 Resuelve $\frac{2}{9} - x = \frac{2}{3}$.

a) $x = \frac{4}{9}$ b) $x = -\frac{4}{9}$ c) $x = 3$ d) $x = \frac{23}{6}$

5 Indica cuántas soluciones tiene la ecuación $x^2 - 3x + 4 = 0$.

a) Dos soluciones distintas.

b) Una única solución.

c) No tiene solución.

d) Tres soluciones.

6 Calcula la solución de la ecuación $x^2 + 3x = 4$.

a) $x_1 = -4, x_2 = 1$

b) $x_1 = 4, x_2 = 1$

c) $x_1 = -4, x_2 = -1$

d) $x_1 = 4, x_2 = -1$

7 Resuelve $4x(x + 1) - 2 = 2x - 2$.

a) $x_1 = -\frac{1}{2}, x_2 = 0$ c) $x_1 = \frac{1}{2}, x_2 = 0$

b) $x_1 = -\frac{1}{2}, x_2 = \frac{1}{2}$ d) $x = -\frac{1}{2}$

3. Formula algebraicamente situaciones, resuelve e interpreta los resultados

8 Anaís y Miguel están corriendo una media maratón. Entre los dos han recorrido 13 km y Anaís lleva 3 km de ventaja a Miguel. Si una media maratón son 21 km aproximadamente, ¿cuántos kilómetros le quedan a Miguel para terminar?

a) 5 km b) 16 km c) 8 km d) 13 km

9 Calcula la altura de un rectángulo, sabiendo que la base es el cuádruple de la altura y el perímetro es 60 cm.

a) 3 cm b) 6 cm c) 12 cm d) 24 cm

VALORA TU APRENDIZAJE

- ¿Te motiva aprender cosas nuevas?
- ¿Trabajas en grupo valorando todas las ideas?

6 Sistemas de ecuaciones

DESAFÍO

Cinco dedos tiene tu mano

Coloca los números del 1 al 5 para que se cumplan las igualdades.

◯	+	◯	=	◯
·		:		·
◯	−	◯	=	◯
=		=		=
◯	+	◯	=	◯

Todos los números se repiten dos veces, excepto uno.

SITUACIÓN DE APRENDIZAJE

Elegir el coche adecuado

A la hora de elegir un coche de manera responsable hay que tener en cuenta nuestras necesidades, el precio, las emisiones de dióxido de carbono...

- ¿Qué modelo de coche es el más adecuado para tu familia?
- ¿Cómo podemos calcular qué coche es económicamente más rentable?

Para contestar a estas preguntas es necesario que sepas cómo resolver sistemas de ecuaciones.

¿Qué sabes ya?

Cómo se elabora una tabla de valores

Una tabla de valores es una forma de representar pares ordenados de números que guardan relación entre sí.

EJEMPLO

Para $y = 3x - 1$, si $x = -3$, $y = 3 \cdot (-3) - 1 = -10$.

Hacemos lo mismo con los valores que queramos.

x	-3	-2	-1	0	1	2	3	...
y	-10	-7	-4	-1	2	5	8	...

ACTIVIDADES

1 Dada la ecuación $y = -2x + 2y$, elige la opción correcta.

a) $x = 1, y = 0$
b) $x = -1, y = 0$
c) $x = 0, y = -2$
d) $x = -1, y = -2$

1. Ecuaciones lineales

Una **ecuación lineal** es una ecuación de primer grado con una o varias incógnitas.

Una **ecuación lineal con dos incógnitas** es una ecuación que podemos expresar de la forma:

$$ax + by = c$$

siendo x e y las incógnitas y a, b y c números conocidos.

EJEMPLO

1. Determina si estas ecuaciones son lineales.

a) $5x + 4 = 0$

Ecuación lineal con una incógnita.

b) $2xy - 3 = 0$

No es ecuación lineal porque tiene grado 2.

c) $-4x - 9y = 7$

Ecuación lineal con dos incógnitas.

Una **solución** de **una ecuación lineal con dos incógnitas** es cualquier par de valores, uno para cada incógnita, que hacen cierta la igualad.

Una ecuación lineal con dos incógnitas tiene infinitas soluciones, pero existen pares de valores que no son solución de la ecuación.

GEOGEBRA

EJEMPLO

2. Indica si estos valores son soluciones de la ecuación $2x + y = 5$.

a) $x = 4, y = -1$

$2x + y = 5 \xrightarrow{x = 4, y = -1} 2 \cdot 4 + (-1) = 7 \neq 5 \rightarrow$ No es solución.

b) $x = 2, y = 1$

$2x + y = 5 \xrightarrow{x = 2, y = 1} 2 \cdot 2 + 1 = 5 \rightarrow$ Es solución.

Dos **ecuaciones lineales** son **equivalentes** si tienen las mismas soluciones.

«Para obtener una ecuación equivalente a otra dada, basta con multiplicar o dividir la ecuación por un número distinto de cero.

$x + y = 6 \xrightarrow{\cdot 2} 2x + 2y = 12$

ACTIVIDADES

1 Averigua cuáles de estas ecuaciones son lineales e indica su número de incógnitas.

a) $x + y = 0$

b) $3(x - y) = 10$

c) $a^2 - 2 = 0$

d) $ab - 2a = 0$

2 Encuentra tres soluciones para cada ecuación lineal.

a) $x - y = 10$

b) $2x - 3y = 8$

3 Comprueba si $x = -1, y = 8$ es solución de estas ecuaciones.

a) $2x + y = 6$

b) $7x - y = 11$

c) $x - y = 7$

d) $x + y = 7$

4 **REFLEXIONA.** Escribe dos ecuaciones lineales con dos incógnitas cuya solución sea $x = 3, y = 2$.

Cómo se calculan soluciones de una ecuación lineal con dos incógnitas

GEOGEBRA

Para cada valor que demos a una incógnita, obtenemos un único valor para la otra.

Dado que podemos dar infinitos valores a una de las incógnitas, las ecuaciones lineales con dos incógnitas tienen infinitas soluciones.

Encuentra una solución para cada una de estas ecuaciones lineales.

a) $3x + 2y = 8$ b) $y = 4x + 5$

① Damos un valor cualquiera a una de las dos incógnitas y lo sustituimos en la ecuación.

a) Damos a x el valor 1.

$3x + 2y = 8 \xrightarrow{x=1} 3 \cdot 1 + 2y = 8 \rightarrow 3 + 2y = 8$

b) Damos a y el valor -1.

$y = 4x + 5 \xrightarrow{y=-1} -1 = 4x + 5$

② Despejamos la otra incógnita. Los valores de las dos incógnitas forman una solución de la ecuación.

a) $3 + 2y = 8 \rightarrow 2y = 8 - 3 \rightarrow 2y = 5 \rightarrow y = \frac{5}{2}$

El par $x = 1$, $y = \frac{5}{2}$ es solución de la ecuación $3x + 2y = 8$.

b) $-1 = 4x + 5 \rightarrow -1 - 5 = 4x \rightarrow -6 = 4x \rightarrow x = -\frac{6}{4} = -\frac{3}{2}$

El par $x = -\frac{3}{2}$, $y = -1$ es solución de la ecuación $y = 4x + 5$.

③ Comprobamos que la solución está bien calculada sustituyendo los valores de las incógnitas en la ecuación.

a) $3x + 2y = 8 \xrightarrow{x=1,\ y=\frac{5}{2}} 3 \cdot 1 + 2 \cdot \frac{5}{2} = 8$

$3 + 5 = 8 \rightarrow$ Es solución.

La igualdad se cumple.

b) $y = 4x + 5 \xrightarrow{x=-\frac{3}{2},\ y=-1} -1 = 4 \cdot \left(\frac{-3}{2}\right) + 5$

$-1 = -6 + 5 \rightarrow$ Es solución.

La igualdad se cumple.

ACTIVIDADES

5 Encuentra una solución para cada ecuación de manera que $x = 1$.

a) $x + y = 5$
b) $2x + y = 7$
c) $4x + 9y = 13$
d) $x = y + 9$
e) $5x = 3y + 8$
f) $9x - 2 = 5y + 2$

6 Halla una solución para cada ecuación de manera que $y = -3$.

a) $x + y = 5$
b) $2x + y = 7$
c) $x = y + 6$
d) $5x = 6y + 8$

7 Calcula una solución para cada ecuación.

a) $2x + 3y = 7$
b) $x + 5y = -1$
c) $-3x + 2y = 0$
d) $4x = -y + 6$
e) $-5x = 2y - 9$
f) $-x + 5 = 3y + 4$

8 Halla tres soluciones para cada una de las siguientes ecuaciones lineales.

a) $5x + 6y = -8$
b) $3x - 2y = 12$
c) $-2x + 5y = 30$
d) $-3x - 2y = 15$
e) $-4x + 2y = -9$
f) $5x - 5y = 25$

9 Encuentra cuatro soluciones para la ecuación $x + 2y = 8$ y represéntalas en unos ejes cartesianos. ¿Qué observas? ¿Ocurre lo mismo para cualquier ecuación?

10 ¿Cuáles de estas ecuaciones tienen como solución $x = 1$, $y = 3$?

a) $3x + y = 3$
b) $3x - y = 0$
c) $3x - \frac{y}{3} = 0$
d) $\frac{x}{3} - \frac{y}{9} = 1$

2. Sistemas de ecuaciones lineales

Dos ecuaciones lineales de las cuales se busca una solución común forman un **sistema de ecuaciones lineales.**

$$\left.\begin{aligned} ax + by &= c \\ a'x + b'y &= c' \end{aligned}\right\}$$

En un sistema de ecuaciones:

$$\left.\begin{aligned} ax + by &= c \\ a'x + b'y &= c' \end{aligned}\right\}$$

- x e y son las incógnitas o variables.
- a y a' son los coeficientes de x.
- b y b' son los coeficientes de y.

EJEMPLO

3. Averigua si son sistemas de ecuaciones lineales.

a) $\left.\begin{aligned} 3x + 2y &= 4 \\ x - 5y &= 1 \end{aligned}\right\} \rightarrow$ Es un sistema de ecuaciones lineales.

b) $\left.\begin{aligned} 3x + y^2 &= -3 \\ 2x + 7y &= 9 \end{aligned}\right\} \rightarrow$ No es un sistema de ecuaciones lineales, porque la primera ecuación es de segundo grado.

Una **solución** de un sistema de **ecuaciones lineales con dos incógnitas** es un par de números que hace ciertas las dos ecuaciones a la vez.

EJEMPLO

4. Indica si estos valores son solución del sistema $\left.\begin{aligned} x + 2y &= 7 \\ 3x - y &= 7 \end{aligned}\right\}$.

a) $x = 1, y = 3$

$\left.\begin{aligned} x + 2y &= 7 \\ 3x - y &= 7 \end{aligned}\right\} \xrightarrow{x = 1,\, y = 3} \left.\begin{aligned} 1 + 2\cdot 3 &= 7 \\ 3\cdot 1 - 3 &\neq 7 \end{aligned}\right\} \rightarrow$ No es solución. La segunda ecuación no se cumple.

b) $x = 3, y = 2$

$\left.\begin{aligned} x + 2y &= 7 \\ 3x - y &= 7 \end{aligned}\right\} \xrightarrow{x = 3,\, y = 2} \left.\begin{aligned} 3 + 2\cdot 2 &= 7 \\ 3\cdot 3 - 2 &= 7 \end{aligned}\right\} \rightarrow$ Es solución.

c) $x = 0, y = -7$

$\left.\begin{aligned} x + 2y &= 7 \\ 3x - y &= 7 \end{aligned}\right\} \xrightarrow{x = 0,\, y = -7} \left.\begin{aligned} 0 + 2\cdot(-7) &\neq 7 \\ 3\cdot 0 - (-7) &= 7 \end{aligned}\right\} \rightarrow$ No es solución. La primera ecuación no se cumple.

RETO

Averigua el valor de a y b para que la solución de este sistema sea $x = 1$ e $y = -2$.

$$\left.\begin{aligned} -ax + 2y &= -7 \\ 5x + by &= -3 \end{aligned}\right\}$$

ACTIVIDADES

11 Determina si son sistemas lineales.

a) $\left.\begin{aligned} -x - y^3 &= 2 \\ 4x + y &= 5 \end{aligned}\right\}$ b) $\left.\begin{aligned} -5x &= 2y - 2 \\ 3x + 5y &= 8 \end{aligned}\right\}$

12 Comprueba si $x = 1$ e $y = -1$ es solución de este sistema.

$$\left.\begin{aligned} -2x - 3y &= 5 \\ x + y &= 0 \end{aligned}\right\}$$

13 Dados los valores numéricos $x = 0$ e $y = 3$, di si son solución de este sistema.

$$\left.\begin{aligned} 2x + y &= 3 \\ x + 5y &= 15 \end{aligned}\right\}$$

14 **REFLEXIONA.** Si en el sistema $\left.\begin{aligned} 3x - 2y &= 2 \\ 4x + 3y &= -3 \end{aligned}\right\}$ la incógnita x toma el valor 0, ¿qué valor tendrá que tomar y para que ambos formen la solución?

3. Resolución de sistemas de ecuaciones

Resolver un sistema de ecuaciones lineales es encontrar su solución.

EJEMPLO

GEOGEBRA

5. Resuelve el siguiente sistema: $\left.\begin{array}{r} 2x + y = 3 \\ x = -2y \end{array}\right\}$.

Para resolver este sistema hay que encontrar los pares de valores que verifiquen las dos ecuaciones.

Una forma consiste en construir una tabla de valores para cada una de las ecuaciones. Se trata de despejar una incógnita y dar valores a la otra.

- En la primera ecuación despejamos y. Después, damos valores a x y hallamos los valores de y correspondientes.

$2x + y = 3 \rightarrow y = 3 - 2x$

x	-3	-2	-1	0	1	2	3	…
y	9	7	5	3	1	-1	-3	…

Recuerda que las ecuaciones lineales con dos incógnitas tienen infinitas soluciones.

- En la segunda ecuación ya está despejada x; por tanto, damos valores a y y hallamos los valores de x correspondientes.

$x = -2y$

x	6	4	2	0	-2	-4	-6	…
y	-3	-2	-1	0	1	2	3	…

El único par de valores que se repite en las dos tablas es $x = 2, y = -1$.

Decimos que el par de valores $x = 2, y = -1$ es solución del sistema, ya que verifica las dos ecuaciones a la vez.

«Cuando despejamos una incógnita en una ecuación es conveniente despejar una incógnita que tenga como coeficiente 1 o −1, y así evitar trabajar con denominadores.

$x + 2y = 0 \rightarrow x = -2y$

RETO

Un sistema de ecuaciones, ¿tiene siempre solución? ¿Puede tener más de una solución?

ACTIVIDADES

15 Si en el sistema $\left.\begin{array}{r} x + y = 3 \\ 2x + y = 5 \end{array}\right\}$ la x toma estos valores, ¿qué valores tendrá y en cada ecuación? ¿Cuál es la solución del sistema?

a) $x = 1$
b) $x - 3$
c) $x = 2$
d) $x = -2$
e) $x = -1$
f) $x = 0$

16 Si en el sistema $\left.\begin{array}{r} x + 3y = 0 \\ 3x - 2y = 11 \end{array}\right\}$ la incógnita y toma estos valores, ¿qué valores tendrá x en cada ecuación? ¿Cuál es la solución del sistema?

a) $y = 1$
b) $y = -2$
c) $y = -1$
d) $y = 2$
e) $y = 0$
f) $y = 3$

17 Resuelve estos sistemas mediante tablas.

a) $\left.\begin{array}{r} x + y = 12 \\ x + 2y = 10 \end{array}\right\}$

b) $\left.\begin{array}{r} x + y = 0 \\ 3x - y = 4 \end{array}\right\}$

c) $\left.\begin{array}{r} x - y = 1 \\ x + y = 5 \end{array}\right\}$

d) $\left.\begin{array}{r} x - y = 4 \\ 2x + y = 2 \end{array}\right\}$

18 **REFLEXIONA.** La solución del sistema $\left.\begin{array}{r} x + y = -2 \\ 2x - y = 5 \end{array}\right\}$ es $x = 1, y = -3$.

Escribe dos sistemas con la misma solución y que compartan con él una de las ecuaciones. ¿Existe un sistema con esa solución y las dos ecuaciones distintas?

4. Métodos de resolución de sistemas

Para resolver sistemas de ecuaciones se utilizan distintas técnicas denominadas métodos de resolución.

4.1. Método de sustitución

Para resolver un sistema por el **método de sustitución**, se despeja una incógnita en una de las ecuaciones y se sustituye su expresión en la otra.

El método de sustitución es útil si alguna de las incógnitas tiene como coeficiente 1 o −1.

EJEMPLO

6. Resuelve este sistema por el método de sustitución.

$$\left.\begin{array}{r} x + 2y = -1 \\ 2x - y = 3 \end{array}\right\}$$

1.º Despejamos una incógnita en una de las ecuaciones. Es conveniente despejar una con coeficiente 1 o −1, para evitar denominadores.

En este caso, despejamos x de la primera ecuación.

$$\left.\begin{array}{r} x + 2y = -1 \\ 2x - y = 3 \end{array}\right\} \rightarrow \left.\begin{array}{r} x = -1 - 2y \\ 2x - y = 3 \end{array}\right\}$$

2.º Sustituimos la expresión obtenida en la otra ecuación.

$$2x - y = 3 \xrightarrow{x=-1-2y} 2 \cdot (-1 - 2y) - y = 3$$

3.º Resolvemos la ecuación que resulta con una incógnita.

$$2(-1 - 2y) - y = 3 \rightarrow -2 - 4y - y = 3 \rightarrow -5y = 3 + 2 \rightarrow$$
$$\rightarrow -5y = 5 \rightarrow y = \frac{5}{-5} = -1$$

4.º Calculamos el valor de la otra incógnita, sustituyendo el valor obtenido en la ecuación despejada.

$$x = -1 - 2y \xrightarrow{y=-1} x = -1 - 2 \cdot (-1) = 1$$

El sistema tiene como solución $x = 1$, $y = -1$.

5.º Comprobamos que la solución obtenida es solución del sistema.

$$\left.\begin{array}{r} x + 2y = -1 \\ 2x - y = 3 \end{array}\right\} \xrightarrow{x=1,\, y=-1} \left.\begin{array}{r} 1 + 2 \cdot (-1) = -1 \\ 2 \cdot 1 - (-1) = 3 \end{array}\right\} \rightarrow \left.\begin{array}{r} -1 = -1 \\ 3 = 3 \end{array}\right\}$$

Son identidades; por tanto, $x = 2$, $y = 1$ es la solución del sistema.

RETO

Resuelve, si puedes.

$$\left.\begin{array}{r} x - 2y = 1 + x \\ y - x = 3 + y \end{array}\right\}$$

ACTIVIDADES

19 Resuelve los sistemas de ecuaciones lineales por el método de sustitución.

a) $\left.\begin{array}{r} x + y = 12 \\ x - y = 2 \end{array}\right\}$ b) $\left.\begin{array}{r} x + y = 5 \\ -x + 2y = -2 \end{array}\right\}$

20 Resuelve estos sistemas por el método de sustitución.

a) $\left.\begin{array}{r} x - (y + 1) = 3 \\ y + (x + 2) = 4 \end{array}\right\}$ b) $\left.\begin{array}{r} 10(x - 2) + y = 1 \\ x + 3(x - y) = 5 \end{array}\right\}$

21 **REFLEXIONA.** Corrige los errores cometidos al resolver el sistema.

$$\left.\begin{array}{r} 5x - y = 1 \\ 2x + 4y = -1 \end{array}\right\} \rightarrow x = (1 - y) \cdot 5$$

$$2x + 4y = -1 \xrightarrow{x=(1-y)\cdot 5} 2(1 - y) \cdot 5 + 4y = -1 \rightarrow$$
$$\rightarrow 2 - 2y + 4y = -1 \rightarrow 2y = -3 \rightarrow y = -5$$
$$x = (1 - y) \cdot 5 \xrightarrow{y=-5} x = (1 - (-5)) \cdot 5 \rightarrow x = 30$$

4.2. Método de igualación

Para resolver un sistema por el **método de igualación**, se despeja la misma incógnita en las dos ecuaciones y después se igualan las expresiones obtenidas.

EJEMPLO

7. Resuelve este sistema por el método de igualación.

$$\left.\begin{aligned} x - y &= -1 \\ 3x - 2y &= 1 \end{aligned}\right\}$$

1.º Despejamos una de las incógnitas en ambas ecuaciones.
Es conveniente elegir la incógnita que al despejar nos dé la expresión más sencilla. En este caso, despejamos x.

$$\left.\begin{aligned} x - y &= -1 \\ 3x - 2y &= 1 \end{aligned}\right\} \begin{aligned} &\rightarrow x = -1 + y \\ &\rightarrow x = \frac{1+2y}{3} \end{aligned}$$

2.º Igualamos las dos expresiones obtenidas.

$$-1 + y = \frac{1+2y}{3}$$

3.º Resolvemos la ecuación de primer grado que resulta.

$$3(-1 + y) = 1 + 2y \rightarrow -3 + 3y = 1 + 2y$$
$$\rightarrow 3y - 2y = 1 + 3 \rightarrow y = 4$$

4.º Calculamos el valor de la otra incógnita, sustituyendo el valor obtenido en cualquiera de las dos ecuaciones.

Hallamos x sustituyendo y por su valor, 4, en la primera ecuación.

$$x = -1 + y \xrightarrow{y=4} x = -1 + 4 = 3$$

El sistema tiene como solución $x = 3$, $y = 4$.

5.º Comprobamos que la solución obtenida es solución del sistema.

$$\left.\begin{aligned} x - y &= -1 \\ 3x - 2y &= 1 \end{aligned}\right\} \xrightarrow{x=3,\, y=4} \left.\begin{aligned} 3 - 4 &= -1 \\ 3 \cdot 3 - 2 \cdot 4 &= 1 \end{aligned}\right\} \rightarrow \left.\begin{aligned} -1 &= -1 \\ 1 &= 1 \end{aligned}\right\}$$

Son identidades; por tanto, $x = 3$, $y = 4$ es la solución del sistema.

Si los coeficientes son distintos de 1 o −1, conviene utilizar el método de igualación.

Para resolver una ecuación con un solo denominador, se pueden multiplicar los términos de la ecuación por el denominador.

$$-1 + y = \frac{1+2y}{3}$$
$$\downarrow$$
$$3 \cdot (-1 + y) = \cancel{3} \cdot \frac{1+2y}{\cancel{3}}$$
$$\downarrow$$
$$3 \cdot (-1 + y) = 1 + 2y$$

ACTIVIDADES

22 Resuelve por el método de igualación.

a) $\left.\begin{aligned} x + y &= 12 \\ x - y &= 2 \end{aligned}\right\}$

b) $\left.\begin{aligned} x + y &= 5 \\ -x + 2y &= -2 \end{aligned}\right\}$

23 Resuelve por los métodos de igualación y sustitución, y comprueba que coinciden las soluciones.

a) $\left.\begin{aligned} 2x - 3y &= 7 \\ 3x + 9y &= -3 \end{aligned}\right\}$

b) $\left.\begin{aligned} -4x + 3y &= -7 \\ 2x + 5y &= 7 \end{aligned}\right\}$

24 **REFLEXIONA.** Corrige los errores cometidos en la resolución del sistema.

$$\left.\begin{aligned} x + y &= 7 \\ 4x - y &= 3 \end{aligned}\right\} \left.\begin{aligned} &\rightarrow x = 7 - y \\ &\rightarrow x = 3 + \frac{y}{4} \end{aligned}\right\} \rightarrow 7 - y = 3 + \frac{y}{4} \rightarrow$$

$$\rightarrow 4 \cdot (7 - y) = 4 \cdot \left(3 + \frac{y}{4}\right) \rightarrow 28 - 4y = 12 + 4y \rightarrow$$
$$\rightarrow -8y = 40 \rightarrow y = 5$$

$$x = 7 - y \xrightarrow{y=5} x = 7 - 5 = 2$$

4.3. Método de reducción

Para resolver un sistema por el **método de reducción**, se busca otro sistema equivalente en el que los coeficientes de una de las incógnitas sean iguales u opuestos. Luego se suman o se restan las ecuaciones.

Si los coeficientes de una de las incógnitas son iguales, opuestos o uno es múltiplo del otro, resulta sencillo utilizar el método de reducción.

Para restar dos ecuaciones, se suma a la primera ecuación la opuesta de la segunda, que se obtiene cambiando de signo todos sus términos.

$$-5x + 3y = 9 \xrightarrow{\text{Opuesta}} 5x - 3y = -9$$

EJEMPLO

8. Resuelve este sistema por el método de reducción.

$$\left.\begin{array}{r} 8x + 3y = 9 \\ 12x + 5y = 35 \end{array}\right\}$$

1.º Calculamos el mínimo común múltiplo de los coeficientes de una de las incógnitas. Dividimos el mínimo común múltiplo entre cada coeficiente y multiplicamos cada ecuación por el resultado.

$$\text{m.c.m.}(8, 12) = 24$$

$$\frac{\text{m.c.m.}}{\text{coeficiente}} = \frac{24}{8} = 3 \qquad \frac{\text{m.c.m.}}{\text{coeficiente}} = \frac{24}{12} = 2$$

$$\left.\begin{array}{r} 8x + 3y = 9 \\ 12x + 5y = 35 \end{array}\right\} \begin{array}{c} \xrightarrow{\cdot 3} \\ \xrightarrow{\cdot 2} \end{array} \left.\begin{array}{r} 24x + 9y = 27 \\ 24x + 10y = 70 \end{array}\right\}$$

2.º Sumamos o restamos las ecuaciones, según los coeficientes tengan igual o distinto signo, respectivamente, para eliminar una incógnita.

$$\left.\begin{array}{r} 24x + 9y = 27 \\ 24x + 10y = 70 \end{array}\right\} \rightarrow - \left.\begin{array}{r} \cancel{24x} + 9y = 27 \\ \cancel{24x} + 10y = 70 \end{array}\right\}$$
$$-y = -43$$

3.º Resolvemos la ecuación de primer grado resultante.

$$-y = -43 \rightarrow y = 43$$

4.º Calculamos el valor de la otra incógnita, sustituyendo el valor obtenido en cualquiera de las dos ecuaciones.

$$8x + 3y = 9 \xrightarrow{y=43} 8x + 3 \cdot 43 = 9 \rightarrow x = \frac{-120}{8} = -15$$

5.º Comprobamos que la solución obtenida es solución del sistema.

$$\left.\begin{array}{r} 8x + 3y = 9 \\ 12x + 5y = 35 \end{array}\right\} \xrightarrow{x=-15,\, y=43} \left.\begin{array}{r} 8 \cdot (-15) + 3 \cdot 43 = 9 \\ 12 \cdot (-15) + 5 \cdot 43 = 35 \end{array}\right\} \rightarrow \left.\begin{array}{r} 9 = 9 \\ 35 = 35 \end{array}\right\}$$

Son identidades; por tanto, $x = -15$, $y = 43$ es la solución del sistema.

ACTIVIDADES

25 Resuelve por el método de reducción.

a) $\left.\begin{array}{r} x + y = 12 \\ x - y = 2 \end{array}\right\}$

b) $\left.\begin{array}{r} x + y = 5 \\ -x + 2y = -2 \end{array}\right\}$

26 Resuelve por el método de reducción.

a) $\left.\begin{array}{r} 3x + 5y = 20 \\ 7x + 4y = 39 \end{array}\right\}$

b) $\left.\begin{array}{r} 2x + \dfrac{y}{3} = 5 \\ 3x - 2y = 0 \end{array}\right\}$

27 **REFLEXIONA.** Corrige los errores cometidos.

$$\left.\begin{array}{r} x + y = 0 \\ 3x - 2y = -4 \end{array}\right\} \xrightarrow{\cdot 3} \left.\begin{array}{r} 3x + 3y = 3 \\ 3x - 2y = -4 \end{array}\right\}$$

$$- \left.\begin{array}{r} 3x + 3y = 3 \\ 3x + 2y = -4 \end{array}\right\}$$
$$5y = 7 \rightarrow y = \frac{7}{5}$$

$$x + y = 0 \xrightarrow{y=\frac{7}{5}} x + \frac{7}{5} = 0 \rightarrow x = -\frac{7}{5}$$

Cómo se resuelve un sistema de ecuaciones lineales

Todos los sistemas lineales se pueden resolver por cualquiera de los métodos que hemos visto (sustitución, igualación o reducción).

La elección del método depende del tipo de ecuaciones que lo compongan.

Resuelve este sistema por el método más adecuado.

$$\left.\begin{aligned} 5x + 6y - 9 &= 4y + 2x - 10 \\ 5x - 2y - 10 &= 3y + 9 - 4x \end{aligned}\right\}$$

① **Expresamos las dos ecuaciones del sistema en su forma general $ax + by = c$.**

$$\left.\begin{aligned} 5x + 6y - 9 &= 4y + 2x - 10 \\ 5x - 2y - 10 &= 3y + 9 - 4x \end{aligned}\right\} \rightarrow \left.\begin{aligned} 5x - 2x + 6y - 4y &= -10 + 9 \\ 5x + 4x - 2y - 3y &= 9 + 10 \end{aligned}\right\} \rightarrow \left.\begin{aligned} 3x + 2y &= -1 \\ 9x - 5y &= 19 \end{aligned}\right\}$$

② **Elegimos el método de resolución más adecuado.**

- Sustitución, si alguna de las incógnitas tiene como coeficiente 1 o −1.
- Reducción, si los coeficientes son iguales, opuestos o uno es múltiplo del otro.
- Igualación, en el resto de los casos.

En este caso usaremos el método de reducción porque el coeficiente de x de la segunda ecuación es múltiplo del de la primera ecuación.

Multiplicamos la primera ecuación por −3 para que los coeficientes de x sean opuestos.

$$\left.\begin{aligned} 3x + 2y &= -1 \\ 9x - 5y &= 19 \end{aligned}\right\} \xrightarrow{\cdot(-3)} + \left.\begin{aligned} -9x - 6y &= 3 \\ 9x - 5y &= 19 \end{aligned}\right\}$$

$$-11y = 22 \rightarrow y = -\frac{22}{11} = -2$$

Calculamos el valor de x sustituyendo el valor de y en una de las ecuaciones.

$$9x - 5y = 19 \xrightarrow{y=-2} 9x - 5\cdot(-2) = 19$$

$$\rightarrow 9x + 10 = 19 \rightarrow 9x = 19 - 10 = 9 \rightarrow x = 1$$

La solución es $x = 1$, $y = -2$.

ACTIVIDADES

28 Resuelve estos sistemas por los métodos de sustitución, igualación y reducción, y comprueba que coincide la solución.

a) $\left.\begin{aligned} x + 3y &= 5 \\ -x - y &= -3 \end{aligned}\right\}$

b) $\left.\begin{aligned} 2x - 3y &= -25 \\ 12x - 3y &= 75 \end{aligned}\right\}$

c) $\left.\begin{aligned} 2x - 5y &= 4 \\ 3x + 2y &= 6 \end{aligned}\right\}$

d) $\left.\begin{aligned} x + 5y &= 5 \\ -2x - y &= -1 \end{aligned}\right\}$

29 Resuelve por el método más adecuado.

a) $\left.\begin{aligned} x + y &= 2 \\ x - y &= 6 \end{aligned}\right\}$

b) $\left.\begin{aligned} 2x + 3y &= 4 \\ 2x - 3y &= 4 \end{aligned}\right\}$

c) $\left.\begin{aligned} x + 2y &= 5 \\ 2x + 5y &= 11 \end{aligned}\right\}$

d) $\left.\begin{aligned} x + \frac{3}{2}y &= 4 \\ x + 2y &= 3 \end{aligned}\right\}$

e) $\left.\begin{aligned} x + y &= 9 \\ 20x - 3y &= -4 \end{aligned}\right\}$

f) $\left.\begin{aligned} 2x - 3y &= -25 \\ 12x - 3y &= 75 \end{aligned}\right\}$

g) $\left.\begin{aligned} x + 2y &= 5 \\ 2x + y &= 7 \end{aligned}\right\}$

h) $\left.\begin{aligned} 5x - \frac{y}{2} &= 4 \\ -9x + 5y &= 1 \end{aligned}\right\}$

30 Resuelve estos sistemas de ecuaciones.

a) $\left.\begin{aligned} 5x + 2y + 4 &= y + 2x + 8 \\ -4x - y - 10 &= x - 2y + 10 \end{aligned}\right\}$

b) $\left.\begin{aligned} 3x + y - 8 &= 6 - y - 2x \\ 6x - 2y - 5 &= -x + 2y + 1 \end{aligned}\right\}$

31 Escribe un sistema de ecuaciones que sea conveniente resolver por sustitución y cuya solución sea $x = 2$, $y = -3$.

32 Escribe un sistema de ecuaciones que sea adecuado resolver por igualación y cuya solución sea $x = -1$, $y = -2$.

33 Escribe un sistema de ecuaciones que sea fácil para resolverlo por reducción y cuya solución sea $x = 5$, $y = 0$.

5. Resolución de problemas mediante sistemas de ecuaciones

Para resolver un problema mediante un sistema de ecuaciones, traducimos al lenguaje algebraico el enunciado del problema y, después, hallamos la solución mediante la resolución del sistema.

EJEMPLOS

9. Plantea el siguiente problema.

Hemos comprado 2 barras de pan y 2 botellas de agua pagando 5 €. Ayer, en la misma tienda, compramos 3 barras de pan y 4 botellas de agua por 9 €. ¿Cuál es el precio de cada artículo?

Lo que sabemos	Lo que no sabemos
	Precio de una barra de pan. Precio de una botella de agua.

Precio de una barra de pan: x.

Precio de una botella de agua: y.

2 barras de pan y 2 botellas de agua cuestan 5 €: $2x + 2y = 5$

3 barras de pan y 4 botellas de agua cuestan 9 €: $3x + 4y = 9$

$\rightarrow$ El sistema obtenido es $\left.\begin{matrix} 2x + 2y = 5 \\ 3x + 4y = 9 \end{matrix}\right\}$.

10. Plantea el siguiente problema.

En un almacén de materiales deben enviar a una obra 20 sacos de cemento y 30 de arena, que pesan en total 700 kg. Para otra obra preparan 10 sacos de cemento y 20 de arena, que pesan 650 kg. ¿Cuánto pesa un saco de cemento? ¿Y uno de arena?

Lo que sabemos	Lo que no sabemos
	Peso de un saco de cemento. Peso de un saco de arena.

Peso de un saco de cemento: x.

Peso de un saco de arena: y.

20 sacos de cemento y 30 de arena pesan 700 kg: $20x + 30y = 700$

10 sacos de cemento y 20 de arena pesan 650 kg: $10x + 20y = 650$

$\rightarrow$ El sistema obtenido es $\left.\begin{matrix} 20x + 30y = 700 \\ 10x + 20y = 650 \end{matrix}\right\}$.

ACTIVIDADES

34 Plantea sistemas de ecuaciones lineales que resuelvan cada problema.

a) La suma de dos números es 14 y su diferencia es 4.

b) La suma de dos números es 21 y la suma del doble del primero más el triple del segundo es 56.

35 Plantea como se reparten 60 € entre dos personas para que una obtenga el doble de dinero que la otra.

36 **REFLEXIONA.** En una granja hay 100 animales, entre conejos y gallinas. Las patas de estos animales suman en total 260. Determina cuántos conejos y gallinas hay.

Cómo se resuelven problemas utilizando sistemas de ecuaciones

Es importante comprobar que la solución del sistema tiene sentido en la situación real que estamos resolviendo.

Un empleado de un almacén cobra 6 € por cada hora trabajada en horario diurno y 9 € por cada hora que trabaja en horario nocturno. Si al final del mes ha cobrado 840 € por trabajar 120 horas, ¿cuántas horas ha trabajado en cada turno?

① **Identificamos las incógnitas.**

Lo que sabemos	Lo que no sabemos
Cada hora del turno de día cobra 6 €. Cada hora del turno de noche cobra 9 €. Ha ganado 840 €. Ha trabajado 120 h.	N.º de horas trabajadas de día. N.º de horas trabajadas de noche.

N.º de horas trabajadas de día: x.
N.º de horas trabajadas de noche: y.

② **Planteamos el sistema.**

Cobra 6 € por cada hora trabajada de día. → Salario cobrado por las horas diurnas: $6x$.

Cobra 9 € por cada hora trabajada de noche. → Salario cobrado por las horas nocturnas: $9y$.

$$\left.\begin{array}{l}\text{Ha cobrado 840 €: } 6x+9y=840\\ \text{Ha trabajado 120 h: } x+y=120\end{array}\right. \rightarrow \text{El sistema obtenido es } \left.\begin{array}{r}6x+9y=840\\ x+y=120\end{array}\right\}.$$

③ **Resolvemos el sistema.**

$$\left.\begin{array}{r}6x+9y=840\\ x+y=120\end{array}\right\} \xrightarrow{\cdot(-6)} \left.\begin{array}{r}6x+9y=840\\ -6x-6y=-720\end{array}\right\} \rightarrow + \left.\begin{array}{r}\not{6x}+9y=840\\ \not{-6x}-6y=-720\end{array}\right\}$$

$$3y=120 \rightarrow y=\frac{120}{3}=40$$

Utilizamos el método de reducción.

$$x+y=120 \xrightarrow{y=40} x+40=120 \rightarrow x=120-40 \rightarrow x=80$$

Calculamos el valor de x.

④ **Comprobamos e interpretamos la solución.**

$$\left.\begin{array}{r}6x+9y=840\\ x+y=120\end{array}\right\} \xrightarrow{x=80,\ y=40} \left.\begin{array}{r}6\cdot 80+9\cdot 40=840\\ 80+40=120\end{array}\right\} \rightarrow \left.\begin{array}{r}840=840\\ 120=120\end{array}\right\}$$

Obtenemos dos igualdades. La solución es válida.

Ha trabajado 80 horas en el horario diurno y 40 horas en el nocturno.

ACTIVIDADES

37 A partir de la nota de la camarera, calcula el precio del batido y del zumo.

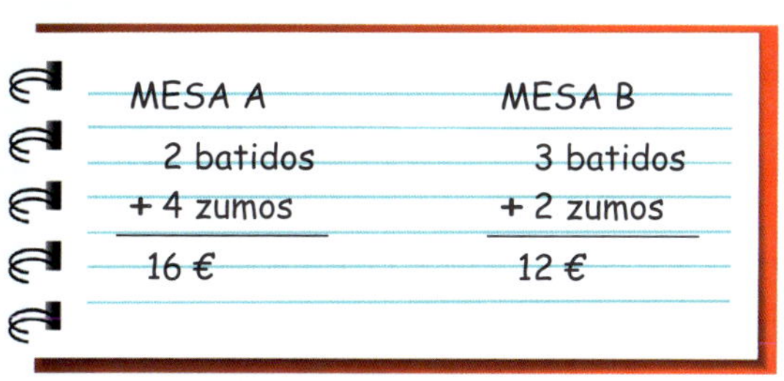

38 Un hotel tiene 23 habitaciones entre dobles y triples. Ahora están todas las habitaciones completas y hay 49 personas alojadas. ¿Cuántas habitaciones son de cada tipo?

39 En un aparcamiento hay 120 vehículos entre coches y motos. Si se van 40 coches, el número de coches y el número de motos es el mismo. ¿Cuántos coches hay? ¿Y motos?

1. Resuelve sistemas de ecuaciones e interpreta el resultado obtenido

ACTIVIDADES FLASH

40 Dada la ecuación $3x - 4y = 10$, determina cuál de los siguientes pares de valores es solución de ella.

a) $x = -1,\ y = 2$
b) $x = 4,\ y = -2$
c) $x = 2,\ y = -1$
d) $x = 6,\ y = -12$

41 Halla tres soluciones para cada una de las siguientes ecuaciones lineales.

a) $x + y = 4$
b) $2x - y = 5$
c) $7x + y = 20$
d) $2x + 3y = 10$

42 **INVENTA.** Escribe tres ecuaciones lineales con dos incógnitas que tengan como solución $x = 2, y = -1$.

43 Completa en tu cuaderno los huecos para que $x = 1$, $y = -1$ sea solución de cada ecuación lineal.

a) $\square x + 2y = 4$
b) $5x + \square y = -2$
c) $\square x - 5y = 10$
d) $3x - 9y = \square$

44 Razona cuáles de estas afirmaciones son ciertas.

a) Una ecuación lineal con dos incógnitas tiene infinitas soluciones.
b) Hay infinitas ecuaciones lineales con dos incógnitas que tienen como solución $x = 1, y = -3$.
c) Una ecuación lineal con dos incógnitas puede tener grado 2.
d) Una solución de una ecuación lineal con dos incógnitas es también solución de su ecuación opuesta.

45 Expresa mediante una ecuación lineal con dos incógnitas estos enunciados, e indica qué representan las incógnitas.

a) La suma de dos números es 15.
b) La mitad de un número más el doble de otro es 52.
c) La diferencia entre las edades de un padre y un hijo es 28 años.
d) He recorrido 20 km más que tú.
e) Tengo 16,50 € en monedas de 1 € y 50 céntimos.
f) El precio de 2 kg de naranjas y 3 kg de manzanas es 5,80 €.

¿Cuántas soluciones tiene cada ecuación? Da una solución para cada una.

46 **RETO.** Busca tres soluciones de la ecuación $a + \sqrt{2}b = 2$. ¿Es una ecuación lineal?

Sistemas de ecuaciones lineales

47 Comprueba si los valores $x = -2, y = 1$ son solución de estos sistemas de ecuaciones.

a) $\left.\begin{array}{r} x + y = -1 \\ -x - y = 1 \end{array}\right\}$
b) $\left.\begin{array}{r} 2x - 3y = -7 \\ x + 5y = 3 \end{array}\right\}$
c) $\left.\begin{array}{r} 2x - y = 4 \\ -2x + y = -4 \end{array}\right\}$
d) $\left.\begin{array}{r} 3x - y = -5 \\ -x + 2y = 6 \end{array}\right\}$

48 **INVENTA.** Escribe en cada caso una ecuación lineal que forme un sistema con $x + y = 10$ y cuya solución sea la indicada.

a) $x = 1, y = 9$
b) $x = 3, y = 7$
c) $x = -2, y = 12$
d) $x = 10, y = 0$

49 **INVENTA.** Escribe un sistema de ecuaciones lineales cuya solución sea:

a) $x = 3, y = 4$.
b) $x = -2, y = 5$.
c) $x = -4, y = 0{,}5$.
d) $x = 6, y = 0$.

CÁLCULO MENTAL

50 Escribe qué valores deben tomar a y b en cada caso para que la solución del sistema sea la indicada.

$$\left.\begin{array}{r} ax + y = 6 \\ 3x + by = 9 \end{array}\right\}$$

a) $x = 1, y = -1$
b) $x = 3, y = 0$
c) $x = -2, y = 10$
d) $x = -4, y = 2$

51 **JUEGO.** Partimos de la ecuación $x - y = 1$. En la primera ronda, un participante escribe otra ecuación para que el sistema que forman tenga una solución en la que $x = 1$. En la segunda ronda, y partiendo de la última ecuación, otro participante escribe otra ecuación para que el sistema tenga una solución en la que $x = 2$, y así sucesivamente. Pierde el primer participante que no diga una ecuación que cumpla las características anteriores.

52 Resuelve estos sistemas de ecuaciones lineales utilizando el método de sustitución.

a) $\left.\begin{array}{r} x = 3y + 2 \\ 2x - 5y = 5 \end{array}\right\}$
b) $\left.\begin{array}{r} 4x + y = 6 \\ -x - y = 0 \end{array}\right\}$

53 Resuelve estos sistemas por igualación.

a) $\left.\begin{array}{r} 3x + 2y = 7 \\ 4x - 3y = 15 \end{array}\right\}$
b) $\left.\begin{array}{r} x + y = 13 \\ 2x - 5y = -23 \end{array}\right\}$

54 Resuelve por el método de reducción.

a) $\left.\begin{array}{r} x + 3y = 4 \\ 2x - 3y = -1 \end{array}\right\}$
b) $\left.\begin{array}{r} x + 4y = 9 \\ 3x - 6y = 9 \end{array}\right\}$

55 Dado el sistema $\left.\begin{array}{r}4x + 2y = 10\\ 7x - 6y = -4\end{array}\right\}$, escribe un sistema equivalente a él cuyos:

a) Coeficientes de y sean iguales.

b) Coeficientes de x sean opuestos.

c) Términos independientes sean iguales.

56 Encuentra el trabalenguas calculando la solución de cada sistema y localizándolas en el sistema de coordenadas.

abc acca dbccac

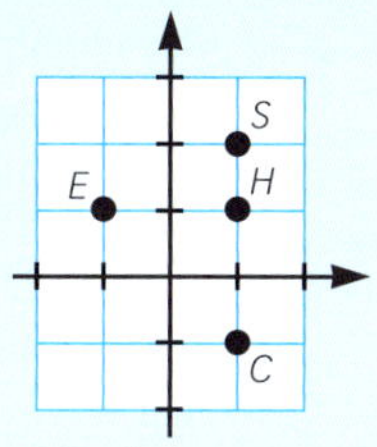

a) $\left.\begin{array}{r}5x - 2y = 1\\ x + 3y = 7\end{array}\right\}$ c) $\left.\begin{array}{r}6x + 2y = -4\\ -3x + 4y = 7\end{array}\right\}$

b) $\left.\begin{array}{r}3x + y = 4\\ 6x - y = 5\end{array}\right\}$ d) $\left.\begin{array}{r}x - 3y = 4\\ 5x - 2y = 7\end{array}\right\}$

Cómo se resuelve un sistema de ecuaciones con paréntesis y denominadores

GEOGEBRA

57 Resuelve este sistema.

$$\left.\begin{array}{r}4(x-1) + 2(y+2) = 30\\ \dfrac{x+1}{2} = \dfrac{y+9}{5} + 2\end{array}\right\}$$

PRIMERO. Se eliminan los paréntesis aplicando la propiedad distributiva y los denominadores multiplicando la ecuación por el m.c.m. de todos ellos.

$$\left.\begin{array}{r}4(x-1) + 2(y+2) = 30\\ \dfrac{x+1}{2} = \dfrac{y+9}{5} + 2\end{array}\right\} \rightarrow$$

$$\rightarrow \left.\begin{array}{r}4x - 4 + 2y + 4 = 30\\ \dfrac{x+1}{2} = \dfrac{y+9}{5} + 2\end{array}\right\} \rightarrow$$

$$\rightarrow \left.\begin{array}{r}4x + 2y = 30\\ 10 \cdot \dfrac{x+1}{2} = 10 \cdot \dfrac{y+9}{5} + 10 \cdot 2\end{array}\right\} \rightarrow$$

$$\rightarrow \left.\begin{array}{r}4x + 2y = 30\\ 5(x+1) = 2(y+9) + 20\end{array}\right\} \rightarrow$$

$$\rightarrow \left.\begin{array}{r}4x + 2y = 30\\ 5x + 5 = 2y + 18 + 20\end{array}\right\} \rightarrow \left.\begin{array}{r}4x + 2y = 30\\ 5x - 2y = 33\end{array}\right\}$$

SEGUNDO. Se resuelve el sistema obtenido. En este caso, basta con sumar las dos ecuaciones.

$9x = 63 \rightarrow x = 7$

$4x + 2y = 30 \xrightarrow{x=7} 28 + 2y = 30 \rightarrow y = 1$

La solución es $x = 7$, $y = 1$.

58 Halla la solución de estos sistemas.

a) $\left.\begin{array}{r}-2(x+y) = 12\\ 5(x+1) - 4(y+3) = 17\end{array}\right\}$ c) $\left.\begin{array}{r}\dfrac{x}{3} - \dfrac{y}{2} = -1\\ 2(3x - y) = 10\end{array}\right\}$

b) $\left.\begin{array}{r}\dfrac{x+y}{5} + \dfrac{x-y}{3} = 4\\ -(x - 2y) = 3\end{array}\right\}$ d) $\left.\begin{array}{r}\dfrac{x}{8} - \dfrac{3y}{2} = -5\\ \dfrac{y}{4} + \dfrac{9x}{3} = 25\end{array}\right\}$

59 Resuelve estos sistemas.

a) $\left.\begin{array}{r}3(x-1) + 4(y+5) = 10\\ \dfrac{x+1}{2} = \dfrac{y+7}{6} - 1\end{array}\right\}$

b) $\left.\begin{array}{r}4(x-1) = 3(y-1) + 5\\ \dfrac{5x+1}{2} - \dfrac{9y+6}{4} = 2\end{array}\right\}$

c) $\left.\begin{array}{r}5(x-1) - 4(y-2) = 37\\ \dfrac{2(x-1)}{5} = \dfrac{6(y+1)}{10} + 2\end{array}\right\}$

d) $\left.\begin{array}{r}\dfrac{x}{4} + \dfrac{y}{6} = 0\\ \dfrac{2(x+1)}{5} = \dfrac{y+3}{3} + 3\end{array}\right\}$

60 Calcula el valor de x e y para que esto sea un cuadrado mágico, es decir, para que la suma de las filas, columnas y diagonales coincida.

$x + y$	$2y - 2$	$x - y$
$3x - 4$	$x + y - 1$	$x + 4y$
$y - x$	$2x$	y

61 **INVESTIGA.** Escribe una ecuación lineal con dos incógnitas de la forma $ax + by = c$, con a, b y c distintos de 0 y $a \neq b$. A continuación, escribe la otra ecuación que se pide y resuelve el sistema resultante.

a) Escribe otra ecuación cambiando solo los coeficientes a y b.

b) Escribe otra ecuación equivalente a ella.

¿Qué observas en cada caso? ¿Pasa lo mismo con otras ecuaciones del mismo tipo?

62 **INVESTIGA.** Determina cuál es el método más adecuado para resolver cada uno de estos sistemas y calcula su solución. En los tres sistemas, a y b son distintos de 0 y distintos entre sí.

a) $\left.\begin{array}{r}x = ay\\ x = by\end{array}\right\}$ b) $\left.\begin{array}{r}ax + y = 0\\ bx + y = 0\end{array}\right\}$ c) $\left.\begin{array}{r}ax = 0\\ by = 0\end{array}\right\}$

2. Resuelve situaciones reales con sistemas de ecuaciones

ACTIVIDADES FLASH

63 Copia y completa el crucigrama.

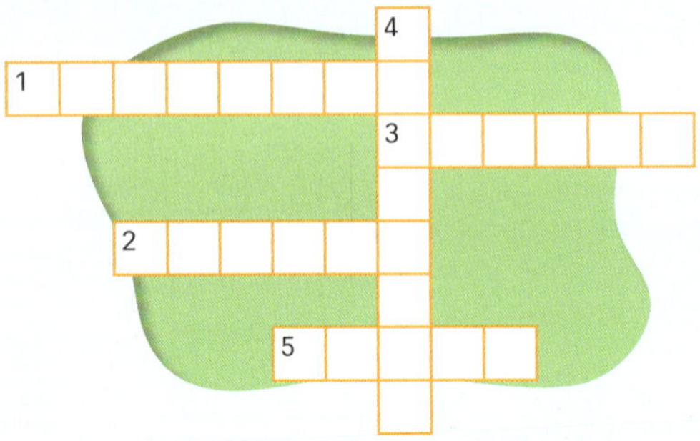

a) El ____(1)____ de dos números es 32. → $xy = 32$

b) El ____(2)____ de un número más la ____(3)____ parte de otro suman 25. → $3x + \frac{y}{4} = 25$

c) El ____(4)____ de las dimensiones de un rectángulo es 15. → $\frac{x}{y} = 15$

d) María tiene la ____(5)____ de dinero que su hermana más 5 €. → $x = \frac{y}{2} + 5$

64 Escribe un enunciado para cada ecuación.

a) $2x + 3y = 9$

b) $5x - 2y = 10{,}5$

c) $50x + 20y = 1400$

d) $xy + 200 = 800$

65 Mónica ha metido 15 canastas entre triples y tiros libres. Ha obtenido 43 puntos en total. ¿Cuántos triples y tiros libres ha anotado? ¿Y canastas de 1 punto?

66 En una granja hay cerdos y gallinas. En total, 110 animales y 376 patas. ¿Cuántos cerdos hay?

67 En el patio de un edificio hay un total de 12 vehículos entre bicicletas y triciclos. Si las ruedas de todos ellos son 28, ¿cuántas bicicletas y triciclos hay en el patio?

68 Un grupo de personas se ha ido de excursión al campo. Han ido 9 coches en total, algunos de 4 plazas y otros de 5 plazas. Han viajado 37 personas, quedando 2 plazas sin ocupar. ¿Cuántos coches de 4 plazas han utilizado? ¿Y coches de 5 plazas?

69 Una caravana formada por camellos y dromedarios tiene en total 440 patas y 160 jorobas. ¿Cuántos camellos hay?

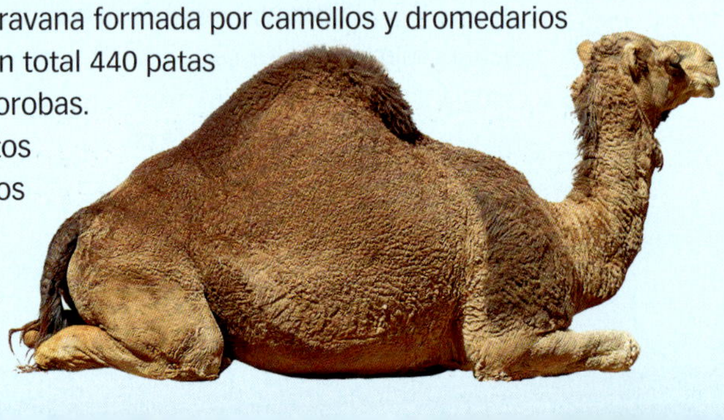

70 Juan tiene 4,20 € en monedas de 20 y 50 céntimos. Si son 12 monedas, ¿cuántas tiene de cada tipo?

71 Halla las medidas de los lados de los polígonos.

a) Su perímetro es 22 cm y la diferencia de sus dimensiones es 5 cm.

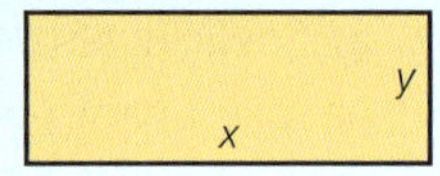

b) El cateto mayor es el doble que el menor y la diferencia de sus catetos es 5.

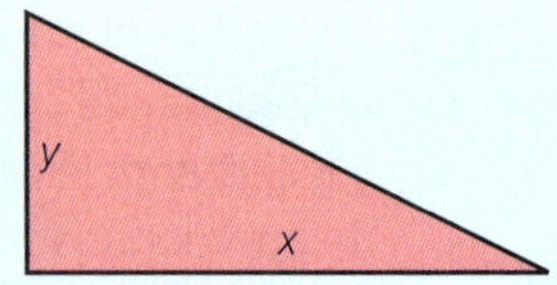

72 Teresa tiene 3 años, y su hermana, 12. ¿Al cabo de cuántos años la edad de su hermana será el doble que la de Teresa?

73 Las edades de Luis y María suman 20 años. Dentro de 15 años, la edad de María será dos tercios de la de Luis. ¿Cuáles son sus edades?

74 La edad de Rocío es cuatro veces la de su primera hija, Laura. Cuando pasen 24 años, la edad de Rocío será el doble que la de Laura. ¿Con cuántos años la tuvo?

75 La edad de Teo hace 2 años es igual a la edad de Sara dentro de 3 años. Dentro de 2 años Sara tendrá la mitad de años que Teo. ¿Qué edades tienen ahora?

76 **MATEMÁTICAS Y... ENERGÍA.** La subida imparable en la factura de la electricidad durante el año 2022 hizo que muchas personas se plantearan la sustitución de las bombillas incandescentes por otras de bajo consumo de tipo led.

Se estima que el gasto durante 6 horas de una bombilla led y dos incandescentes es de 0,63 €, mientras que el de dos bombillas led y una incandescente es de 0,39 €. ¿Cuál es el ahorro por hora?

77 En un avión viajan 192 personas entre hombres y mujeres. El número de mujeres es 3/5 del número de hombres. ¿Cuántos hombres van en el avión?

78 **MATEMÁTICAS Y... ECONOMÍA.** El bitcoin, creado en 2009, fue la primera criptomoneda y sigue siendo la moneda negociada con más frecuencia. Desde entonces han aparecido otras con diferentes características como litecoin o ether. Sus precios han sufrido variaciones drásticas con el tiempo.

En noviembre de 2022, un bitcoin costaba 15 800 € y un ether 1100 €. Mis padres decidieron invertir en estas dos monedas. En total compraron 15 criptomonedas por un valor de 90 000 €. ¿Cuántas monedas de cada tipo compraron?

79 ••• Un martillo y una taladradora costaban 80 €, pero se ha rebajado un 20 % el martillo y un 10 % la taladradora. Al final cuestan juntos 10 € menos que inicialmente.

a) ¿Cuál era el precio inicial del martillo?

b) ¿Y el de la taladradora?

80 ••○ **MATEMÁTICAS Y... NATURALEZA.** La velocidad media de un canguro saltando es de aproximadamente 20 km/h, siendo capaz de alcanzar hasta 70 km/h.

Un canguro se desplaza a velocidad máxima hasta un río para beber y luego vuelve al punto de partida a velocidad media. En total tarda 15 minutos. ¿Qué distancia ha recorrido?

81 ••○ **MATEMÁTICAS Y... TRANSPORTE.** Según las normativas internacionales, en un vuelo se puede llevar gratis una maleta de entre 20 y 35 kg, pudiendo cada compañía aérea fijar el peso máximo.

En mi último viaje, el equipaje de una pareja pesaba 60 kg y pagaron 3 € por exceso de equipaje. Y yo, por el mismo peso, pagué 10,50 €. ¿Cuál es el peso máximo que se puede llevar sin pagar?

82 ••• **RETO.** Si una escalera mecánica no funciona, tardamos 90 s en subir por ella. Si funciona, y no andamos, tardamos 60 s en subir. ¿Cuánto tardaremos en subir si la escalera funciona y además andamos?

¡Todo vale igual!

El anuncio de este puesto de fruta llama la atención.

He comprado 1 kg de manzanas y 2 de naranjas por 7,50 €, y Mario se ha llevado 3 kg de naranjas y 3 de manzanas por 15 €. Seguro que la oferta del cartel no era cierta.

Y tú, ¿qué opinas?

PROBLEMAS APARENTEMENTE DISTINTOS

83 Resuelve el sistema por reducción.

$$\left.\begin{aligned} 3x + 2y &= 85 \\ 4(x + y) &= 140 \end{aligned}\right\}$$

84 Antonio pagó 85 € por 3 entradas para un concierto y 2 para el teatro. Luisa pagó 140 € por 4 entradas para cada espectáculo. ¿Cuánto costaba cada entrada?

85 Resuelve por el método más adecuado.

$$\left.\begin{aligned} x - 10 &= 2(y - 10) \\ y + 15 &= \frac{2}{3}(x + 15) \end{aligned}\right\}$$

86 Halla las edades de dos personas si hace 10 años la primera tenía el doble de la edad de la segunda, y, dentro de 15 años, la edad de la segunda será dos tercios de la edad de la primera.

87 Resuelve por sustitución.

$$\left.\begin{aligned} y &= 3x \\ 2x + 2y &= 360 \end{aligned}\right\}$$

88 En un terreno con forma de paralelogramo dos de sus ángulos contiguos miden uno el triple que el otro. ¿Cuánto mide cada ángulo del terreno?

El coche fantástico

El tiempo pasa para todos, también para nuestro viejo coche, que no para de tener averías y, además, su eficiencia energética es muy mejorable. Después de visitar algunos concesionarios, ya nos hemos puesto de acuerdo en el modelo de coche, pero nos falta por decidir si lo compramos con motor de gasolina o con motor híbrido.

Ofertas

ZWK Modelo Torban

Tipo de motor	Precio	Consumo
Gasolina	14 800 €	4,8 ℓ/100 km
Híbrido	17 100 €	2,8 ℓ/100 km

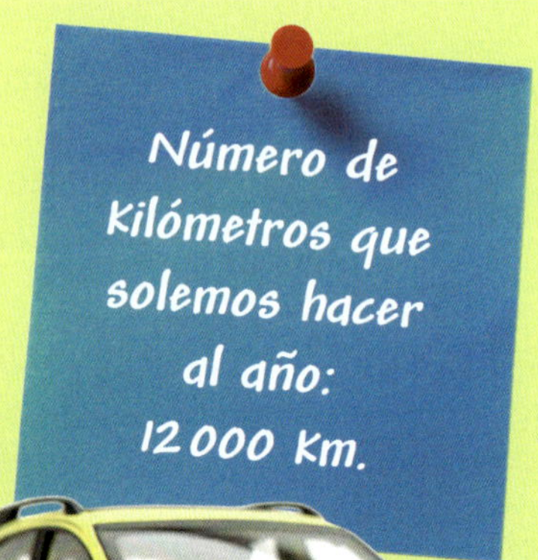

Precio del litro de gasolina

1 El precio del combustible por kilómetro

Aunque un coche con motor híbrido es más caro que un coche con motor de gasolina, es menos contaminante y, además, gasta menos combustible, sobre todo al circular por la ciudad.

- Si recorremos 100 km, ¿cuántos litros de gasolina gasta, aproximadamente, el coche que queremos comprar con motor de gasolina? ¿Y si lo compramos con motor híbrido?
- ¿Cuál será el coste en combustible de los dos modelos si recorremos 100 km?
- Si compramos un coche con motor de gasolina, ¿cuántos litros de combustible, aproximadamente, necesitamos al año? ¿Y si lo compramos con motor híbrido?
- ¿Cuánto dinero gastaremos en gasolina al año con cada uno de los modelos, aproximadamente?

2 ¿Gasolina o híbrido?

- Escribe, para cada tipo de coche, una ecuación con dos incógnitas, que relacione los kilómetros recorridos, x, y el dinero gastado en combustible en euros, y.
- Utilizando esas ecuaciones, calcula el coste de cada coche al recorrer 800 km.
- ¿Cuántos kilómetros habremos recorrido con cada tipo de coche si llevamos gastados 150 € en combustible?
- Utiliza las ecuaciones para construir una tabla como esta en tu cuaderno para cada tipo de coche.

Años desde la compra del coche	1	4	10	12	14	16	18
N.º de km recorridos							
Coste del combustible							

- Si cambiamos de coche cada 4 años, ¿cuál deberíamos comprar para que nos salga más rentable?
- Si cambiamos de coche a los 18 años, ¿qué coche sería más rentable?
- ¿Cuántos años deberíamos mantener el coche como mínimo para que sea más rentable comprar uno con motor híbrido?

PRODUCTO FINAL Elige un modelo de coche

Investiga en internet las características y los precios de un modelo de coche que te guste y que se fabrique con motor de combustión y con motor híbrido. Realiza un informe en el que consten:

- Las características y ventajas de cada modelo.
- El precio actual del combustible.
- Haz una estimación del número de kilómetros que recorrerías al año. ¿Cuántos años tiene que durar el coche con motor híbrido para que sea económicamente más rentable que el de combustión?

RESUMEN DE UNIDAD

ECUACIÓN DE PRIMER GRADO CON DOS INCÓGNITAS

$$ax + by = c \rightarrow \begin{cases} x, y \rightarrow \text{Incógnitas} \\ a \rightarrow \text{Coeficiente de } x \\ b \rightarrow \text{Coeficiente de } y \\ c \rightarrow \text{Término independiente} \end{cases}$$

SOLUCIÓN DE UNA ECUACIÓN LINEAL CON DOS INCÓGNITAS

Si (x_0, y_0) es solución de $ax + by = c$,
$ax_0 + by_0 = c$.

ECUACIONES LINEALES EQUIVALENTES CON DOS INCÓGNITAS

$ax + by = c$ y $a'x + b'y = c'$ son equivalentes si cuando (x_0, y_0) es solución de $ax + by = c$, también es solución de $a'x + b'y = c'$.

SISTEMA DE ECUACIONES LINEALES CON DOS INCÓGNITAS

$$\left.\begin{array}{r} ax + by = c \\ a'x + b'y = c' \end{array}\right\} \rightarrow \begin{cases} x, y \rightarrow \text{Incógnitas} \\ a, a' \rightarrow \text{Coeficientes de } x \\ b, b' \rightarrow \text{Coeficientes de } y \\ c, c' \rightarrow \text{Términos independientes} \end{cases}$$

AUTOEVALUACIÓN

1. Resuelve sistemas de ecuaciones e interpreta el resultado obtenido

1 Indica cuál de estas ecuaciones es lineal.

a) $2x^3 + y = 5$
b) $2xy - 6 = 2$
c) $2x + 3y = x + y - 6$
d) $y^2 - x = 8$

2 Señala de qué ecuación es solución $x = 1$ e $y = 2$.

a) $3x - 5y = 12$
b) $x - y = 1$
c) $10x + 5y = 0$
d) $8x - 5 - 2y = -1$

3 Señala cuál, de entre los siguientes, es un sistema de ecuaciones lineales.

a) $\left.\begin{array}{r} x + y^2 = 6 \\ 2x - y^2 = 2 \end{array}\right\}$

b) $\left.\begin{array}{r} 2x + y = 6 \\ x^3 - y = 2 \end{array}\right\}$

c) $\left.\begin{array}{r} 2x + y = 6x \\ x - y = 2 \end{array}\right\}$

d) $\left.\begin{array}{r} 2x + y = 10 \\ xy = 8 \end{array}\right\}$

4 Indica cuáles de los siguientes valores son solución de este sistema.

$$\left.\begin{array}{r} 10x + y = 15 \\ y = -5x \end{array}\right\}$$

a) $x = 3, y = -15$
b) $x = -3, y = 15$
c) $x = -15, y = 3$
d) $x = 15, y = -3$

5 Resuelve el siguiente sistema.

$$\left.\begin{array}{r} 4x + 2y - 7 + 2 = 3x - 1 \\ x - 2y + 1 = x \end{array}\right\}$$

a) $x = \frac{1}{2},\ y = 3$
b) $x = 3,\ y = \frac{1}{2}$
c) $x = -3,\ y = \frac{1}{2}$
d) $x = -3,\ y = -\frac{1}{2}$

2. Resuelve situaciones reales con sistemas de ecuaciones

6 La diferencia de dos números es 10 y el mayor de ellos es el triple del menor. ¿De qué números se trata?

a) 15 y 5
b) −15 y −5
c) −15 y 5
d) 15 y −5

7 En el patio de una escuela infantil hay triciclos y cochecitos. En total son 20 y todas las ruedas suman 67. ¿Cuántos triciclos y cuántos cochecitos hay en el patio?

a) 7 triciclos y 13 cochecitos.
b) 13 triciclos y 7 cochecitos.
c) 12 triciclos y 8 cochecitos.
d) 19 triciclos y 1 cochecito.

8 Víctor va a la frutería y compra 4 mandarinas y 6 plátanos por 8 €. La frutera le dice que si comprara 6 mandarinas y 4 plátanos pagaría 1 € menos. ¿Cuánto cuesta cada fruta?

a) Una mandarina cuesta 1 € y un plátano 0,50 €.
b) Una mandarina cuesta 0,75 € y un plátano 0,75 €.
c) Una mandarina cuesta 0,50 € y un plátano 1 €.
d) Una mandarina cuesta 0,25 € y un plátano 1,25 €.

VALORA TU APRENDIZAJE

- ¿Asumes las críticas recibidas de forma positiva?
- ¿Valoras tu desempeño dentro del grupo?

7 Proporcionalidad numérica

DESAFÍO

La mitad de la mitad

¿Cuánto es el 50 % del 50 % del 50 % del 50 %?

¿Puedes calcular la cantidad resultante cuando se aplica el 50 % n veces?

SITUACIÓN DE APRENDIZAJE

Alargar la vida de una batería

Que nuestros dispositivos electrónicos portátiles se queden sin batería resulta siempre un problema.
Adquiriendo algunos hábitos podemos contribuir a que las baterías sean eficientes durante más tiempo.

- ¿Qué tipos de cargadores existen?
- ¿Cuál es el más adecuado?
- ¿Podemos predecir cuándo nos quedaremos sin batería?

Para contestar a estas preguntas debes conocer las relaciones de proporcionalidad.

¿Qué sabes ya?

Cómo se averigua si dos fracciones son equivalentes

Dos fracciones $\frac{a}{b}$ y $\frac{c}{d}$ son **equivalentes**, y se escribe $\frac{a}{b} = \frac{c}{d}$, si $a \cdot d = b \cdot c$.

EJEMPLO

$\frac{2}{3} = \frac{4}{6}$, ya que $2 \cdot 6 = 3 \cdot 4 = 12$.

ACTIVIDADES

1 ¿Cuáles de estas fracciones son equivalentes?

a) $\frac{1}{3}$ y $\frac{3}{12}$

b) $\frac{3}{4}$ y $\frac{9}{8}$

c) $\frac{36}{12}$ y $\frac{3}{1}$

d) $\frac{13}{21}$ y $\frac{46}{52}$

2 Indica la fracción que no es equivalente a $\frac{9}{15}$.

a) $\frac{3}{5}$ b) $\frac{21}{45}$ c) $\frac{63}{105}$ d) $\frac{36}{60}$

1. Razón y proporción

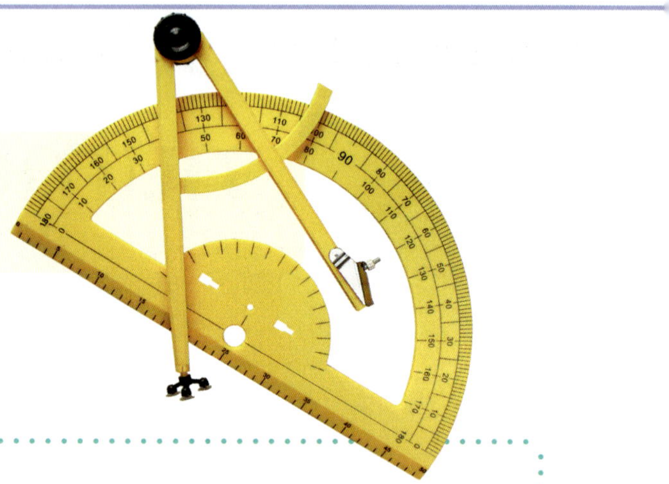

Una **razón** entre dos números, a y b, es el cociente $\frac{a}{b}$.
Una **proporción** es una igualdad entre dos razones.

Si $\frac{a}{b} = \frac{c}{d}$, los números a, b, c y d forman una proporción.
En una proporción, a y d se llaman **extremos**, y b y c, **medios**.

En una razón, los números a y b no tienen por qué ser números enteros.
$\frac{1,4}{6}$ es una razón, pero no es una fracción.

EJEMPLO

1. Un pastelero hace 2 pasteles con 9 manzanas. ¿Puede hacer 10 pasteles con 45 manzanas siguiendo la misma receta?

Para que la respuesta sea afirmativa, las razones entre el número de pasteles y el de manzanas deben formar una proporción.

$$\frac{9 \text{ manzanas}}{2 \text{ pasteles}} = \frac{45 \text{ manzanas}}{10 \text{ pasteles}} \rightarrow \frac{9}{2} = \frac{45}{10} = 4,5$$

Las dos razones forman una proporción; por tanto, podrá hacer 10 pasteles con 45 manzanas.

Constante de proporcionalidad

La **constante o razón de proporcionalidad** de una proporción es el cociente de cualquiera de sus razones.

EJEMPLO

2. ¿Cuál es la constante de proporcionalidad de estas proporciones?

a) $\frac{4}{16} = \frac{2}{8}$ b) $\frac{16}{4} = \frac{8}{2}$

a) $\frac{4}{16} = \frac{2}{8} = 0,25$ → La constante de proporcionalidad es $k = 0,25$.

b) $\frac{16}{4} = \frac{8}{2} = 4$ → La constante de proporcionalidad es $k = 4$.

La proporción $\frac{4}{16} = \frac{2}{8}$ se lee así:
«4 es a 16 como 2 es a 8».

ACTIVIDADES

1 Escribe las razones correspondientes y halla la constante de proporcionalidad.

a) Manuel ha bebido 2,5 ℓ de agua de una garrafa de 5 ℓ.

b) Carmen ha metido 16 canastas de 20 tiros.

c) Marcos ha gastado 5 kg de pintura para pintar 4 m^2 de pared.

d) Gloria ha marcado 2 de los 3 goles del partido.

2 Escribe dos números cuya razón sea:

a) 3 b) 1,5 c) 0,5 d) 0,4

3 **REFLEXIONA.** Calcula el número m sabiendo que:

a) m es a 5 como 2 es a 10.

b) 2 es a 6 como m es a 60.

c) 1 es a m como 7 es a 14.

2. Propiedades de la proporcionalidad

En toda proporción, el **producto de los extremos** es **igual al producto de los medios.**

$$\frac{a}{b} = \frac{c}{d} \rightarrow a \cdot d = b \cdot c$$

Extremo $\frac{9}{12}$ Medio — $\frac{3}{4}$ Medio / Extremo

$9 \cdot 4 = 12 \cdot 3 = 36$

EJEMPLO

3. Averigua si estas razones forman una proporción.

a) $\frac{6}{4}$ y $\frac{15}{10}$

$6 \cdot 10 = 4 \cdot 15$

$60 = 60$

Es una proporción.

b) $\frac{4}{3}$ y $\frac{10}{8}$

$4 \cdot 8 \neq 3 \cdot 10$

$32 \neq 30$

No es una proporción.

Cálculo del término desconocido en una proporción

- Para **hallar un extremo** de una proporción conociendo los otros tres términos, se multiplican los medios y se divide entre el otro extremo.

$$\frac{a}{b} = \frac{c}{x} \rightarrow a \cdot x = b \cdot c \rightarrow x = \frac{b \cdot c}{a}$$

- Para **hallar un medio** de una proporción conociendo los otros tres términos, se multiplican los extremos y se divide entre el otro medio.

$$\frac{a}{b} = \frac{x}{d} \rightarrow a \cdot d = b \cdot x \rightarrow x = \frac{a \cdot d}{b}$$

EJEMPLO

4. Calcula el término que falta para que estas razones formen una proporción.

a) $\frac{10}{4} = \frac{35}{x} \rightarrow 10 \cdot x = 4 \cdot 35 \rightarrow x = \frac{4 \cdot 35}{10} = 14$

b) $\frac{3}{8} = \frac{x}{24} \rightarrow 3 \cdot 24 = 8 \cdot x \rightarrow x = \frac{3 \cdot 24}{8} = 9$

RETO

Busca una razón $\frac{a}{b}$ proporcional a $\frac{2}{3}$, de tal manera que b sea 6 unidades mayor que a.

ACTIVIDADES

4 Halla el término desconocido en cada una de estas proporciones.

a) $\frac{4}{18} = \frac{10}{x}$

b) $\frac{4}{2} = \frac{x}{3}$

c) $\frac{2}{0{,}5} = \frac{3}{x}$

d) $\frac{x}{12} = \frac{20}{16}$

e) $\frac{5}{x} = \frac{15}{9}$

f) $\frac{3}{4{,}5} = \frac{x}{6}$

5 Escribe el siguiente problema en forma de proporción y resuélvelo.

«Marta ha pagado 4,50 € por 2 kg de peras. ¿Cuánto pagaría por 6 kg?».

6 **REFLEXIONA.** Halla el valor de b y d sabiendo que $\frac{10}{b} = \frac{6}{d}$ y que $b - d = 2$.

3. Proporcionalidad directa

Dos magnitudes son **directamente proporcionales** cuando el cociente entre dos cantidades correspondientes es constante:

Magnitud *A*	*a*	*b*	*c*
Magnitud *B*	*a'*	*b'*	*c'*

$$\frac{a}{a'} = \frac{b}{b'} = \frac{c}{c'} = k$$

k es la **constante o razón de proporcionalidad directa.**

Dos magnitudes son directamente proporcionales si, al multiplicar (o dividir) una de ellas por un número, la otra queda multiplicada (o dividida) por ese mismo número.

EJEMPLO

5. Una máquina produce 20 piezas en 1 hora.

a) Identifica las magnitudes. ¿Son directamente proporcionales?

Las magnitudes son el número de piezas producidas y el tiempo en horas.

Son magnitudes directamente proporcionales porque, al multiplicar (o dividir) cada una por un número, la otra queda multiplicada (o dividida) por ese número.

N.º de piezas	20	40	60	80	100	120
N.º de horas	1	2	3	4	5	6

(· 4: de 20 a 80 y de 1 a 4; : 2: de 120 a 60 y de 6 a 3)

b) ¿Cuánto tiempo necesita para producir 250 piezas?

$$\begin{matrix}\text{N.º de piezas} \rightarrow \\ \text{N.º de horas} \rightarrow\end{matrix} \frac{20}{1} = \frac{250}{x} \rightarrow x = \frac{1 \cdot 250}{20} = 12{,}5$$

Para hacer 250 piezas necesitará 12 horas y media.

Regla de tres simple directa

La **regla de tres simple directa** es una técnica que nos permite calcular, en magnitudes directamente proporcionales, el valor de una cantidad, conociendo otras tres cantidades relacionadas.

ACTIVIDADES

7 Comprueba si las magnitudes *A* y *B* son directamente proporcionales.

Magnitud *A*	5	25	45
Magnitud *B*	15	50	90

Magnitud *A*	4	5	6
Magnitud *B*	7	8,75	10,5

8 Completa en tu cuaderno, sabiendo que las magnitudes *A* y *B* son directamente proporcionales con constante de proporcionalidad $k = 3{,}2$.

Magnitud *A*		14,4	19,2	32
Magnitud *B*	2,6			

9 **REFLEXIONA.** Indica dos magnitudes directamente proporcionales y haz su tabla de proporcionalidad.

Cómo se resuelven problemas mediante una regla de tres simple directa

En general, para resolver una regla de tres simple directa:

$$\left.\begin{array}{l} a \to b \\ c \to x \end{array}\right\} \to \frac{a}{c} = \frac{b}{x} \to x = \frac{c \cdot b}{a}$$

$$\left.\begin{array}{l} a \to b \\ x \to d \end{array}\right\} \to \frac{a}{x} = \frac{b}{d} \to x = \frac{a \cdot d}{b}$$

Dos kilos de harina cuestan 2,40 €.

a) ¿Cuánto cuestan 7 kg de harina?

b) ¿Cuántos kilos de harina puedo comprar con 6 €?

① **Determinamos las magnitudes y comprobamos que son directamente proporcionales.**

Magnitudes: *Kilos de harina – Precio*

- Si compramos el doble de harina, el precio será el doble.
- Si compramos la mitad de harina, el precio será la mitad.

Son magnitudes directamente proporcionales.

② **Planteamos la regla de tres con los datos del problema.**

a) **Kilos** — **Precio**

2 kg —cuestan→ 2,40 €

7 kg —costarán→ x €

b) **Kilos** — **Precio**

2 kg —cuestan→ 2,40 €

x kg —costarán→ 6 €

③ **Establecemos la igualdad entre las razones.**

a) $\frac{2}{7} = \frac{2{,}40}{x}$

b) $\frac{2}{x} = \frac{2{,}40}{6}$

④ **Despejamos la x.**

a) $x = \frac{7 \cdot 2{,}40}{2} = 8{,}4$

7 kg de harina cuestan 8,40 €.

b) $x = \frac{2 \cdot 6}{2{,}40} = 5$

Con 6 € podemos comprar 5 kg de harina.

ACTIVIDADES

10 Luisa utiliza 6 kg de fruta para hacer 5 tartas iguales.

a) ¿Cuántas tartas podrá hacer con 18 kg de fruta?

b) ¿Cuántos kilos de fruta necesitará para hacer 20 tartas?

11 Mateo utiliza medio kilo de pasta para cocinar macarrones para 5 personas.

a) ¿Cuántas personas pueden comer con 4,5 kg de pasta?

b) ¿Cuánta pasta se necesita para 12 personas?

12 En un mapa, 14 cm representan 238 km en la realidad.

a) ¿Por qué longitud vienen representados 306 km?

b) Una longitud de 10 cm en el mapa, ¿qué longitud real representa?

13 En un restaurante, el precio de un menú degustación es tres veces y media el del menú del día.

a) ¿Cuántos menús del día se pueden consumir por el precio de 14 menús degustación?

b) ¿Cuántos menús degustación se pueden consumir por el precio de 21 menús del día?

14 Un coche consume unos 5,4 ℓ de gasoil cada 100 km. Si 1 litro cuesta 1,44 €, calcula.

a) El gasto en combustible en un viaje de 245 km.

b) Los kilómetros que puede recorrer con los 56 ℓ de gasoil que caben en el depósito.

c) Los kilómetros que puede recorrer con 120,60 €.

4. Proporcionalidad inversa

Dos magnitudes son **inversamente proporcionales** cuando el producto de dos cantidades correspondientes es constante:

Magnitud *M*	a	b	c
Magnitud *M'*	a'	b'	c'

$$a \cdot a' = b \cdot b' = c \cdot c' = k$$

k es la **constante o razón de proporcionalidad inversa.**

Dos magnitudes son inversamente proporcionales si, al multiplicar (o dividir) una de ellas por un número, la otra queda dividida (o multiplicada) por ese mismo número.

EJEMPLO

6. Un grifo que arroja 10 ℓ de agua por minuto tarda 4 h en llenar un depósito.

   a) Identifica las magnitudes. ¿Son inversamente proporcionales?

   El número de litros y el tiempo son magnitudes inversamente proporcionales porque, al multiplicar (o dividir) cada una por un número, la otra queda dividida (o multiplicada) por ese número.

   Esta relación se puede reflejar en una tabla a la que llamamos **tabla de proporcionalidad inversa**.

   $: 2$ (10 → 5) $\cdot 8$ (1 → 8)

Litros	10	20	40	5	1	8
Horas	4	2	1	8	40	5

   $\cdot 2$ (4 → 8) $: 8$ (40 → 5)

   b) ¿Cuántos litros por minuto arroja si tarda 20 h en llenarlo?

   $$10 \cdot 4 = x \cdot 20 \rightarrow x = \frac{10 \cdot 4}{20} = 2$$

   Arroja 2 ℓ por minuto.

Regla de tres simple inversa

La **regla de tres simple inversa** es una técnica que nos permite calcular, en magnitudes inversamente proporcionales, el valor de una cantidad, conociendo otras tres cantidades relacionadas.

ACTIVIDADES

15. Comprueba si las magnitudes *A* y *B* son inversamente proporcionales.

Magnitud *A*	2	6	3
Magnitud *B*	6	2	4

Magnitud *A*	5	6	7
Magnitud *B*	15	14	13

16. Completa en tu cuaderno, sabiendo que las magnitudes *A* y *B* son inversamente proporcionales con constante de proporcionalidad $k = 24$.

Magnitud *A*		6		6
Magnitud *B*			6	

17. **REFLEXIONA.** Indica dos magnitudes inversamente proporcionales y haz su tabla de proporcionalidad.

Cómo se resuelven problemas mediante una regla de tres simple inversa

Para ir al instituto utilizo la bicicleta. Si voy a una velocidad media de 12 km/h, tardo 20 minutos en llegar.

a) Si fuese a 10 km/h, ¿cuánto tardaría?

b) Si hoy he tardado 30 minutos, ¿cuál ha sido mi velocidad media?

El planteamiento de la regla de tres simple inversa es similar al de la regla de tres simple directa:

$$\left.\begin{array}{l} a \rightarrow b \\ c \rightarrow x \end{array}\right\}$$

Sin embargo, en la resolución en vez de la segunda fracción, consideramos su inversa:

$$\frac{a}{c} = \frac{x}{b} \rightarrow x = \frac{a \cdot b}{c}$$

① **Determinamos las magnitudes y comprobamos que son inversamente proporcionales.**

Magnitudes: *Velocidad media – Tiempo que tardo*

- Si fuese al doble de velocidad, tardaría la mitad de tiempo.
- Si fuese a la mitad de velocidad, tardaría el doble de tiempo.

Son magnitudes inversamente proporcionales.

② **Planteamos la regla de tres con los datos del problema.**

a)

Velocidad		Tiempo
12 km/h	tardo →	20 min
10 km/h	tardaré →	x min

b)

Velocidad		Tiempo
12 km/h	tardo →	20 min
x km/h	tardaré →	30 min

③ **Establecemos la igualdad entre las razones tomando, en lugar de la segunda razón, su inversa.**

a) $\frac{12}{10} = \frac{x}{20}$

b) $\frac{12}{x} = \frac{30}{20}$

④ **Despejamos la x.**

a) $x = \frac{12 \cdot 20}{10} = 24$

A 10 km/h tardaré 24 minutos.

b) $x = \frac{12 \cdot 20}{30} = 8$

Si tardo 30 minutos, mi velocidad media ha sido de 8 km/h.

ACTIVIDADES

18 Para construir un edificio, 28 albañiles trabajaron durante 120 días.

a) ¿Cuántas personas habrían hecho falta para terminar el edificio en 90 días?

b) ¿Cuántos días tardarían 40 albañiles?

19 Un grupo de 6 senderistas ha comenzado una escalada por los Pirineos. Van provistos de comida para 15 días.

a) Si fuesen 10 senderistas, ¿para cuántos días tendrían comida?

b) Para que la comida les durase 18 días, ¿cuántas personas deberían ir?

20 Un tren de alta velocidad Madrid-Gijón lleva una velocidad media de 230 km/h y tarda 4 h en hacer el recorrido.

a) ¿A qué velocidad tendría que ir para tardar 3 h?

b) ¿Cuánto tardaría a 184 km/h?

21 Hay que pintar un edificio de 8 pisos. Se contrata a 12 personas para esta labor. Tardan 15 días en acabar el trabajo.

a) ¿Cuántos días tardarían 20 personas?

b) ¿Cuántas personas se habrían necesitado si se hubiese tenido que terminar de pintar el edificio en 10 días?

c) ¿Cuánto habrían tardado las 12 personas si el edificio hubiera tenido 6 pisos de altura?

5. Repartos proporcionales

5.1. Repartos directamente proporcionales

GEOGEBRA

Para repartir una cantidad, N, en partes directamente proporcionales a los números, $a, b, c, ...$, las partes se obtienen multiplicando cada número, $a, b, c, ...$, por la constante de proporcionalidad, $\frac{N}{a + b + c + ...}$.

Los repartos proporcionales se utilizan en situaciones donde hay que distribuir algo entre varias personas o grupos, teniendo en cuenta una característica que los diferencia.

EJEMPLO

7. En una cuenta bancaria, Juan deposita 400 €, y Damián, 600 €. Tras varios años, tienen 124 € de intereses. ¿Cómo se puede repartir proporcionalmente?

El reparto de intereses debería ser directamente proporcional al dinero que cada uno depositó en la cuenta.

La constante de proporcionalidad será:

$$\frac{N}{a + b} = \frac{124}{400 + 600} = 0{,}124$$

5.2. Repartos inversamente proporcionales

Para repartir una cantidad, N, en partes inversamente proporcionales a los números, $a, b, c, ...$, las partes se obtienen dividiendo la constante de proporcionalidad, $\frac{N}{\frac{1}{a} + \frac{1}{b} + \frac{1}{c} + ...}$, entre cada número $a, b, c, ...$

EJEMPLO

8. Tengo dos árboles de 1,2 m y 0,8 m. Quiero repartir 500 g de abono de modo que el más bajo reciba más abono. ¿Cómo lo puedo hacer?

El reparto de abono debería ser inversamente proporcional a su altura.

La constante de proporcionalidad será:

$$\frac{N}{\frac{1}{a} + \frac{1}{b}} = \frac{500}{\frac{1}{1{,}2} + \frac{1}{0{,}8}} = 240$$

ACTIVIDADES

22 Establece la proporción correspondiente al repartir 100 € entre 8 y 14.

a) De forma directamente proporcional.

b) De forma inversamente proporcional.

23 Escribe dos situaciones de reparto directamente proporcional.

24 **REFLEXIONA.** Si en un reparto proporcional todas las partes son iguales, ¿cómo son las cantidades iniciales?

Cómo se realizan repartos directa o inversamente proporcionales

Realiza los siguientes repartos proporcionales:

a) 120 en partes directamente proporcionales a 12, 8 y 10.

b) 62 en partes inversamente proporcionales a 2, 3 y 5.

Para dividir un número entero entre una fracción, se expresa el número en forma de fracción poniendo como denominador 1.

$$\frac{62}{\frac{31}{30}} = 62 : \frac{31}{30} = \frac{62}{1} : \frac{31}{30} = \frac{62 \cdot 30}{1 \cdot 31} = 60$$

① Calculamos la constante de proporcionalidad.

- Si el reparto es directamente proporcional, dividimos el total entre la suma de las partes.
- Si el reparto es inversamente proporcional, dividimos el total entre la suma de los inversos de las partes.

a) Constante de proporcionalidad directa:

$$k = \frac{N}{a+b+c} \rightarrow \frac{120}{12+8+10} = \frac{120}{30} = 4$$

b) Constante de proporcionalidad inversa:

$$k = \frac{N}{\frac{1}{a}+\frac{1}{b}+\frac{1}{c}} \rightarrow \frac{62}{\frac{1}{2}+\frac{1}{3}+\frac{1}{5}} = \frac{62}{\frac{31}{30}} = 60$$

$$\frac{62}{1} : \frac{31}{30} = 60$$

② Calculamos lo que le corresponde a cada cantidad.

- Si el reparto es directamente proporcional, multiplicamos la constante de proporcionalidad por cada una de las partes.
- Si el reparto es inversamente proporcional, dividimos la constante de proporcionalidad entre cada una de las partes.

a) Reparto directamente proporcional:

A 12 le corresponde $12 \cdot k = 12 \cdot 4 = 48$.
A 8 le corresponde $8 \cdot k = 8 \cdot 4 = 32$.
A 10 le corresponde $10 \cdot k = 10 \cdot 4 = 40$.
A cada parte le corresponderán 48, 32 y 40, respectivamente.

b) Reparto inversamente proporcional:

A 2 le corresponde $k : 2 = 60 : 2 = 30$.
A 3 le corresponde $k : 3 = 60 : 3 = 20$.
A 5 le corresponde $k : 5 = 60 : 5 = 12$.
A cada parte le corresponderán 30, 20 y 12, respectivamente.

ACTIVIDADES

25 Reparte 150 en partes directamente proporcionales a:

a) 2 y 4 c) 1, 2 y 3 e) 7, 8 y 10
b) 7 y 8 d) 4, 5 y 6 f) 8, 10 y 12

26 Reparte 70 de forma inversamente proporcional a:

a) 3 y 4 b) 4 y 10 c) 4, 10 y 20

27 Reparte 70 en partes directamente proporcionales a:

a) 3 y 4 b) 6 y 8 c) 9 y 12

Observa los resultados y obtén una conclusión.

28 Se han repartido 300 € en partes inversamente proporcionales a $\frac{1}{3}$, $\frac{1}{5}$ y $\frac{1}{7}$. ¿Cuál es la parte correspondiente a $\frac{1}{5}$?

29 Con 600 m^3 de agua, un agricultor debe regar cuatro parcelas de forma directamente proporcional a sus superficies, de 4, 5, 8 y 13 ha, respectivamente. ¿Qué cantidad de agua destinará a cada parcela?

30 César quiere repartir 8 100 € entre sus tres sobrinos de forma inversamente proporcional a sus edades, que son 1, 4 y 10 años. ¿Cuánto le dará a cada uno?

31 Alba reparte sus tierras entre sus nietos en partes directamente proporcionales a sus edades: 8, 12 y 15 años. Si al menor le corresponden 12 hectáreas, averigua las hectáreas repartidas. Si lo hiciera dentro de 8 años, ¿el reparto sería el mismo?

32 Si reparto 1 200 a 5 y 6, y le doy 500 a 6 y 700 a 5, ¿ha sido un reparto inversamente proporcional?

6. Porcentajes

6.1. Cálculo de porcentajes

Un **porcentaje o tanto por ciento** expresa la cantidad de una magnitud que corresponde a 100 unidades de otra magnitud. Se indica con el signo %.

Los porcentajes pueden hallarse con reglas de tres.

$100 \rightarrow a$

$\text{Total} \rightarrow x$

EJEMPLO

9. El 30 % de los 260 estudiantes de mi instituto está en 3.º de ESO. ¿Cuántos estudiantes hay en 3.º de ESO en mi instituto?

De cada 100 estudiantes del instituto, 30 están en 3.º de ESO.

Si de cada 100 estudiantes $\xrightarrow{\text{en 3.º de ESO hay}}$ 30 estudiantes
de 260 estudiantes $\xrightarrow{\text{en 3.º de ESO habrá}}$ x estudiantes

$\frac{100}{260} = \frac{30}{x} \rightarrow x = \frac{260 \cdot 30}{100}$ = 78 estudiantes hay en 3.º de ESO.

Para calcular el tanto por ciento de una cantidad, se multiplica esa cantidad por el tanto por ciento y se divide el resultado entre 100.

$$t\,\%\text{ de } C = \frac{t \cdot C}{100}$$

GEOGEBRA

EJEMPLO

10. Calcula estos porcentajes.

a) El 32 % de 400.

$$32\,\%\text{ de } 400 = \frac{32 \cdot 400}{100} = 0{,}32 \cdot 400 = 128$$

El 32 % de 400 es 128.

b) El 125 % de 40.

$$125\,\%\text{ de } 40 = \frac{125 \cdot 40}{100} = 1{,}25 \cdot 40 = 50$$

El 125 % de 40 es 50.

El tanto por ciento también se puede expresar como una fracción o como un número decimal.

$$65\,\% = \frac{65}{100} = 0{,}65$$

ACTIVIDADES

33. Marcos ha acertado el 72 % de las 25 preguntas de un examen.
   a) ¿Cuántas preguntas ha fallado?
   b) ¿Qué tanto por ciento de preguntas ha fallado?

34. Calcula los siguientes porcentajes.
   a) 15 % de 20 b) 30 % de 9 c) 140 % de 250

35. Calcula la cantidad total, C, conociendo la parte.
   a) El 10 % de C es 60.
   b) El 25 % de C es 80.
   c) El 20 % de C es 150.
   d) El 32 % de C es 172,8.

36. **REFLEXIONA.** Expresa como un tanto por ciento.
   a) 0,2 de 1
   b) 15 de 100
   c) 5 de 10
   d) 2 de 5

Cómo se resuelven problemas de porcentajes

Cálculo de la **parte**:

$$A = \frac{t \cdot C}{100}$$

Cálculo del **porcentaje**:

$$t = \frac{100 \cdot A}{C}$$

Cálculo del **total**:

$$C = \frac{100 \cdot A}{t}$$

Resuelve estos problemas.

a) Se vende un coche por 16 000 € y se le hace un descuento del 12 %. ¿Cuánto dinero se ahorra?

b) Un coche costaba 16 000 € y le hicieron un descuento de 1 920 €. ¿Qué porcentaje le descuentan?

c) Un coche tiene un descuento del 12 %, que equivale a 1 920 €. ¿Cuál es el precio del coche?

	a)	b)	c)
① Identificamos los datos conocidos y los desconocidos.	$t = 12$ $C = 16000$ $A = x$	$t = x$ $C = 16000$ $A = 1920$	$t = 12$ $C = x$ $A = 1920$
② Planteamos una regla de tres con los datos del problema.	Si de 100 → 12 de 16 000 → x $\frac{100}{16000} = \frac{12}{x}$	Si de 100 → x de 16 000 → 1920 $\frac{100}{16000} = \frac{x}{1920}$	Si de 100 → 12 de x → 1920 $\frac{100}{x} = \frac{12}{1920}$
③ Calculamos el dato desconocido.	$x = \frac{16000 \cdot 12}{100} = 1920$ El descuento es 1 920 €.	$x = \frac{100 \cdot 1920}{16000} = 12$ El porcentaje de descuento es el 12 %.	$x = \frac{100 \cdot 1920}{12} = 16000$ El precio del coche es 16 000 €.

ACTIVIDADES

37 Hemos lanzado 7 veces una moneda y en 4 de ellas ha salido cara.

a) ¿Qué porcentaje de veces sobre el total de lanzamientos ha salido cara?

b) ¿Cuántas cruces han salido?

38 En España, hay una mascota en el 50 % de los hogares.

a) En una población de 140 viviendas, ¿en cuántas se espera que haya una mascota?

b) El número de perros como animales de compañía aumentó de 6,7 millones a 9,3 millones. ¿En qué porcentaje aumentó?

39 El 85 % de los 60 estudiantes de una clase han ido de excursión. ¿Cuántos estudiantes no han ido? ¿Qué porcentaje representan?

40 Un equipo de fútbol ha ganado el 65 % de los partidos. Si han ganado 26, ¿cuántos partidos han jugado en total?

41 A una consola que costaba 540 € se le hace un descuento del 15 %. ¿Cuánto dinero nos ahorramos?

42 Una consola costaba 540 €. Si le descontaron 81 €, ¿qué porcentaje descontaron?

43 El padre de Lourdes cobra 26 000 € al año y paga 5 200 € de impuestos. La madre de Esteban cobra 46 500 € al año y paga 8 370 € de impuestos. ¿Quién paga un porcentaje de impuestos más alto?

44 Un equipo de balonmano ha perdido 18 de los 45 partidos que ha jugado. Otro equipo ha ganado 20 de los 49 partidos jugados. ¿Qué equipo tiene un porcentaje mejor de resultados?

45 Una fábrica tiene 540 personas empleadas. Si 3 de cada 5 son mujeres:

a) ¿Qué porcentaje representan las mujeres en la plantilla?

b) ¿Cuántos hombres hay?

c) ¿Qué porcentaje de mujeres hay más que de hombres?

6.2. Interés simple

El **interés simple,** ***I***, es el beneficio que origina una cantidad de dinero, llamada **capital,** ***C***, en un **tiempo,** ***t***, a un **rédito** anual, ***r*** %.

Tiempo en años	Tiempo en meses	Tiempo en días
$I = \dfrac{C \cdot r \cdot t}{100}$	$I = \dfrac{C \cdot r \cdot t}{12 \cdot 100}$	$I = \dfrac{C \cdot r \cdot t}{360 \cdot 100}$

Al decir «el 2 % de interés» nos estamos refiriendo a un 2 % de rédito. El rédito es un porcentaje, el interés es un número.

EJEMPLO

11. Juan ingresó 5000 € en un depósito con un rédito del 1,5 % anual. ¿Qué interés obtuvo si lo sacó a los 2 años? ¿Y en los primeros 9 meses?

$$I = \frac{C \cdot r \cdot t}{100} \xrightarrow{C = 5000,\, r = 1{,}5,\, t = 2 \text{ años}} I = \frac{5\,000 \cdot 1{,}5 \cdot 2}{100} = 150\ €$$

$$I = \frac{C \cdot r \cdot t}{12 \cdot 100} \xrightarrow{C = 5000,\, r = 1{,}5,\, t = 9 \text{ meses}} I = \frac{5\,000 \cdot 1{,}5 \cdot 9}{1200} = 56{,}25\ €$$

6.3. Aumentos y disminuciones porcentuales

- **Aumentar** una cantidad un t% equivale a calcular el $(100 + t)$% de dicha cantidad.
- **Disminuir** una cantidad un t% equivale a calcular el $(100 - t)$% de dicha cantidad.

También se puede resolver mediante una regla de tres considerando que:

- Aumentar un t% significa que de cada 100 tomamos 100 + t.
- Disminuir un t% significa que de cada 100 tomamos 100 − t.

EJEMPLOS

12. Es un gimnasio había 250 personas asociadas. Este año el número ha aumentado un 12 %. ¿Cuántas personas asociadas hay ahora?

$$112\% \text{ de } 250 = \frac{112 \cdot 250}{100} = 280$$

Ahora hay 280 personas asociadas.

13. Valverde tenía 400 habitantes. Este año ese número ha disminuido un 5 %. ¿Cuántos habitantes tiene ahora?

$$95\% \text{ de } 400 = \frac{95 \cdot 400}{100} = 380$$

Ahora tiene 380 habitantes.

ACTIVIDADES

46 Ana ganaba cada mes 1 500 €. Este año gana un 2 % más. ¿Cuánto cobra al mes ahora?

47 Teresa compra 20 libros de 15 € cada uno. Por pagar en metálico le descuentan un 10 %.

a) ¿Cuánto dinero le descuentan?

b) ¿Qué porcentaje paga en total? ¿Cuánto es?

48 Calcula el interés que se obtiene por 2 000 € durante 3 años con un rédito del 2,8 % anual.

49 **REFLEXIONA.** En una tienda vendían un sofá por 500 €. Rebajaron su precio un 10 % y, más tarde, lo volvieron a rebajar otro 10 %. La rebaja total, ¿fue mayor o menor de un 20 %?

Cómo se resuelven problemas de porcentajes encadenados

Los porcentajes encadenados, $a, b, c, \ldots$, de una cantidad equivalen a calcular el producto $t_1\,\% \cdot t_2\,\% \cdot t_3\,\% \cdot \ldots \cdot t_n\,\%$ de esa cantidad.

Un ordenador portátil costaba 650 €. Primero aumentaron el precio un 20 % y, después, lo rebajaron un 12 %. ¿Cuál es su precio ahora?

① **Determinamos los cambios que se han producido y calculamos los porcentajes de aumento, $(100 + t)\,\%$, o disminución, $(100 - t)\,\%$.**

$$\text{Precio inicial} \xrightarrow{\text{Aumenta } 20\,\%.} 100 + 20 = 120\,\% \xrightarrow{\text{Disminuye } 12\,\%.} 100 - 12 = 88\,\%$$

② **El producto de los porcentajes resultantes es el porcentaje final aplicado.**

Disminución: 12 %

El 88 % del 120 % de 650 = 0,88 · 1,2 · 650 = 1,056 · 650 = 686,40 €

Aumento: 20 % — Porcentaje final: 105,6 %

El precio final del ordenador es el 105,6 % del precio inicial, es decir, el precio se ha incrementado en un 5,06 %. El precio final del ordenador es 686,40 €.

ACTIVIDADES

50 Sonia compra un libro de 20 €. Le descuentan un 2 % y luego añaden un 4 % de IVA. ¿Cuánto paga por el libro?

51 Ramón ganaba cada mes 1 200 €. El año pasado le subieron el sueldo un 2 % y este año un 1 %.
a) ¿Cuánto cobra al mes ahora?
b) ¿Qué porcentaje de subida ha tenido en total?

52 Un disco vale 12 €. El dependiente me rebaja un 15 % por ser un cliente habitual y al pagar me cobran un 21 % de IVA.
a) ¿Cuánto pago por el disco?
b) ¿Qué porcentaje supone el precio final sobre el inicial?

53 El precio de la gasolina subió en enero un 2 %, en febrero bajó un 4 % y en marzo volvió a subir un 2 %. ¿El precio inicial y el final fueron el mismo?

54 Luis incrementa el precio de los artículos de su tienda dos veces consecutivas un 12 %. ¿Tendrán los artículos el mismo precio que si hubiera subido el 24 % directamente?

55 Adela entrena para una maratón corriendo cada día un 5 % más que el día anterior.
a) ¿Es posible que en 15 días ya corra el doble de lo que corrió el primer día?
b) Si el primer día corrió 5 km, ¿cuánto correrá el tercero?
c) ¿Cuántos kilómetros tuvo que recorrer el primer día si el décimo día ya quiere correr 10 km?

56 El año pasado el precio del aceite de oliva bajó un 12 % y este año ha vuelto a bajar un 18 %. ¿Cuánto tendría que subir el año que viene para ser igual que el inicial?

57 ¿Qué es mejor: tres subidas consecutivas de sueldo del 2 % cada una o una sola subida del 6 %? Si se cobran 1 000 €, ¿cuántos euros de diferencia hay en el sueldo final entre uno y otro caso?

58 A Rodrigo le aumentaron el sueldo un 9 % el año pasado, pero este año le descontarán un 5 % y para el próximo año estiman que tendrán que quitarle otro 2 %. ¿Cómo quedará su sueldo después del aumento y los dos descensos?

59 Un teléfono móvil costaba 350 €.
- Primero, aumentaron su precio un 5 %.
- Después, aumentaron su precio un 8 %.
- A continuación, disminuyeron su precio un 10 %.

a) ¿Cuánto cuesta el teléfono ahora?
b) ¿Qué porcentaje ha variado el precio en total?

60 En una tienda vendían ramos de flores por 40 €. Rebajaron su precio un 10 % y, más tarde, lo rebajaron otro 10 %.
a) ¿Cuánto costaba tras la primera rebaja?
b) ¿Cuánto costaba al final?
c) ¿Cuál fue el porcentaje de rebaja total?

ACTIVIDADES FINALES

1. Identifica relaciones de proporcionalidad y las emplea para resolver problemas

ACTIVIDADES FLASH

61 Estudia si estas razones forman una proporción.

a) $\frac{1}{2}$ y $\frac{2}{4}$ c) $\frac{7}{4}$ y $\frac{21}{12}$ e) $\frac{6}{2}$ y $\frac{2}{6}$

b) $\frac{3}{5}$ y $\frac{6}{10}$ d) $\frac{2}{5}$ y $\frac{4}{5}$ f) $\frac{4}{5}$ y $\frac{16}{20}$

62 Decide si estas razones forman una proporción.

a) $\frac{2}{3}$ y $\frac{1}{5}$ c) $\frac{10}{6}$ y $\frac{15}{9}$ e) $\frac{35}{15}$ y $\frac{14}{6}$

b) $\frac{4}{6}$ y $\frac{6}{9}$ d) $\frac{7}{8}$ y $\frac{14}{15}$ f) $\frac{2}{9}$ y $\frac{4}{16}$

63 Calcula los valores de x para que estas razones formen una proporción.

a) $\frac{x}{6}$ y $\frac{1}{2}$ b) $\frac{x}{6}$ y $\frac{1}{3}$ c) $\frac{x}{8}$ y $\frac{7}{4}$ d) $\frac{x}{8}$ y $\frac{7}{2}$

64 Halla los valores de x para que estas razones formen una proporción.

a) $\frac{x}{5}$ y $\frac{3}{2}$ c) $\frac{9}{x}$ y $\frac{3}{4}$

b) $\frac{5}{6}$ y $\frac{x}{3}$ d) $\frac{1}{15}$ y $\frac{12}{x}$

65 Identifica estos enunciados con una razón. Encuentra otra razón que forme proporción con ella y escribe su enunciado.

a) En una parcela de 500 ha se han sembrado 50 ha.

b) En una botella de 2 ℓ se ha echado 1 ℓ de agua.

c) En una clase de 20 estudiantes hay 12 chicas.

d) María ha caminado 30 km en dos días.

e) 5 personas consumen 2 kg de fruta al día.

66 **INVENTA.** Escribe dos razones que formen una proporción.

67 Escribe una proporción en cada caso.

a) Los extremos son 2 y 5.

b) Los medios son 3 y 4.

68 Calcula el valor de x para que estas razones formen una proporción.

a) $\frac{1+x}{2}$ y $\frac{6}{4}$ b) $\frac{15}{12}$ y $\frac{10}{x+3}$ c) $\frac{7}{4}$ y $\frac{x+2}{x+1}$

69 Encuentra los posibles valores de x para que estas razones formen una proporción.

a) $\frac{x}{9}$ y $\frac{4}{x}$ c) $\frac{3}{x}$ y $\frac{x}{12}$

b) $\frac{27}{x}$ y $\frac{x}{3}$ d) $\frac{x}{18}$ y $\frac{8}{x}$

70 Halla los posibles valores de x para que estas razones formen una proporción.

a) $\frac{x-2}{5}$ y $\frac{1}{x+2}$ b) $\frac{2}{x-3}$ y $\frac{x-2}{6}$

71 Calcula los valores que faltan para que estas razones formen una proporción.

a) $\frac{a}{5}=\frac{6}{10}=\frac{c}{15}=\frac{15}{d}=\frac{e}{50}=\frac{75}{f}$

b) $\frac{a}{8}=\frac{b}{10}=\frac{15}{40}=\frac{9}{d}=\frac{e}{48}=\frac{60}{f}$

72 Indica posibles valores de x e y para que las razones formen una proporción.

a) $\frac{x}{9}$ y $\frac{y}{3}$ c) $\frac{x}{5}$ y $\frac{8}{y}$ e) $\frac{4}{x}$ y $\frac{y}{12}$

b) $\frac{2}{x}$ y $\frac{y}{3}$ d) $\frac{12}{x}$ y $\frac{6}{y}$ f) $\frac{x}{10}$ y $\frac{y}{6}$

73 **RETO.** ¿Qué relación se tiene que cumplir entre x e y para que estas razones formen una proporción?

$$\frac{x}{y} \text{ y } \frac{y}{x}$$

Magnitudes directamente proporcionales

ACTIVIDADES FLASH

74 Explica si estas magnitudes son directamente proporcionales.

a) El número de kilogramos de manzanas que compramos y el precio que pagamos por ellas.

b) El tamaño de la pantalla del teléfono y su precio.

c) El número de personas que van en un autobús y el número de asientos disponibles.

d) El tiempo que circula un coche a 100 km/h y la distancia que recorre.

e) El tiempo que estudiamos para un examen y la nota que sacamos.

f) El precio de una casa y el número de habitaciones que tiene.

g) La cantidad de ingredientes que utilizamos en una receta y el número de comensales que somos.

75 Decide si estas tablas corresponden a magnitudes directamente proporcionales.

a)

X	1	3	10	12	15
Y	3	9	27	35	40

b)

X	10	15	20	35	45
Y	4	6	27	14	18

76 Copia y completa las tablas en tu cuaderno para que estas magnitudes sean directamente proporcionales. Después, halla la constante de proporcionalidad.

a)

X	200	400		5000	5
Y	5		8		40

b)

X	0,5	10		100	
Y		4	1		0,1

77 Escribe la fórmula que relaciona las siguientes magnitudes, haz una tabla con valores para cada una y di si son directamente proporcionales.

a) Perímetro del cuadrado de lado *l*.

b) Longitud de la circunferencia de radio *r*.

c) Área del rectángulo de base 5 cm y altura *a*.

d) Perímetro del rectángulo cuya base *b* es doble de la altura *a*.

78 En un polígono regular podemos relacionar su perímetro con la longitud de su lado. ¿Es una relación directamente proporcional? En caso afirmativo, escribe un ejemplo e indica la constante de proporcionalidad.

79 **INVENTA.** Escribe un enunciado y construye una tabla de valores que relacione dos magnitudes directamente proporcionales con estas constantes de proporcionalidad:

a) 2 b) 5 c) 10 d) 100

80 En el comedor de un centro escolar disponen de una barra de pan por cada cuatro estudiantes.

a) Estudia si se trata de una relación de proporcionalidad y, en caso afirmativo, indica la constante de proporcionalidad.

b) ¿Cuántas barras de pan tendrán para los 360 estudiantes que se quedan al comedor?

81 Un grupo de personas planta 36 árboles en 2 horas. ¿Cuántos árboles plantarán en 3 horas?

82 **MATEMATICAS Y... SALUD.** La OMS recomienda, por lo general, que una persona adulta tome 2 ℓ de agua diarios.

a) ¿Cuántos litros de agua está recomendado que beba una persona adulta durante un mes?

b) ¿Cuántos litros de agua tienen que comprar 4 personas adultas durante un mes? ¿Cuántos bidones de agua de 5 ℓ necesitan para cubrir las recomendaciones generales?

83 Un paquete de galletas de 500 g cuesta 3,50 €. Otro paquete de galletas de 200 g del mismo tipo cuesta 1,40 €.

a) ¿Se puede afirmar que la cantidad de gramos y el precio son directamente proporcionales en este caso?

b) ¿Cuánto costaría un paquete de galletas de 1 kg de ese tipo?

84 **MATEMATICAS E... IMPUESTOS.** En 2024, la nueva actualización tributaria estableció que la cantidad que un trabajador se puede desgravar es 0,26 € por kilómetro recorrido por motivos de trabajo.

a) Una persona quiere desgravarse los gastos por kilometraje durante el mes de abril de 2024. Si ha recorrido 345 km, ¿cuánto dinero se puede desgravar?

b) Una persona se desgravó 140,40 € por kilometraje ese mes, ¿cuántos kilómetros recorrió?

85 Si un kilo de fresas cuesta 4,80 €, calcula el precio que habrá que pagar por estas cantidades.

a) 200 gramos.

b) Medio kilo.

c) Tres cuartos de kilo.

d) Un cuarto de kilo.

Magnitudes inversamente proporcionales

ACTIVIDADES FLASH

86 Indica cuáles de los siguientes pares de magnitudes son inversamente proporcionales:

a) Velocidad a la que circula un coche y tiempo que emplea en realizar un trayecto.

b) Número de latas de refresco y su precio.

c) Litros de combustible que gasta un generador de emergencia de un hospital y tiempo que puede estar funcionando.

d) Altura de los árboles en un momento dado y longitud de la sombra que producen.

87 Decide si estas tablas corresponden a magnitudes inversamente proporcionales.

a)

X	1,5	0,25	25	75	150
Y	100	600	6	2	1

b)

X	1	2	5	6	9
Y	15	7,5	5	3	2

88 Copia y completa las tablas en tu cuaderno para que estas magnitudes sean inversamente proporcionales e indica la constante de proporcionalidad.

a)

X	6	30	20	15	5
Y	4				

b)

X	80				
Y	2,5	5	10	15	25

c)

X	35	7			60
Y	2		4	8	

89 En un rectángulo de área 100 cm² podemos relacionar su base con su altura. ¿Se relacionan de forma inversamente proporcional? En caso afirmativo, escribe un posible rectángulo e indica la constante de proporcionalidad.

90 **INVENTA.** Escribe un enunciado y construye una tabla de valores que relacione dos magnitudes inversamente proporcionales con estas constantes de proporcionalidad inversa:

a) 2 b) 5 c) 10 d) 100

91 Andrés estima que, si coloca 6 grifos, tardará 16 horas en llenar su piscina. ¿Cómo se relacionan el tiempo y el número de grifos?

Completa el crucigrama con los datos que faltan.

	A	B	C
1			
2			
3			

HORIZONTALES

	Tiempo (h)		N.º de grifos
1.	4	⟶	x
2.	x	⟶	32
	x	⟶	12
3.	x	⟶	4

VERTICALES

	Tiempo (h)		N.º de grifos
A.	x	⟶	3
B.	x	⟶	48
	x	⟶	24
C.	x	⟶	2

92 Tenemos pienso para alimentar a 76 vacas durante 30 días. ¿Cuántos días se podrá alimentar a una cuarta parte más de vacas con la misma cantidad de pienso?

93 Se cree que para construir la pirámide de Keops trabajaron 20 000 personas durante 10 horas diarias y tardaron 20 años en acabarla.

a) ¿Cuánto tardarían si hubieran sido 10 000 personas más?

b) ¿Cuántas personas se necesitarían para terminar en 15 años?

94 Un grupo de 15 personas realiza un trabajo en cuatro semanas.

a) ¿Cuánto tardarían 14 personas? ¿Y 20?

b) Si se quiere acabar en 12 días, ¿cuántas personas serían necesarias?

95 Ana, a 105 km/h, tarda 5 h en recorrer lo mismo que Pedro en 7,5 h. ¿Qué velocidad lleva Pedro?

96 Con un consumo de 4 horas diarias, un depósito de gas dura 24 días. ¿Cuánto duraría con estos consumos?

a) 6 horas al día.
b) 2,5 horas al día.
c) 3 horas al día.
d) 8 horas al día.

97 Un coche tarda 6 horas en recorrer un trayecto a 90 km/h.

a) ¿A qué velocidad media tendrá que ir si quiere recorrerlo en 5 horas?

b) ¿Y en 10 horas?

c) Si el límite de velocidad permitido en la carretera es de 120 km/h, ¿cuánto tiempo tardará como mínimo en hacer el trayecto?

98 **JUEGO.** Busca las parejas que se relacionan mediante proporcionalidad inversa de constante $k = 144$. Copiad las tarjetas para jugar al *memory*.

1	8	4	2
3	72	18	6
24	48	36	144

Repartos directamente proporcionales

99 Reparte 300 de forma directamente proporcional a estas cantidades.

a) 2 y 4 b) 5 y 7 c) 2, 3 y 5

100 Una empresa reparte 6 000 € entre tres personas de forma directamente proporcional a los años que llevan trabajando: 3, 5 y 7. ¿Cuánto recibe cada una?

101 Entre 3 personas realizan un trabajo: la primera le dedica 58 h; la segunda, 35 h, y la tercera, 17 h. ¿Cuánto cobrará cada una si les pagan 7 150 €?

102 **INVESTIGA.** Ramón quiere repartir una cantidad C de forma directamente proporcional a x, y, z. Responde razonadamente:

a) ¿Cuál es la constante de proporcionalidad?

b) ¿Qué parte le corresponde a x?

c) Si repartiera el doble de C, ¿qué parte le correspondería a x?

d) Si el reparto de C se hiciera de forma directamente proporcional a $2x$, $2y$, $2z$, ¿qué correspondería a $2x$?

103 Una madre reparte unos caramelos entre sus hijos de forma directamente proporcional a sus edades, que son 2, 3, 8 y 12 años. Si al mayor le han correspondido 36, calcula cuántos ha repartido.

Repartos inversamente proporcionales

104 Reparte 48 de forma inversamente proporcional a estas cantidades.

a) 2 y 3 b) 1 y 5 c) 2, 5 y 10

105 En unas fiestas populares se ha organizado un juego para niñas y niños que consiste en transportar un huevo sobre una cuchara que se lleva en la boca. Se ha decidido repartir el premio de 28 boletos de la feria de forma inversamente proporcional entre quienes han necesitado menos huevos para completar la carrera: 1, 2 y 4 huevos. ¿Cuántos boletos se lleva cada uno de estos tres participantes?

106 Al repartir una cantidad en partes inversamente proporcionales a 2, 5 y 10, la cantidad que le corresponde a 10 es 1 250. Calcula la cantidad que se ha repartido y la que les corresponde a 2 y 5.

107 Si repartes una cantidad en partes inversamente proporcionales a 10, 7 y 3, la cantidad que le corresponde a 3 es 50. ¿Qué cantidad les corresponde a 10 y 7?

108 Carlos, Javier y Mario compraron un décimo de lotería de Navidad. Carlos puso 12 €; Javier, 5 €, y Mario, 3 €. El décimo fue premiado y, en el reparto, a Javier le tocaron 20 000 €. Calcula cuánto les correspondió a los otros dos y la cuantía del premio.

109 De acuerdo con un testamento, se reparten 359 568 € entre tres personas en partes inversamente proporcionales a su sueldo mensual. Calcula lo que le corresponderá a cada uno si el sueldo menor es $\frac{2}{3}$ del sueldo intermedio, y este es $\frac{3}{4}$ del mayor.

2. Realiza cálculos con porcentajes y resuelve situaciones de la vida cotidiana

ACTIVIDADES FLASH

110 Calcula estos porcentajes.

a) 100 % de 47
b) 50 % de 30
c) 25 % de 100
d) 10 % de 1 500
e) 100 % de 62
f) 50 % de 840
g) 25 % de 1 600
h) 10 % de 198

111 Halla estos porcentajes.

a) 148 % de 75
b) 62 % de 824
c) 76 % de 450
d) 32 % de 1 020
e) 99 % de 990
f) 3 % de 4 805

112 Halla estos porcentajes encadenados.

a) 20 % del 6 % de 300
b) 8,2 % del 2,8 % de 180
c) 46 % del 17 % de 2 600
d) 35 % del 25 % de 400

113 **INVESTIGA.** Razona si es verdadero o falso.

a) El 25 % de 200 equivale al 50 % de 100.
b) El 40 % de 48 coincide con el 20 % de 24.
c) El 20 % de 50 es lo mismo que el 50 % de 20.
d) El 20 % de 7 más el 30 % de 7 es el 50 % de 14.

114 Indica qué tanto por ciento representa 45 con respecto a cada una de estas cantidades.

a) 90 c) 180 e) 225
b) 450 d) 270 f) 4 500

115 Indica qué tanto por ciento representan.

a) 9 de 45 c) 50 de 80 e) 2 de 20
b) 3 de 4 d) 12 de 15 f) 0,02 de 1

116 En la información nutricional de un alimento se indica que el 8 % son proteínas. Si cada porción pesa 60 g, ¿qué cantidad de proteínas se ingieren por porción?

117 En una obra de teatro participan 60 personas. De ellas, 12 cantan durante su actuación. ¿Qué porcentaje debe saber cantar?

118 En una junta de vecinos han asistido 48 personas. Si suponen un 20 % de los habitantes del edificio, ¿cuántas personas hay en total?

119 En España hay alrededor de 48,5 millones de personas, de las cuales, el 20 % tienen más de 65 años. ¿Cuántas personas tienen menos de 65 años?

120 El precio de venta de un libro es de 28,50 € y la autora recibe 2,28 € por cada libro vendido. ¿Qué porcentaje cobra por derechos de autor?

121 **MATEMÁTICAS Y… ALIMENTACIÓN.** Carlos consume una media de 240 g de fruta y verdura diaria, lo que solo supone un 60 % de la cantidad diaria recomendada por la OMS. ¿Cuál es la cantidad de fruta y verdura diaria que debemos ingerir según la OMS?

122 En el escaparate de una tienda se leen estas promociones para dos artículos distintos: «Antes 45 €, ahora 35 €» y «Antes 230 €, ahora 170 €». ¿Se han rebajado los dos artículos el mismo porcentaje?

123 En un establecimiento se anunciaron las primeras rebajas con un descuento del 30 %. Después, se anunciaron las segundas rebajas con un descuento del 40 % sobre el precio ya rebajado. ¿Cuál de las siguientes afirmaciones es equivalente a esta situación?

a) Aplican al precio inicial un 30 % de descuento durante una temporada y luego aplican un 40 %. Dependiendo de la temporada, así es la rebaja.

b) Aplican un 30 % de descuento y luego hacen un 40 %, con lo que realmente hacen un 70 % de rebaja.

c) Aplican un 30 % y luego rebajan los precios otro 40 %, con lo que comprando durante las segundas rebajas los artículos están rebajados un 58 %.

Interés simple

124 Calcula los beneficios que se obtienen al depositar 3 000 € durante 4 años con estos réditos anuales.

a) 2 % b) 1,4 % c) 4 % d) 3,6 %

125 Calcula cuánto tiempo se deben invertir 2 000 € al 2,5 % de rédito para obtener un interés de 200 €.

126 Ruth invirtió 500 € durante cuatro meses y obtuvo unos beneficios de 2,50 €. Su amigo Javier invirtió 800 € durante tres meses y consiguió 2,80 €. ¿En cuál de las inversiones fue mayor el rédito?

Aumentos y disminuciones porcentuales

ACTIVIDADES FLASH

127 ¿Por qué número hay que multiplicar 500 para aumentarlo estas cantidades?

a) 10 % b) 30 % c) 15 % d) 1 % e) 100 %

¿Y para disminuirlo estas cantidades?

f) 10 % g) 30 % h) 15 % i) 1 % j) 50 %

128 ¿Cuál es la cantidad que se obtiene en cada caso partiendo de una cantidad inicial de 180?

a) Un aumento del 2,3 %. c) Un aumento del 4 %.

b) Un descenso del 15 %. d) Un descenso del 25,5 %.

Cómo se calcula el precio inicial conociendo el precio aumentado o rebajado

129 Calcula el precio inicial de un producto que vale 16 € después de haber aumentado su precio de venta en un 15 %.

PRIMERO. Si el precio inicial es el 100 %, se calcula el porcentaje que representa el precio final.

Si el precio inicial se ha aumentado un 15 %:

Precio final = 100 + 15 = 115 %

SEGUNDO. Se aplica una regla de tres para resolverlo.

$$\left.\begin{array}{l}\text{Si el } 115\,\% \xrightarrow{\text{es}} 16\,€ \\ \text{el } 100\,\% \xrightarrow{\text{será}} x\,€\end{array}\right\} \rightarrow \frac{115}{100} = \frac{16}{x}$$

$$x = \frac{100 \cdot 16}{115} = 13{,}91\,€$$

El precio inicial era 13,91 €.

130 Calcula el precio inicial de un producto que vale 32 € tras haber aumentado su precio un 25 %.

131 Halla el precio inicial de un producto que vale 130 € después de haberle aplicado:

a) Una rebaja del 10 %.

b) Un aumento del 20 %.

c) Una rebaja del 25 %.

132 **INVESTIGA.** Se disminuye una cantidad un 20 % y, a continuación, se aumenta un 20 %.

a) ¿Se obtiene la cantidad inicial?

b) ¿Cuánto habrá que aumentar para obtenerla?

133 Calcula el precio inicial de un producto que vale 108,90 € después de haber sido rebajado un 10 % y, luego, aumentado un 21 % por el IVA.

134 Halla el precio de compra de un ordenador que un intermediario vende a 756,25 €, tras fijarle una ganancia del 25 % y el IVA del 21 %.

135 ¿Qué tanto por ciento aumenta el área de un cuadrado de lado 6 cm al crecer el lado 1 cm?

136 Aumentando el lado de un cuadrado un 40 %, ¿en qué porcentaje queda aumentada su área?

137 **INVESTIGA.** Contesta razonadamente si aplicar a una cantidad dos aumentos del 18 %, uno tras otro, es lo mismo que aplicar un aumento del 18 % al doble de la cantidad.

FAKE NEWS

El precio de la mermelada

Durante este año, el precio del azúcar se ha duplicado. Por eso, el frasco de mermelada de fresas que el año pasado valía 1,20 € cuesta este año 2,40 €.

Y tú, ¿qué opinas?

PROBLEMAS APARENTEMENTE DISTINTOS

138 Completa la tabla de proporcionalidad inversa.

X	2	5	
Y	30		10

139 En pintar todas las paredes de un edificio, dos personas tardan 30 días.

a) ¿Cuánto tardarían 5 personas?

b) ¿Cuántas personas son necesarias para acabar el trabajo en 10 días?

140 Reparte 900 en partes directamente proporcionales a 15 y 21.

141 Rosa y Ángel trabajan en un restaurante. En Navidad han recaudado 900 € de las propinas, que se van a repartir proporcionalmente a las horas extras que han trabajado cada uno. Si Rosa ha trabajado 15 horas extras y Ángel 21, ¿cuánto les corresponde a cada uno?

142 Calcula x sabiendo que 29 % de $x = 8700$.

143 Nerea ha pagado 8 700 € por la entrada de un coche, lo que supone un 29 % del precio total del coche. ¿Cuánto cuesta el coche?

Carga y descarga

Hoy en día casi todo el mundo tiene algún tipo de teléfono móvil, que por lo general dispone de acceso a internet, contenido multimedia y redes sociales mediante datos.

Suelen ser fáciles de transportar y usar; sin embargo, hay que tener en cuenta su consumo de energía. La duración de su batería y su recarga se convierte en una necesidad y, muchas veces, en una obsesión.

Las baterías, en la actualidad, tienden a tener cada vez más capacidad y su proceso de carga es más corto, Se utilizan cargadores normales, rápidos y ultrarrápidos.

La potencia de los cargadores se mide en vatios (W).

La capacidad de las baterías se mide en miliamperios por hora (mAh).

		TIPO DE CARGA		
		Normal 5 W	Rápida 18 W	Ultrarrápida 45 W
CAPACIDAD	3000 mAh	3 h	1 h 30 min	1 h
	4000 mAh	4 h	2 h	1 h 20 min
	5000 mAh	5 h	2 h 30 min	1 h 40 min

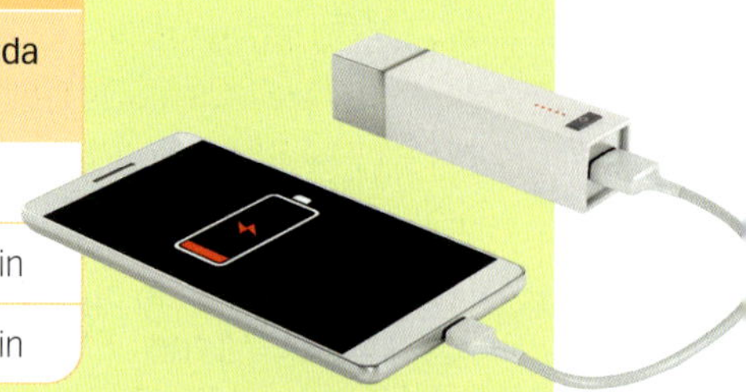

1 Una de cargadores

Mi teléfono de última generación tiene una batería de alta capacidad de 5 000 mAh, que asegura su funcionamiento todo el día. Entre sus ventajas está poder utilizar cargadores normales de 5 W, rápidos de 18 W y ultrarrápidos de 45 W.

- ¿Cuánto tiempo se tarda en cargar la mitad de la batería con cada cargador?
- Mi tableta utiliza los mismos cargadores que el teléfono móvil. Si en 2 horas carga la mitad de la batería, ¿qué capacidad tiene?

2 De la mañana a la noche

Al salir de casa por la mañana, a las 8:00 h, llevo mi teléfono cargado al 100 %. En condiciones de uso normales, atender mensajes y ver algún vídeo corto gasta la batería a un ritmo de un 1 % cada 12 minutos.

- A las 15:00 h llego al centro comercial, donde me conecto durante una hora a un punto de recarga que aumenta un 2 % la batería cada 6 minutos. ¿Qué cantidad de batería me queda al llegar al centro comercial? ¿Y al salir?
- Para llegar a la biblioteca voy en autobús. En el viaje tardo, aproximadamente, 30 minutos y en ese tiempo voy jugando con el teléfono. Eso consume más, un 3 % cada 2 minutos. ¿Cuánta batería me queda?
- En la biblioteca el gasto de la batería es el normal. Salgo a las 19:30 h y regreso a casa en media hora. En casa uso un cargador ultrarrápido que asegura el 50 % de carga en 20 minutos. Si me acuesto a las 23:00 h, ¿a qué hora debo ponerlo a cargar para llegar al máximo a la hora de acostarme?

PRODUCTO FINAL Descubre cómo alargar la vida de la batería

Para alargar la vida útil de la batería, lo ideal es no cargarla por encima del 80 % ni dejarla descargar por debajo del 20 %.

Realiza una entrevista a un familiar sobre el uso que hace habitualmente de su teléfono móvil. Consulta las características de la batería del terminal y del cargador que utiliza.

- Elabora una línea temporal indicando aproximadamente el nivel de batería del teléfono de tu familiar a lo largo de un día.
- Explícale cuándo debe cargar el teléfono para que el nivel de carga no baje del 20 % y cómo debe completar el ciclo de carga en casa para alcanzar el 80 % a la hora de acostarse.

RESUMEN DE UNIDAD

MAGNITUDES DIRECTAMENTE PROPORCIONALES

Magnitud *A*	1	2	4	6
Magnitud *B*	5	10	20	30

$\frac{1}{5} = \frac{2}{10} = \frac{4}{20} = \frac{6}{30} = 0{,}2 \rightarrow$ Constante de proporcionalidad directa

MAGNITUDES INVERSAMENTE PROPORCIONALES

Magnitud *A*	1	2	4	6
Magnitud *B*	24	12	6	4

$1 \cdot 24 = 2 \cdot 12 = 4 \cdot 6 = 6 \cdot 4 = 24 \rightarrow$ Constante de proporcionalidad inversa

PORCENTAJES

$a\,\%$ de $C = C \cdot \frac{a}{100}$

INTERÉS SIMPLE

$I = \frac{C \cdot r \cdot t}{100}$ (tiempo en años)

AUTOEVALUACIÓN

1. Identifica relaciones de proporcionalidad y las emplea para resolver problemas

1. Indica el valor de x para que estas razones formen una proporción: $\frac{x+6}{2}$ y $\frac{2x+3}{7}$.

   a) 2 b) −20 c) 12 d) −12

2. Sabiendo que dos pasos de Marcos equivalen a 95 cm, ¿cuánto miden cinco pasos?

   a) 237,5 cm c) 9,5 cm
   b) 38 cm d) 950 cm

3. El agua de un aljibe se saca en 340 veces empleando un cubo de 18 litros de capacidad. Si utilizamos un cubo de 12 litros, ¿cuántas veces necesitaremos introducir el cubo para vaciar el aljibe?

   a) 227 veces c) 226 veces
   b) 510 veces d) 340 veces

4. Un abuelo reparte 10 350 € entre sus tres nietos de forma directamente proporcional a sus edades. Si los dos hermanos menores tienen 22 años y 23 años, sabiendo que le correspondieron 3 600 €, ¿cuál es la edad del hermano mayor?.

   a) 24 años c) 30 años
   b) 25 años d) 50 años

5. Ramiro reparte 4 554 monedas entre sus hijos de forma inversamente proporcional a sus edades: 3, 5, 6 y 8 años. ¿Cuántas recibe el mayor?

   a) 1 840 b) 1 656 c) 690 d) 621

2. Realiza cálculos con porcentajes y resuelve situaciones de la vida cotidiana

6. Lucía reparte el 60 % de sus caramelos entre sus amigas. Si le quedan 18, ¿cuántos ha repartido?

   a) 45 b) 10 c) 11 d) 27

7. Una plataforma de *streaming* cuesta 12 € al mes. Durante una promoción hacen un descuento del 20 % a las personas que se suscriban. ¿Cuánto pagarán?

   a) 9,60 € b) 10 € c) 6 € d) 2,40 €

8. Si a cierta cantidad C se le aplica un descuento del 15 % y un aumento del 30 %, resulta 2 210 €. Halla C.

   a) 2 303,95 € b) 2 000 € c) 2 442,05 €

VALORA TU APRENDIZAJE

- ¿Valoras distintas formas de resolver un problema?
- ¿Escuchas todas las sugerencias al trabajar en equipo?

8 Proporcionalidad geométrica

DESAFÍO

Monedas a montones

Para rodear completamente una moneda se necesitan 6 monedas iguales a ella.

¿Cuántas monedas necesitas para rodear estas 3 monedas?

SITUACIÓN DE APRENDIZAJE

Preparar una ruta de senderismo

Caminar por el campo y disfrutar del entorno es un ejercicio saludable y al alcance de casi todo el mundo. Si vas a practicar senderismo, debes informarte previamente de las características de la ruta que quieres hacer.

- ¿Sabes interpretar un mapa?
- ¿Para qué sirven los mapas de curvas de nivel?
- ¿Qué características de una ruta definen su nivel de dificultad?

Para contestar a todas estas preguntas necesitas conocer la proporcionalidad geométrica.

¿Qué sabes ya?

Cómo se calcula el término desconocido en una proporción

Para calcular el término desconocido en una proporción, se aplica la propiedad fundamental de las proporciones: el producto de extremos es igual al producto de medios.

$$\frac{a}{b} = \frac{c}{d} \rightarrow a \cdot d = b \cdot c$$

EJEMPLO

Para calcular x en esta proporción: $\frac{8}{6} = \frac{4}{x}$,

hacemos el siguiente cálculo:

$$8 \cdot x = 6 \cdot 4 \rightarrow x = \frac{6 \cdot 4}{8} = \frac{24}{8} = 3$$

ACTIVIDADES

1 Calcula el término desconocido en $\frac{5}{x} = \frac{4}{12}$.

a) $x = 16$
b) $x = 13$
c) $x = 14$
d) $x = 15$

1. Segmentos proporcionales

- La **razón**, r, **de dos segmentos**, AB y CD, es el número que resulta de dividir la longitud del segmento AB entre la longitud del segmento CD.

$$r = \frac{\overline{AB}}{\overline{CD}}$$

- Los **segmentos** AB y CD son **proporcionales** a los segmentos EF y GH si la razón de AB y CD es igual a la razón de EF y GH.

$$\frac{\overline{AB}}{\overline{CD}} = \frac{\overline{EF}}{\overline{GH}} = r$$

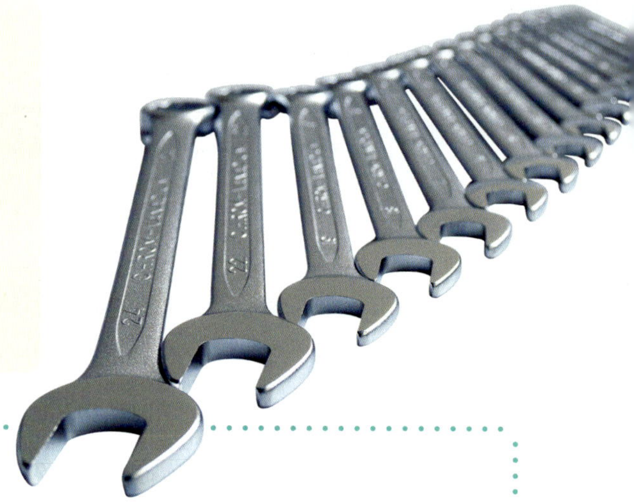

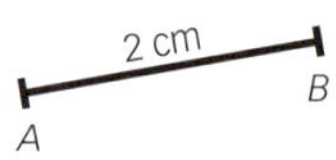

AB → Nombre del segmento

$\overline{AB} = 2$ cm → Longitud del segmento

El segmento que forma proporción con tres segmentos dados se llama **cuarto segmento proporcional**.

EJEMPLO

1. Resuelve a partir de los segmentos siguientes.

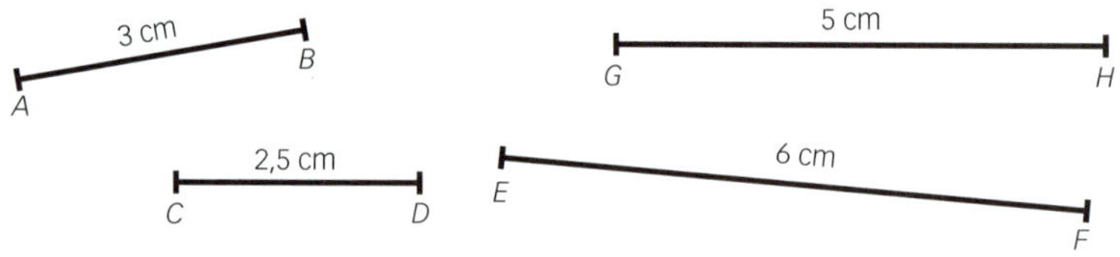

a) La razón de los segmentos AB y CD y de los segmentos EF y GH.

$$\frac{\overline{AB}}{\overline{CD}} = \frac{3}{2,5} = 1,2 \qquad \frac{\overline{EF}}{\overline{GH}} = \frac{6}{5} = 1,2$$

b) Si los segmentos AB y CD, y los segmentos EF y GH son proporcionales.

Se cumple que $\frac{\overline{AB}}{\overline{CD}} = \frac{\overline{EF}}{\overline{GH}} = 1,2$.

Por tanto, AB y CD son proporcionales a EF y GH.

EJEMPLO

2. Dados tres segmentos de longitudes 6, 5 y 4,5 cm, respectivamente, halla un cuarto segmento que sea proporcional a los anteriores.

Si son segmentos proporcionales, se cumple que:

$$\frac{6}{5} = \frac{4,5}{x} \rightarrow 6 \cdot x = 5 \cdot 4,5 \rightarrow x = \frac{5 \cdot 4,5}{6} = 3,75$$

El cuarto segmento mide 3,75 cm.

Recuerda la regla de los productos cruzados.

$$\frac{a}{b} \times \frac{c}{d} \rightarrow a \cdot d = b \cdot c$$

ACTIVIDADES

1 Indica si son proporcionales estos cuatro segmentos.

a) $\overline{AB} = 18$ cm, $\overline{CD} = 30$ mm, $\overline{EF} = 30$ mm y $\overline{GH} = 5$ mm.

b) $\overline{AB} = 2,5$ cm, $\overline{CD} = 5$ cm, $\overline{EF} = 4,5$ cm y $\overline{GH} = 8$ cm.

2 Halla la longitud del segmento desconocido.

a) $\frac{\overline{AB}}{3} = \frac{8}{12}$ b) $\frac{5}{\overline{AB}} = \frac{12}{60}$ c) $\frac{1}{3} = \frac{15}{\overline{AB}}$

3 **REFLEXIONA.** Si la razón entre $\overline{AB}$ y $\overline{CD}$ es $\frac{1}{2}$, ¿cuál es la razón entre $\overline{CD}$ y $\overline{AB}$?

2. Teorema de Tales

Si tres rectas paralelas, *a*, *b* y *c*, cortan a dos rectas, *r* y *s*, los segmentos que determinan son proporcionales.

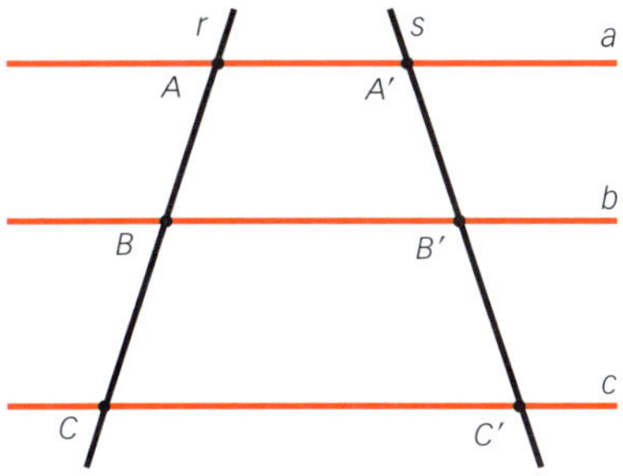

$$\left.\begin{array}{l}\dfrac{\overline{AB}}{\overline{A'B'}}=\dfrac{\overline{BC}}{\overline{B'C'}}\\[2ex]\dfrac{\overline{AB}}{\overline{A'B'}}=\dfrac{\overline{AC}}{\overline{A'C'}}\end{array}\right\}\rightarrow\dfrac{\overline{AB}}{\overline{A'B'}}=\dfrac{\overline{BC}}{\overline{B'C'}}=\dfrac{\overline{AC}}{\overline{A'C'}}$$

Esta igualdad se conoce como el **teorema de Tales**.

RETO

¿Cómo deben ser las rectas *r* y *s* para que los segmentos obtenidos sean iguales?

Si dos rectas paralelas, *a* y *b*, cortan a dos rectas, *r* y *s*, también se cumple que:

$$\frac{\overline{OA}}{\overline{AA'}}=\frac{\overline{OB}}{\overline{BB'}}$$

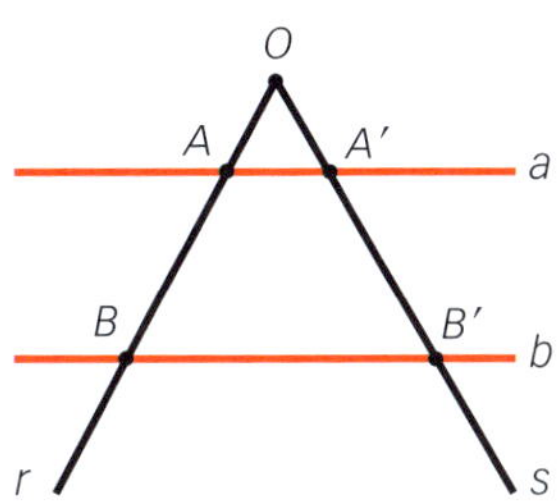

EJEMPLO

3. Aplica el teorema de Tales y calcula la longitud del segmento *A′B′*.

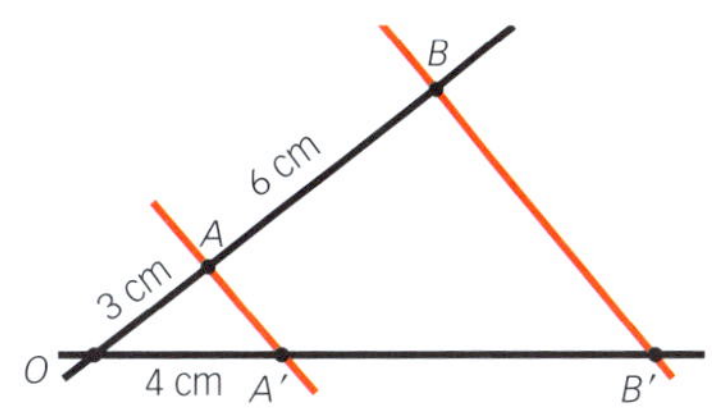

Por el teorema de Tales:

$$\frac{\overline{OA}}{\overline{OA'}}=\frac{\overline{AB}}{\overline{A'B'}}\rightarrow\frac{3}{4}=\frac{6}{\overline{A'B'}}\rightarrow 3\cdot\overline{A'B'}=4\cdot 6\rightarrow\overline{A'B'}=\frac{4\cdot 6}{3}=8$$

El segmento *A′B′* mide 8 cm.

ACTIVIDADES

4 Calcula la longitud de *OA′* y *BC*.

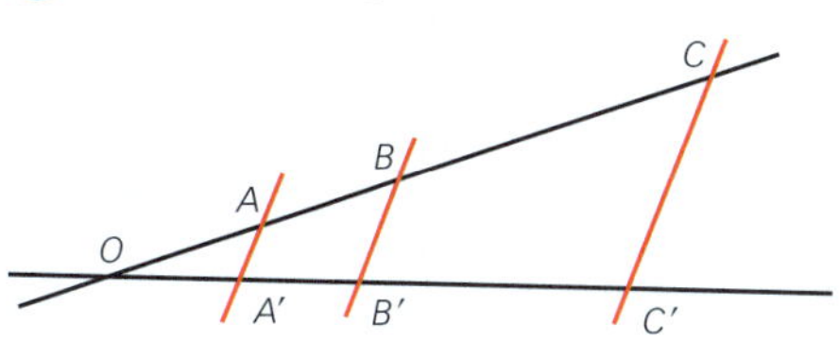

$\overline{OA}$ = 3 cm
$\overline{AB}$ = 2,25 cm
$\overline{A'B'}$ = 1,5 cm
$\overline{B'C'}$ = 5 cm

5 Calcula la longitud del segmento *OC* en la figura de la actividad anterior.

6 **REFLEXIONA.** En la siguiente figura, la razón es $\dfrac{\overline{OB}}{\overline{OB'}}=0{,}8$.

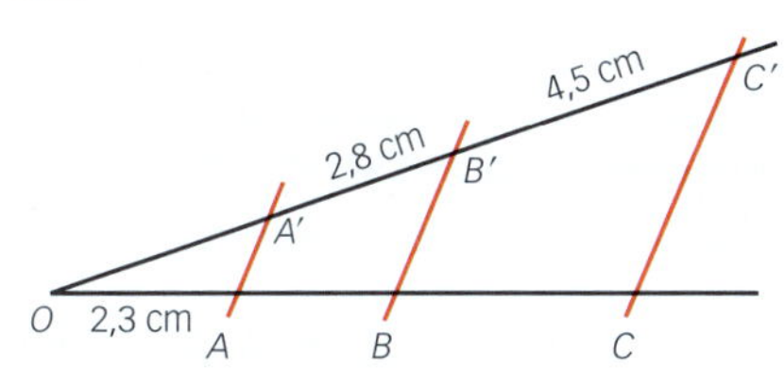

Calcula $\overline{OA'}$, $\overline{AB}$ y $\overline{BC}$.

Cómo se dividen segmentos en partes iguales o proporcionales

GEOGEBRA

> Por el teorema de Tales, los segmentos en los que queda dividido el segmento *AB* guardan la misma proporción que los que hemos dibujado sobre la semirrecta *r*.

Divide el segmento *AB* en:

a) Tres partes iguales.

b) Tres partes, de forma que la última parte tenga el triple de longitud que la primera, y la segunda, el doble de la primera.

① **Trazamos una semirrecta *r* con origen en *A*, que forme un ángulo con el segmento *AB*. Dibujamos sobre *r* segmentos que cumplan las condiciones pedidas.**

a) Las partes tienen que ser iguales. Dibujamos sobre *r*, a partir de *A*, 3 segmentos iguales con cualquier longitud, *d*.

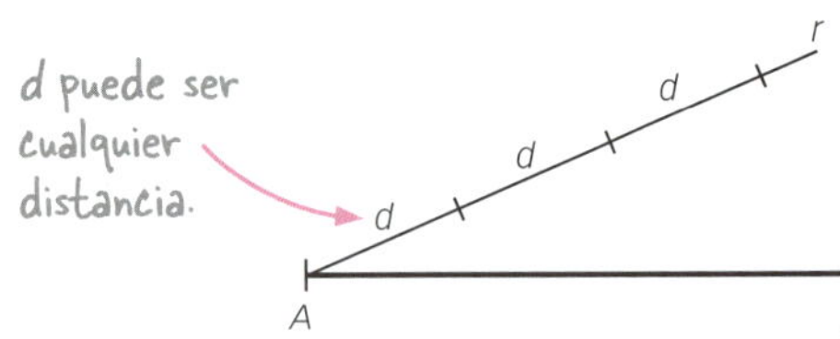

b) Las partes deben ser proporcionales. Dibujamos sobre *r*, a partir de *A*, 3 segmentos, de forma que el primero tenga una longitud *d*, el segundo 2*d* y el tercero 3*d*.

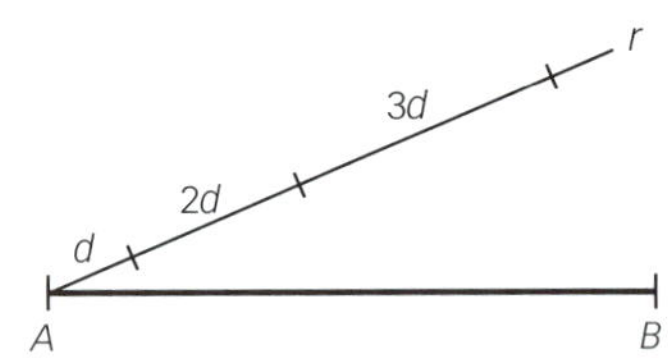

② **Unimos el extremo del último segmento con el punto *B* y trazamos paralelas a esta recta desde las otras divisiones.**

a)

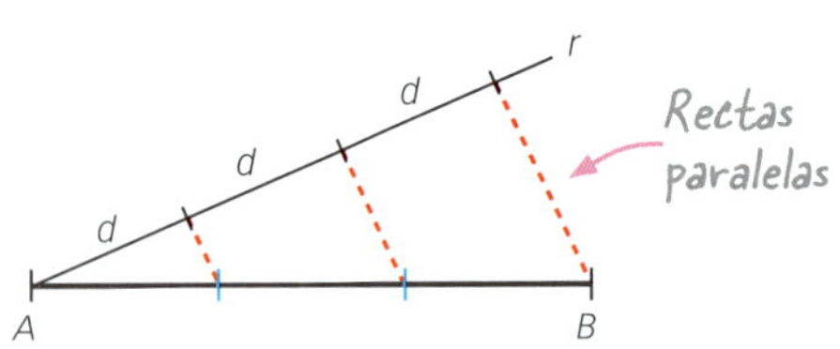

b)

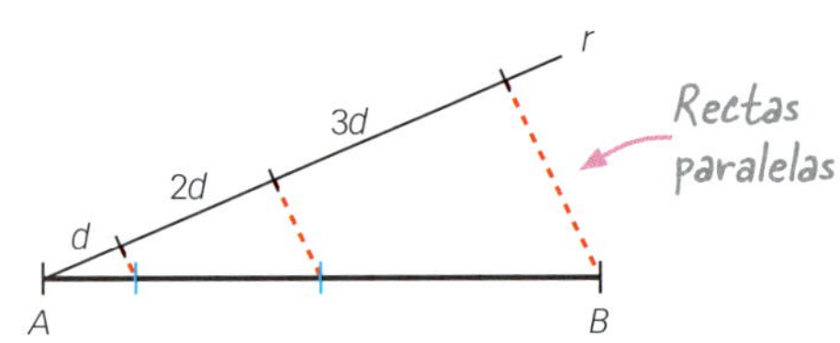

ACTIVIDADES

7 Divide gráficamente un segmento *AB*, con $\overline{AB}$ = 10 cm, en:

a) 4 partes iguales.

b) 6 partes iguales.

8 Divide gráficamente un segmento de 7 cm en:

a) 5 partes iguales.

b) 2 partes, siendo una la mitad de la otra.

9 Divide un segmento de 10 cm en partes proporcionales a dos segmentos de 2 cm y 3 cm. ¿Cuánto miden los segmentos resultantes?

10 Divide un segmento de 10 cm en partes proporcionales a tres segmentos que miden 1 cm, 1,5 cm y 2 cm, respectivamente.

11 Divide un segmento de 14 cm en tres partes, siendo cada una el triple de la anterior.

12 Divide un segmento *AB*, con $\overline{AB}$ = 18 cm, en partes proporcionales a tres segmentos de medidas:

a) 3 cm, 5 cm y 6 cm.

b) 2 cm, 4 cm y 6 cm.

c) 3 cm, 4 cm y 5 cm.

d) 2 cm, 6 cm y 9 cm.

Calcula las longitudes de los segmentos y compara el resultado con la solución gráfica.

13 Observa la siguiente figura.

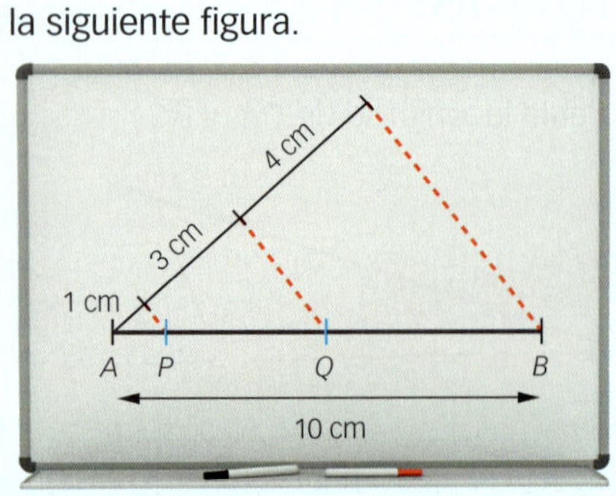

¿Cuánto miden los segmentos *AP*, *PQ* y *QB*?

3. Semejanza de triángulos

3.1. Triángulos semejantes

Dos **triángulos** $\widehat{ABC}$ y $\widehat{A'B'C'}$ son **semejantes** si tienen:

1.º Los ángulos iguales: $\widehat{A} = \widehat{A'}$, $\widehat{B} = \widehat{B'}$ y $\widehat{C} = \widehat{C'}$.

2.º Los lados proporcionales: $\dfrac{\overline{AB}}{\overline{A'B'}} = \dfrac{\overline{BC}}{\overline{B'C'}} = \dfrac{\overline{AC}}{\overline{A'C'}}$.

Triángulos semejantes

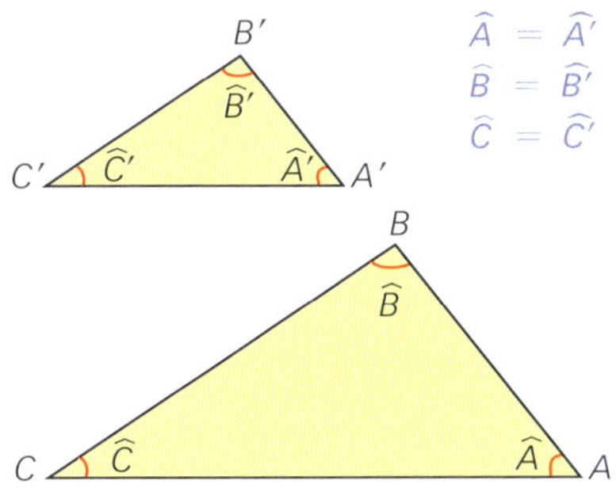

3.2. Triángulos en posición de Tales

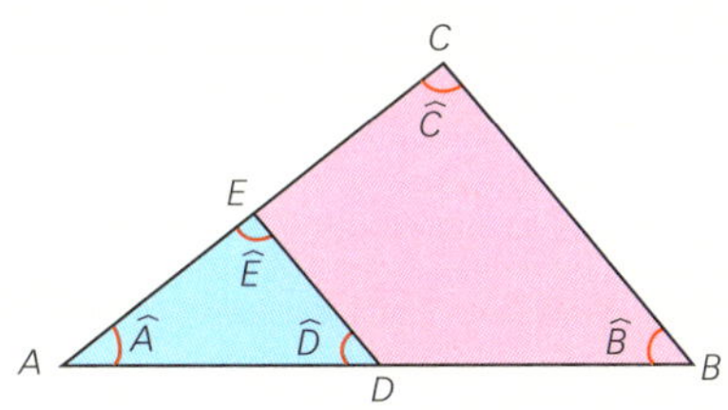

Dos **triángulos**, $\widehat{ABC}$ y $\widehat{ADE}$, están en **posición de Tales** cuando tienen un ángulo común, $\widehat{A}$, y los lados opuestos a este ángulo, DE y BC, son paralelos.

Dos triángulos en posición de Tales son siempre semejantes.

GEOGEBRA

EJEMPLO

4. ¿Son semejantes los triángulos $\widehat{ABC}$ y $\widehat{ADE}$?

Comprobamos que cumplen las condiciones de triángulos semejantes:

1.ª Tienen los ángulos iguales.

$\widehat{A}$ es común a los dos triángulos.

$\widehat{E} = \widehat{C}$ y $\widehat{D} = \widehat{B}$ → Porque son ángulos agudos de lados paralelos.

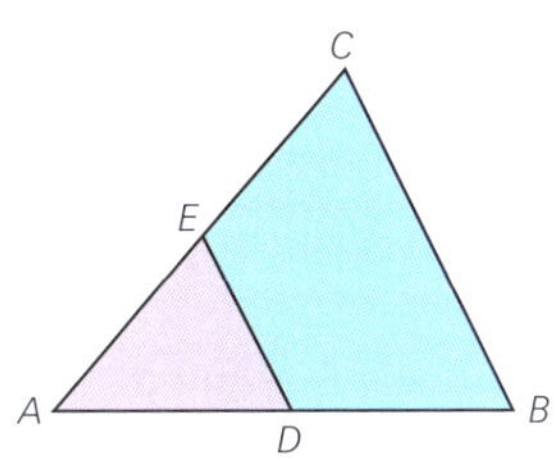

2.ª Tienen los lados proporcionales.

Por el teorema de Tales: $\dfrac{\overline{AC}}{\overline{AE}} = \dfrac{\overline{AB}}{\overline{AD}} = \dfrac{\overline{CB}}{\overline{ED}}$ → Son proporcionales.

ACTIVIDADES

14 Dibuja en el cuaderno estos triángulos en posición de Tales.

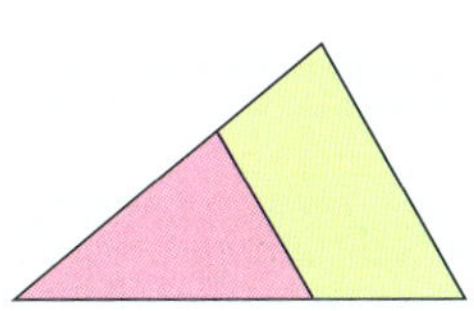

Nombra los ángulos y pinta del mismo color los ángulos iguales en los dos triángulos.
¿Cuál es el ángulo común?

15 Dibuja tres pares de triángulos:

a) Que estén en posición de Tales.

b) Que no estén en posición de Tales y sean semejantes.

16 **REFLEXIONA.** Explica cómo calcularías $\overline{CE}$ y $\overline{BC}$.

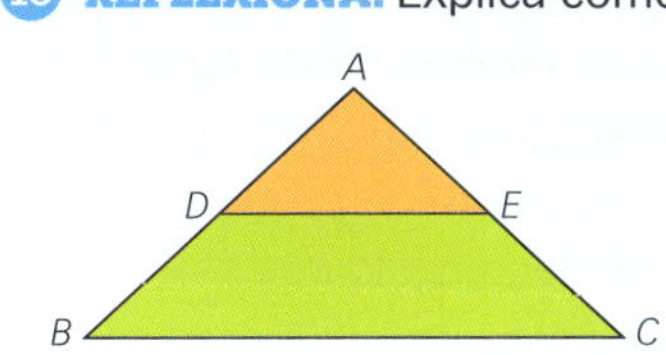

$\overline{AB} = 5$ cm

$\overline{DE} = 3{,}5$ cm

$\overline{AC} = 5$ cm

$\overline{BD} = 2{,}5$ cm

4. Criterios de semejanza de triángulos

Los **criterios de semejanza** de triángulos son las condiciones mínimas que tienen que cumplir dos triángulos para que sean semejantes.

PRIMER CRITERIO. Dos triángulos son semejantes si sus **lados son proporcionales.**

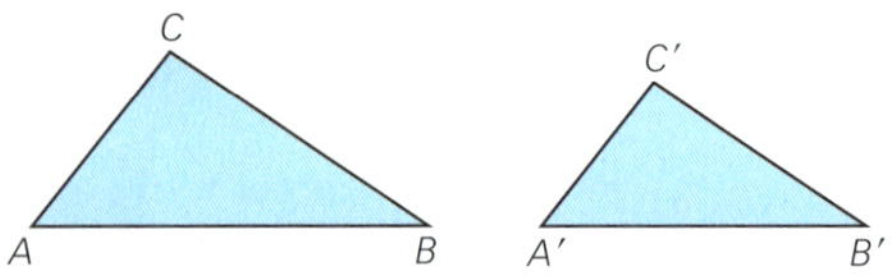

$$\frac{\overline{AB}}{\overline{A'B'}} = \frac{\overline{BC}}{\overline{B'C'}} = \frac{\overline{AC}}{\overline{A'C'}}$$

SEGUNDO CRITERIO. Dos triángulos son semejantes si **tienen dos ángulos iguales.**

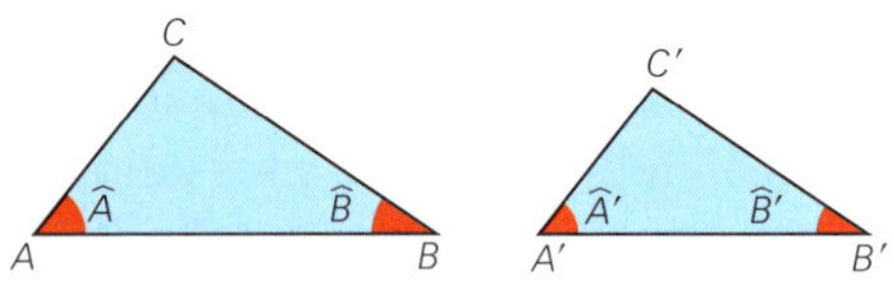

$$\widehat{A} = \widehat{A'}$$
$$\widehat{B} = \widehat{B'}$$

TERCER CRITERIO. Dos triángulos son semejantes si tienen **un ángulo igual** y los **dos lados** que lo forman son **proporcionales.**

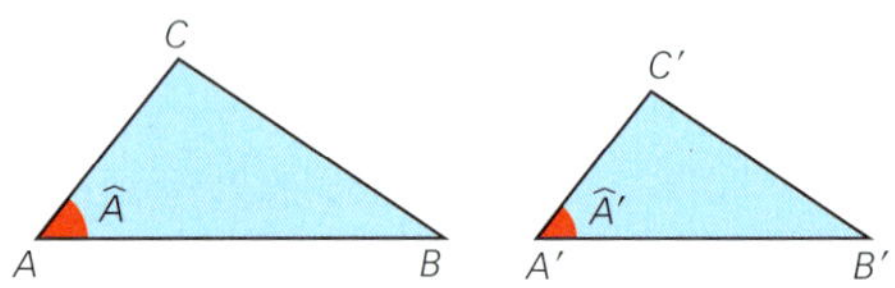

$$\widehat{A} = \widehat{A'}$$
$$\frac{\overline{AC}}{\overline{A'C'}} = \frac{\overline{AB}}{\overline{A'B'}}$$

Dos triángulos rectángulos son semejantes:

- Si tienen un ángulo agudo igual.
- O si dos de sus lados son proporcionales.

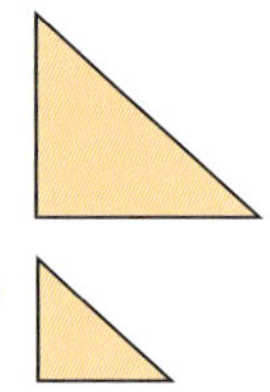

Dos triángulos que cumplan cualquier criterio de semejanza son semejantes y, por tanto, se pueden poner en posición de Tales.

EJEMPLO

5. Determina si $\widehat{ABC}$ y $\widehat{A'B'C'}$ son semejantes.

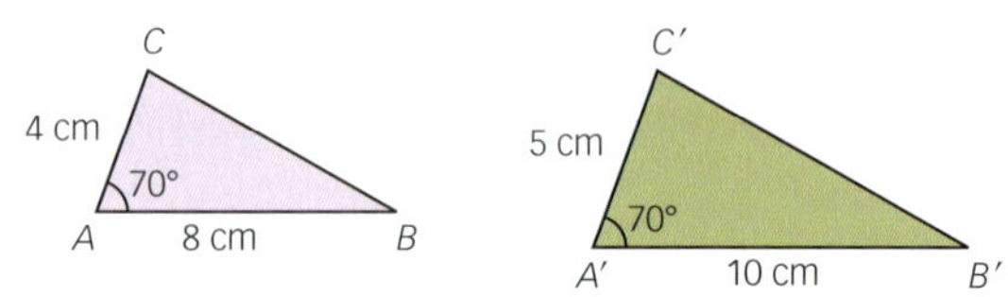

- Tienen un ángulo igual: $\widehat{A} = \widehat{A'}$.
- Los lados que forman el ángulo igual son proporcionales:

$$\left.\begin{array}{l} \dfrac{\overline{AB}}{\overline{A'B'}} = \dfrac{8}{10} = 0{,}8 \\ \dfrac{\overline{AC}}{\overline{A'C'}} = \dfrac{4}{5} = 0{,}8 \end{array}\right\} \rightarrow \frac{\overline{AB}}{\overline{A'B'}} = \frac{\overline{AC}}{\overline{A'C'}}$$

Los triángulos son semejantes por el tercer criterio de semejanza.

ACTIVIDADES

17 Los lados de un triángulo miden 5, 4 y 8 cm, y los lados de otro, 5, 6 y 8 cm. Comprueba si son semejantes.

18 El triángulo rectángulo de catetos de 8 y 6 cm ¿es semejante a otro triángulo rectángulo de catetos de 4 y 3 cm? ¿Y si los catetos miden 10 y 7 cm? Determina otro triángulo rectángulo que sea semejante al primero.

19 **REFLEXIONA.** Comprueba si estos triángulos isósceles son semejantes e indica el criterio aplicado.

a) 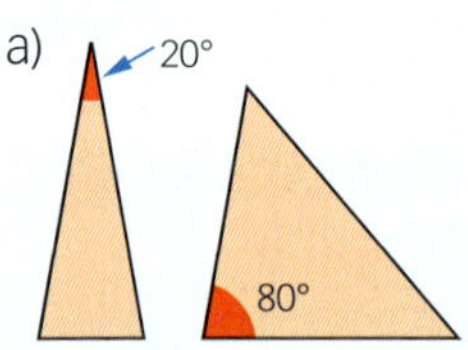

b) 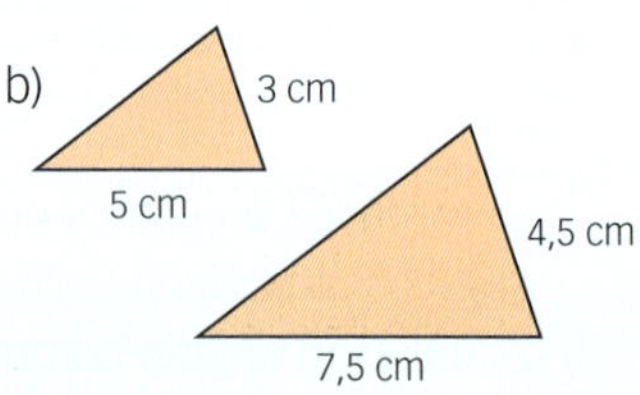

Cómo se resuelven problemas mediante la semejanza de triángulos

Consideramos que un objeto y su sombra forman un ángulo de 90°. De esa manera, los triángulos que estudiamos son rectángulos.

Calcula la medida de la altura *AC*.

a)

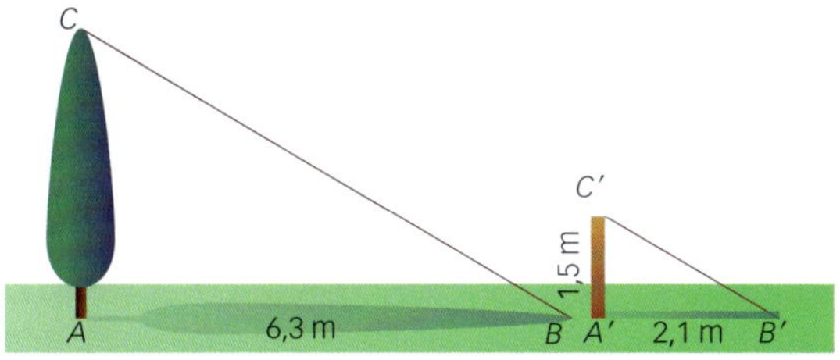

b)

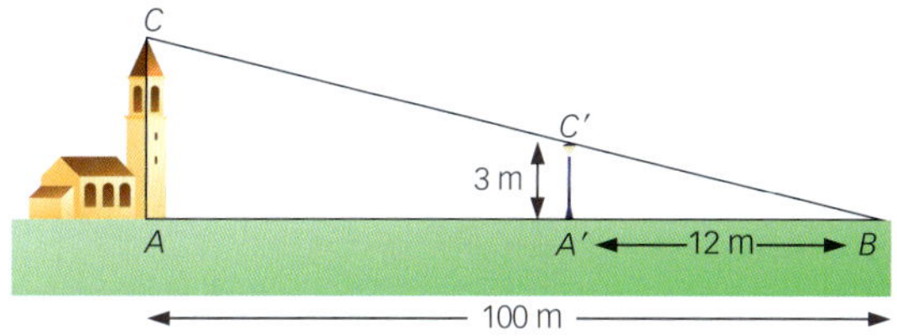

① Comprobamos que los triángulos que se forman son semejantes.

a) Los triángulos $\widehat{ABC}$ y $\widehat{A'B'C'}$ son semejantes porque dos de sus ángulos son iguales (segundo criterio de semejanza).

- $\widehat{A} = \widehat{A'}$ porque son ángulos rectos.
- $\widehat{B} = \widehat{B'}$ porque los rayos del sol inciden sobre los dos objetos con la misma inclinación.

b) Los triángulos $\widehat{ABC}$ y $\widehat{A'BC'}$ son semejantes porque están en posición de Tales (el ángulo $\widehat{B}$ es común y *A'C'* y *AC* son paralelos).

② Si son semejantes, calculamos la longitud del lado desconocido utilizando la proporcionalidad de los lados de los triángulos.

a) $\dfrac{\overline{AC}}{\overline{A'C'}} = \dfrac{\overline{AB}}{\overline{A'B'}} \rightarrow \dfrac{\overline{AC}}{1,5} = \dfrac{6,3}{2,1}$

$\overline{AC} = \dfrac{1,5 \cdot 6,3}{2,1} = 4,5$

b) $\dfrac{\overline{AC}}{\overline{A'C'}} = \dfrac{\overline{AB}}{\overline{A'B}} \rightarrow \dfrac{\overline{AC}}{3} = \dfrac{100}{12}$

$\overline{AC} = \dfrac{3 \cdot 100}{12} = 25$

③ Interpretamos los resultados.

a) El árbol mide 4,5 m.

b) La altura de la torre es de 25 m.

ACTIVIDADES

20 ¿Qué altura tiene el autobús?

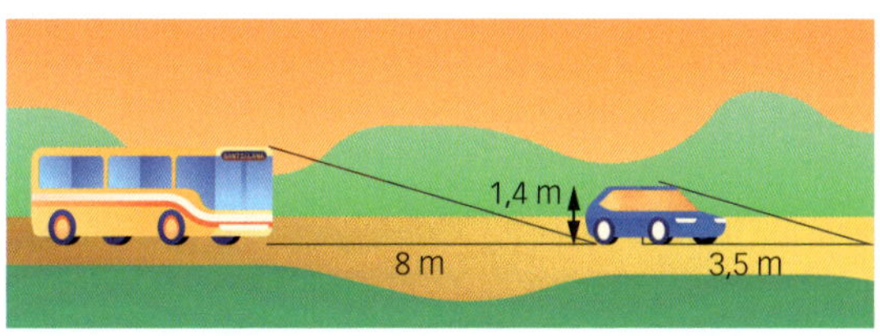

21 Sabiendo que la altura del árbol más pequeño de la imagen es de 3 m, calcula la altura del árbol grande.

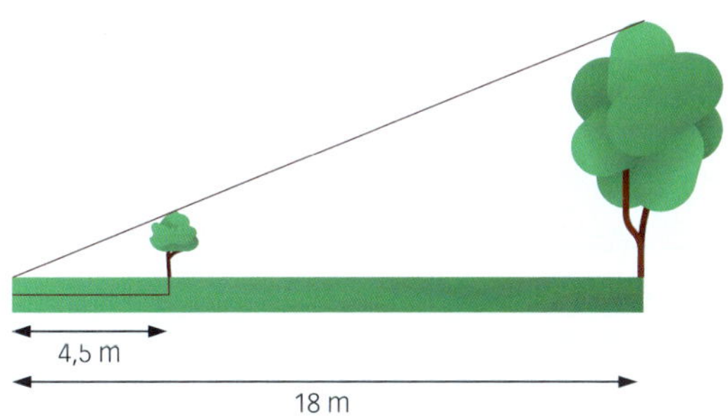

22 Observa la imagen. Localiza en ella triángulos semejantes y contesta. ¿Qué altura tiene la farola?

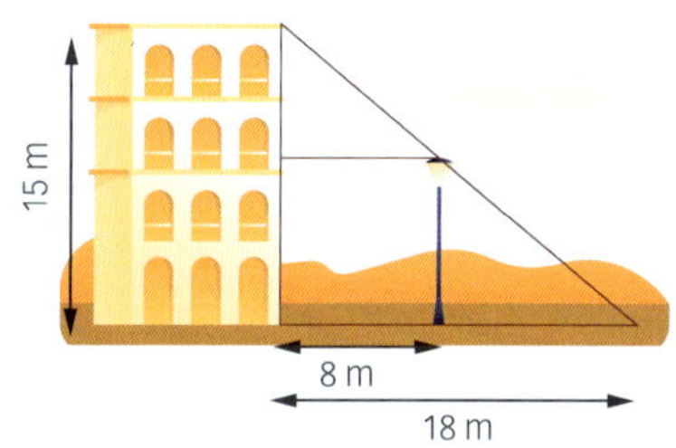

23 Al lado de un semáforo, la sombra de una papelera mide 0,4 m y la sombra del semáforo es 90 cm más larga que la papelera. ¿Cuál es la altura del semáforo si medimos la papelera y la altura es 0,8 m?

24 A una determinada hora del día, Juan, que tiene una altura de 1,52 m, proyecta una sombra de 1,9 m. ¿Qué estatura tiene Luisa si a esta hora su sombra mide 2,3 m?

5. Polígonos semejantes

GEOGEBRA

Dos **polígonos** son **semejantes** si tienen los ángulos homólogos iguales y los lados correspondientes son proporcionales.

La **razón de semejanza** es el cociente entre la longitud de un lado de un polígono y la longitud del lado correspondiente del otro polígono.

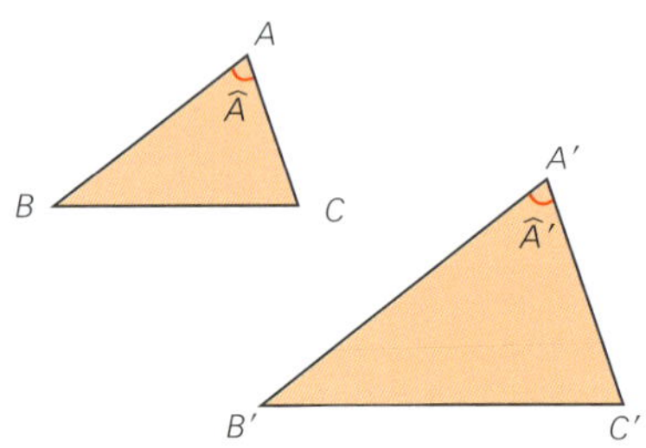

- $\widehat{A}$ y $\widehat{A'}$ son dos ángulos **homólogos**.
- AB y $A'B'$ son dos **lados correspondientes**.

Si dos polígonos son semejantes, con razón de semejanza r, **la razón** de sus áreas es r^2.

EJEMPLO

6. Dados estos rectángulos:

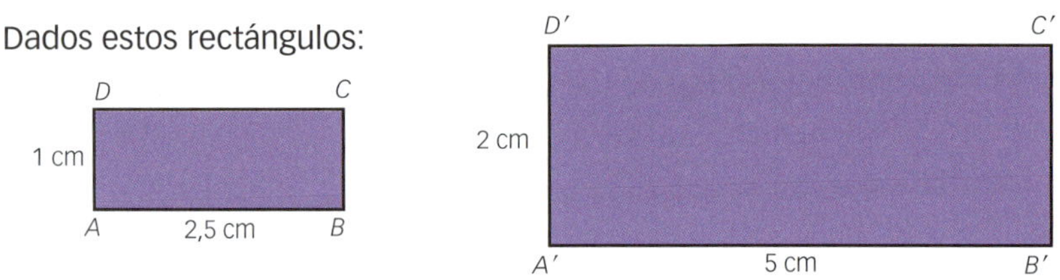

a) Determina si son semejantes.

- Los ángulos homólogos son iguales.

$\widehat{A} = \widehat{A'} = 90°$ $\widehat{B} = \widehat{B'} = 90°$ $\widehat{C} = \widehat{C'} = 90°$ $\widehat{D} = \widehat{D'} = 90°$

- Los lados correspondientes son proporcionales.

$$\frac{\overline{AB}}{\overline{A'B'}} = \frac{\overline{BC}}{\overline{B'C'}} = \frac{\overline{CD}}{\overline{C'D'}} = \frac{\overline{DA}}{\overline{D'A'}} \rightarrow \frac{2,5}{5} = \frac{1}{2} = \frac{2,5}{5} = \frac{1}{2} = 0,5$$

Los dos rectángulos son semejantes.

b) Calcula la razón de semejanza.

$$\frac{\overline{AB}}{\overline{A'B'}} = \frac{2,5}{5} = 0,5 \rightarrow$$ La razón de semejanza es 0,5.

c) Halla la razón de semejanza entre las áreas de los rectángulos.

La razón de semejanza es $r = 0,5$.

Por tanto, la razón de sus áreas será $r^2 = 0,5^2 = 0,25$.

Es decir, el área del segundo rectángulo multiplicada por 0,25 es el área del primer rectángulo.

ACTIVIDADES

25 Razona si son ciertas las siguientes afirmaciones.

a) Todos los cuadrados son semejantes.

b) Todos los pentágonos son semejantes.

c) Todos los pentágonos regulares son semejantes.

d) Todos los triángulos rectángulos son semejantes.

26 Dibuja figuras semejantes a las siguientes que tengan como razón de semejanza $r = 2$ y $r = 0,5$.

a)

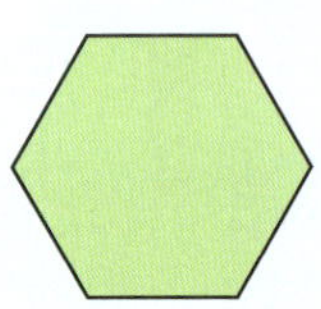

b)

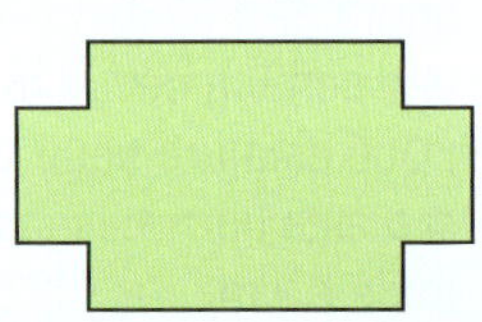

27 **REFLEXIONA.** Dados estos rectángulos, resuelve.

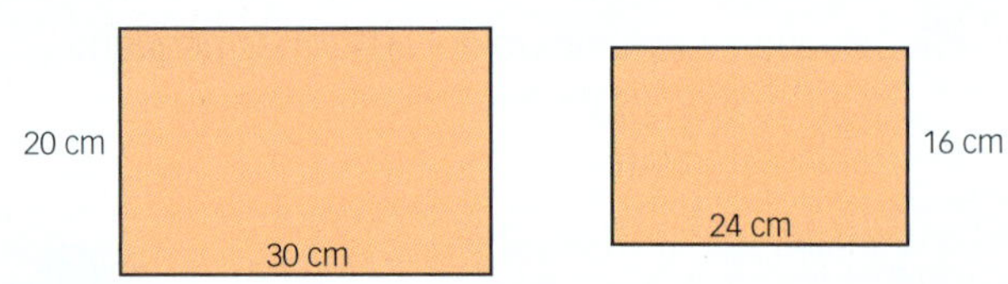

a) ¿Son semejantes?

b) ¿Cuál es su razón de semejanza?

c) Determina las medidas de otro rectángulo que sea semejante a ellos.

d) ¿Cuál es la razón entre sus perímetros?

e) Halla la razón entre sus áreas.

Cómo se calculan perímetros y áreas de polígonos semejantes

Halla el perímetro y el área del segundo trapecio sabiendo que es semejante al primero.

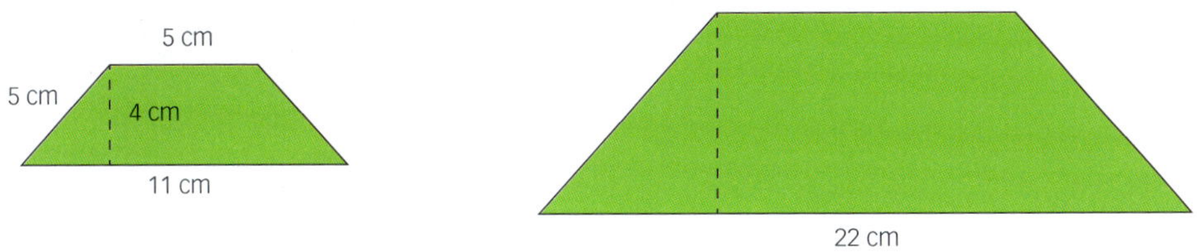

> Si dos polígonos son semejantes, se cumple que:
> - Sus perímetros son proporcionales, con razón *r*.
> - Sus áreas son proporcionales, con razón r^2.

① Calculamos la razón de semejanza entre los polígonos utilizando los lados correspondientes de los que conocemos su longitud.

$$r = \frac{11}{22} = 0,5$$

- 11: Longitud de la base del trapecio pequeño
- 0,5: Razón de semejanza de los dos trapecios
- 22: Longitud de la base del trapecio grande

② Hallamos el perímetro y el área del polígono del que conocemos sus lados.

$$P_1 = 5 + 5 + 5 + 11 = 26 \text{ cm}$$

$$A_1 = \frac{(B+b)}{2} \cdot h = \frac{(11+5)}{2} \cdot 4 = 32 \text{ cm}^2$$

③ La razón entre los perímetros de las dos figuras es la razón de semejanza.
La razón entre las áreas es el cuadrado de la razón.

$$\frac{P_1}{P_2} = r \xrightarrow{r=0,5} \frac{26}{P_2} = 0,5 \rightarrow P_2 = 26 : 0,5 = 52 \text{ cm}$$

$$\frac{A_1}{A_2} = r^2 \xrightarrow{r=0,5} \frac{32}{A_2} = 0,5^2 \rightarrow A_2 = 32 : 0,25 = 128 \text{ cm}^2$$

ACTIVIDADES

28 Halla el perímetro y el área de estos polígonos sabiendo que son semejantes.

a)

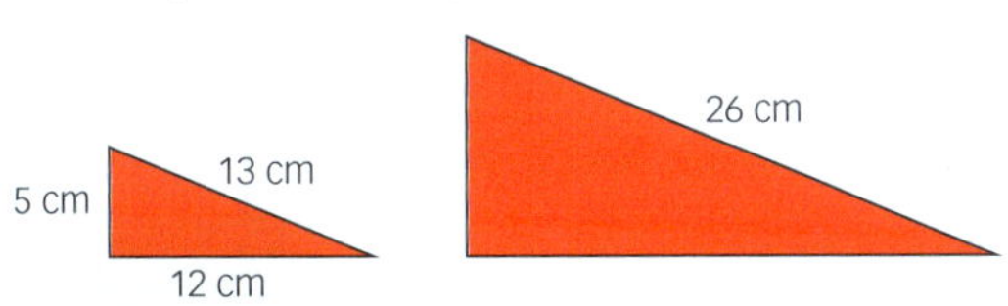

b)

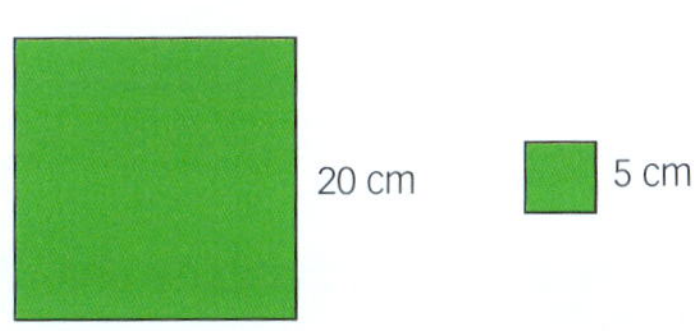

c)

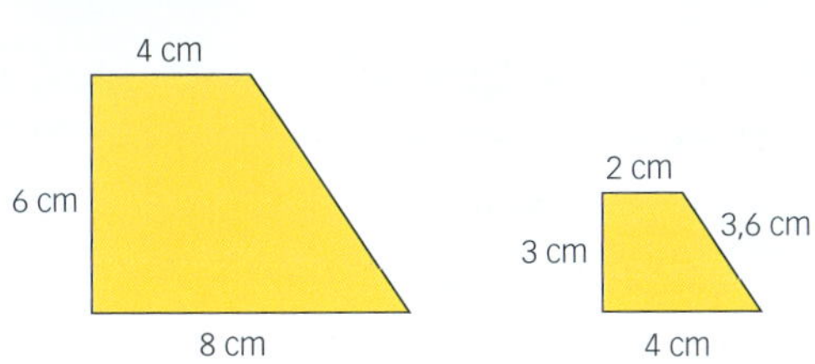

29 Dados dos polígonos semejantes, indica cuál es el mayor de los dos si la razón, *r*, es:

a) Mayor que 1.

b) Igual a 1.

c) Menor que 1.

30 Halla el perímetro y el área de estos polígonos semejantes.

a) Triángulo semejante a un triángulo rectángulo de lados 3 cm, 4 cm y 5 cm y razón 3.

b) Cuadrado semejante a un cuadrado de lado 3 cm y razón 4.

c) Rectángulo semejante a un rectángulo de lados 4 cm y 6 cm y razón 2.

6. Escalas

Una de las aplicaciones de la semejanza es la elaboración de planos, mapas, maquetas... En estas representaciones, reducimos de manera proporcional las dimensiones que tienen los objetos en la realidad, y obtenemos una reproducción igual en la forma, pero no en el tamaño.

Se llama **escala** a la razón de semejanza entre la figura representada y la figura original.

$$\text{Escala} = \frac{\text{Distancia en la representación}}{\text{Distancia en el original}}$$

Escalas numéricas y escalas gráficas

En la escala numérica, la longitud real y la de su representación se expresan en la misma unidad.

1:250

1 cm en el plano representa 250 cm en la realidad.

1 m en el plano representa 250 m en la realidad.

- Una **escala numérica** se expresa de la forma **1:*n***. Eso quiere decir que 1 unidad en la representación equivale a *n* unidades en la realidad.
- En una **escala gráfica**, un segmento indica la relación entre la longitud de la representación y la de la realidad.

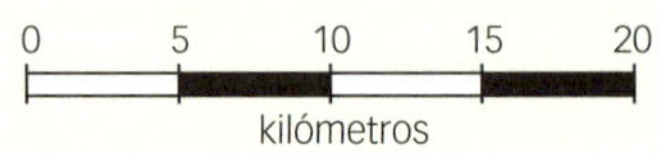

GEOGEBRA

EJEMPLO

7. Interpreta estas escalas e indica de qué tipo son. Luego, transforma la escala gráfica en numérica y la escala numérica en gráfica.

a) 

b) 1:500 000

a) Es una escala gráfica donde 1 cm, que es la distancia entre 0 y 3, equivale a 3 km en la realidad.
1 cm equivale a 3 km, es decir, 1 cm equivale a 300 000 cm.
Así pues, la escala numérica asociada es 1:300 000.

b) Es una escala numérica en la que 1 cm equivale a 500 000 cm, es decir, 1 cm equivale a 5 km (500 000 cm = 5 km).

La escala gráfica es: 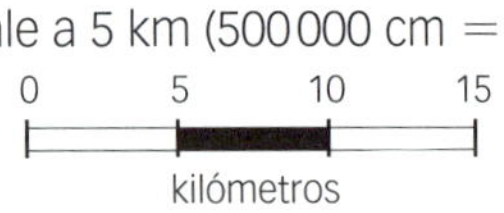

RETO

¿Qué mapa de una misma comarca tiene mayor tamaño: uno que está a escala 1:400 000 o uno con escala 1:1 000 000?

ACTIVIDADES

31 Explica qué significa cada escala.

a) 1:300

b) 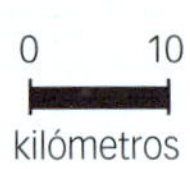

c) 1:12

d) 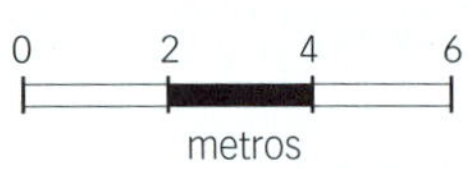

32 ¿Qué escala se ha utilizado si 3 cm del dibujo equivalen a 3 dm reales? Dibuja la escala gráfica asociada.

33 **REFLEXIONA.** Realizamos el plano de una casa a escala 1:75.

a) ¿Qué medida real tiene una línea del plano de 5 cm de longitud?

b) ¿Cuánto mide en el plano una longitud real de 1,5 m?

c) Si la superficie de la casa sobre el plano es 242 cm^2 y su planta es cuadrada, ¿cuál es su superficie real?

Cómo se calculan distancias en un mapa

Calcula la distancia real en línea recta entre:

a) Secastilla y Artasona.

b) Graus y La Puebla de Castro.

También podemos resolver los problemas de escalas aplicando una regla de tres.

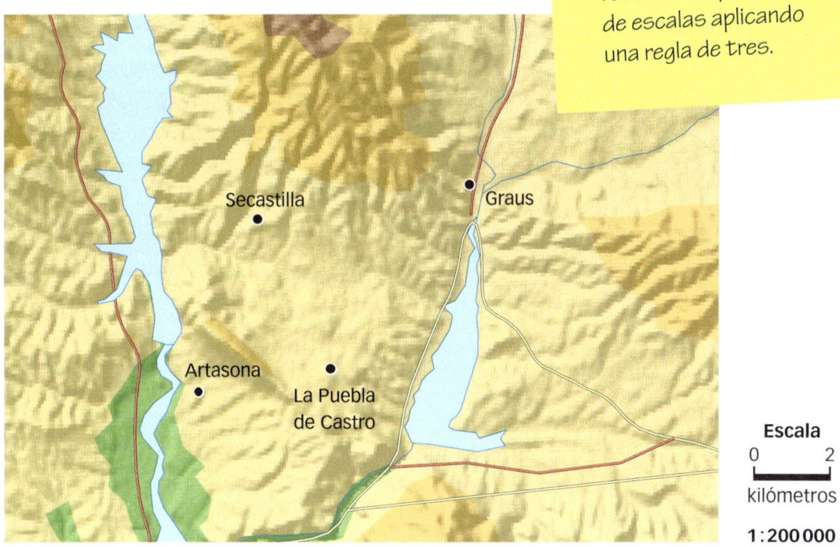

① **Interpretamos la escala del mapa.**

A partir de la escala gráfica del mapa sabemos que 1 cm en el mapa equivale a 2 km en la realidad.

② **Medimos la distancia en línea recta entre los dos puntos de los que queremos hallar la distancia real.**

a) La distancia en el mapa entre Secastilla y Artasona es de 2,4 cm.

b) La distancia en el mapa entre Graus y La Puebla de Castro es de 3 cm.

③ **Aplicamos la proporción que nos indica la escala.**

El resultado serán km.

$$\frac{1 \text{ cm}}{2 \text{ km}} = \frac{2{,}4 \text{ cm}}{x} \rightarrow x = 4{,}8 \text{ km}$$

La distancia real entre Secastilla y Artasona es de 4,8 km.

$$\frac{1 \text{ cm}}{2 \text{ km}} = \frac{3 \text{ cm}}{x} \rightarrow x = 6 \text{ km}$$

La distancia real entre Graus y La Puebla de Castro es de 6 km.

ACTIVIDADES

34 Halla la distancia real entre dos pueblos separados 4 cm en un mapa con esta escala.

35 Al representar la carretera que une dos pueblos en un mapa de escala 1:500 000, su longitud mide 6 cm. ¿Cuál sería la longitud de la carretera si la representamos en un plano de escala 1:60 000?

36 El plano de una vivienda está realizado a escala 1:60.

a) ¿Qué dimensiones reales tiene la cocina si en el plano mide 4 cm de ancho y 7 cm de largo?

b) El pasillo mide 7,5 m en la realidad. ¿Cuánto medirá de largo en el plano?

37 Una visita guiada por la ciudad comienza en *A*, pasa primero por *B*, luego por *C* y termina en *D*. ¿Qué distancia se recorre en total en línea recta?

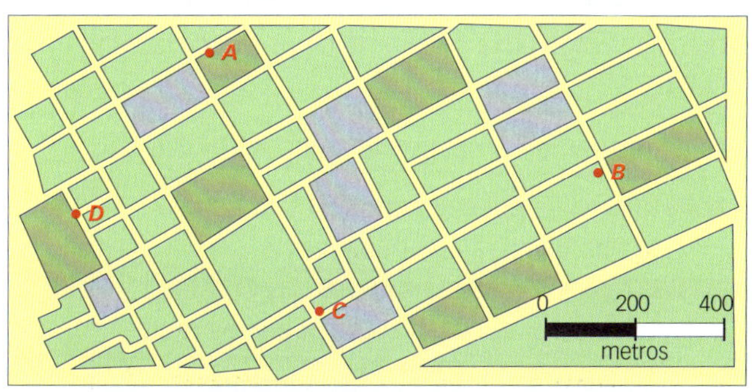

Un punto que esté situado a 350 m del punto *B*, ¿a qué distancia se encontrará de este punto en el mapa?

1. Reconoce figuras semejantes y calcula la razón de semejanza

Segmentos proporcionales

ACTIVIDADES FLASH

38 Completa el crucigrama con las palabras que faltan.

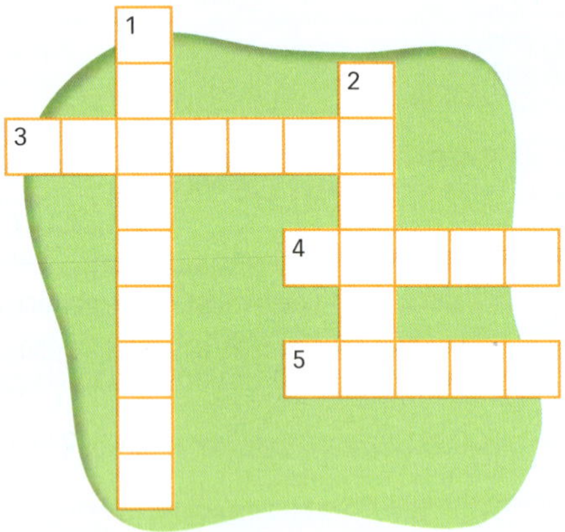

1. Dos ___ son proporcionales a otros dos si las razones entre cada par de longitudes son iguales.
2. Una ___ es la razón de semejanza entre una figura representada y la original.
3. Dos triángulos son semejantes si tienen dos ___ iguales.
4. Dos triángulos son semejantes si sus ___ son proporcionales.
5. La ___ de dos segmentos es el número que resulta de dividir sus longitudes.

39 Calcula la razón entre estas parejas de segmentos.

a) $\overline{AB} = 2$ cm y $\overline{CD} = 5$ cm

b) $\overline{AB} = 7{,}5$ cm y $\overline{CD} = 15$ cm

40 **INVENTA.** Halla las longitudes de dos pares de segmentos cuya constante de proporcionalidad sea 0,75.

41 Dado el segmento AB, con longitud $\overline{AB} = 3{,}6$ cm, halla la medida del segmento CD tal que $\dfrac{\overline{AB}}{\overline{CD}} = \dfrac{3}{7}$.

42 **INVESTIGA.** Si los puntos A, B, C y D están colocados en este orden sobre una línea recta de modo que $\overline{AB} = 2\overline{BC} = \overline{CD}$, ¿cuánto vale $\dfrac{\overline{BD}}{\overline{AD}}$?

43 La razón entre dos segmentos es $\dfrac{2}{3}$. Calcula la longitud de los dos segmentos si suman 10 dm.

44 **RETO.** Seis puntos, A, B, C, D, E y F, están alineados en este orden. Si $\overline{AD} = \overline{CF}$ y $\overline{BD} = \overline{DF}$, entonces ¿a qué otra longitud es igual $\overline{AB}$?

Teorema de Tales

45 Comprueba si los siguientes segmentos cumplen el teorema de Tales.

a)

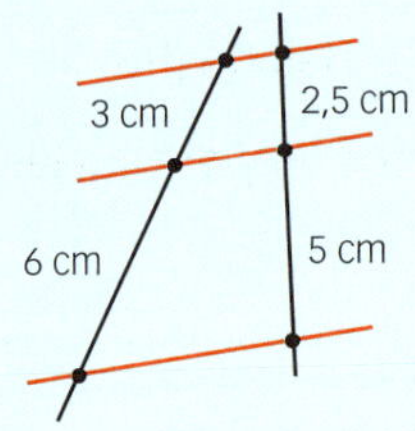

b)

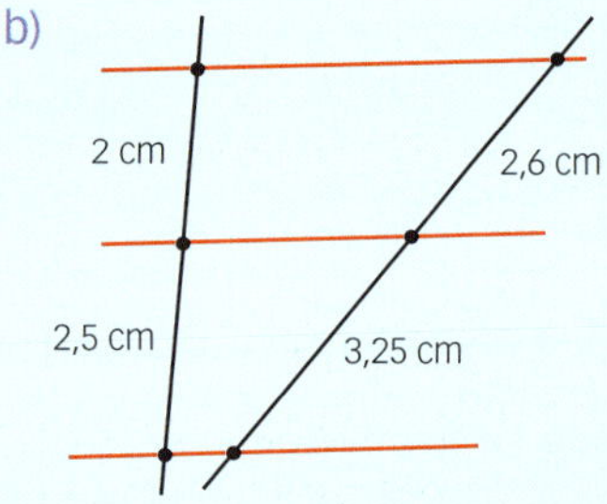

46 Calcula, en cada caso, las longitudes desconocidas.

a)

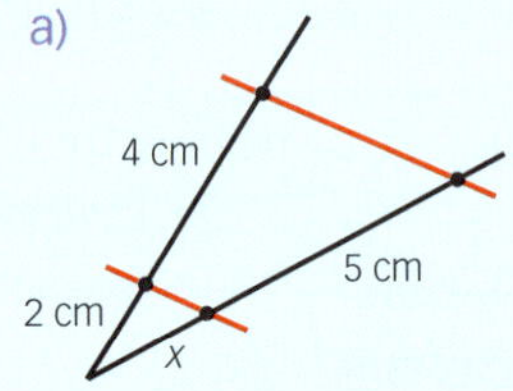

b)

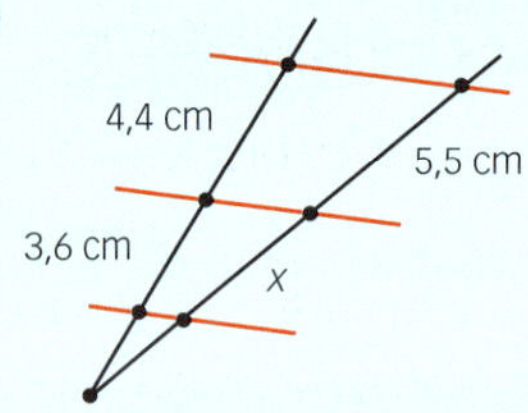

c)

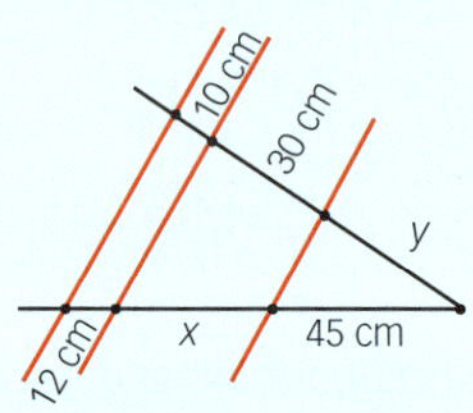

d)

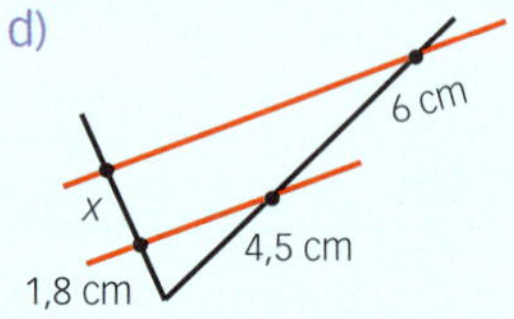

e)

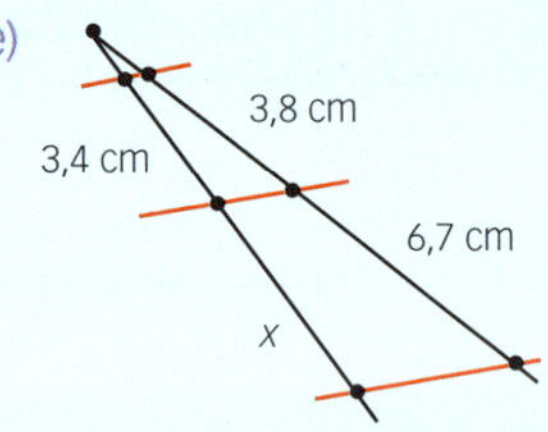

f)

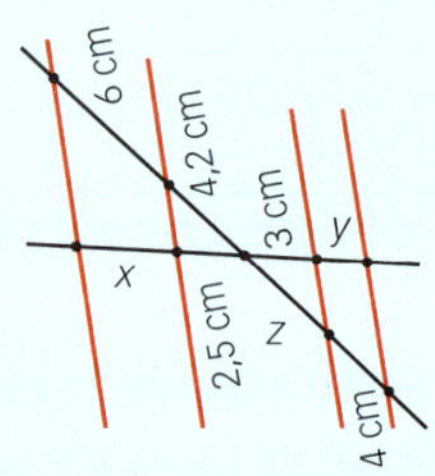

47 La razón en la siguiente figura es $\dfrac{\overline{AB}}{\overline{A'B'}} = 0{,}6$. Calcula la longitud de $\overline{AB}$, $\overline{OA'}$ y $\overline{B'C'}$.

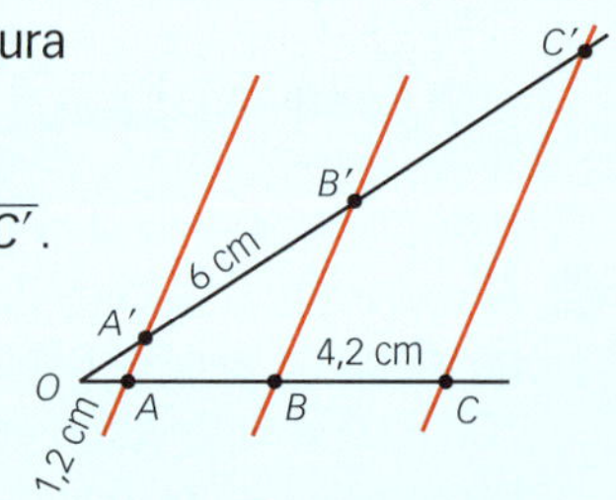

48 Determina las longitudes desconocidas.

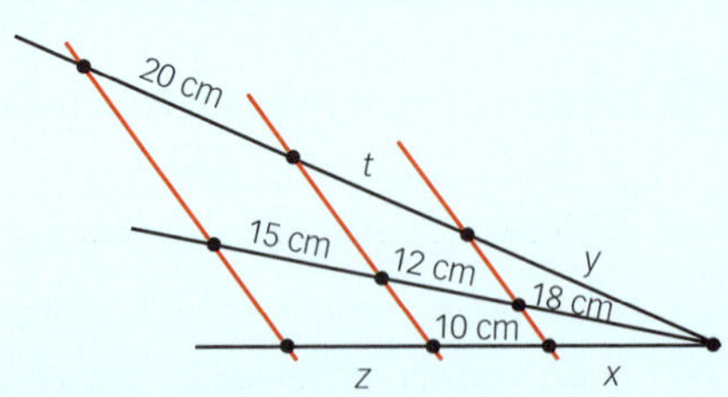

49 **RETO.** Calcula los datos que faltan.
●●●

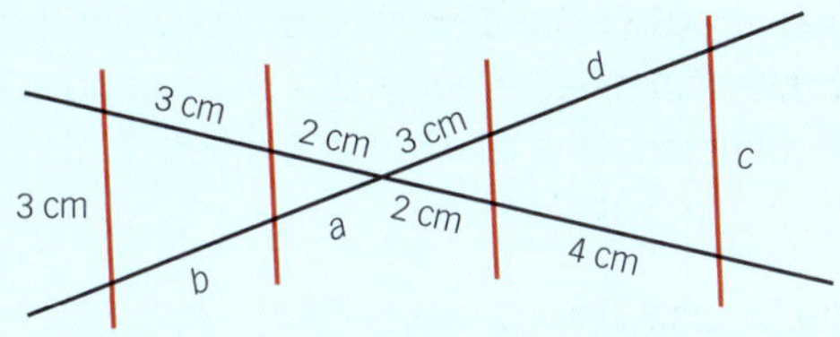

50 Divide gráficamente un segmento $\overline{AB} = 8$ cm en:
●○○
a) 6 partes iguales. b) 5 partes iguales.

51 Divide el segmento *AB* en partes proporcionales a 1, 3, 5 y 6.
●●○

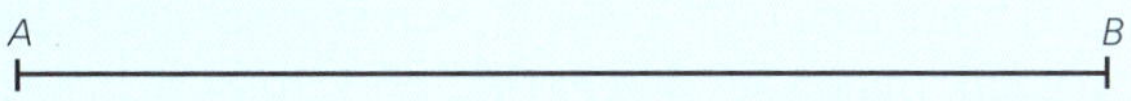

52 Divide gráficamente un segmento de 108 mm en segmentos proporcionales a 3, 6 y 9.
●○○

53 Halla gráficamente el punto medio de un segmento de 7 cm.
●●○

54 Halla gráficamente las $\frac{2}{3}$ partes de un segmento de 10 cm de longitud.
●●○

Cómo se representan fracciones en la recta numérica usando el teorema de Tales

55 Representa en la recta estas fracciones.

a) $\frac{11}{4}$ b) $\frac{5}{6}$

PRIMERO. Si la fracción es impropia (el numerador es mayor que el denominador), se expresa como la suma de un número entero más una fracción.

a) $\frac{11}{4} \rightarrow 11 \,\underline{|4}\; 3 \;\; 2 \rightarrow \frac{11}{4} = 2 + \frac{3}{4} \rightarrow$ Está entre 2 y 3.

b) $\frac{5}{6} \rightarrow$ Está entre 0 y 1.

SEGUNDO. Se divide el segmento en el que se encuentra la fracción en tantas partes como indica el denominador, y se toman las partes que indica el numerador.

a)

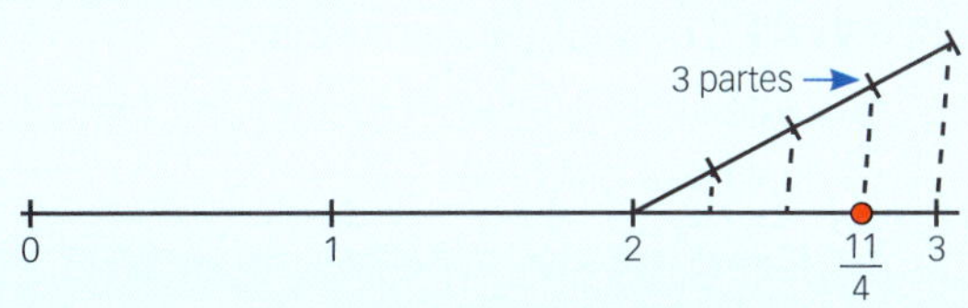

b)

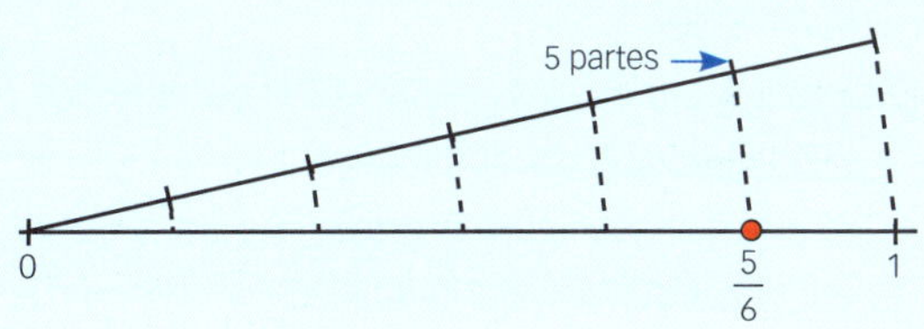

56 Representa estas fracciones en la recta numérica usando el teorema de Tales.
●●○

a) $\frac{5}{7}$ b) $\frac{4}{5}$ c) $\frac{7}{3}$ d) $\frac{3}{2}$ e) $\frac{4}{9}$

57 **JUEGO.** Dividid la unidad en 25 partes iguales. Empezando desde el cero y por turnos, cada participante debe añadir una de las siguientes cantidades y representarla gráficamente.
●●○

$\frac{1}{25}$ $\frac{2}{25}$ $\frac{3}{25}$ $\frac{4}{25}$ $\frac{1}{5}$

Gana quien consiga llegar a la unidad primero. ¿Qué estrategia debes seguir para ganar siempre?

58 **INVESTIGA.** Tenemos dos circunferencias de radios 40 cm y 20 cm que son tangentes exteriores, y trazamos dos rectas tangentes exteriores a ambas circunferencias que se cortan en el punto *Q*.
●●○

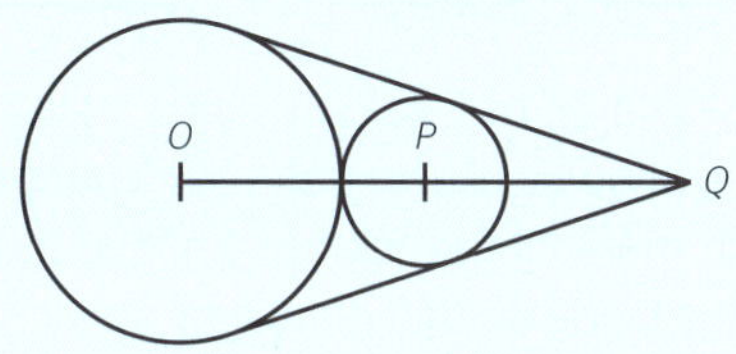

¿Cuál es la longitud del segmento *PQ*?

Semejanza de triángulos

59 Comprueba si los siguientes triángulos son semejantes. ¿Qué criterio has utilizado en cada caso?
●●○

a)

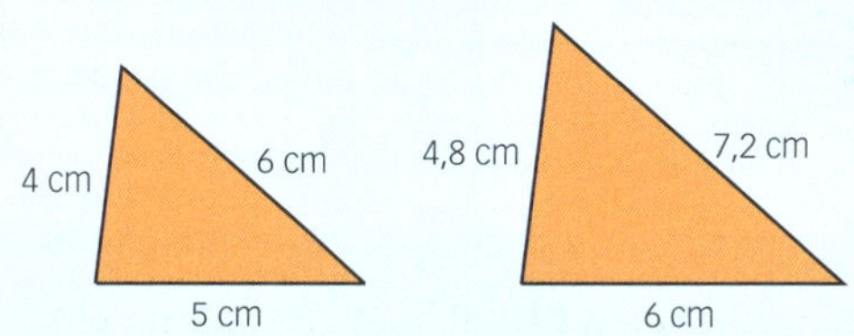

b)

c)

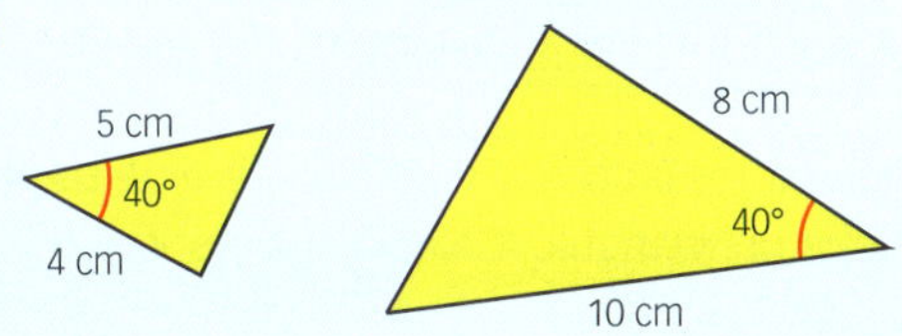

d)

60 **JUEGO.** Copiad y recortad estas fichas para jugar al dominó. Una ficha se une con otra cuando tienen triángulos semejantes.

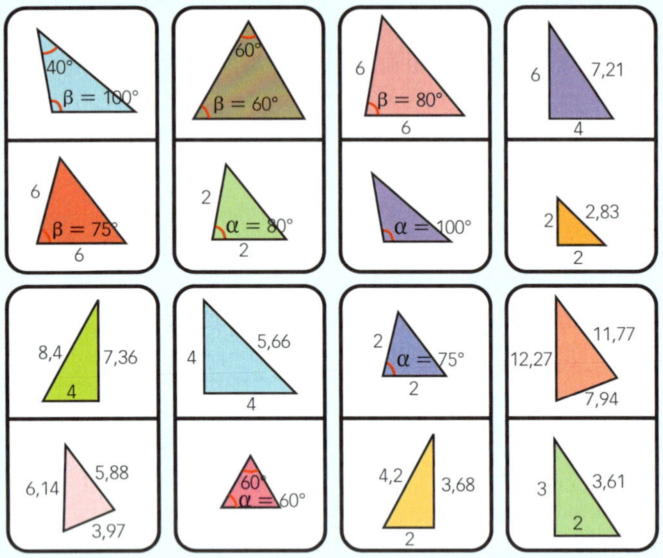

61 **INVENTA.** Considera un triángulo de lados 10, 12 y 14 cm, respectivamente. ¿Cuál puede ser la longitud de los lados de un triángulo semejante a él que tenga menor área? ¿Y los lados de uno de mayor área?

62 Identifica en cada figura todos los triángulos que se pueden poner en posición de Tales.

a)

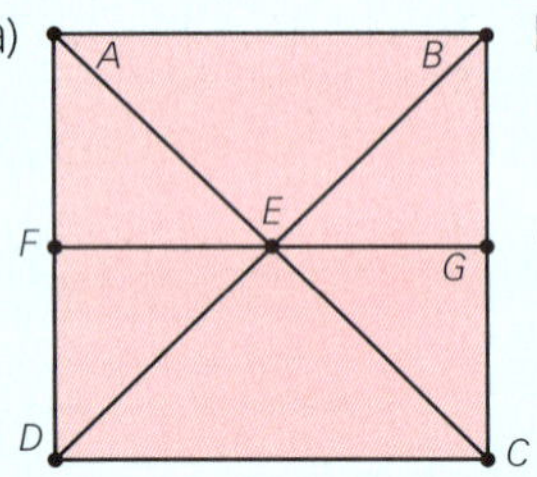

b)

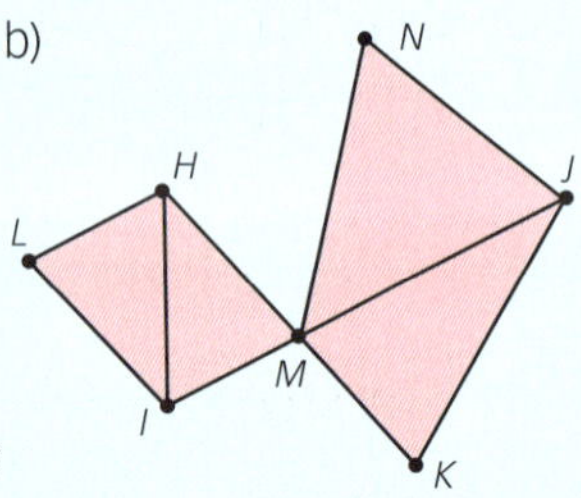

63 Estos dos triángulos están en posición de Tales. Calcula la longitud de los lados que faltan.

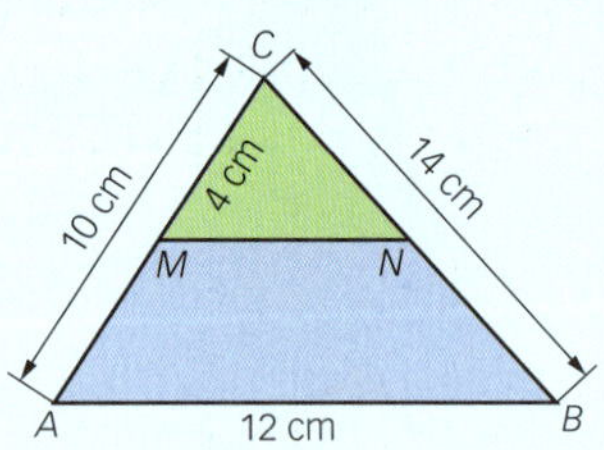

¿Cuál es el valor de la razón de semejanza?

64 Al prolongar los lados no paralelos de este trapecio se obtiene un triángulo. Calcula sus lados.

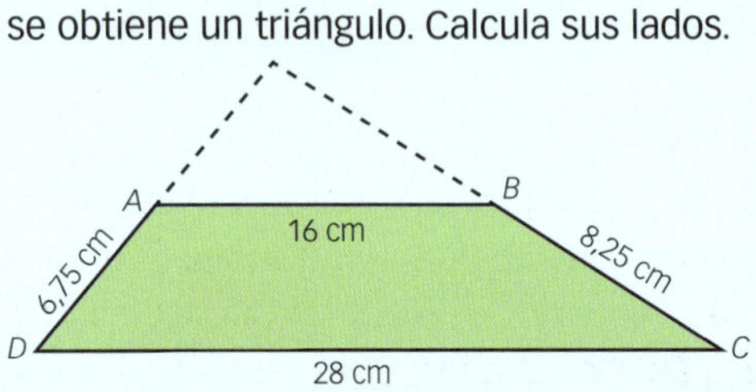

65 Dibuja un triángulo obtusángulo que tenga un lado de 4 cm y otro de 5 cm. El ángulo comprendido entre ambos lados debe medir 120°. Aplicando los criterios de semejanza de triángulos, construye otro que tenga una razón de semejanza respecto al primero de $\frac{5}{2}$.

66 El triángulo $\widehat{ABC}$, de lados $\overline{AB} = 128$ mm, $\overline{AC} = 72$ mm y $\overline{BC} = 64$ mm, es semejante al triángulo $\widehat{A'B'C'}$, que tiene un lado $\overline{A'C'} = 48$ mm. Halla los otros lados y la razón de semejanza del primer triángulo respecto al segundo.

67 Dos triángulos, $\widehat{ABC}$ y $\widehat{A'B'C'}$, son semejantes. Los lados de $\widehat{ABC}$ miden $\overline{AB} = 4$ cm, $\overline{BC} = 5$ cm y $\overline{CA} = 6$ cm. Calcula los lados de $\widehat{A'B'C'}$ y la razón de semejanza si $\overline{A'B'} = 7{,}2$ cm.

68 **INVESTIGA.** Si *OC* y *OA* son perpendiculares, ¿cuánto miden $\overline{OB}$ y $\overline{AB}$?

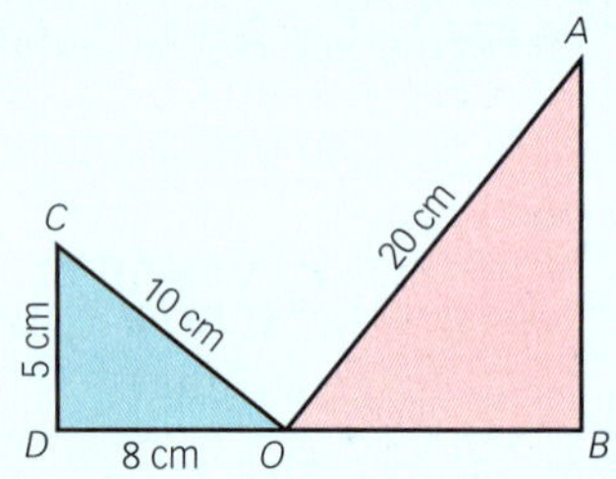

69 **RETO.** Demuestra que la altura sobre la hipotenusa de un triángulo rectángulo lo divide en dos triángulos semejantes.

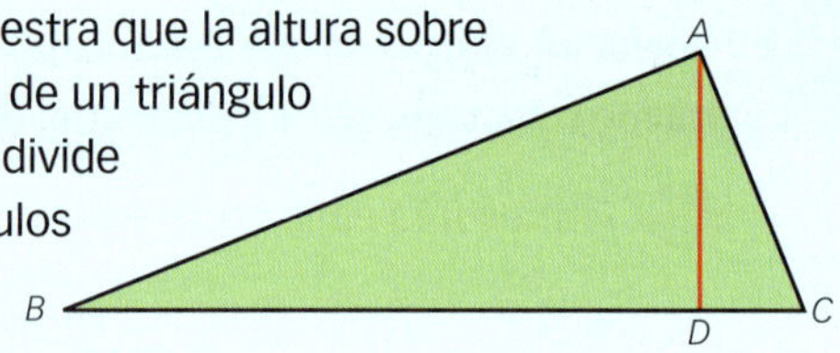

Polígonos semejantes

ACTIVIDADES FLASH

70 Razona si es verdadero o falso.

a) Todos los triángulos equiláteros son semejantes.

b) Para saber si dos polígonos son semejantes, solo es necesario medir los ángulos y comprobar que son iguales.

c) Todos los rectángulos son semejantes.

d) Todos los rombos son semejantes.

e) Si duplicamos el lado de un cuadrado, también se duplica su diagonal.

f) Al ampliar o reducir una figura, no cambian los ángulos.

g) Entre dos triángulos rectángulos siempre hay la misma razón de semejanza.

h) Al ampliar una figura el doble, sus lados y sus ángulos también se multiplican por dos.

71 Halla el perímetro de un rectángulo semejante a otro de lados 8 cm y 5 cm, con las razones de semejanza:

a) $r = 0{,}5$ b) $r = \frac{3}{4}$ c) $r = \frac{5}{2}$

72 ¿Cuánto medirían los lados y el perímetro de un pentágono 3 veces mayor que el pentágono de la figura?

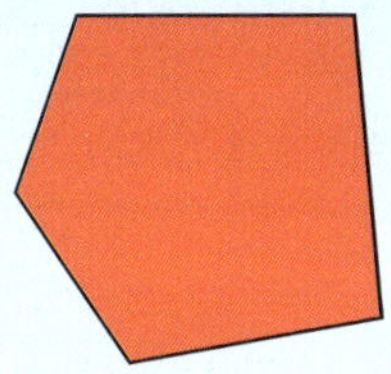

73 Dos lados correspondientes de dos polígonos semejantes miden 4 dm y 6 dm. El área del primero es de 170 cm². Calcula el área del segundo polígono.

74 Dos polígonos, *A* y *B*, son semejantes. El área de *A* es de 150 cm² y el área de *B* es de 600 cm². Si el perímetro de *A* es de 80 cm, ¿cuál es el perímetro de *B*?

75 Los polígonos de la figura son semejantes y la razón de semejanza es $\frac{3}{7}$. Si el área del hexágono rojo es de 288 cm², calcula el área del hexágono azul.

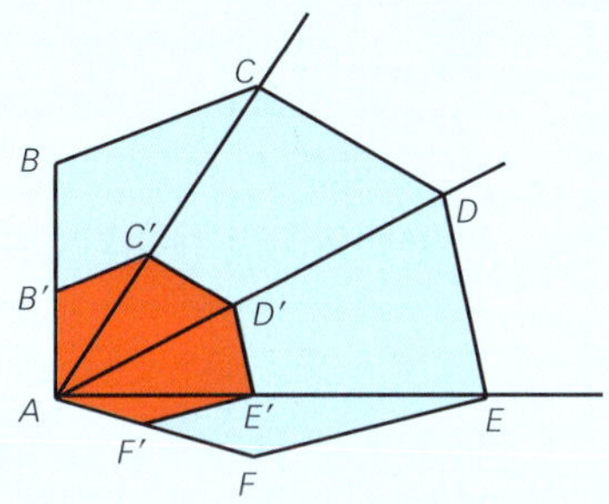

76 **RETO.** El triángulo $\widehat{ABC}$ es isósceles, de área 8 cm². Si *D* y *E* son los puntos medios de los lados iguales, calcula el área del trapecio *ABED*.

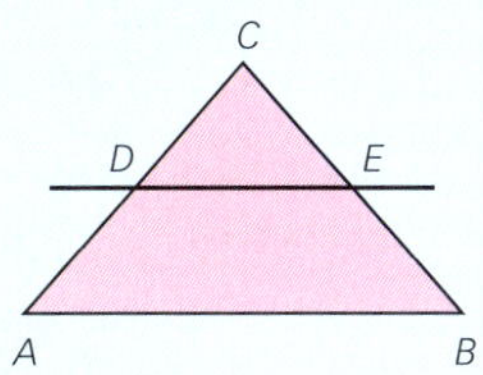

77 **MATEMÁTICAS Y... ARQUITECTURA.**
En el estudio de las razones en las dimensiones de la mezquita de Córdoba y otros diseños árabes en Andalucía, el arquitecto Rafael de La Hoz encontró la relación $r = \frac{1}{2}\sqrt{4 + 2\sqrt{2}} = 1{,}306562964876...$, a la que llamó proporción cordobesa.

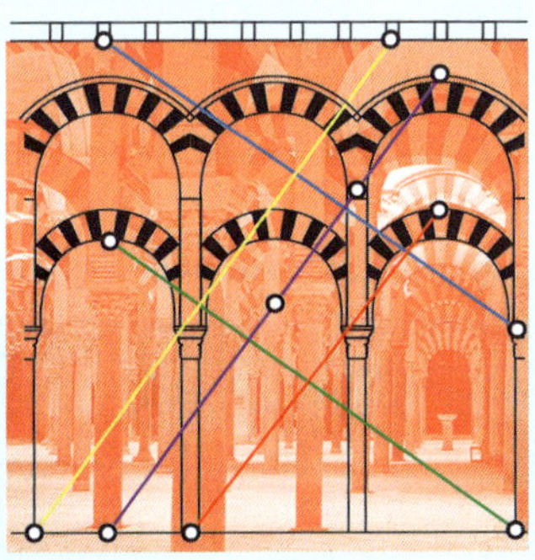

Dibuja un rectángulo que guarde la razón cordobesa y uno de cuyos lados mida 8 cm.

2. Utiliza las escalas y la semejanza para resolver problemas de la vida cotidiana

78 Halla la altura del edificio del dibujo.

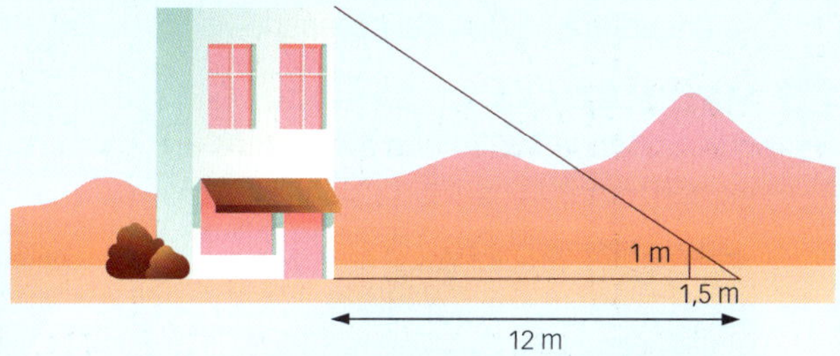

79 A las 10 de la mañana, un padre que mide 1,80 m proyecta una sombra 2 m más larga que la de su hijo. Halla la altura de este si su sombra mide 3 m.

80 **MATEMÁTICAS Y... MEDIOAMBIENTE.**
La energía generada a través de aerogeneradores es la que menor impacto tiene sobre el medioambiente.

Aunque muchas veces las instalaciones están situadas en las rutas migratorias de las aves y estas pueden chocar con sus aspas. Por ejemplo, imagina que un pájaro parte volando con una trayectoria recta desde *A*.

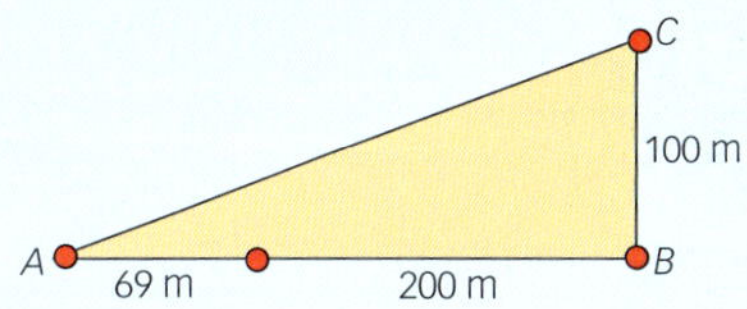

Si a 200 m hay un aerogenerador, ¿qué altura tendrá que alcanzar para no chocar al recorrer 69 m?

81 Un árbol de 5 m de altura proyecta una sombra de 6 m. ¿Qué altura tendrá el edificio de la figura si a la misma hora proyecta una sombra de 10 m?

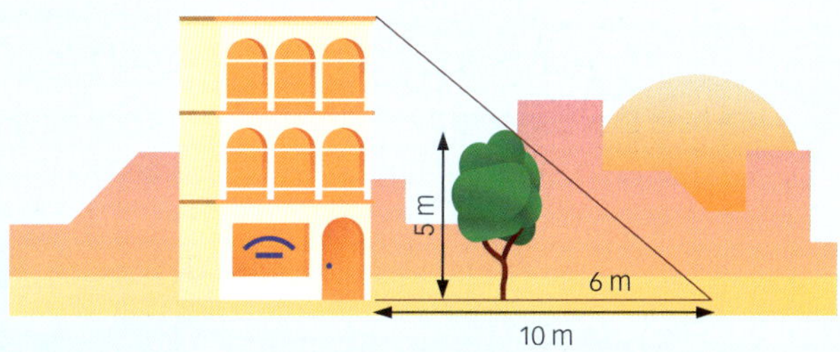

82 María mide 170 cm, mientras que su amiga Mireia mide 10 cm menos. Si la sombra de María es de 1,5 m, ¿cuántos centímetros menos medirá la sombra de su amiga en el mismo instante?

83 Mónica mide 1,5 m. Acude a un concierto de rock, y 1 m por delante de ella se sitúa Lola, cuya estatura es de 1,70 m. Halla la altura del escenario si Mónica ve el suelo del mismo justo por encima de Lola y esta se encuentra a 20 m del escenario.

84 **MATEMÁTICAS Y... TRÁFICO.** Esta señal indica que, por cada 100 m que avanzamos en una carretera en horizontal, la carretera se eleva 8 m.

Si tras subir un tramo nos elevamos 10 m, ¿qué distancia hemos recorrido en horizontal?

85 En una escalera de un bloque de pisos cada escalón tiene de alto 20 cm y de fondo 25 cm. ¿Qué pendiente en tanto por ciento tiene dicha escalera?

86 **MATEMÁTICAS Y... BILLAR.** ¿A qué distancia *n* tenemos que golpear en la banda para que la bola blanca choque con la roja?

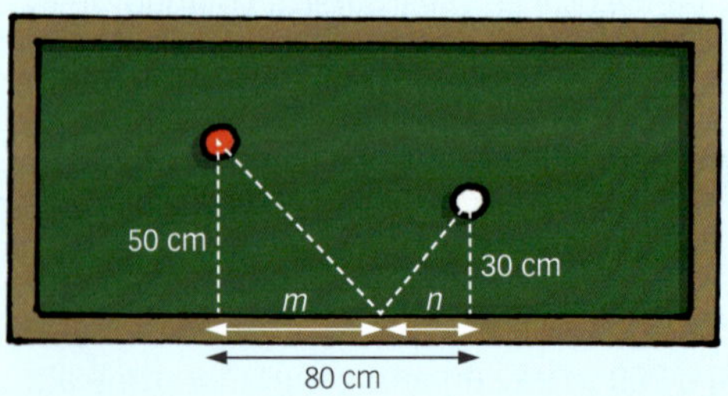

87 **RETO.** Teo está situado a 4 m de la orilla de un río y ve reflejada una montaña en el agua. Si Teo mide 1,80 m y el río está a 8 km de la montaña, ¿qué altura tiene la montaña?

Escalas

88 Calcula la altura real de estos elementos que están fabricados a la escala que aparece bajo ellos.

1:100

1:20

1:25

89 Dibuja un campo de fútbol a escala 1:400 en el que:

- Su longitud mide 80 m y su anchura es 60 m.
- El círculo central mide 20 m de diámetro.

90 Este plano representa el comedor de una casa.

1:75

a) Calcula la longitud y la anchura.

b) Averigua qué distancia hay de la mesa a la mesita.

Cómo se determina la escala de un plano

91 ¿A qué escala está dibujado un plano en el que una distancia real de 50 m se representa con una longitud de 2,5 cm?

PRIMERO. Se mide sobre el plano la longitud que se conoce en la realidad.

En este caso no hace falta medir, es 2,5 cm.

SEGUNDO. Se expresan ambas longitudes en una misma unidad y se divide.

$$\left.\begin{array}{r} 50 \text{ m} = 5\,000 \text{ cm} \\ 2{,}5 \text{ cm} \end{array}\right\} \rightarrow \frac{5\,000}{2{,}5} = 2\,000$$

TERCERO. Se escribe la escala como 1:*a*, siendo *a* el número resultante de la división.

La escala del plano es 1:2000.

92 **MATEMÁTICAS Y... CARTOGRAFÍA.** Sabiendo que la longitud real de la isla de Cuba es de 1250 km, calcula la escala aproximada a la que está hecho el mapa.

93 **MATEMÁTICAS Y... FOTOGRAFÍA.** ¿A qué escala está la fotografía si la media de un tiburón ballena es de 7 m de longitud? ¿Cuánto mide de alto su aleta?

94 Halla la escala a la que está dibujado un plano en el que una distancia real de 80 m equivale a:

a) 8 cm b) 10 cm c) 8 dm d) 4 dm e) 2 cm

95 En la fotografía de un paisaje, Martín mide 2,5 cm de estatura. Si la estatura de Martín es de 1,75 m:

a) ¿A qué escala está hecha la foto?

b) Si en la misma fotografía Martín está junto a un edificio que mide 15 cm de altura, ¿cuánto mide en la realidad?

c) Martín está apoyado en una farola que mide 6 m, ¿qué altura tiene en la foto?

INTERNET

96 **MATEMÁTICAS Y... MODELISMO.** Esta es la etiqueta de un puzle en 3D de la torre Eiffel.

Dimensiones del producto montado:

Largo × ancho × alto:
36 × 39 × 78 cm

Teniendo en cuenta la altura de la torre Eiffel, ¿a qué escala se ha hecho?

97 **RETO.** En un mapa a escala 1:50 000, dos puntos están separados 4 cm. En otro mapa, esos mismos puntos distan 6 cm. ¿Qué distancia real separa a esos dos puntos? ¿A qué escala está hecho el segundo mapa?

FAKE NEWS

Vista y monitores

La distancia óptima a nuestro monitor se alcanza cuando se aprecian todos los detalles sin entornar los ojos y no hace falta girar la cabeza para observar completamente el campo de visión. Esta distancia es proporcional al tamaño del monitor.

Tamaño del monitor	Distancia
24 pulgadas	65 cm
27 pulgadas	80 cm
32 pulgadas	95 cm

Y tú, ¿qué opinas?

PROBLEMAS APARENTEMENTE DISTINTOS

98 Halla la medida que falta sabiendo que son triángulos semejantes.

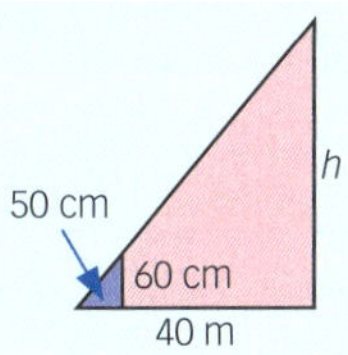

99 La sombra que proyecta una chimenea mide 40 m. Al mismo tiempo, un poste de 60 cm proyecta una sombra de 50 cm. ¿Cuál es la altura de la chimenea?

100 Halla los lados que faltan.

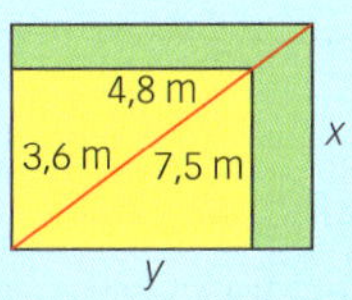

101 Calcula las dimensiones de un jardín rectangular de 7,5 m de diagonal y que es semejante a otro también rectangular cuyas dimensiones miden 3,6 m y 4,8 m.

102 Calcula el dato desconocido.

$$\frac{1}{5} = \frac{40000}{x}$$

103 Observa el plano, cuya escala es 1:40 000, y di qué distancia hay entre los puntos *A* y *B*.

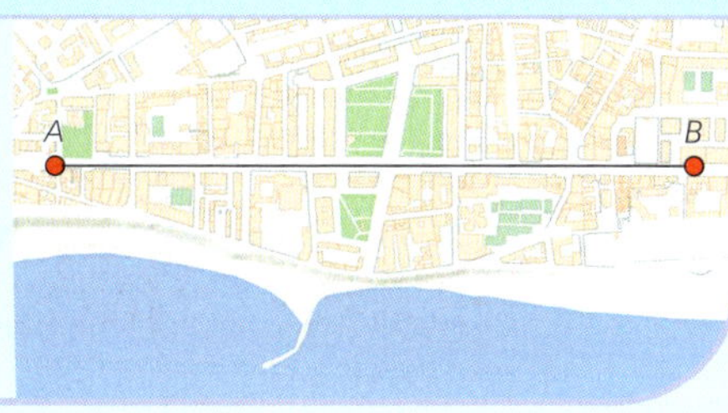

Naturaleza y diversión

Los parques naturales son espacios que se encuentran protegidos por su especial interés biológico, geológico o paisajístico. El próximo fin de semana vamos a hacer una ruta de senderismo por uno de ellos, que incluirá subir a un pico. Para planificar nuestra ruta hemos buscado un mapa topográfico del parque. ¡Me hace mucha ilusión!

Una **curva de nivel** es una línea que en un mapa une todos los puntos de la misma altitud.

Permite hacerse una idea de la pendiente de un terreno. El paso de una curva a otra representa una diferencia de altitud y, por tanto, su pendiente.

Es decir, cuanto más juntas estén las curvas de nivel en un mapa, mayor será la pendiente del terreno.

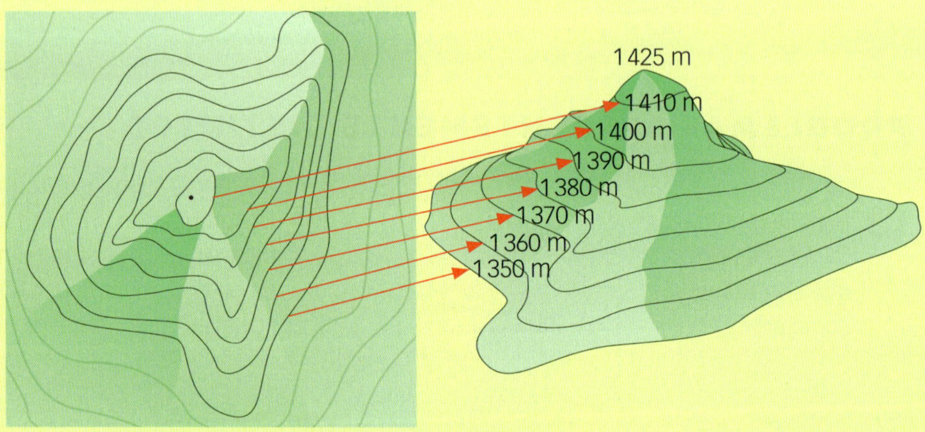

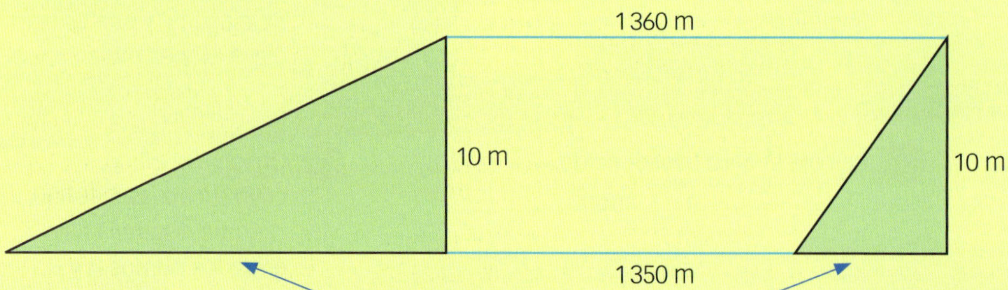

1 El mapa

Hemos marcado la ruta en nuestro mapa, que tiene una escala 1:10 000. Parte del recorrido lo haremos por carretera, otra parte por un camino y el resto por una senda señalizada.

- Si la parte de la carretera mide 15 cm en el mapa, ¿cuánto hay que recorrer en la realidad?
- La parte del camino mide 30 cm, ¿qué distancia recorreremos por camino?
- Según la señal del inicio de la senda que debemos recorrer, la longitud total de la senda es 7,3 km. ¿Cuánto mide en el mapa?
- ¿Cuánto mide en total la ruta en el mapa? ¿Y en la realidad?

2 Cada uno el suyo

El mapa es demasiado grande y para que todos podamos llevar el nuestro hemos ido a una tienda de fotocopias y lo hemos reducido. Las copias son 5 veces más pequeñas que el mapa original.

- ¿Cuánto mide la parte de la carretera en los mapas que hemos repartido entre todos los miembros del grupo?
- Si entre el refugio y el lago, en estas copias, la distancia es 2 cm, ¿qué distancia hay en la realidad?
- ¿Cuál es la escala de las copias del mapa que hemos repartido?
- ¿Cuál sería la escala si lo hubiéramos reducido 10 veces?

3 ¡Agárrate, que vienen curvas!

Las curvas de nivel se ven más juntas desde que se empieza a transitar por la senda. Comienza a 620 m de altura y la distancia entre las curvas de nivel es idéntica hasta llegar a la que marca 700 m.

- Ascendiendo en línea recta, de los 620 m a los 630 m se recorren 150 m, ¿cuánto se recorrerá hasta alcanzar los 650 m de altura?
- ¿Cuánto se avanzará hasta llegar a los 700 m?
- ¿A qué altura sobre el nivel del mar estaremos cuando hayamos caminado 1 km?

PRODUCTO FINAL **Planifica una ruta de senderismo**

Descarga un mapa que muestre alguna ruta de senderismo cercana. Realiza un informe en el que conste el número de kilómetros, el desnivel, el tiempo estimado de la ruta, fotos del entorno y cualquier otra información relevante.

RESUMEN DE UNIDAD

TEOREMA DE TALES

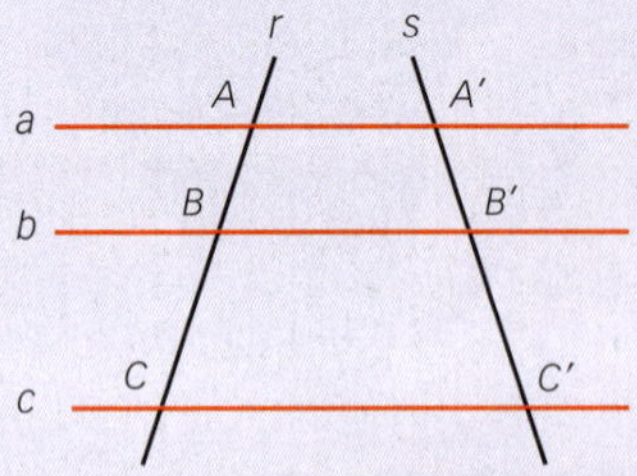

$$\frac{\overline{AB}}{\overline{A'B'}} = \frac{\overline{BC}}{\overline{B'C'}} = \frac{\overline{AC}}{\overline{A'C'}}$$

TRIÁNGULOS SEMEJANTES

1.er criterio:

$$\frac{\overline{AB}}{\overline{A'B'}} = \frac{\overline{BC}}{\overline{B'C'}} = \frac{\overline{AC}}{\overline{A'C'}}$$

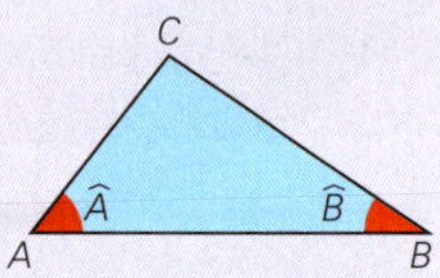

2.º criterio:

$\widehat{A} = \widehat{A'}$

$\widehat{B} = \widehat{B'}$

3.er criterio:

$\widehat{A} = \widehat{A'}$

$$\frac{\overline{AC}}{\overline{A'C'}} = \frac{\overline{AB}}{\overline{A'B'}}$$

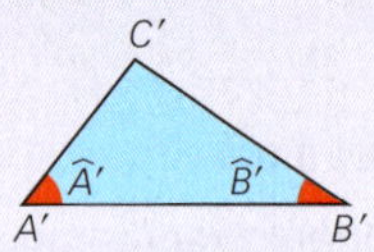

TRIÁNGULOS EN POSICIÓN DE TALES

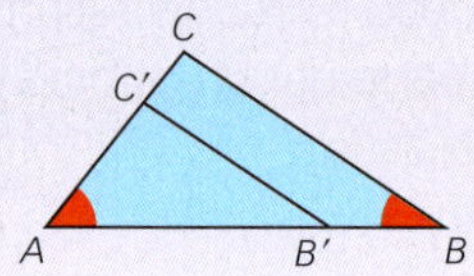

POLÍGONOS SEMEJANTES

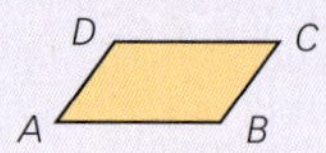

$\widehat{A} = \widehat{A'}$ $\quad \widehat{C} = \widehat{C'}$

$\widehat{B} = \widehat{B'}$ $\quad \widehat{D} = \widehat{D'}$

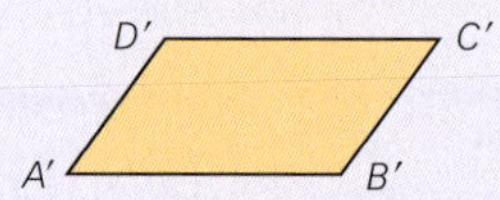

$$\frac{\overline{AB}}{\overline{A'B'}} = \frac{\overline{BC}}{\overline{B'C'}} = \frac{\overline{CD}}{\overline{C'D'}} = \frac{\overline{DA}}{\overline{D'A'}}$$

ESCALAS

$$\text{Escala} = \frac{\text{Distancia en la representación}}{\text{Distancia en el original}}$$

AUTOEVALUACIÓN

1. Reconoce figuras semejantes y calcula la razón de semejanza

1 Calcula la longitud de dos segmentos que suman 22 cm si su razón es $\frac{3}{8}$.

a) $\overline{AB} = 8$ cm y $\overline{CD} = 14$ cm.
b) $\overline{AB} = 6$ cm y $\overline{CD} = 14$ cm.
c) $\overline{AB} = 8$ cm y $\overline{CD} = 16$ cm.
d) $\overline{AB} = 6$ cm y $\overline{CD} = 16$ cm.

2 ¿Cuál es la longitud del segmento *OA*?

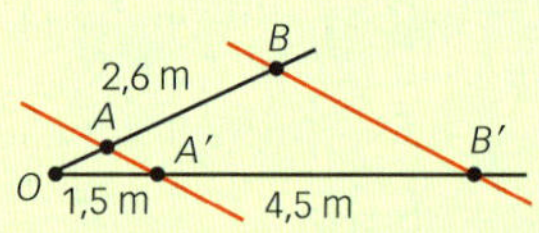

a) $\overline{OA} = 0{,}87$ m
b) $\overline{OA} = 2{,}6$ m
c) $\overline{OA} = 7{,}5$ m
d) $\overline{OA} = 3{,}23$ m

3 Calcula la longitud del segmento *NC*.

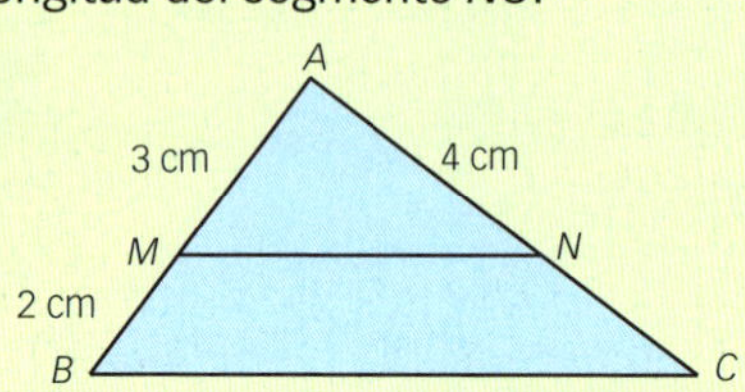

a) $\overline{NC} = 6$ cm
b) $\overline{NC} = 1{,}5$ cm
c) $\overline{NC} = 2{,}67$ cm
d) $\overline{NC} = 6$ cm

4 Calcula la longitud desconocida, sabiendo que los dos pentágonos son semejantes.

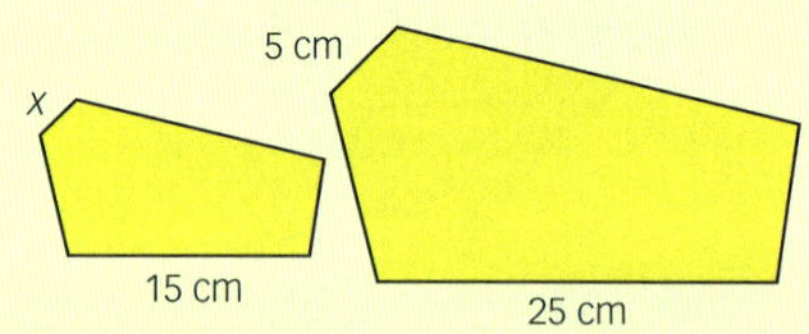

a) $x = 8$ cm
b) $x = 5$ cm
c) $x = 3$ cm
d) $x = 2$ cm

5 Dado un hexágono de perímetro 36 cm y área 93,6 cm^2, calcula el perímetro de un hexágono semejante a él cuya área mide 2 340 cm^2.

a) 7,2 cm
b) 180 cm
c) 900 cm
d) 560 cm

2. Utiliza las escalas y la semejanza para resolver problemas de la vida cotidiana

6 ¿Cuál es la distancia real entre dos ciudades que en un mapa a escala 1:5 000 000 distan 10 cm?

a) 500 km
b) 5 000 m
c) 50 km
d) 50 000 m

VALORA TU APRENDIZAJE

- ¿Aprovechas los intentos fallidos para mejorar?
- ¿Valoras las opiniones de otros como elemento enriquecedor?

9 Figuras planas. Áreas

DESAFÍO

Tus ojos te engañan

Si prolongas las rectas azules,

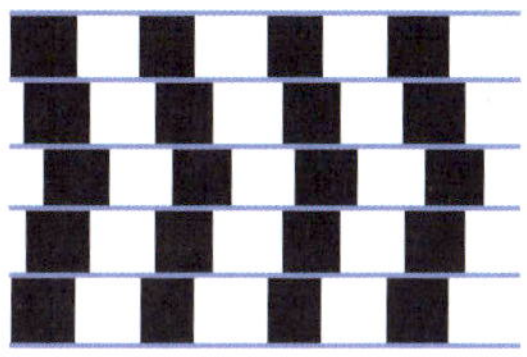

¿se cortan en algún punto?

SITUACIÓN DE APRENDIZAJE

Hacer un pódcast de divulgación científica

La comunidad científica ha hecho grandes descubrimientos sobre el universo utilizando telescopios cada vez más avanzados.

- ¿Conoces el nombre de alguno de estos telescopios tan modernos?
- ¿Qué descubrimientos han hecho posibles?

Para contestar a estas preguntas necesitas conocer las figuras planas y saber calcular sus áreas.

¿Qué sabes ya?

Cómo se identifica la altura de un triángulo

La **altura** de un triángulo es el segmento perpendicular a un lado, o a su prolongación, trazado desde el vértice opuesto.

EJEMPLO

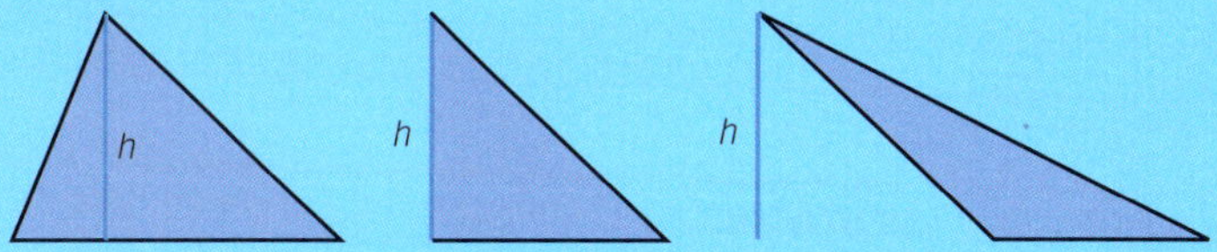

ACTIVIDADES

1. En un triángulo isósceles, al trazar la altura sobre el lado que es distinto, obtenemos dos triángulos:
   a) Rectángulos distintos.
   b) Equiláteros.
   c) Rectángulos iguales.
   d) Isósceles.

1. Teorema de Pitágoras

Un triángulo rectángulo tiene un ángulo recto (90°). Los lados que forman este ángulo se denominan **catetos**, *b* y *c*, y el lado mayor, opuesto al ángulo recto, se llama **hipotenusa**, *a*.

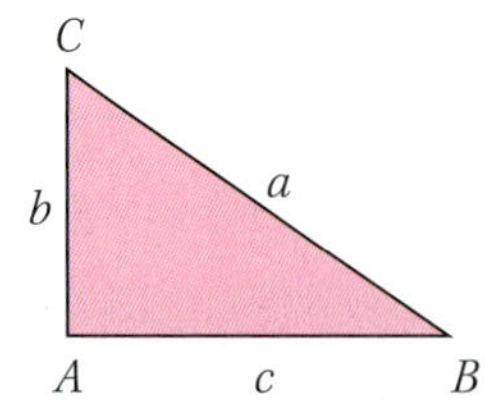

GEOGEBRA

Teorema de Pitágoras. En todo triángulo rectángulo, el cuadrado de la hipotenusa es igual a la suma de los cuadrados de los catetos.

$$a^2 = b^2 + c^2$$

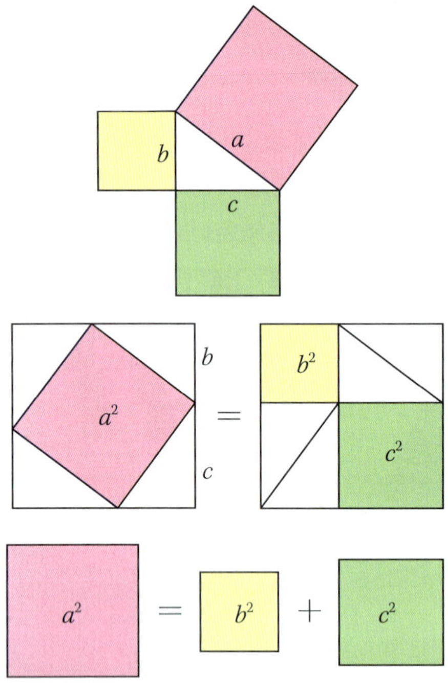

El teorema de Pitágoras se puede comprobar gráficamente siguiendo estos pasos.

1.º Sobre los lados de un triángulo rectángulo construimos tres cuadrados, cada uno con el lado igual al del lado correspondiente del triángulo.

2.º Al cuadrado de lado *a* le añadimos cuatro triángulos rectángulos iguales para formar otro cuadrado.

A los cuadrados de lados *b* y *c* les añadimos también cuatro triángulos rectángulos iguales para formar otro cuadrado, que resulta igual que el obtenido a partir del cuadrado de lado *a*.

3.º Como los cuatro triángulos rectángulos de cada miembro de la igualdad son idénticos, cuando los eliminamos, la igualdad se mantiene.

RETO

¿Cuántos triángulos rectángulos hay cuyos lados midan un número natural entre 1 y 10?

EJEMPLO

1. Halla la hipotenusa de un triángulo rectángulo con catetos de 6 cm y 8 cm.

Aplicamos el teorema de Pitágoras y sustituimos.

$a^2 = b^2 + c^2 \rightarrow a^2 = 6^2 + 8^2 \rightarrow a^2 = 36 + 64 = 100 \rightarrow a = \sqrt{100} = 10$ cm

La hipotenusa del triángulo rectángulo mide 10 cm.

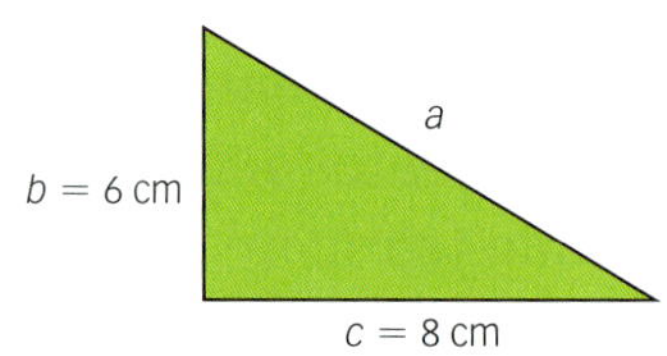

ACTIVIDADES

1 Determina la longitud de la hipotenusa de los siguientes triángulos.

a)

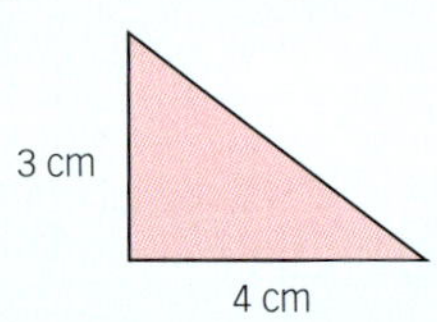

b)

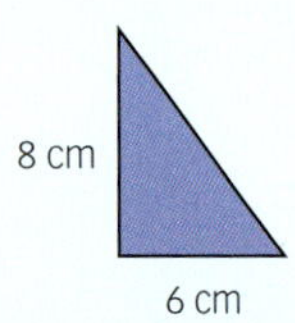

2 Calcula la hipotenusa de un triángulo de catetos:

a) 15 cm y 8 cm.

b) 12 cm y 35 cm.

3 **REFLEXIONA.** Halla el cateto que falta en cada caso.

a) $a = 15$ cm, $c = 12$ cm

b) $a = 25$ cm, $b = 7$ cm

2. Aplicaciones del teorema de Pitágoras

2.1. Determinar si un triángulo es rectángulo

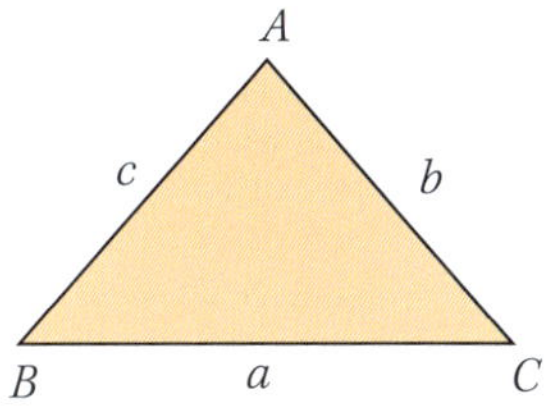

En cualquier triángulo, siendo a el lado mayor:

- Si $a^2 = b^2 + c^2$ → El triángulo es rectángulo.
- Si $a^2 < b^2 + c^2$ → El triángulo es acutángulo.
- Si $a^2 > b^2 + c^2$ → El triángulo es obtusángulo.

Solamente cumplen el teorema de Pitágoras los triángulos rectángulos.

EJEMPLO

2. Determina si un triángulo de lados 3 cm, 4 cm y 5 cm es rectángulo.

Tomamos el mayor de los lados, al que llamamos a, como hipotenusa, y los otros dos lados, b y c, como catetos.

$a^2 \rightarrow 5^2 = 25 \qquad b^2 \rightarrow 3^2 = 9 \qquad c^2 \rightarrow 4^2 = 16$

Comprobamos si se cumple el teorema de Pitágoras:

$a^2 = b^2 + c^2 \rightarrow 25 = 9 + 16 \rightarrow$ El triángulo es rectángulo.

2.2. Hallar la longitud de un lado de un triángulo rectángulo

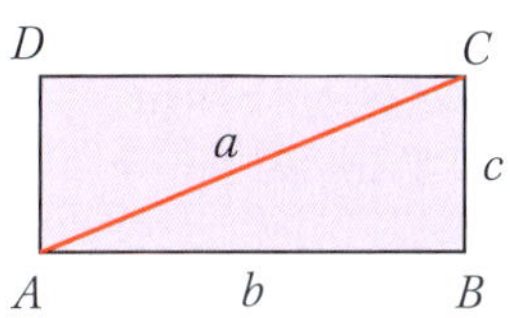

El teorema de Pitágoras relaciona los tres lados de un triángulo rectángulo de manera que, conocidos dos de ellos, es posible obtener el tercer lado.

- Conocidos los catetos b y c. → $a = \sqrt{b^2 + c^2}$
- Conocida la hipotenusa, a, y un cateto, b. → $c = \sqrt{a^2 - b^2}$

EJEMPLO

3. Halla el lado que falta en estos triángulos rectángulos.

a) Si los catetos son $b = 12$ cm y $c = 5$ cm.

$a = \sqrt{b^2 + c^2} \rightarrow a = \sqrt{12^2 + 5^2} \rightarrow a = \sqrt{169} = 13$ cm

b) Si la hipotenusa es $a = 20$ cm y un cateto es $b = 16$ cm.

$c = \sqrt{a^2 - b^2} \rightarrow c = \sqrt{20^2 - 16^2} \rightarrow c = \sqrt{144} = 12$ cm

c) Si la hipotenusa es $a = 26$ cm y un cateto es $c = 10$ cm.

$b = \sqrt{a^2 - c^2} \rightarrow b = \sqrt{26^2 - 10^2} \rightarrow b = \sqrt{576} = 24$ cm

RETO

¿Puede un triángulo rectángulo ser equilátero? ¿Puede ser isósceles? Explica por qué.

ACTIVIDADES

4 Clasifica por sus ángulos estos triángulos.

a) 10 cm, 11 cm y 20 cm
b) 4 cm, 5 cm y 6 cm
c) 48 cm, 55 cm y 73 cm
d) 28 cm, 45 cm y 53 cm

5 Calcula la hipotenusa de los triángulos rectángulos con estos catetos.

a) 10 cm y 8 cm
b) 7,2 cm y 11,6 cm
c) 4 cm y 9 cm
d) $\sqrt{7}$ cm y $\sqrt{8}$ cm

6 **REFLEXIONA.** Halla la longitud de $\overline{BC}$, $\overline{BD}$ y $\overline{BE}$.

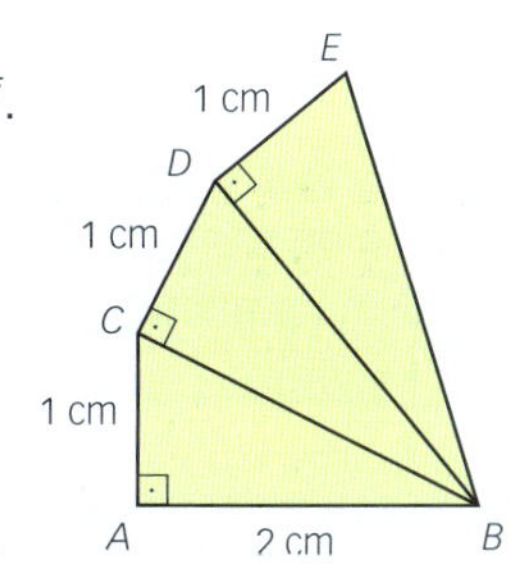

Cómo se calculan los elementos de un cuadrilátero

Al aplicar el teorema de Pitágoras es importante determinar si la longitud desconocida es un cateto del triángulo o su hipotenusa.

Calcula.

a) La diagonal de este rectángulo.

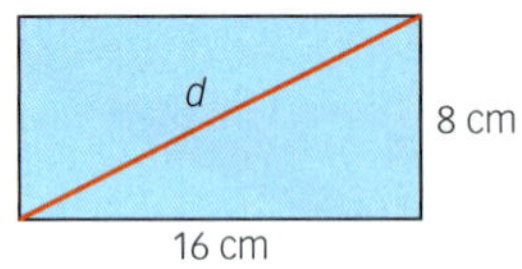

b) La altura de este romboide.

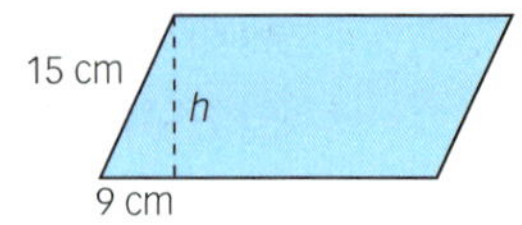

① **Identificamos en la figura un triángulo rectángulo en el que esté el elemento que queremos hallar y del que conozcamos dos lados.**

a)

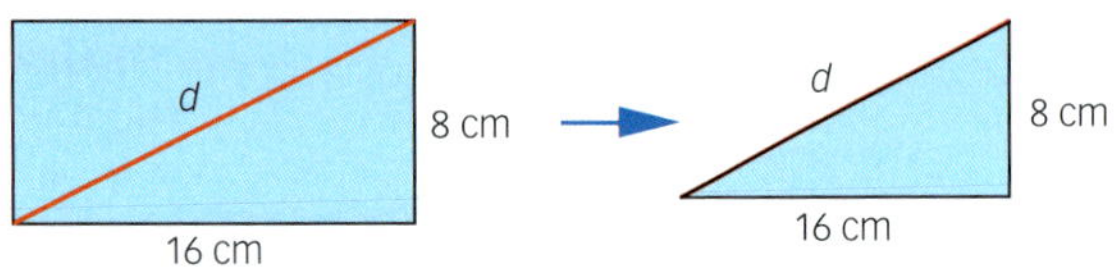

Queremos hallar la hipotenusa (diagonal) y conocemos la longitud de los dos catetos (lados del rectángulo).

b)

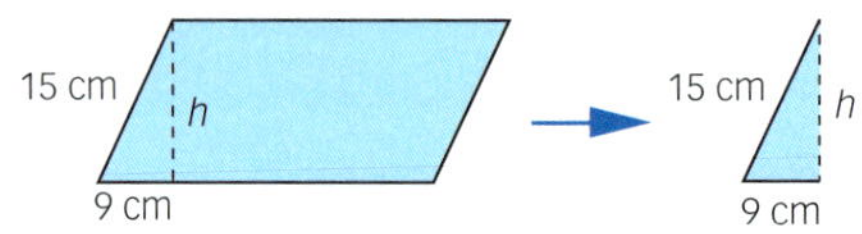

Queremos hallar uno de los catetos (altura) y conocemos el otro cateto y la hipotenusa (lado del romboide).

② **Aplicamos el teorema de Pitágoras.**

La diagonal es la hipotenusa.

$d^2 = 8^2 + 16^2 \rightarrow$

$\rightarrow d^2 = 320 \rightarrow d = \sqrt{320} = 17{,}89$ cm

La diagonal del rectángulo mide 17,89 cm.

La altura es un cateto.

$15^2 = 9^2 + h^2 \rightarrow h^2 = 15^2 - 9^2 \rightarrow$

$\rightarrow h^2 = 144 \rightarrow h = \sqrt{144} = 12$ cm

La altura del romboide mide 12 cm.

ACTIVIDADES

7 Calcula la longitud de x en cada una de las siguientes figuras.

a)

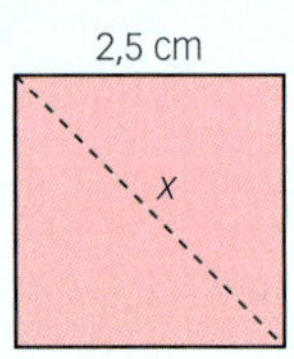

b)

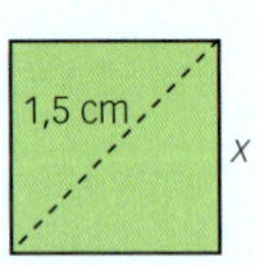

c)

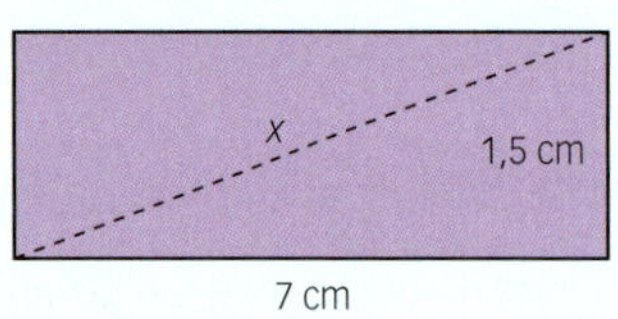

d)

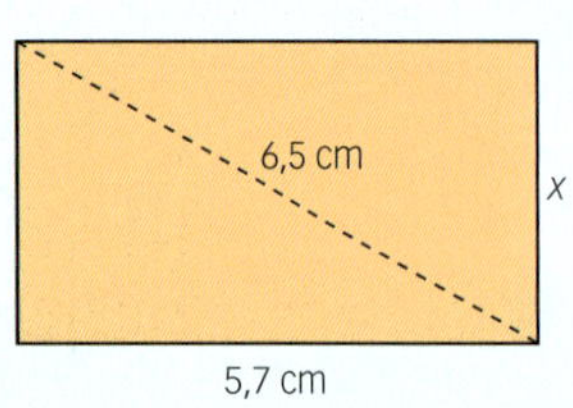

8 Sobre un campo rectangular, de 16 m de largo y 12 m de ancho, se traza una diagonal. Calcula su longitud.

9 Determina el largo de un rectángulo de 3 cm de ancho y 22 cm de diagonal.

10 Calcula el lado de un cuadrado si su diagonal mide 18 cm.

11 Halla las alturas desconocidas.

a)

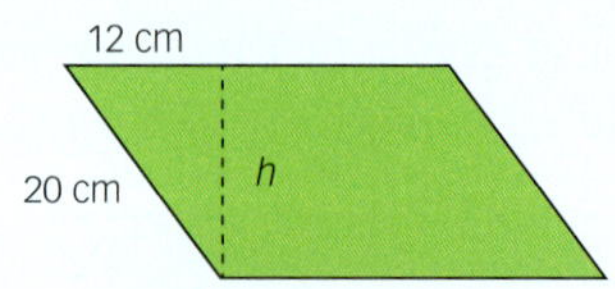

b)

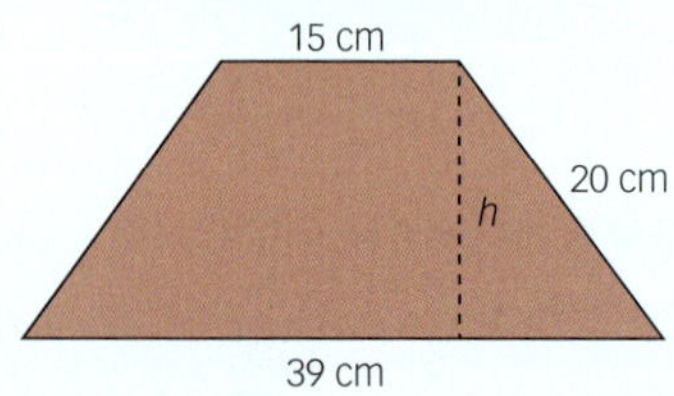

c)

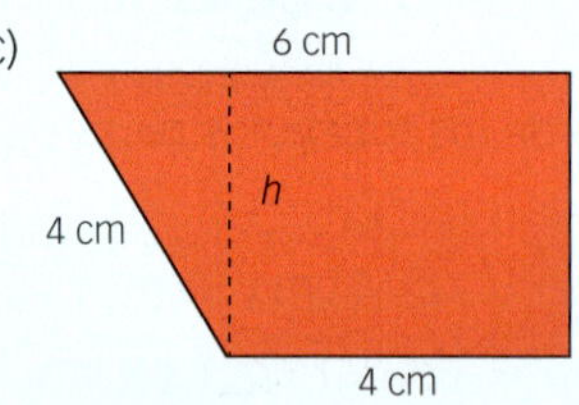

Cómo se calculan los elementos de un polígono regular

En un polígono regular, si r es la longitud del radio, a la apotema y l el lado, se cumple que:

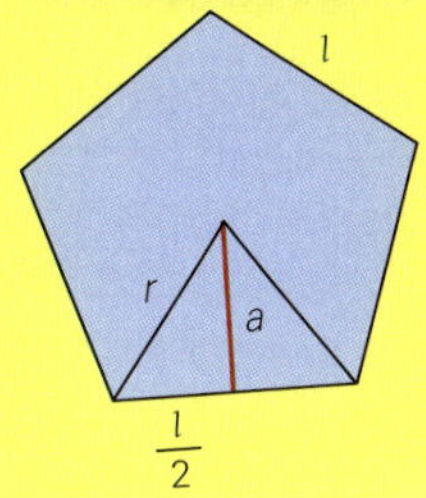

$$r^2 = a^2 + \left(\frac{l}{2}\right)^2$$

Observa los polígonos y calcula.

a) El lado de este pentágono regular.

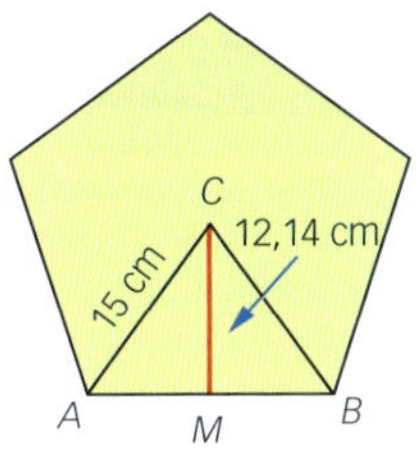

b) La apotema de este hexágono regular.

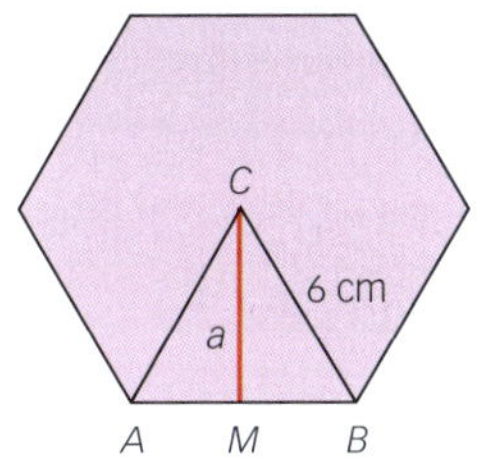

El hexágono es el único polígono regular en el que el radio es igual que el lado.

① Identificamos en el polígono un triángulo rectángulo en el que esté el elemento que queremos hallar y del que conozcamos dos lados.

a)

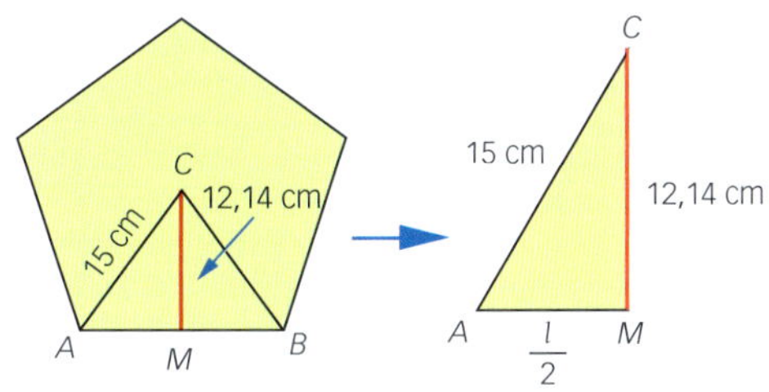

Queremos hallar uno de los catetos (la mitad del lado) y conocemos la hipotenusa (radio) y el otro cateto (apotema).

b)

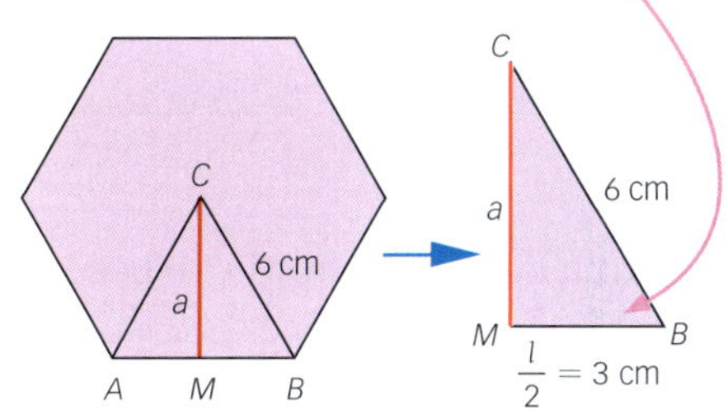

Queremos hallar uno de los catetos (apotema) y conocemos la hipotenusa (radio) y el otro cateto (la mitad del lado del hexágono).

② Aplicamos el teorema de Pitágoras.

a)

$$15^2 = \left(\frac{l}{2}\right)^2 + 12{,}14^2 \rightarrow$$

$$\rightarrow \left(\frac{l}{2}\right)^2 = 15^2 - 12{,}14^2 \rightarrow$$

$$\rightarrow \frac{l^2}{4} = 77{,}62 \rightarrow \quad l = \sqrt{310{,}48} = 17{,}62 \text{ cm}$$

b)

$$6^2 = 3^2 + a^2 \rightarrow a^2 = 6^2 - 3^2 \rightarrow$$

$$\rightarrow a^2 = 27 \rightarrow$$

$$\rightarrow a = \sqrt{27} = 5{,}2 \text{ cm}$$

La apotema del hexágono mide 5,2 cm.

ACTIVIDADES

12 Calcula en cada caso el valor de apotema.

a)

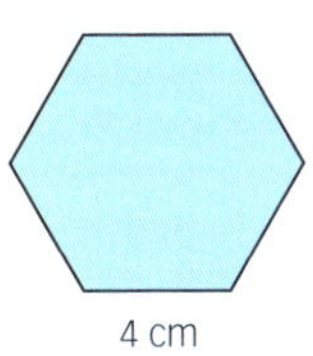

b)

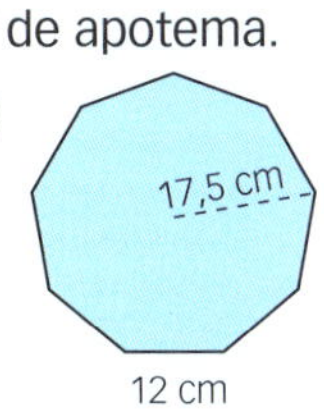

13 Halla el lado de los siguientes polígonos regulares.

a)

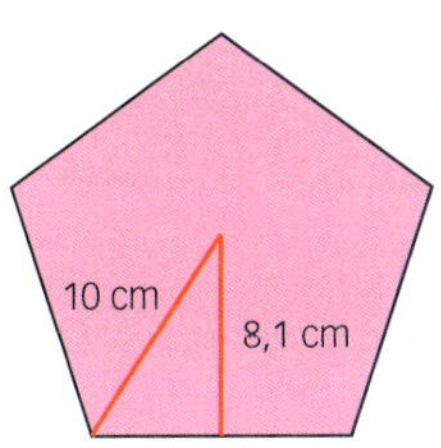

b)

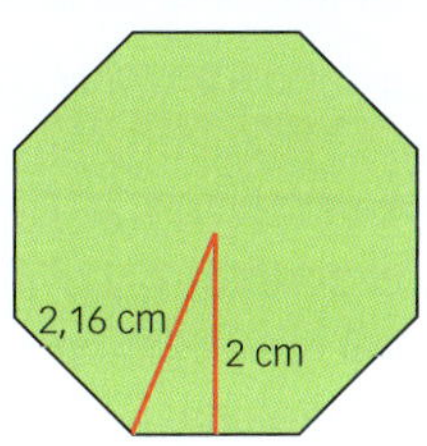

14 Halla la longitud del segmento rojo si el lado de cada hexágono regular es 20 cm.

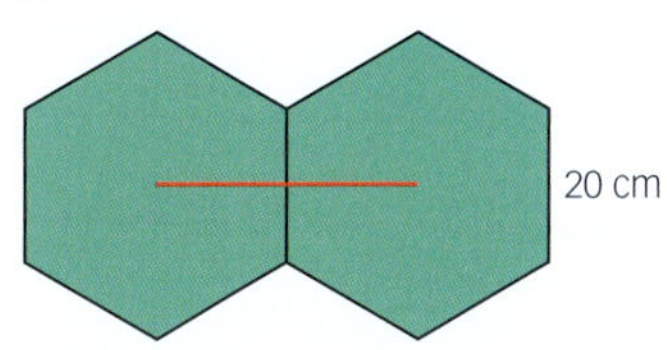

15 Determina la apotema de un hexágono regular cuyo lado mide:

a) 10 cm. b) 16 cm. c) 7 cm.

16 Calcula el lado de un hexágono regular de apotema 10 cm.

3. Área de polígonos

3.1. Área del rectángulo, cuadrado y romboide

GEOGEBRA

Área del rectángulo

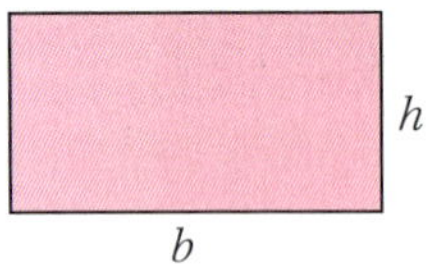

El área de un **rectángulo** de base b y altura h es:

$$A = b \cdot h$$

Área del cuadrado

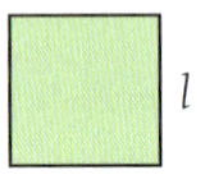

El área de un **cuadrado** de lado l es:

$$A = l^2$$

Área del romboide

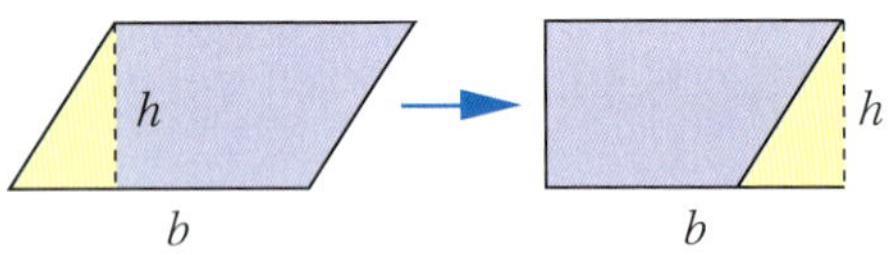

El área de un romboide de base b y altura h es igual al área de un rectángulo de base b y altura h.

El área de un **romboide** de base b y altura h es:

$$A = b \cdot h$$

RETO

Calcula el área de color rosa.

EJEMPLO

4. Halla el área de estos paralelogramos.

a)

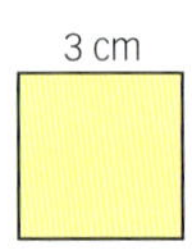

b)

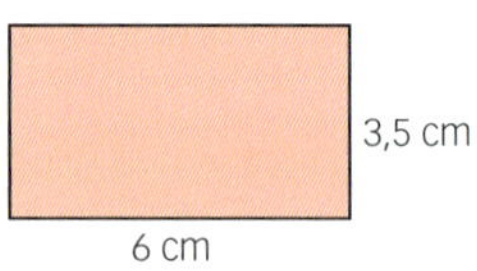

c)

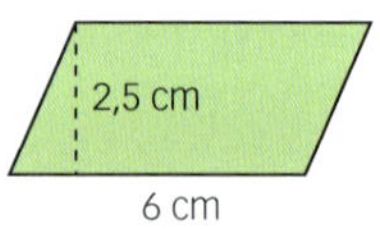

a) Cuadrado de lado 3 cm.

$A_{\text{Cuadrado}} = l^2 \xrightarrow{l\,=\,3\text{ cm}} A = 3^2 = 9\text{ cm}^2$

b) Rectángulo de base 6 cm y altura 3,5 cm.

$A_{\text{Rectángulo}} = b \cdot h \xrightarrow{b\,=\,6\text{ cm},\,h\,=\,3{,}5\text{ cm}} A = 6 \cdot 3{,}5 = 21\text{ cm}^2$

c) Romboide de base 6 cm y altura 2,5 cm.

$A_{\text{Romboide}} = b \cdot h \xrightarrow{b\,=\,6\text{ cm},\,h\,=\,2{,}5\text{ cm}} A = 6 \cdot 2{,}5 = 15\text{ cm}^2$

ACTIVIDADES

17 Calcula el área de los siguientes polígonos.

a) Rectángulo de altura 5,4 cm y base 9 cm.

b) Cuadrado de lado 6 dm.

c) Romboide de base 150 mm y altura 65 mm.

18 Halla el área de un cuadrado de 6 cm de diagonal.

19 La diagonal de un cuadrado es 4 cm.

a) ¿Cuánto mide su lado?

b) ¿Cuál es su área?

20 **REFLEXIONA.** Determina el perímetro y el área del romboide de la derecha.

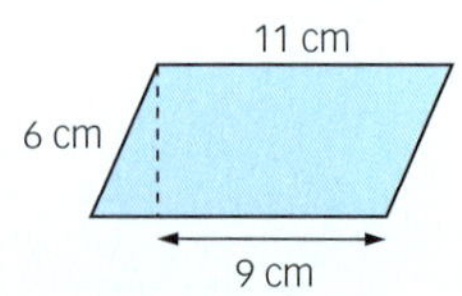

3.2. Área del rombo

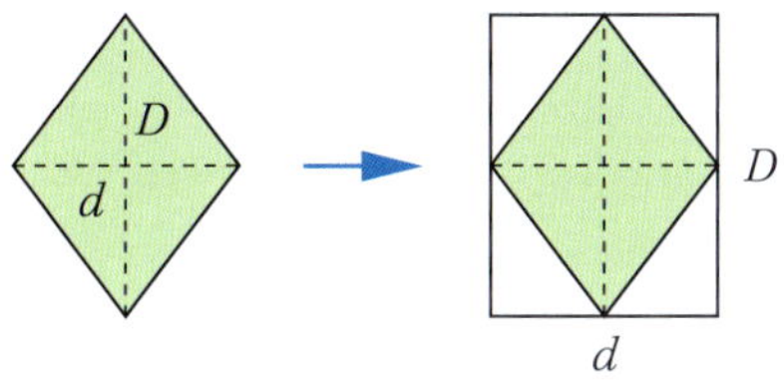

El área de un rombo con diagonal menor d y diagonal mayor D es la mitad del área de un rectángulo cuya base es d y su altura es D.

El área de un **rombo** de diagonal menor d y diagonal mayor D es:

$$A = \frac{D \cdot d}{2}$$

Las diagonales de un rombo son perpendiculares y se cortan en su punto medio.

Dividen el rombo en cuatro triángulos rectángulos iguales.

EJEMPLO

5. Halla el área del rombo con diagonales de 8 cm y 10 cm.

$$A_{\text{Rombo}} = \frac{D \cdot d}{2} \xrightarrow{D\,=\,10\text{ cm},\, d\,=\,8\text{ cm}} A = \frac{10 \cdot 8}{2} = 40 \text{ cm}^2$$

El área del rombo es 40 cm².

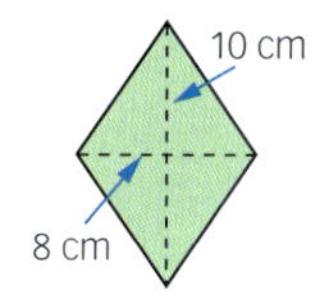

3.3. Área del triángulo

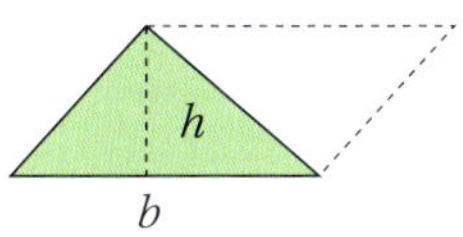

El área de un triángulo de base b y altura h es la mitad del área de un romboide de base b y altura h.

El área de un **triángulo** de base b y altura h es: $A = \dfrac{b \cdot h}{2}$.

RETO

Halla el área de color rosa.

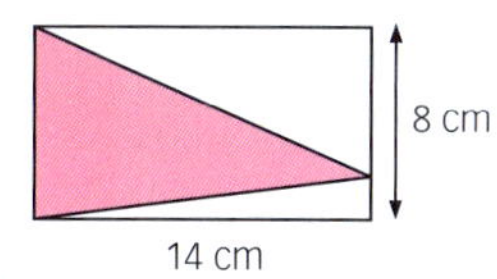

EJEMPLO

6. Halla el área de este triángulo.

$$A_{\text{Triángulo}} = \frac{b \cdot h}{2} \xrightarrow{b\,=\,7\text{ cm},\, h\,=\,10\text{ cm}} A = \frac{7 \cdot 10}{2} = 35 \text{ cm}^2$$

El área del triángulo es 35 cm².

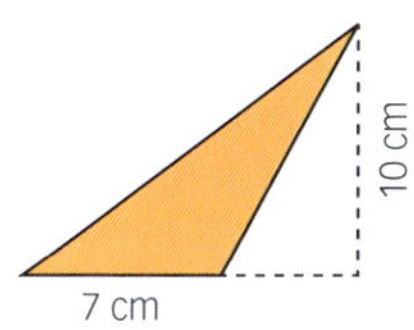

ACTIVIDADES

21 Calcula el área de los polígonos.

a)

b)

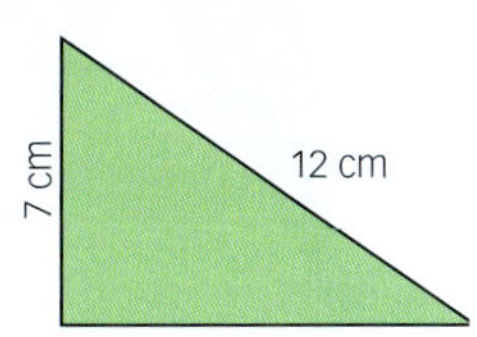

c)

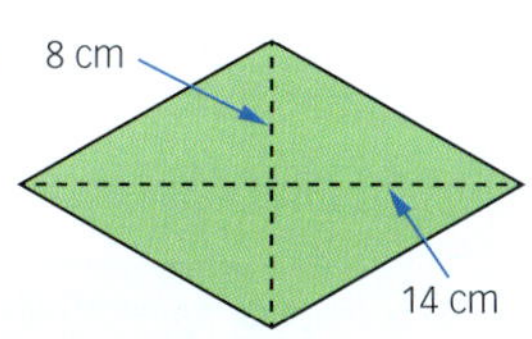

d)

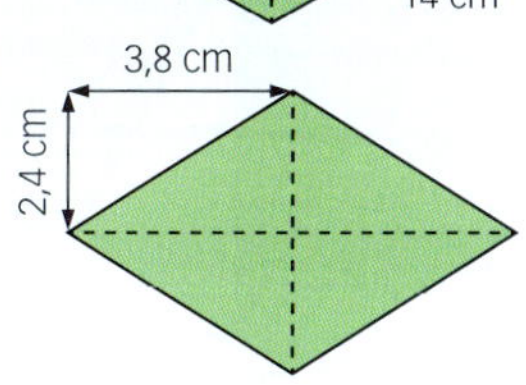

22 Halla el área de un rombo cuyas diagonales tienen una medida de:

a) 4 cm y 12 cm.

b) 3 cm y 9 cm.

23 Determina el área de un triángulo isósceles siendo la longitud de sus lados iguales 14 cm y la de su lado desigual 22 cm.

24 **REFLEXIONA.** Determina el área de un rombo cuyo lado mide 9 cm y su diagonal menor 5 cm.

3.4. Área del trapecio

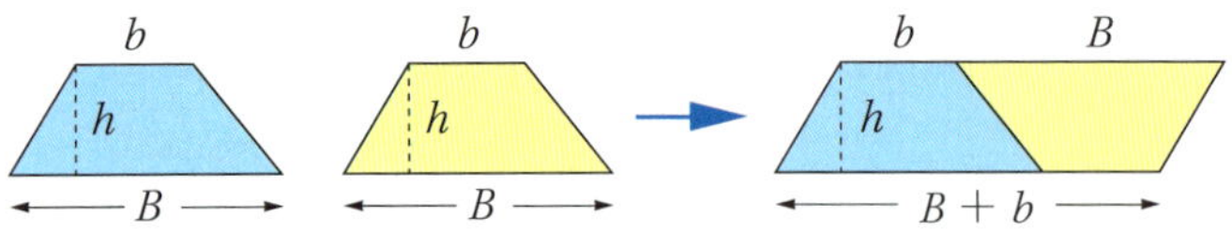

Al unir dos trapecios iguales se obtiene un romboide. El área del trapecio es la mitad del área de ese romboide.

El área de un **trapecio** de base mayor B, base menor b y altura h es:

$$A = \frac{(B + b) \cdot h}{2}$$

B = base mayor

b = base menor

En los triángulos rectángulos y los trapecios rectángulos, la altura coincide con un lado.

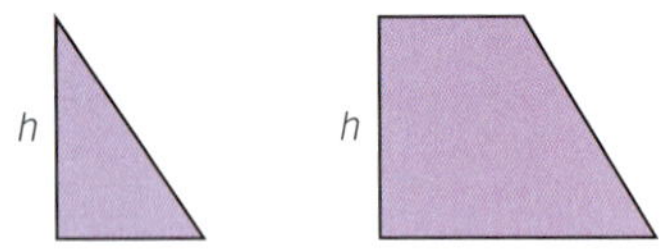

EJEMPLO

7. Halla el área de un trapecio de bases 12 cm y 10 cm y altura 8 cm.

$$A = \frac{(B + b) \cdot h}{2} \xrightarrow{B = 12 \text{ cm}, b = 10 \text{ cm}, h = 8 \text{ cm}} A = \frac{(12 + 10) \cdot 8}{2} = 88 \text{ cm}^2$$

El área del trapecio es 88 cm^2.

3.5. Área de un polígono regular

El área de un **polígono regular** de perímetro P y apotema a es:

$$A = \frac{\text{Perímetro} \cdot \text{Apotema}}{2} = \frac{P \cdot a}{2}$$

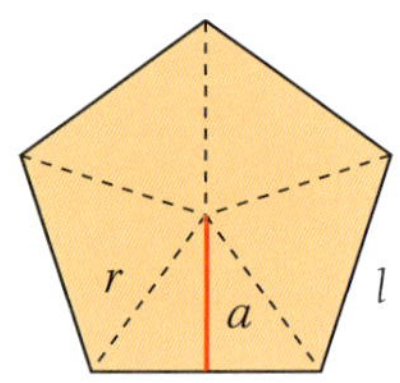

EJEMPLO

8. Halla el área de un hexágono regular de lado 10 cm.

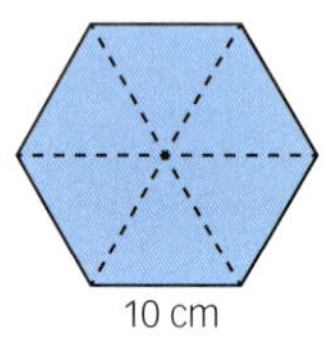

Perímetro: $P = 6 \cdot l = 6 \cdot 10 = 60$ cm

Hallamos la apotema con el teorema de Pitágoras:

$a = \sqrt{10^2 - 5^2} = 8{,}7$ cm

Entonces: $A = \frac{P \cdot a}{2} \xrightarrow{P = 60 \text{ cm}, a = 8{,}7 \text{ cm}} A = \frac{60 \cdot 8{,}7}{2} = 261 \text{ cm}^2$

El área del hexágono es 261 cm^2.

ACTIVIDADES

25 Halla el área de estos polígonos.

a) 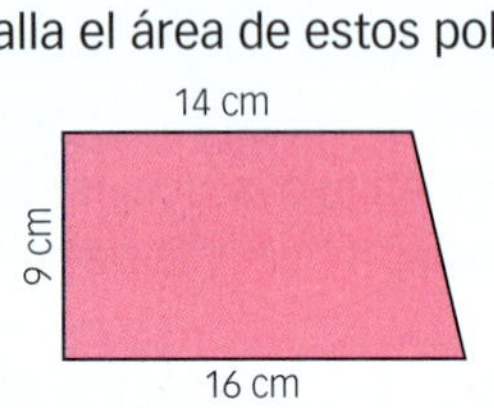

b) 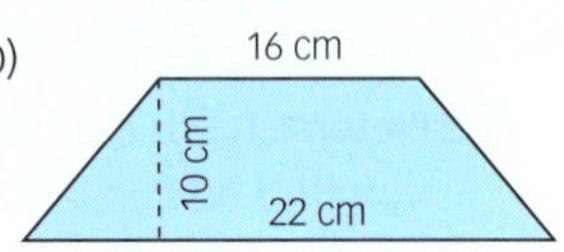

26 Calcula el lado de un hexágono regular de apotema 10,39 cm y área igual a 374,04 cm^2.

27 **REFLEXIONA.** Halla el área de cada zona coloreada.

a) 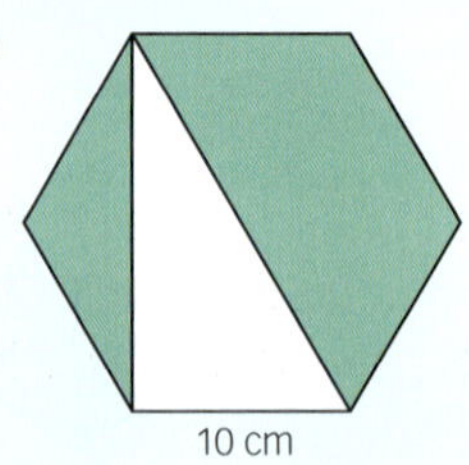

b) 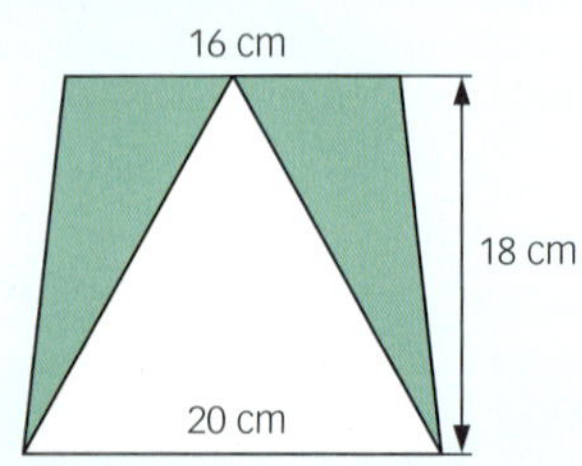

Cómo se calculan áreas de figuras poligonales

En un trapecio isósceles, las longitudes de *AM* y *NB* coinciden.

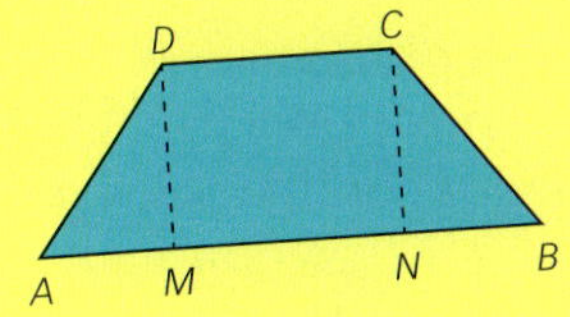

Calcula el área de esta sala de conferencias.

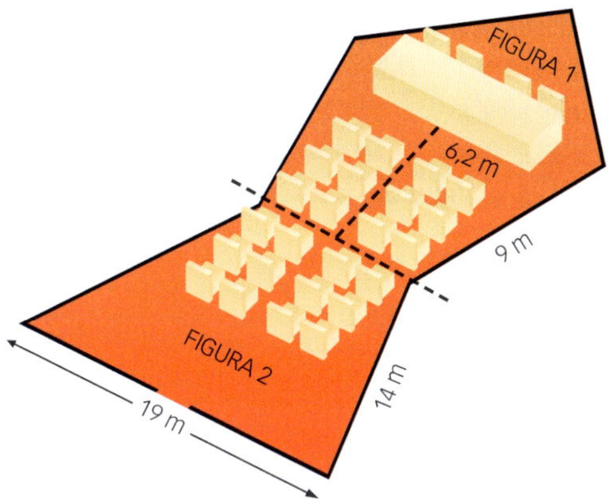

① **Descomponemos la figura en otras más sencillas de las que sepamos calcular su área.**

Figura 1

Es un pentágono regular de lado 9 m y apotema 6,2 m.

Figura 2

Es un trapecio isósceles con base mayor de 19 m y base menor de 9 m.

② **Calculamos sus áreas.**

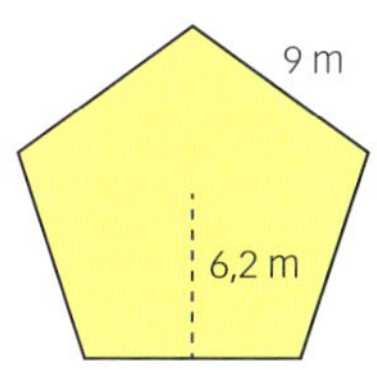

$$A_1 = \frac{P \cdot a}{2} = \frac{(5 \cdot 9) \cdot 6{,}2}{2} = 139{,}5 \text{ m}^2$$

Para calcular el área hay que conocer la altura.

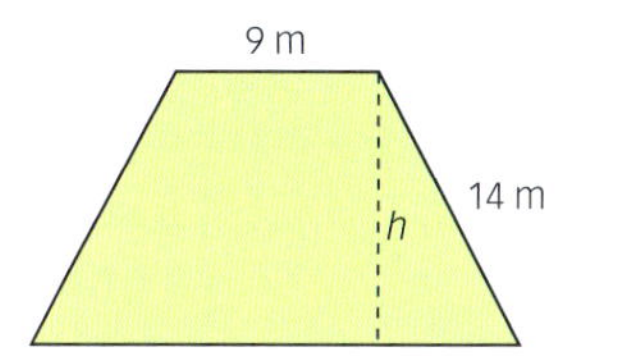

$$\frac{19 - 9}{2} = 5 \text{ m}$$

$$14^2 = h^2 + 5^2 \rightarrow h = \sqrt{14^2 - 5^2} = 13{,}08 \text{ m}$$

$$A_2 = \frac{(B + b) \cdot h}{2} = \frac{(19 + 9) \cdot 13{,}08}{2} = 183{,}12 \text{ m}^2$$

③ **Sumamos o restamos las áreas obtenidas.**

El área total de la figura será la suma del área de las dos figuras:

$$A_{\text{Total}} = A_1 + A_2 = 139{,}5 + 183{,}12 = 322{,}62 \text{ m}^2$$

ACTIVIDADES

28 Calcula el área de las siguientes figuras.

a)

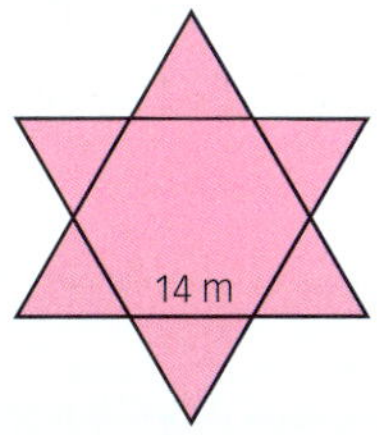

b)

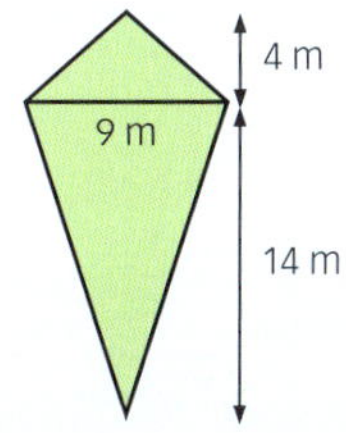

29 Sobre cada lado de un hexágono regular de 10 cm de lado, dibujamos un cuadrado cuyo lado mida lo mismo que el lado del hexágono. ¿Qué área tiene la figura formada?

30 Calcula el área de las siguientes figuras.

a)

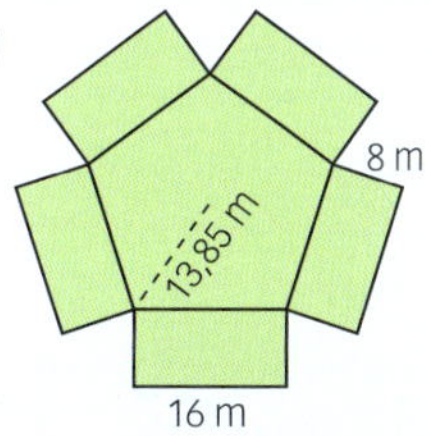

b)

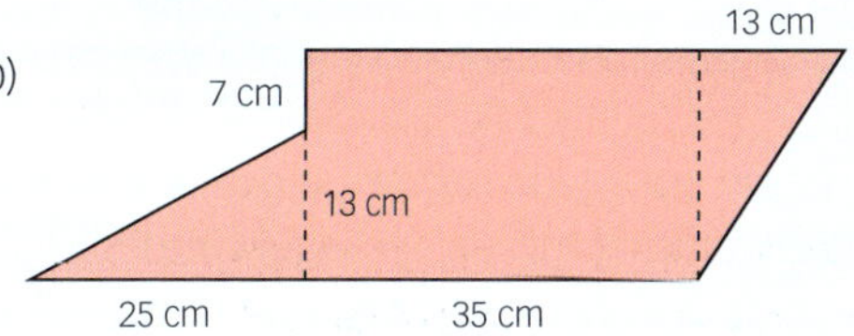

4. Ángulos en los polígonos

GEOGEBRA

Los **ángulos interiores** de un polígono son los que tienen como lados dos lados contiguos del polígono.

Como la suma de los ángulos interiores de un triángulo es de 180°:

4 lados, 2 triángulos

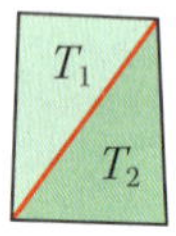

Suma $= 2 \cdot 180° = 360°$

5 lados, 3 triángulos

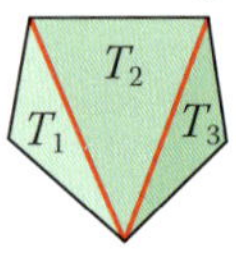

Suma $= 3 \cdot 180° = 540°$

6 lados, 4 triángulos

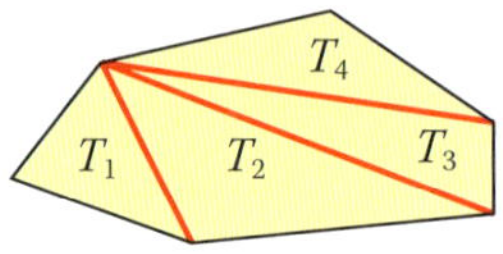

Suma $= 4 \cdot 180° = 720°$

Si un polígono tiene n lados, la **suma de sus ángulos interiores** es $180° \cdot (n - 2)$.

“ Un polígono regular tiene todos sus ángulos interiores iguales. Por tanto, la amplitud de cada ángulo interior de un polígono regular es $\frac{180° \cdot (n - 2)}{n}$.

Ángulos de un polígono regular

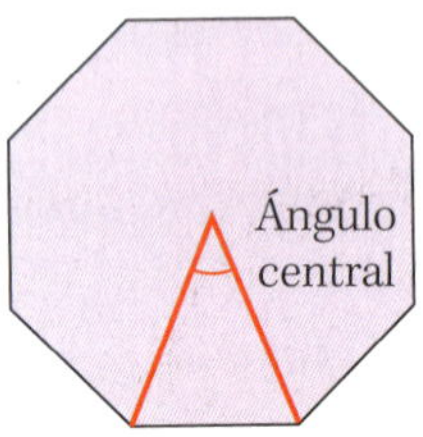

Los **ángulos centrales** de un polígono regular son los que están formados por dos radios consecutivos.

La suma de los ángulos centrales de un polígono regular es una circunferencia completa, 360°.

La **amplitud del ángulo central** de un polígono regular que tiene n lados es $\frac{360°}{n}$.

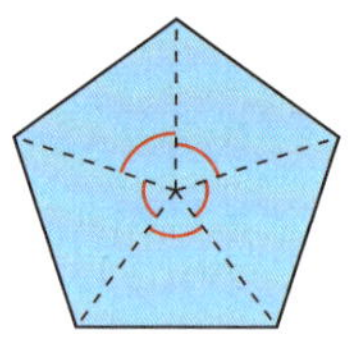

EJEMPLO

9. Halla la medida de un ángulo interior de un octógono regular. Calcula también la suma de sus ángulos interiores y la medida de su ángulo central.

La suma de los ángulos interiores de cualquier octógono es:

$180 \cdot (n - 2) = 180 \cdot (8 - 2) = 1080°$

Cada ángulo interior mide $\frac{180 \cdot (n - 2)}{n} = \frac{1080}{8} = 135°$.

La medida de su ángulo central es $\frac{360}{n} = \frac{360}{8} = 45°$.

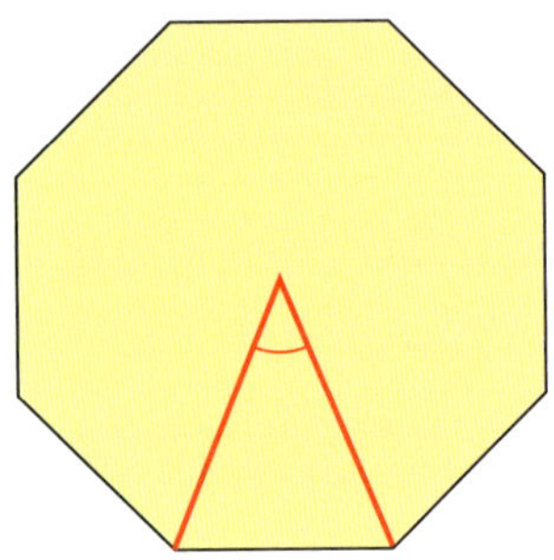

ACTIVIDADES

31 Calcula la suma de los ángulos interiores de un triángulo, un cuadrado y un pentágono regular.

32 Halla, en un eneágono regular: la suma de sus ángulos interiores, un ángulo interior y la medida del ángulo central.

33 Calcula el valor del ángulo central y del ángulo interior de un dodecágono regular.

34 **REFLEXIONA.** ¿Por qué en un polígono irregular no se puede aplicar la fórmula para hallar la medida de un ángulo central?

5. Longitud de una circunferencia

Al dividir la longitud de una circunferencia entre su diámetro, se obtiene siempre el mismo número. Este número se designa por la letra griega π y tiene infinitas cifras decimales. Su valor es $\pi = 3{,}141592...$

La **longitud de una circunferencia** de radio r es:

$$L = 2\pi r$$

Longitud de un arco

- Una circunferencia completa abarca 360°.
- Un arco es la parte de circunferencia comprendida entre dos de sus puntos.

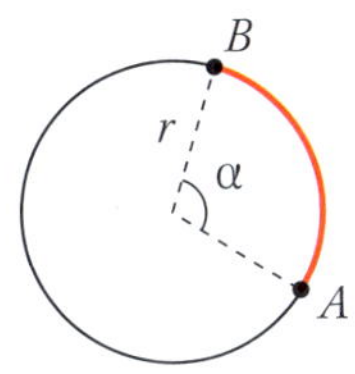

En una circunferencia de radio r, la **longitud de un arco de α grados** es:

$$L_{\text{Arco}} = \frac{2\pi \cdot r \cdot \alpha}{360°}$$

EJEMPLO

10. Si la longitud de una rueda de bicicleta mide 216 cm, ¿cuál será la longitud de la parte de la misma rueda comprendida entre dos radios que forman un ángulo de 80°?

Considerando que una circunferencia completa abarca 360°, podemos plantear una regla de tres.

$$\left.\begin{matrix} \text{Si } 360° \xrightarrow{\text{miden}} 216 \text{ cm} \\ 80° \xrightarrow{\text{medirán}} x \text{ cm} \end{matrix}\right\} \rightarrow \frac{360}{80} = \frac{216}{x} \rightarrow x = \frac{216 \cdot 80}{360} = 48$$

La longitud de la parte de la rueda comprendida entre dos radios que forman un ángulo de 80° es 48 cm.

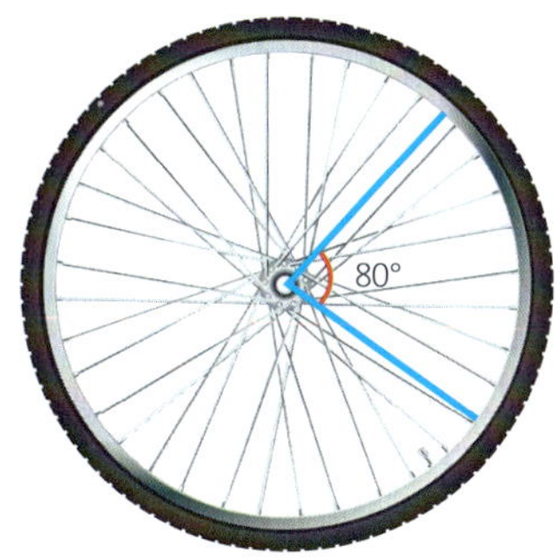

ACTIVIDADES

35 Halla la longitud de una circunferencia con:

a) Radio de 2,3 cm.

b) Diámetro de 16 cm.

36 La longitud de una circunferencia es 49 cm. Calcula su radio.

37 Completa la siguiente tabla con los datos que faltan para cada circunferencia.

Radio	Diámetro	Longitud de la circunferencia
2 cm		
	7 cm	
		29,516 cm

38 Calcula la longitud del arco de circunferencia que está marcado en rojo.

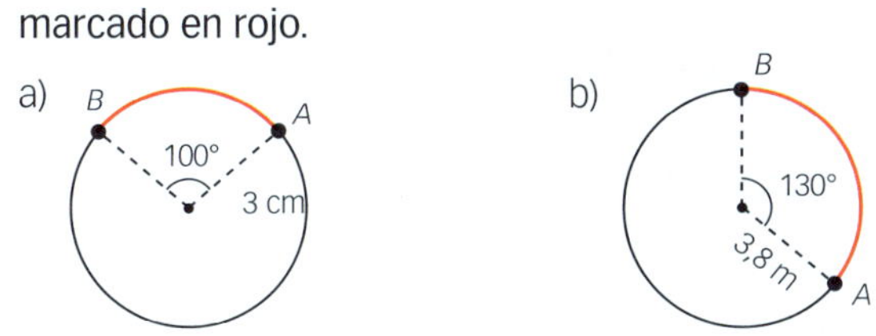

39 ¿Qué longitud de arco le corresponde a un ángulo de 50° que está situado en una circunferencia de 7,8 cm de radio?

40 **REFLEXIONA.** En una circunferencia, a un ángulo de 30° le corresponde un arco de 2 cm de longitud. Determina el valor del radio y la longitud de la circunferencia.

6. Área del círculo y figuras circulares

6.1. Área del círculo

GEOGEBRA

Un círculo se comporta como un polígono regular de muchos lados, en el cual el perímetro sería la longitud de la circunferencia, y la apotema, el radio.

$$\text{Área del círculo} = \frac{P \cdot a}{2} = \frac{\text{Longitud} \cdot \text{Radio}}{2} = \frac{2\pi r \cdot r}{2} = \pi r^2$$

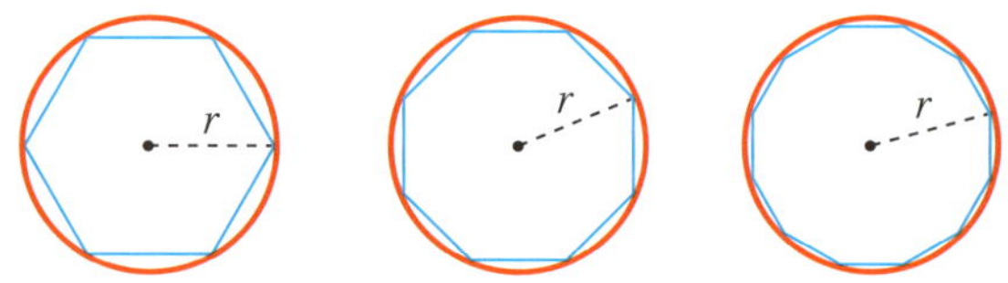

El **área de un círculo** de radio r es: $A_{\text{Círculo}} = \pi r^2$.

6.2. Área del sector circular

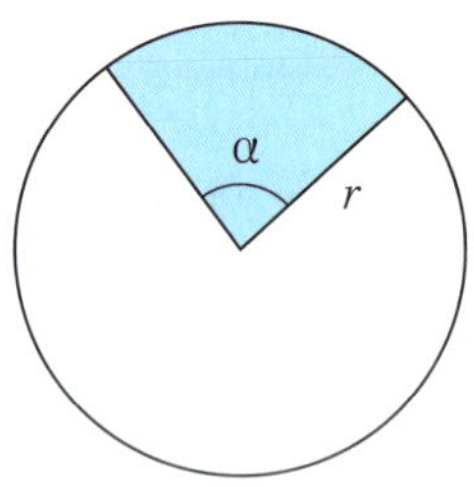

Un **sector circular** es la parte del círculo comprendida entre dos radios y el arco que definen.

El **área de un sector circular** cuyo radio es r y su amplitud α es:

$$A_{\text{Sector}} = \frac{\pi r^2 \cdot \alpha}{360°}$$

6.3. Área de la corona circular

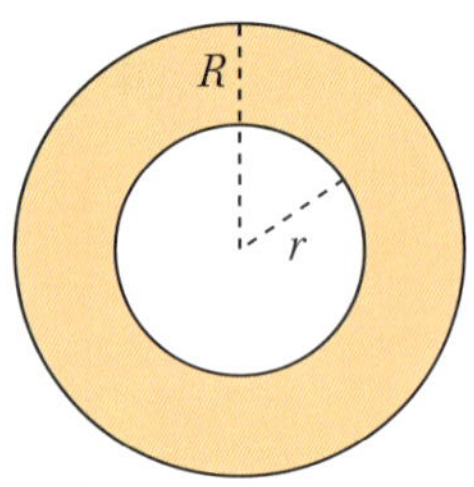

Una **corona circular** es la parte comprendida entre dos circunferencias con el mismo centro.

El **área de una corona circular** de radios R y r es:

$$A_{\text{Corona}} = (\pi R^2) - (\pi r^2) = \pi(R^2 - r^2)$$

RETO

Halla el área de la corona circular.

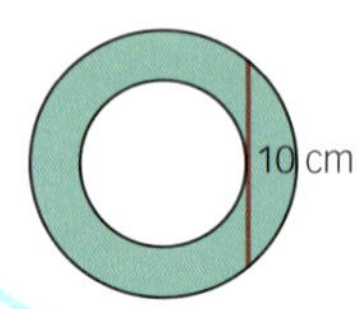

EJEMPLO

11. Halla el área de la zona verde de esta figura.

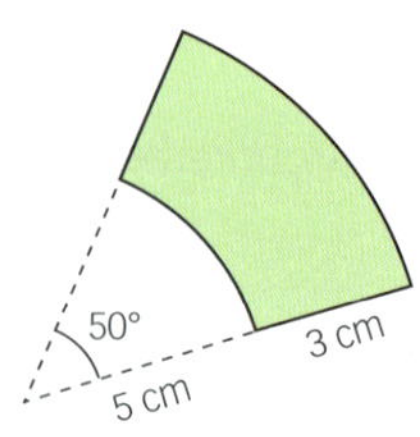

Se calcula el área de los dos sectores circulares:

$$A_1 = \frac{\pi \cdot 5^2 \cdot 50°}{360°} = 10{,}9 \text{ cm}^2 \qquad A_2 = \frac{\pi \cdot 8^2 \cdot 50°}{360°} = 27{,}91 \text{ cm}^2$$

Se restan las dos áreas obtenidas: $A = A_2 - A_1 = 27{,}91 - 10{,}9 = 17{,}01 \text{ cm}^2$.

ACTIVIDADES

41. Determina el área de un círculo de radio 18 cm.

42. Halla el área de un círculo de diámetro 25 cm.

43. Obtén el área de la corona circular comprendida entre dos circunferencias de radio 100 mm y 7 cm.

44. Se ha dividido una tarta de forma circular y que mide 14 cm de radio en 4 partes iguales. Calcula el área de cada parte.

45. **REFLEXIONA.** Halla el área de un círculo inscrito en un cuadrado con diagonal de $\sqrt{50}$ cm.

Cómo se calculan áreas de figuras circulares

El área de un polígono irregular, o de una figura compuesta, se puede calcular descomponiéndola en otras figuras de las cuales sabemos calcular su área.

Halla el área de esta figura.

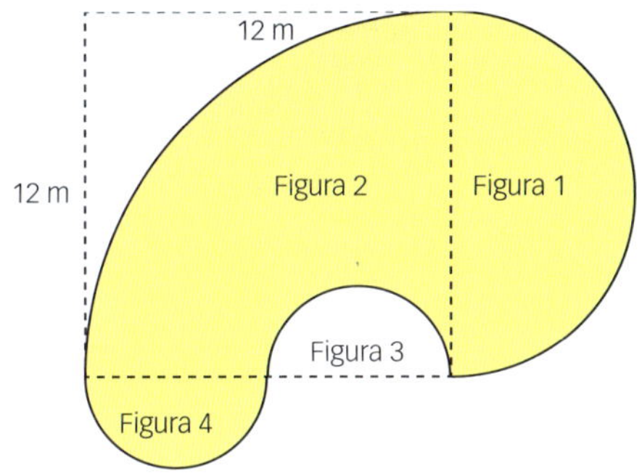

① **Descomponemos la figura en otras más sencillas de las que sepamos calcular su área.**

Figura 1. Es medio círculo de diámetro 12 m.

Figura 2. Es la cuarta parte de un círculo de radio 12 m.

Figuras 3 y 4. Son dos medios círculos de diámetro la mitad de 12 m, es decir, 6 m.

② **Calculamos el área de cada figura.**

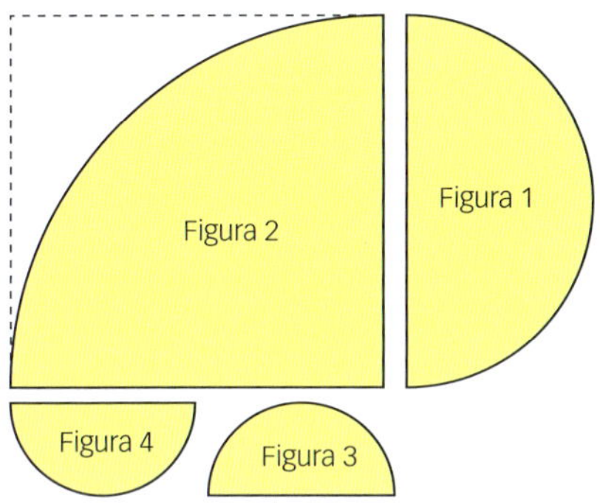

Figura 1 $\rightarrow A_1 = \dfrac{\pi \cdot r^2}{2} = \dfrac{3{,}14 \cdot 6^2}{2} = 56{,}52 \text{ m}^2$

El radio es la mitad del diámetro, 12 : 2.

Figura 2 $\rightarrow A_2 = \dfrac{\pi \cdot r^2}{4} = \dfrac{3{,}14 \cdot 12^2}{4} = 113{,}04 \text{ m}^2$

Figura 3 $\rightarrow A_3 = \dfrac{\pi \cdot r^2}{2} = \dfrac{3{,}14 \cdot 3^2}{2} = 14{,}13 \text{ m}^2$

El radio es la mitad del diámetro, 6 : 2.

Figura 4 $\rightarrow A_4 = A_3 = 14{,}13 \text{ m}^2$

③ **Sumamos o restamos las áreas calculadas para obtener el área total.**

$A_{\text{Total}} = A_1 + A_2 - A_3 + A_4$

$A_{\text{Total}} = 56{,}52 + 113{,}04 - 14{,}13 + 14{,}13 = 169{,}56 \text{ m}^2$

ACTIVIDADES

46 Calcula el área de estas figuras.

a)

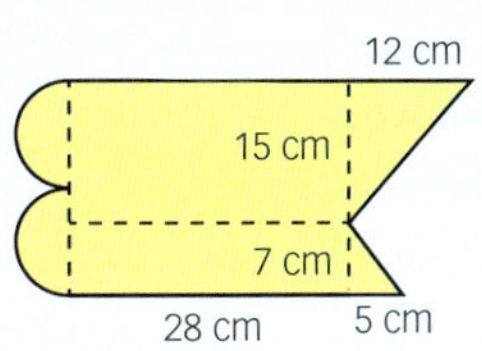

b)

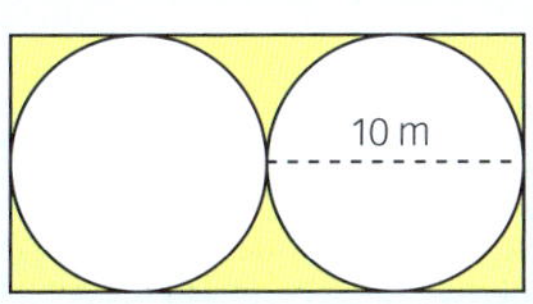

c)

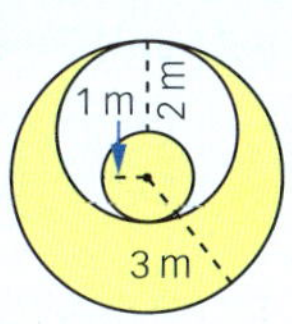

47 Obtén el área de la zona coloreada.

a)

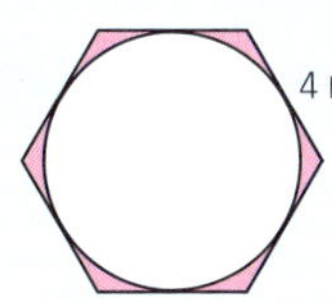

b)

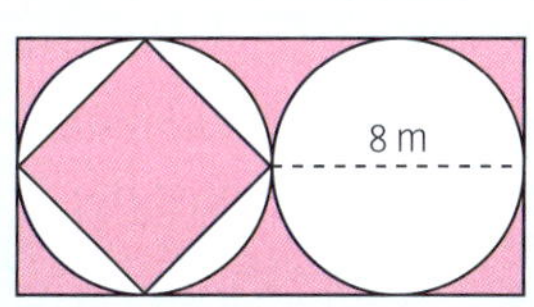

c)

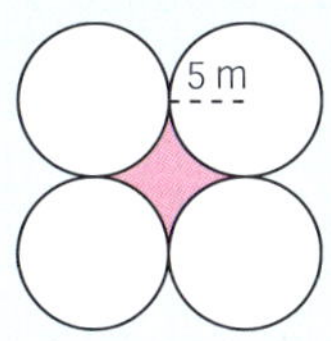

7. Ángulos en la circunferencia

7.1. Ángulo central

Un **ángulo central** es aquel que tiene el vértice en el centro de la circunferencia.

Su medida está determinada por su arco asociado, $\widehat{AB}$.

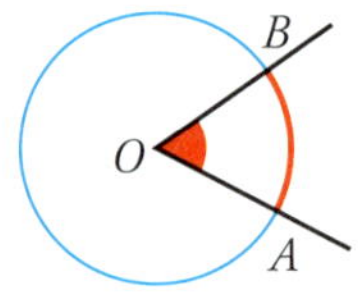

7.2. Ángulo inscrito

Para nombrar un arco se toman sus dos extremos y se les añade el símbolo ⌒.

Un **ángulo inscrito** es aquel que tiene su vértice en la circunferencia y sus lados son dos rectas secantes a ella.

Su medida es igual a la mitad de la medida del ángulo asociado al arco que determina, $\frac{\widehat{AB}}{2}$.

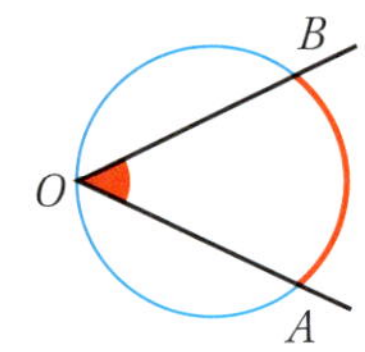

7.3. Ángulo semiinscrito

Un **ángulo semiinscrito** es aquel que tiene su vértice en la circunferencia, uno de sus lados es tangente a ella y el otro secante.

Su medida es igual a la mitad de la medida del ángulo asociado al arco que determina, $\frac{\widehat{AB}}{2}$.

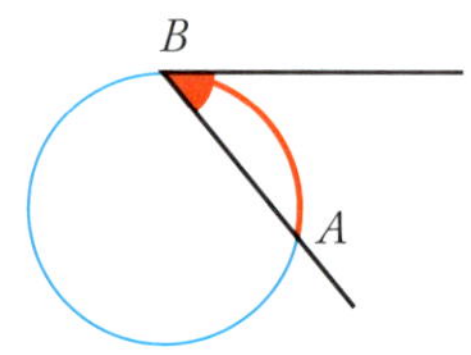

EJEMPLO

12. Halla la medida de este ángulo.

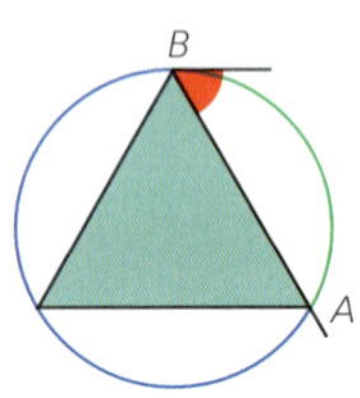

Es un ángulo semiinscrito que abarca un arco $\widehat{AB}$.

El triángulo equilátero divide la circunferencia en tres arcos iguales.

Por tanto, el arco $\widehat{AB}$ abarca $360° : 3 = 120°$. Así, el ángulo mide $\frac{\widehat{AB}}{2} = \frac{120°}{2} = 60°$.

ACTIVIDADES

48. Halla la medida de un ángulo central que determina un arco asociado a un águlo de:
    - a) 130°
    - b) 190°
    - c) 70°
    - d) 250°

49. Halla el ángulo inscrito en una circunferencia que determina un arco asociado a un águlo de:
    - a) 40°
    - b) 104°
    - c) 82°
    - d) 225°

50. Determina la medida de un ángulo semiinscrito que determina un arco asociado a un águlo de:
    - a) 90°
    - b) 160°
    - c) 48°
    - d) 310°

51. Si el arco $\widehat{AB}$ abarca un ángulo de amplitud 15° 20′, calcula el valor de los ángulos asociados a los arcos $\widehat{BC}$, $\widehat{CD}$, $\widehat{AD}$ y $\widehat{BE}$.

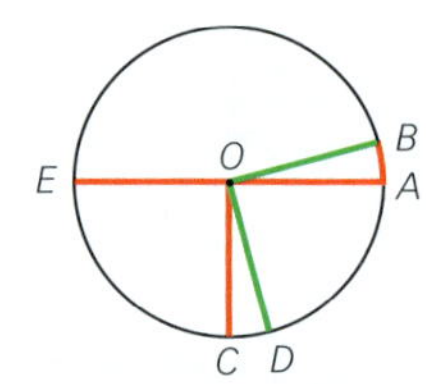

52. **REFLEXIONA.** Obtén la medida de cada ángulo coloreado. Explica en cada caso cómo lo haces.

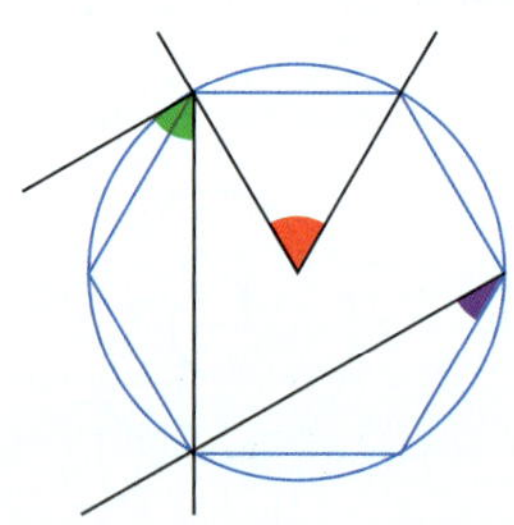

7.4. Ángulo interior

Un **ángulo interior** es aquel que tiene el vértice en un punto interior de la circunferencia.

Su medida es igual a la semisuma de los ángulos asociados a los dos arcos que determina, $\frac{\widehat{AB} + \widehat{CD}}{2}$.

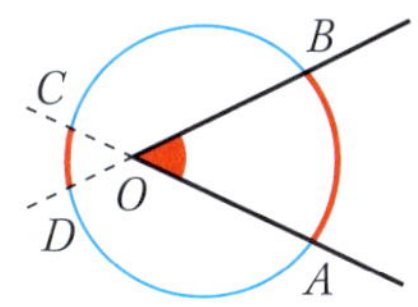

7.5. Ángulo exterior

Un **ángulo exterior** es aquel que tiene el vértice en un punto exterior de la circunferencia y sus lados son secantes a esta.

Su medida es igual a la semidiferencia de los ángulos asociados a los dos arcos que determina, $\frac{\widehat{AB} - \widehat{CD}}{2}$.

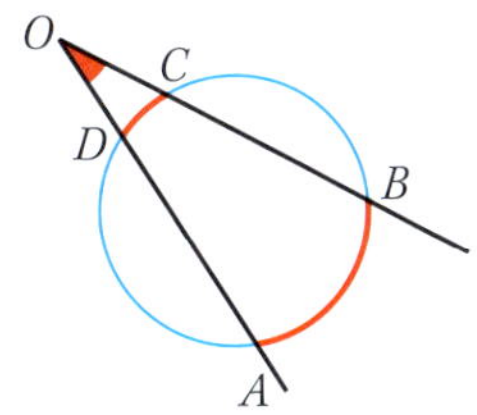

7.6. Ángulo circunscrito

Un **ángulo circunscrito** es aquel que tiene el vértice en un punto exterior de la circunferencia y sus lados son tangentes a la circunferencia.

Su medida es igual a la semidiferencia de los ángulos asociados a los dos arcos que determina, $\frac{\widehat{AB} - \widehat{CD}}{2}$.

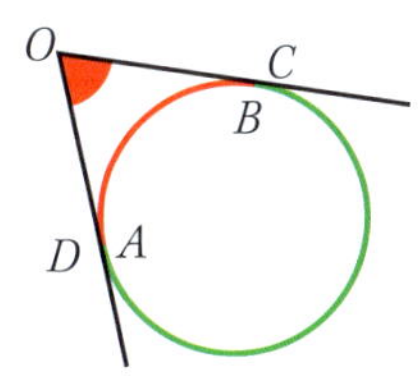

RETO

Halla la medida de los ángulos señalados.

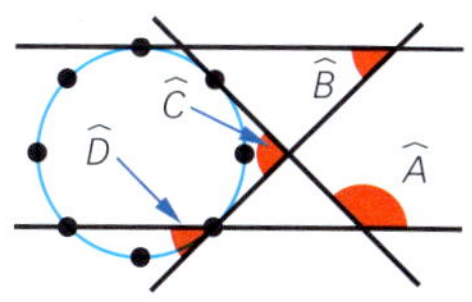

EJEMPLO

13. Halla la medida de este ángulo.

Es un ángulo circunscrito que abarca los arcos $\widehat{BA}$ y $\widehat{AB}$.

El triángulo equilátero divide la circunferencia en 3 arcos iguales.

Por tanto, el ángulo $\widehat{BA}$ mide 360° : 3 = 120° y el $\widehat{AB}$, 240°. Así, el ángulo mide

$\frac{\widehat{AB} + \widehat{BA}}{2} = \frac{240° - 120°}{2} = 60°$.

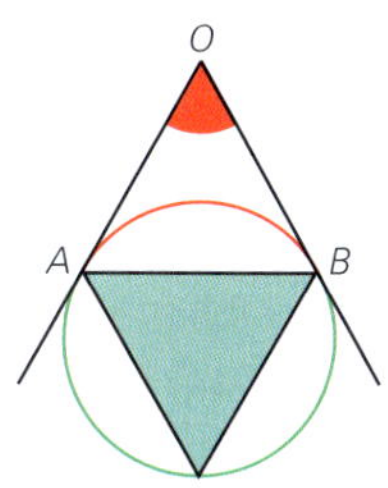

ACTIVIDADES

53. Calcula el ángulo interior de una circunferencia que abarca dos arcos de:

a) 90° y 30°
b) 48° y 72°
c) 60° y 120°
d) 110° y 30°

54. Calcula la medida de un ángulo circunscrito que abarca un arco de:

a) 130°
b) 20°
c) 190°

55. Traza una circunferencia de radio 3 cm y dibuja dos ángulos exteriores. Determina su medida con la ayuda del transportador.

56. **REFLEXIONA.** En la siguiente figura $\widehat{AD} = 56°$ y $\widehat{BC} = 135°$.

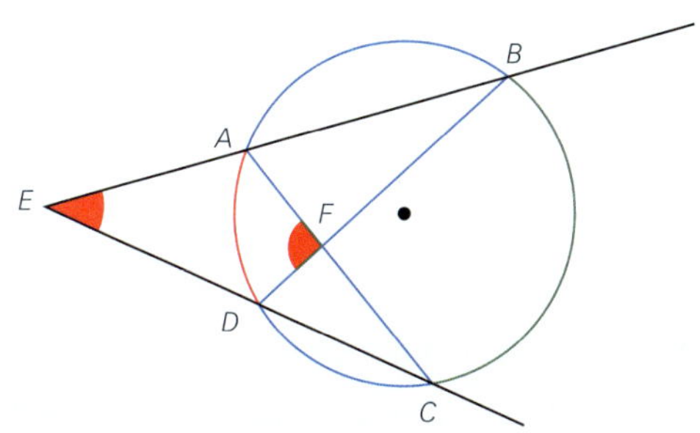

a) ¿De qué tipos son los ángulos $\widehat{E}$ y $\widehat{F}$?

b) ¿Cuánto mide cada uno de ellos?

1. Comprende el teorema de Pitágoras y lo utiliza para calcular longitudes y áreas

Teorema de Pitágoras

ACTIVIDADES FLASH

57 Decide si estos triángulos son rectángulos a partir de sus lados.

a) 3 cm, 4 cm y 5 cm
b) 3 cm, 5 cm y 7 cm
c) 5 cm, 10 cm y 12 cm
d) 5 cm, 12 cm y 13 cm

58 Completa el crucigrama con los catetos que faltan en los triángulos rectángulos, conocidos un cateto y la hipotenusa.

HORIZONTALES
1. 21 cm, 75 cm
2. 4 cm, 5 cm; 9,6 cm, 10,4 cm
3. 192 cm, 200 cm

VERTICALES
A. 12 cm, 37 cm
B. 24 cm, 25 cm; 8 cm, 10 cm
C. 10 cm, 26 cm

59 Determina el valor desconocido c.

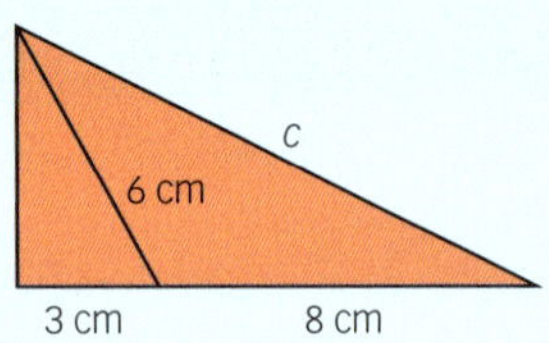

60 **INVENTA.** Dibuja triángulos rectángulos con estos lados e indica las medidas de los otros dos.

a) Un cateto 6 cm.
b) Un cateto 2 cm.
c) La hipotenusa de 10 cm.
d) La hipotenusa de 8 cm.

Cómo se calcula la medida de los catetos de un triángulo rectángulo isósceles

61 Calcula la medida de los catetos de un triángulo rectángulo isósceles de 8 cm de hipotenusa.

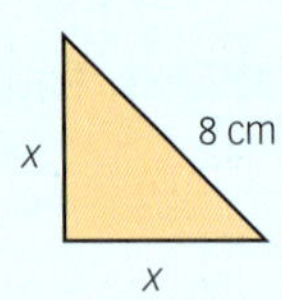

PRIMERO. Se aplica el teorema de Pitágoras; además, la longitud de los dos catetos es la misma, x.

$$8^2 = x^2 + x^2 \rightarrow 8^2 = 2x^2$$

SEGUNDO. Se halla el valor de x.

$$8^2 = 2x^2 \rightarrow x^2 = 8^2 : 2 = 32 \rightarrow x = \sqrt{32} = 5,66 \text{ cm}$$

Los catetos miden 5,66 cm.

62 Halla la longitud de los catetos de un triángulo rectángulo isósceles de hipotenusa:

a) 6 cm.
b) 12 dm.
c) 15 cm.

63 Si la diagonal de un cuadrado es 12 cm, ¿cuál es el valor de su lado?

Cómo se halla la altura de un triángulo equilátero

64 Halla la altura de un triángulo equilátero de 6 cm de lado.

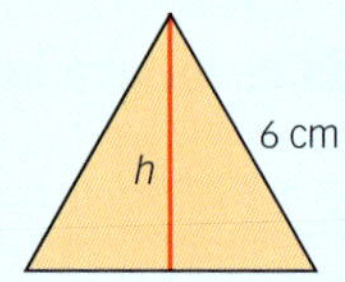

PRIMERO. La altura en un triángulo equilátero divide el lado en dos partes iguales. Se aplica el teorema de Pitágoras:

$$l^2 = h^2 + \left(\frac{l}{2}\right)^2 \rightarrow 6^2 = h^2 + 3^2$$

SEGUNDO. Se halla el valor de h.

$$6^2 = h^2 + 3^2 \rightarrow h^2 = 6^2 - 3^2 \rightarrow h^2 = 27 \rightarrow$$
$$\rightarrow h = \sqrt{27} = 5,2 \text{ cm}$$

La altura mide 5,2 cm.

65 Halla la altura de un triángulo equilátero de lado:

a) 10 cm
b) 4 dm
c) 8 m

66 Calcula el valor de x en cada triángulo.

a)

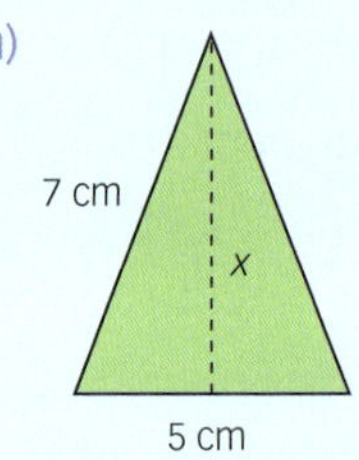

b)

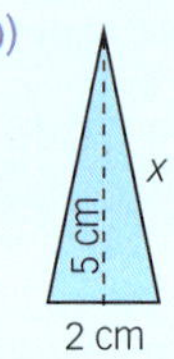

c)

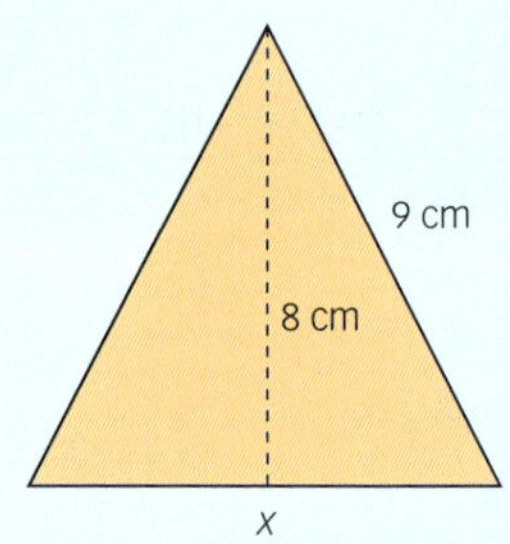

67 Calcula la longitud de x en estas figuras.

a)

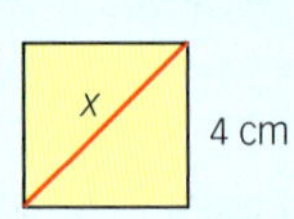

b)

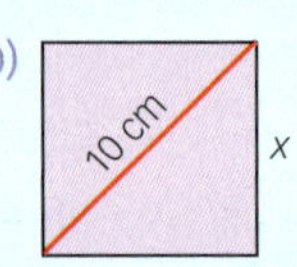

c)

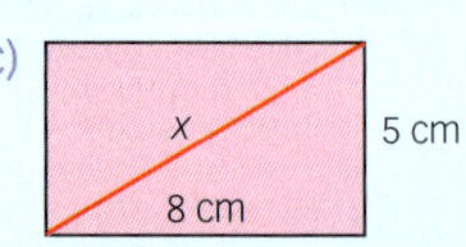

68 **INVESTIGA.** Calcula el perímetro de cada una de las piezas de este tangram.

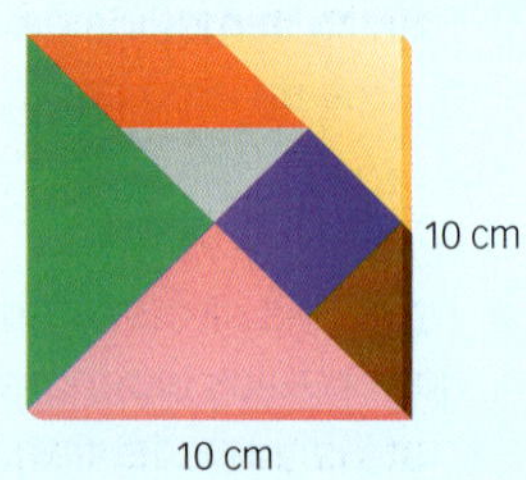

69 **RETO.** La línea discontinua y la línea roja forman 7 triángulos equiláteros. La línea discontinua mide 20 cm. ¿Cuál es la longitud de la línea roja?

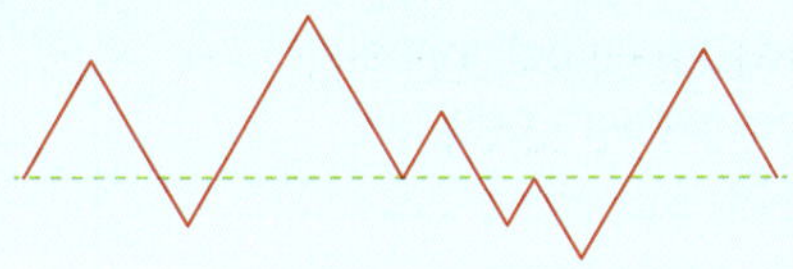

70 Halla el perímetro de cada figura.

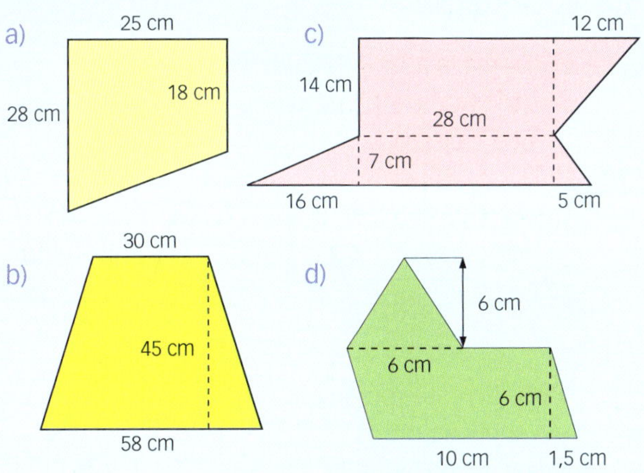

71 ¿Qué longitud debe tener un listón de madera para construir el armazón de la cometa de la figura?

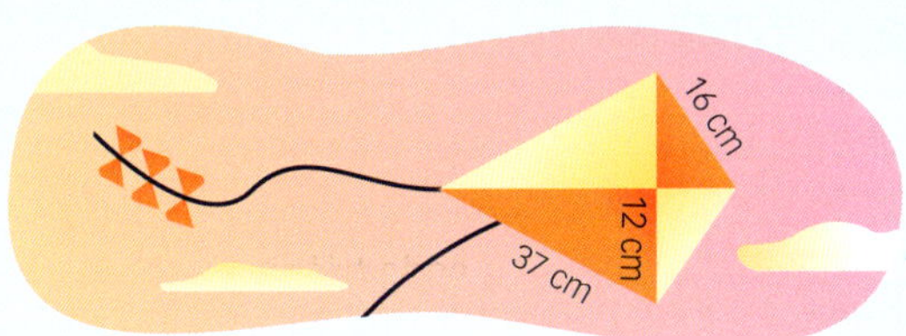

72 Calcula las dos diagonales de este cubo.

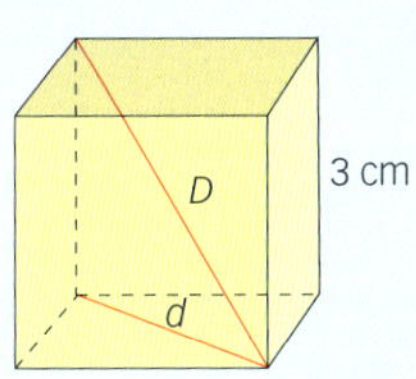

73 Halla la apotema de un hexágono regular de lado:

a) 5 cm. b) 12 cm. c) 9 cm. d) 15 cm.

74 **INVESTIGA.** Sabiendo que *a*, *b*, y *c* son los lados de un triángulo rectángulo, comprueba si son rectángulos los triángulos de lados:

a) $2a$, $2b$ y $2c$.

b) $a + 5$, $b + 5$ y $c + 5$.

c) $\frac{a}{3}$, $\frac{b}{3}$ y $\frac{c}{3}$.

d) $2a$, $3b$ y $4c$.

¿Puedes extraer una regla general? Dado un triángulo rectángulo de lados *a*, *b* y *c*, ¿cómo podrías obtener otros triángulos rectángulos?

75 **RETO.** ¿Cuál es la distancia de *A* a *B* si esta figura forma parte de una circunferncia de centro *O* y radio 10 mm?

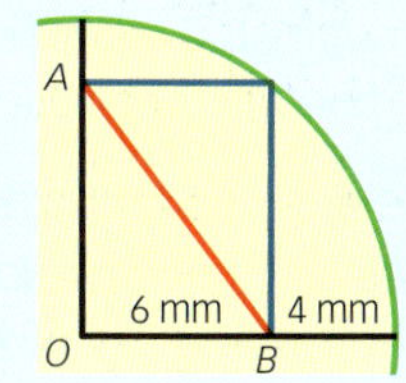

Área de polígonos

ACTIVIDADES FLASH

76 Calcula el área de estos polígonos.

a) Cuadrado de lado 2 cm.

b) Rectángulo de base 3 cm y altura 4 cm.

c) Triángulo rectángulo de catetos 2 cm y 5 cm.

77 Calcula el área de las siguientes figuras.

a) Cuadrado de perímetro 16 cm.

b) Rectángulo de base 20 cm y perímetro 60 cm.

c) Triángulo equilátero de 4 cm de perímetro.

78 Determina el valor del área de un cuadrado inscrito en una circunferencia de radio 5 cm.

79 Halla el área de esta figura.

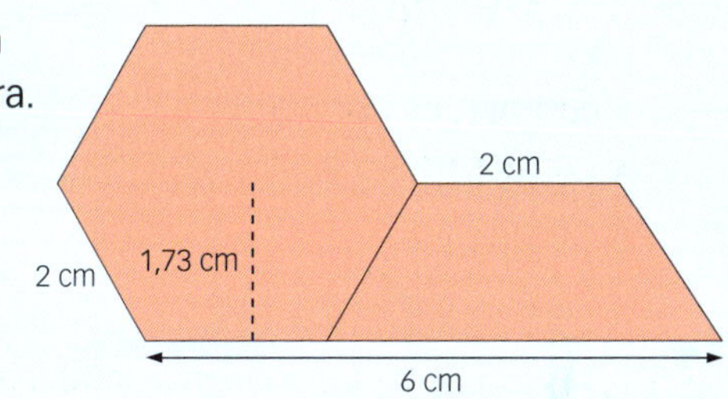

80 Calcula el área de un rombo de diagonales:

a) 10 cm y 12 cm b) 18 cm y 15 cm

81 **JUEGO.** Copiad estas figuras. Por turnos, id colocando piezas hasta formar un cuadrado de 8 × 8, de forma que quede como un tablero de ajedrez. Las piezas pueden girarse pero no darse la vuelta.

82 **RETO.** Se ha dividido en dos partes iguales un lado de un cuadrado, otro en tres y otro en cuatro, y se ha construido este triángulo. Si el área del cuadrado es 144 cm^2, ¿qué área tiene el triángulo?

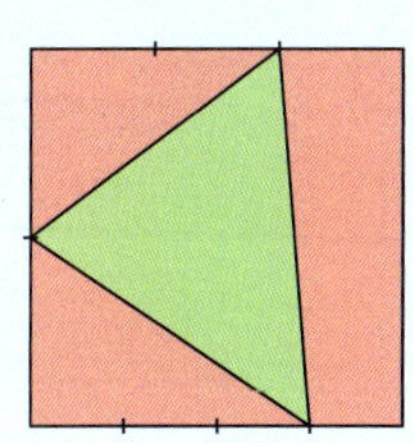

83 **INVESTIGA.** Si dos polígonos tienen la misma área, ¿pueden tener perímetros diferentes? ¿Y al revés?

84 Calcula la medida de una de las diagonales de un rombo de área 30,1 cm², sabiendo que la otra diagonal mide 7 cm.

85 Halla el perímetro y el área de estos rombos.

a)

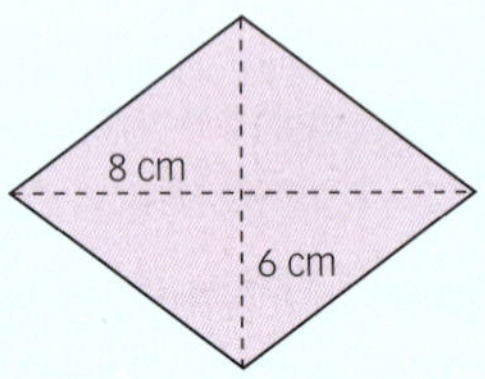

b)

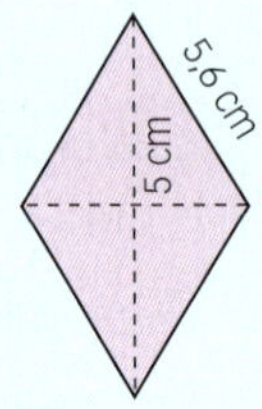

86 Calcula el área de las siguientes figuras.

a)

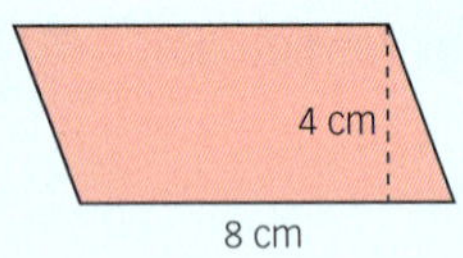

b)

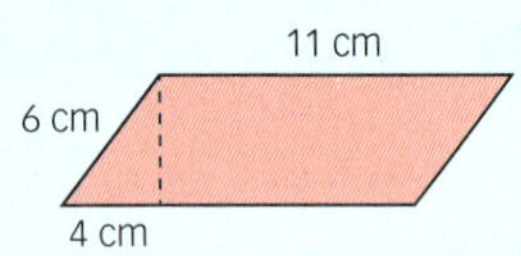

87 Calcula el área de un triángulo equilátero cuyo perímetro mide 75 cm.

CÁLCULO MENTAL

88 **RETO.** En estos cuatro cuadrados iguales, ¿qué afirmación es verdadera?

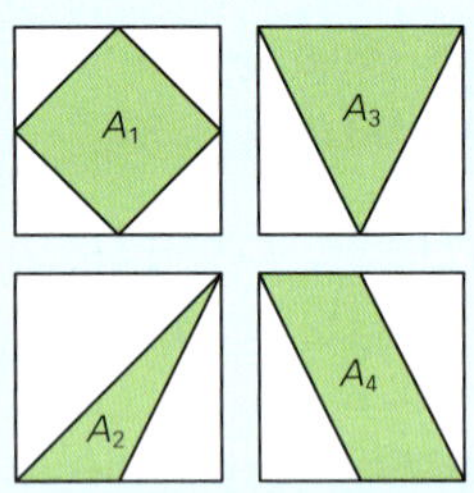

a) $A_2 < A_4 < A_1$ y $A_1 = A_3$

b) $A_2 < A_1$ y $A_1 = A_3 = A_4$

c) $A_2 < A_1$ y $A_1 = A_3 = A_4$

d) $A_2 < A_4 < A_1 < A_3$

89 Calcula la altura y la base de un triángulo rectángulo isósceles si el área es:

a) 200 cm². b) 450 dm². c) 317,52 mm².

90 Indica el perímetro de los siguientes triángulos.

a) Triángulo equilátero de área 15,59 cm² y altura 5,2 cm.

b) Triángulo isósceles rectángulo de área 12,5 cm².

c) Triángulo isósceles de base 8 cm y área 16 cm².

d) Triángulo isósceles de altura 7 cm y área 31,5 cm².

91 Halla el área de estos trapecios.

a)

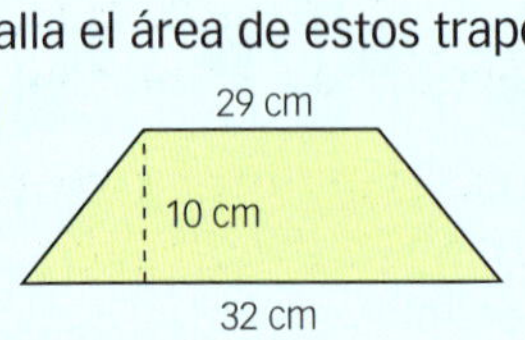

c)

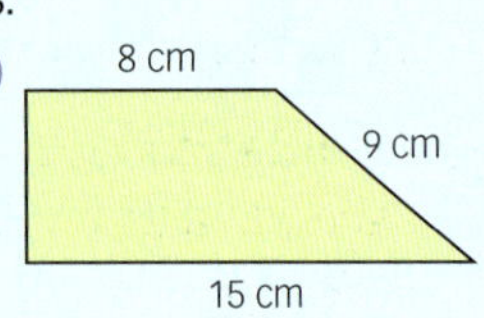

b)

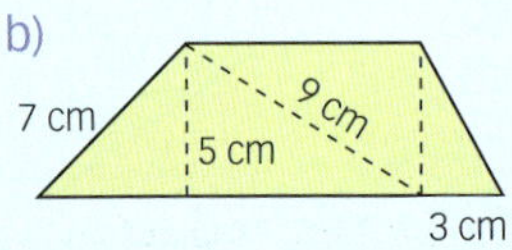

d)

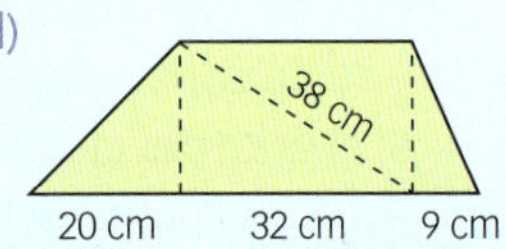

92 Halla el área de un trapecio isósceles de bases 16 cm y 8 cm y de lados iguales de 5 cm.

93 **INVESTIGA.** Descompón esta figura en polígonos conocidos para calcular su área.

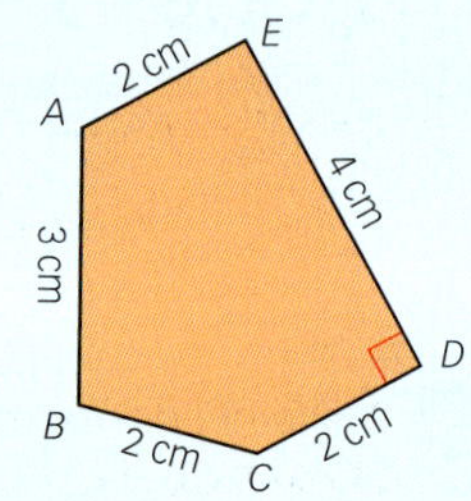

94 Calcula el área de las siguientes figuras.

a)

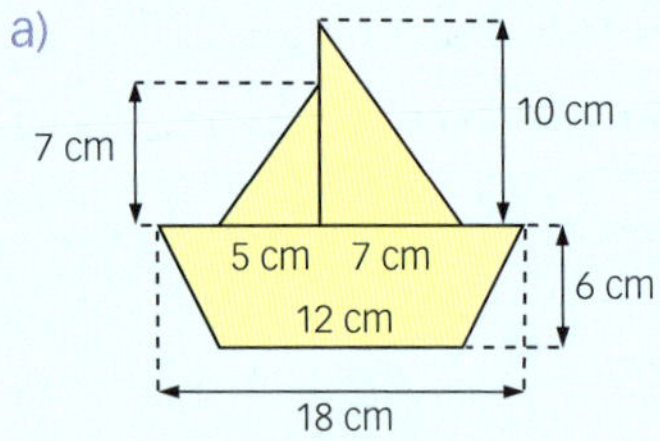

b)

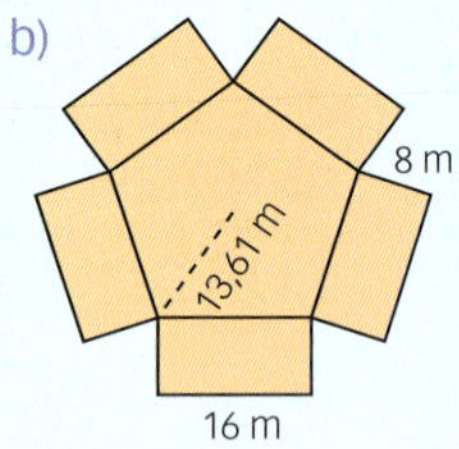

95 **RETO.** En este rectángulo, *B* y *F* son los puntos medios de los lados *AC* y *AE*. Calcula el valor del área del cuadrilátero *ABDF*.

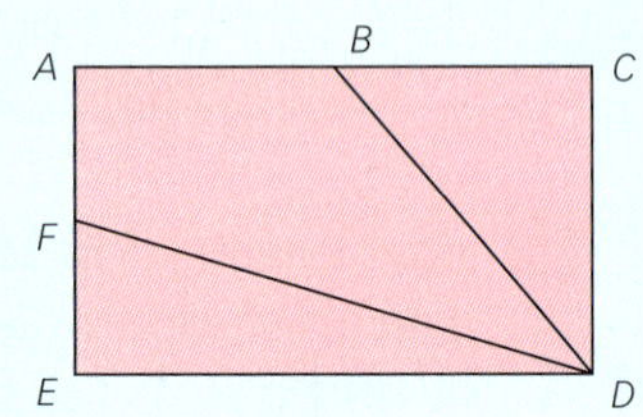

Ángulos en los polígonos

96 Determina el valor del ángulo central y del ángulo interior de un dodecágono regular.

97 Calcula la suma de los ángulos interiores de un polígono de 3, 4, 5 y 6 lados.

a) ¿Qué diferencia hay entre la suma en cada polígono y en el polígono con un lado menos?

b) Si la suma en un polígono de 15 lados es 2340°, ¿cuál será la suma en uno de 16 lados?

98 Completa el crucigrama considerando que los apartados se refieren a polígonos regulares.

a) Ángulo interior si tiene 8 lados.

b) Número de lados si el ángulo interior es 144°.

c) Suma de ángulos si tiene 5 lados.

d) Número de lados si el ángulo interior es 120°.

e) Ángulo central si tiene 10 lados.

f) Ángulo central si tiene 8 lados.

g) Ángulo interior si tiene 5 lados.

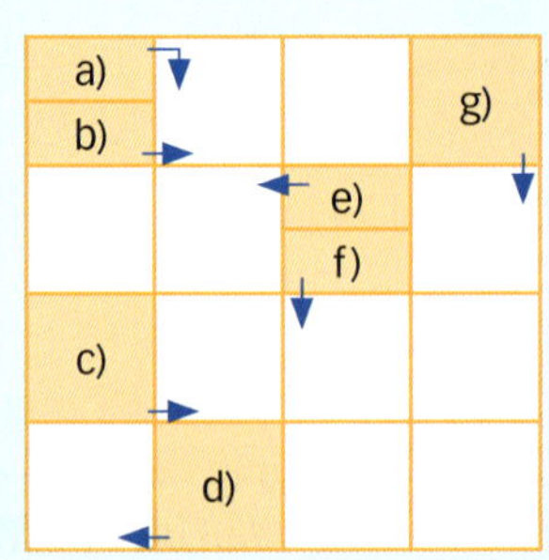

2. Calcula y aplica la longitud y el área de figuras circulares

Circunferencia y figuras circulares

99 Calcula, en una circunferencia.

a) El diámetro y la longitud si su radio es 4 cm.

b) El radio y el diámetro si su longitud es 56,52 cm.

100 A partir de una circunferencia de radio 5 cm, halla la longitud de estos arcos.

a) $\alpha = 30°$ b) $\alpha = 45°$ c) $\alpha = 100°$ d) $\alpha = 150°$

101 Determina en cada caso el diámetro de:

a) Una circunferencia de 69,08 cm de longitud.

b) Un arco de circunferencia de 80° y de longitud 6,98 cm.

c) Un arco de circunferencia de 120° y de longitud 16,75 cm.

102 Obtén el perímetro de estas figuras.

a)

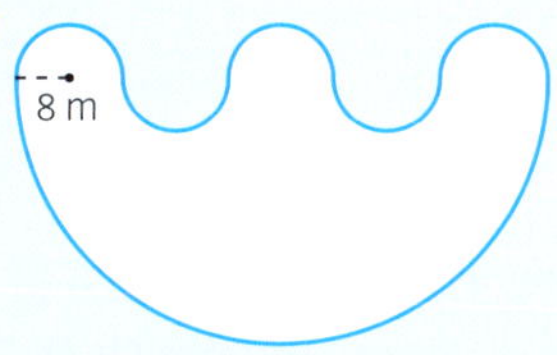

b)

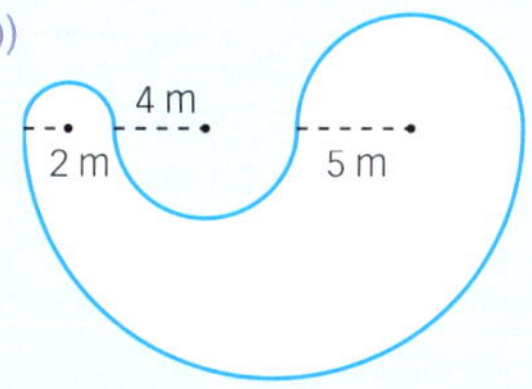

103 Halla el perímetro y el área de un segmento circular determinado por el lado de un hexágono regular, inscrito en una circunferencia de radio 6 cm.

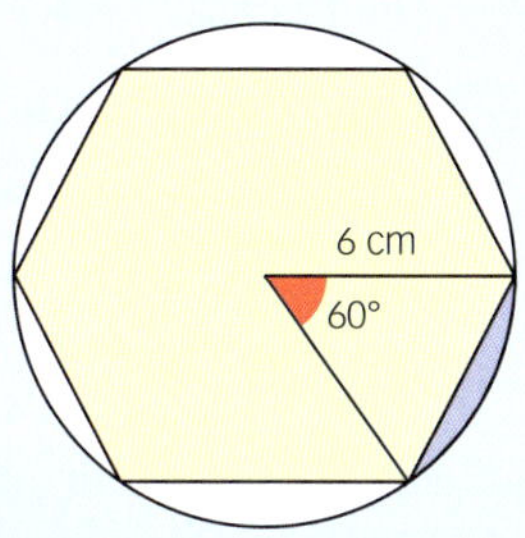

104 **RETO.** La longitud de cada una de estas dos circunferencias es 6 cm. Si cada una de ellas pasa por el centro de la otra, ¿cuál es el perímetro de la figura con líneas discontinuas?

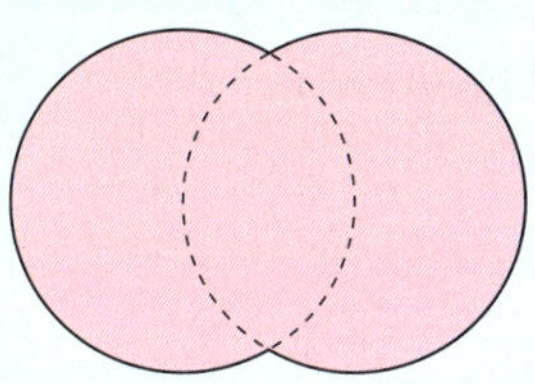

105 Calcula el área de un círculo de:

a) 5 cm de radio. b) 12 cm de diámetro.

106 Halla el diámetro de un círculo de área 153,86 cm^2.

107 Obtén el área de un círculo limitado por una circunferencia de 75,36 cm de longitud.

108 Halla el área de la corona circular en cada caso.

a) $R = 8$ cm y $r = 6$ cm

b) $R = 2$ y $r = 5$ cm

c) $R + r = 33$ cm y $R - r = 3$ cm

109 Calcula el área de cada zona de color.

a)

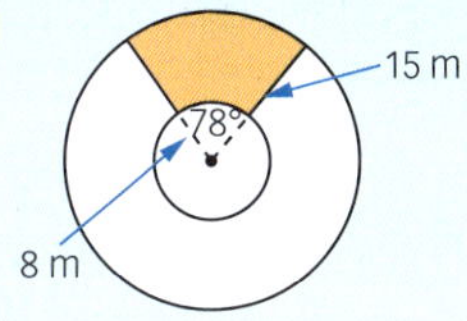

c)

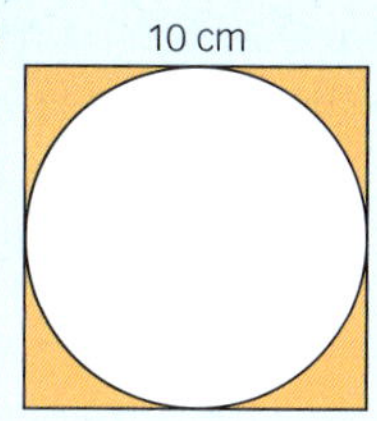

b)

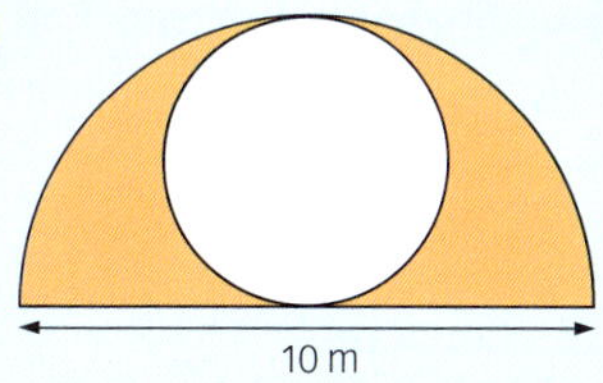

d)

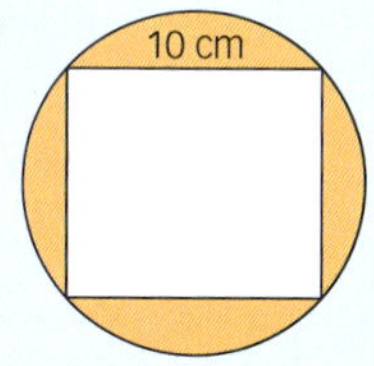

Ángulos en la circunferencia

110 Calcula la amplitud de cada ángulo.

a)

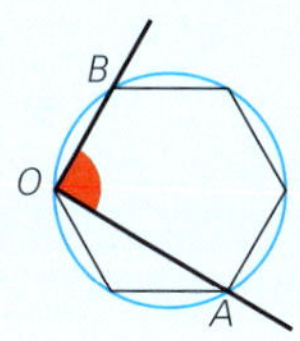

c)

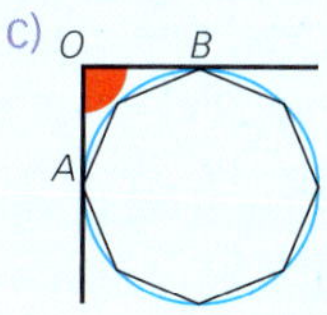

b)

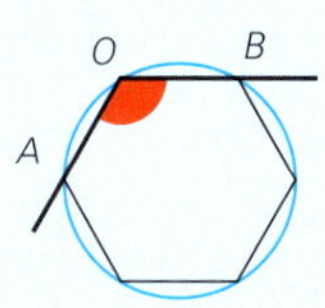

d)

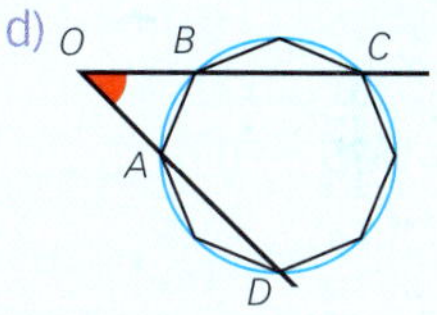

111 Halla el valor del ángulo marcado.

a)

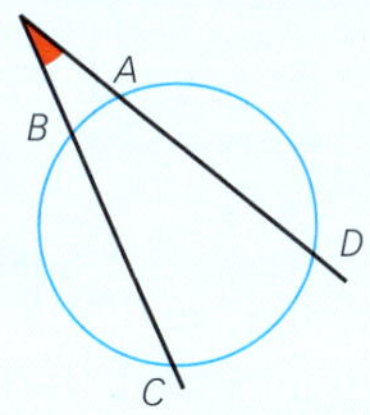

$\widehat{AB} = 25°$ y $\widehat{CD} = 75°$

b)

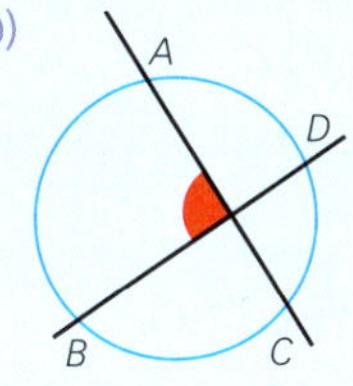

$\widehat{AB} = 115°$ y $\widehat{CD} = 65°$

112 **INVESTIGA.** Dibuja un círculo en una hoja de papel utilizando un vaso y explica cómo encontrar su centro.

113 Representa y calcula el ángulo que determina un arco asociado a un ángulo de 90°, si se trata de un ángulo:

a) Central.

b) Inscrito.

c) Semiinscrito.

d) Interior que abarca además otro arco de 30°.

3. Resuelve problemas de la vida real relacionados con distancias, perímetros y áreas

114 La sombra que produce una varilla vertical en un instante es igual a su longitud. ¿Qué tipo de triángulo determinan la varilla y su sombra? ¿Cuál es la inclinación de los rayos solares?

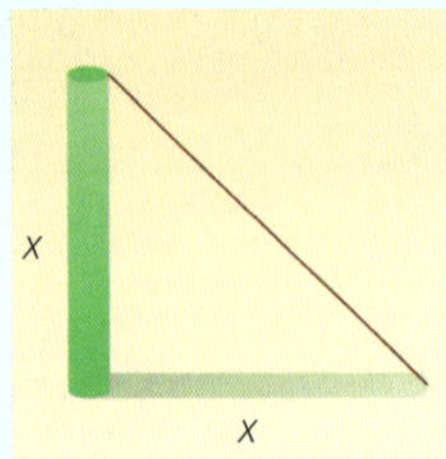

115 Una antena está sujeta al suelo por dos cables que forman un ángulo recto. ¿Cuál es la distancia que separa los puntos de unión de los cables con el suelo?

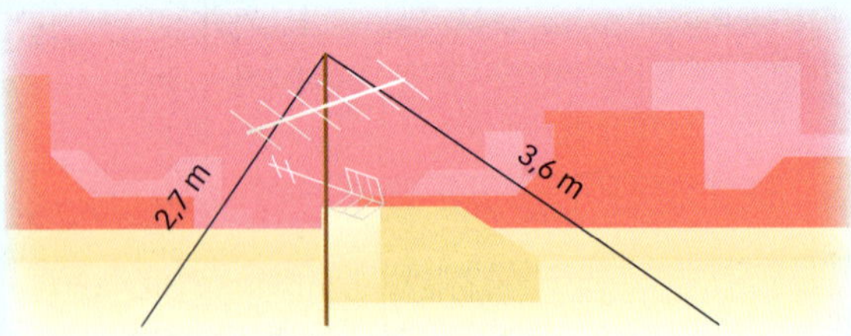

116 ¿Cuál es la longitud máxima que Juan puede nadar en una piscina, que mide 17 m de largo y 10 m de ancho, si solo nada en línea recta?

117 Vamos desde un punto *A* 4 km hacia el norte y después 7 km hacia el este. ¿A qué distancia estamos del punto inicial? Si seguimos hacia el norte 5 km y después hacia el este 3 km, ¿a qué distancia nos encontramos ahora?

118 **INVESTIGA.** ¿Cuáles son las dimensiones mínimas (alto × ancho × profundidad) de una taquilla para que quepa este monopatín?

INTERNET

119 **MATEMÁTICAS Y... CICLISMO.** Las cubiertas de las ruedas de las bicicletas llevan unos números. El primero indica el diámetro interior del neumático, en pulgadas, y el segundo, el ancho de la rueda.

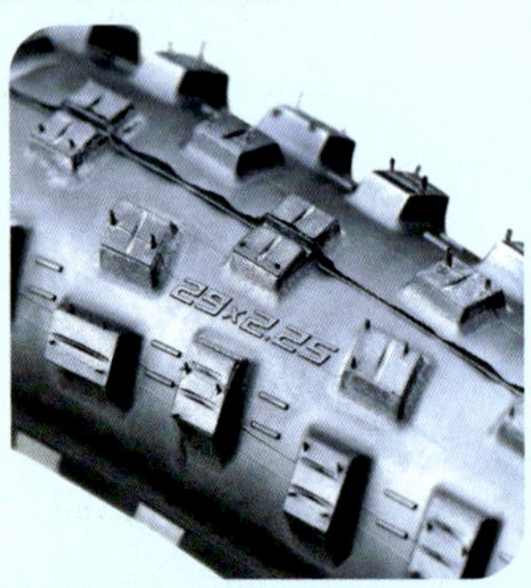

a) ¿Cuánto avanza una bicicleta con estas ruedas cuando dan 1 000 vueltas?

b) ¿Cuántas vueltas dará cada rueda para recorrer 2 km?

120 En un tramo de carretera, por cada 60 m que se avanza en horizontal, se sube 11 m en vertical. ¿Cuál es la longitud de este tramo de carretera?

121 Subiendo por una rampa inclinada, una ciclista avanza una distancia real de 85 m, pero solo recorre horizontalmente 77 m. ¿Cuál es la altura en metros de la rampa?

INTERNET

122 **MATEMÁTICAS Y... HOGAR.** La capacidad de una bombilla led se mide mediante su lumen. El lumen (lm) mide la cantidad de luz que emite una bombilla. Cuántos más lúmenes tenga una bombilla, más ilumina. La cantidad necesaria de luz se mide en lúmenes por metro cuadrado.

Estancias	Lúmenes por metro cuadrado
Cocina	125
Dormitorio	entre 50 y 150
Salón	entre 100 y 300
Baño	entre 50 y 400
Pasillos	50

Mide cada habitación de tu casa y determina la cantidad de lúmenes que deberían tener las bombillas de tu casa.

INTERNET

123 **MATEMÁTICAS Y... ATLETISMO.** En algunas carreras de atletismo, los atletas toman la salida de forma escalonada, ya que al correr por las calles externas se recorre más distancia.

Este es el plano de la pista de atletismo del polideportivo en que se celebró el último campeonato de España de atletismo.

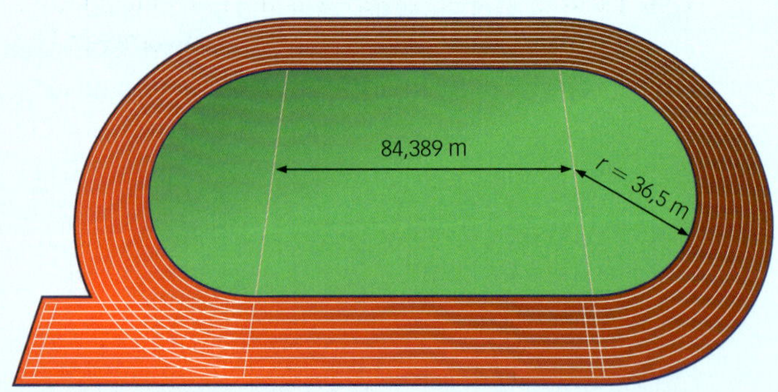

Cada una de las 8 calles tiene una anchura de 1,22 m y la raya que las separa mide 5 cm de ancho.

a) ¿Qué distancia recorre un atleta que da una vuelta entera por la pista interior?

b) ¿Cuántos metros de ventaja sobre la primera calle deben tener en cada una de las demás calles?

124 Dos coches parten a la vez y en direcciones perpendiculares desde el mismo sitio. El primero lleva una velocidad de 60 km/h y el segundo de 89 km/h. ¿Qué distancia los separa al cabo de 1 hora y cuarto?

125 Se quiere cubrir con una capa de arena una plaza circular de 10 m de radio. Para cubrir 1 m^2 se necesitan 6 kg. ¿Cuántos kilos se necesitan para cubrir la plaza?

INTERNET

126 **MATEMÁTICAS Y... CIRCULACIÓN.** Este túnel de una dirección está en una carretera de Asturias.

¿Cuál es la altura máxima posible para camiones que miden 2,8 m de ancho?

127 **RETO.** ¿Qué zona coloreada tiene área mayor?

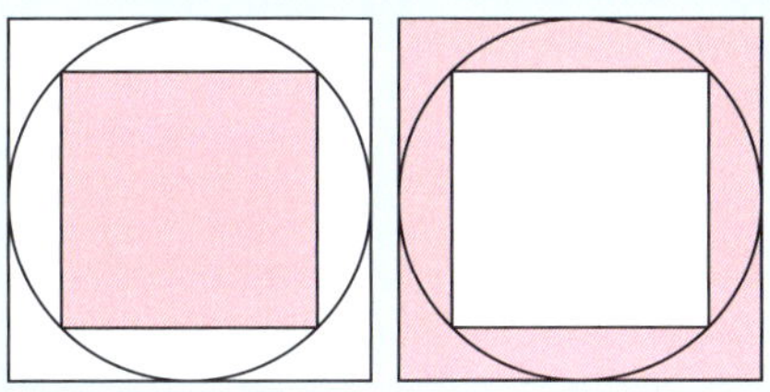

¡Hasta el techo!

La publicidad de una escalera plegable asegura que subiendo hasta la mitad de los peldaños cualquier persona de estatura media llegaría a un techo de 3 m sin dificultad.

La estatura media de los hombres en España es 1,76 m y de las mujeres 1,62 m.

Y tú, ¿qué opinas?

PROBLEMAS APARENTEMENTE DISTINTOS

128 Halla la hipotenusa de un triángulo rectángulo cuyos catetos miden 1,5 m y 4 m, respectivamente.

129 Calcula la longitud de una escalera que está apoyada en la pared a una distancia de 1,5 m y llega hasta una altura de 4 m.

130 Observa la figura y calcula.

a) Área del rectángulo.

b) Área del círculo.

c) Área de la zona verde.

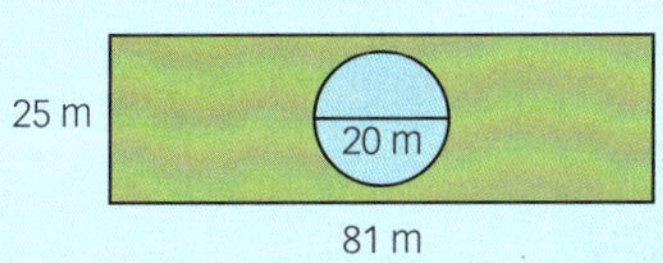

131 En una parcela rectangular de 25 m de ancho por 81 m de largo se quiere construir una piscina circular de 20 metros de diámetro y el resto se sembrará con césped.

a) ¿Qué área tiene la parcela?

b) ¿Qué área tendrá la piscina?

c) ¿Cuántos metros cuadrados habrá de césped?

132 Calcula el área de la siguiente figura.

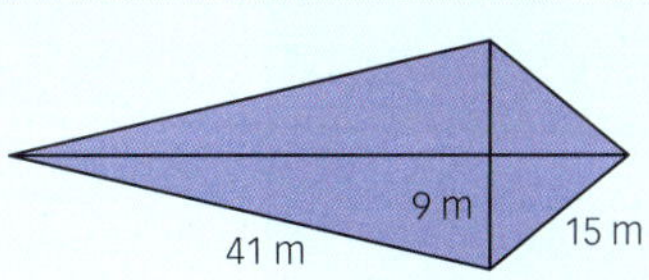

133 ¿Cuánta tela necesitamos para construir esta cometa?

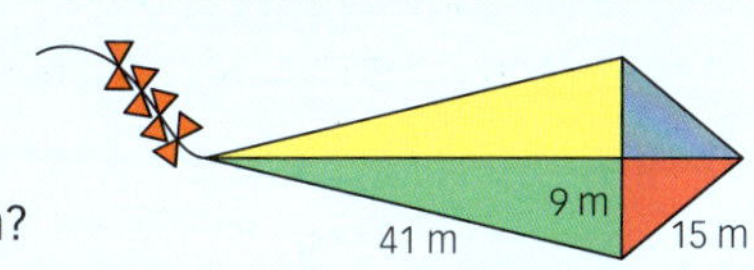

Más allá de las estrellas

En el siglo XVII se inventó el primer telescopio con el que se pudieron observar algunos detalles de nuestro sistema solar. La evolución del invento ha sido vertiginosa hasta los modernos telescopios con los que se siguen descubriendo los secretos del universo.

Un telescopio se compone de varios espejos entre los que se encuentra el conocido como *espejo primario*, cuyo tamaño es primordial, ya que cuanto mayor sea, mayor es la resolución.

Gran Telescopio Canarias, GTC o GRANTECAN

- **Ubicación:** Roque de los Muchachos, La Palma, islas Canarias.
- **Año:** 2009.
- Espejo primario de 10,4 m de diámetro formado por 36 espejos vitrocerámicos hexagonales de 1,9 m entre vértices opuestos.

Telescopio espacial Hubble

- **Ubicación:** orbita alrededor de la Tierra a 593 km de altura.
- **Año:** 1990.
- Espejo primario de 2,4 m de diámetro y forma circular.

Telescopio espacial James Webb

- **Ubicación:** orbita alrededor del Sol en sincronía con la Tierra a 1 500 000 km.
- **Año:** 2022.
- Espejo primario de 6,5 m de diámetro formado por 18 espejos hexagonales.

1 Gran Telescopio Canarias

El espejo primario del Gran Telescopio Canarias con sus 36 paneles hexagonales tiene esta forma.

- Como puedes observar, cada pieza es un hexágono regular. ¿Cuánto mide su lado? ¿Y su perímetro?
- ¿Cuánto mide la apotema de cada pieza?
- ¿Cuál es el área total del espejo?
- El espejo primario podría inscribirse en un hexágono regular. ¿Cuáles serían su perímetro y su área?

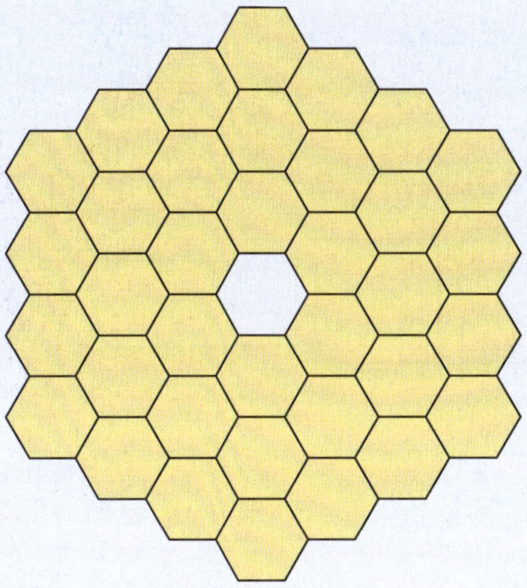

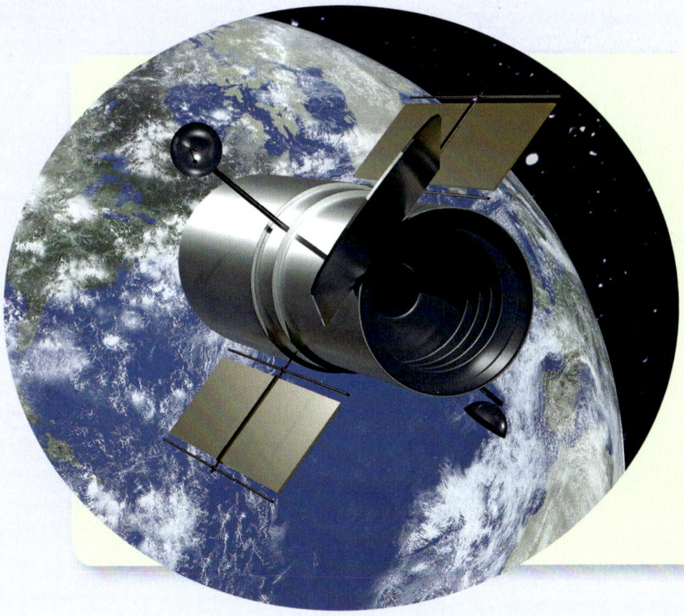

2 Telescopio espacial Hubble

Este telescopio orbita alrededor de la Tierra. Al estar fuera de la atmósfera evita las distorsiones que se provocan al captar los fotones de luz.

- ¿Cuánto mide la circunferencia que lo limita?
- Calcula el valor del área que está limitada por la circunferencia anterior.

El espejo primario tiene una parte central, también circular, cuyo radio es la quinta parte, que no refleja fotones.

- ¿Qué figura forma realmente el espejo primario?
- Determina cuál es el área total del espejo primario del Hubble.

3 Telescopio espacial James Webb

El telescopio más moderno, que se encuentra en funcionamiento desde 2022, es el James Webb. Está formado, como el GTC, por paneles hexagonales recubiertos de oro. Orbita alrededor del Sol de forma sincronizada con la Tierra.

- Cada pieza es un hexágono regular. Determina su apotema y su lado.
- Calcula el área de cada uno de los espejos hexagonales.
- ¿Cuál es el área total del espejo?
- ¿Cuántos espejos más debería tener el James Webb para que su superficie fuera igual que la del GTC? Haz un dibujo que represente cómo quedaría.

PRODUCTO FINAL **Haz un pódcast**

Por grupos, recopilad toda la información sobre estos tres grandes telescopios y haced un breve pódcast en el que expliquéis sus diferencias estructurales y los descubrimientos que se han realizado con cada uno de ellos.

RESUMEN DE UNIDAD

TEOREMA DE PITÁGORAS

$$a^2 = b^2 + c^2 \rightarrow a = \sqrt{b^2 + c^2}$$

ÁREAS DE POLÍGONOS

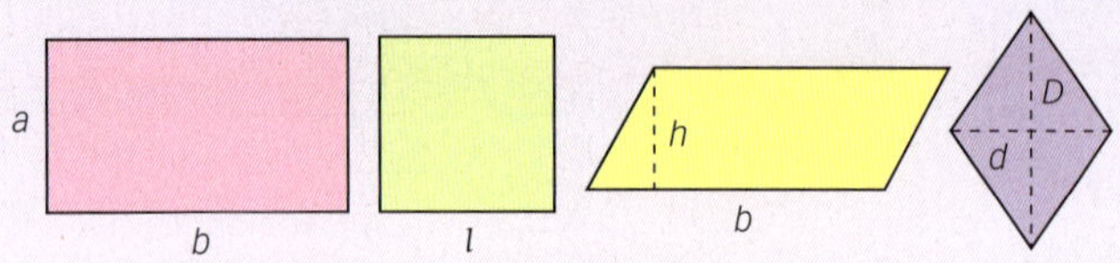

$A = b \cdot a$ $A = l^2$ $A = b \cdot h$ $A = \dfrac{D \cdot d}{2}$

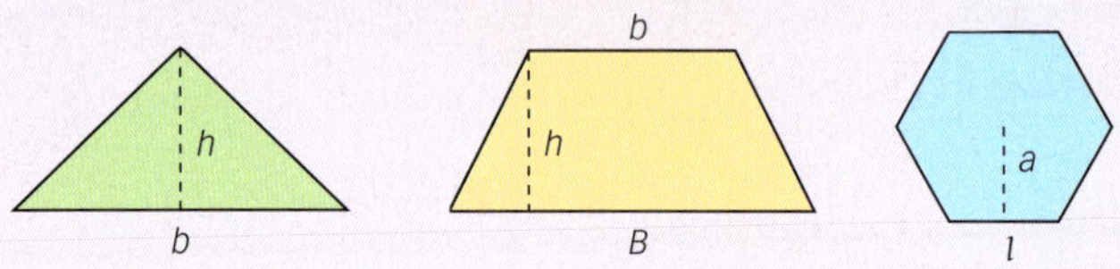

$A = \dfrac{b \cdot h}{2}$ $A = \dfrac{(B + b) \cdot h}{2}$ $A = \dfrac{P \cdot a}{2}$

ÁNGULOS EN POLÍGONOS REGULARES

Interior: $\dfrac{180° \cdot (n - 2)}{n}$

Central: $\dfrac{360°}{n}$

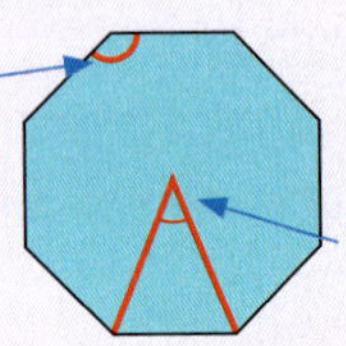

ÁREAS DE FIGURAS CIRCULARES

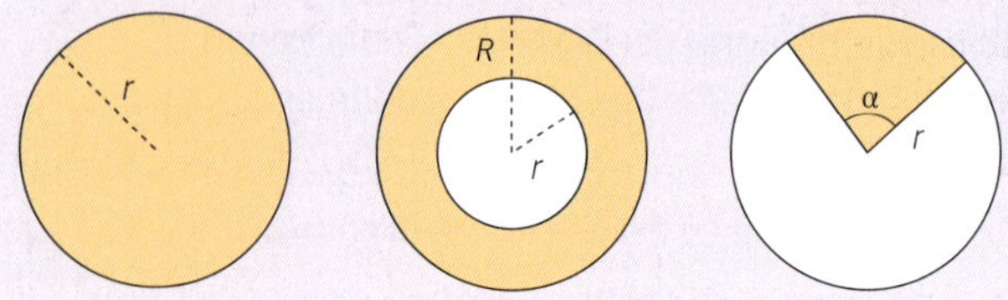

$A = \pi r^2$ $L = 2\pi r$ $A = \pi(R^2 - r^2)$ $A = \dfrac{\pi r^2 \alpha}{360°}$

ÁNGULOS EN LA CIRCUNFERENCIA

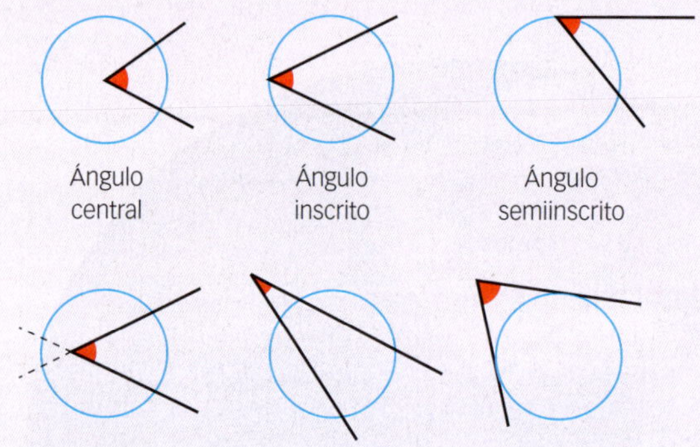

AUTOEVALUACIÓN

1. Comprende el teorema de Pitágoras y lo utiliza para calcular longitudes y áreas

1 Calcula la hipotenusa de un triángulo rectángulo cuyos catetos miden 8 dm y 6 dm.

a) 5,3 dm c) 10 dm
b) 28 dm d) 100 dm

2 Halla el lado de un cuadrado cuya diagonal mide 6 cm.

a) 4,24 cm c) 3,5 cm
b) 6 cm d) 5 cm

3 Averigua el área de la parte coloreada de la figura.

a) 196 cm²
b) 172 cm²
c) 184 cm²
d) 208 cm²

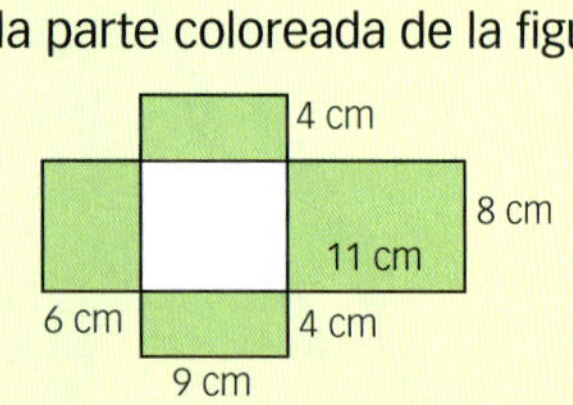

4 Determina la medida de la amplitud del siguiente ángulo.

a) 135° c) 60°
b) 67,5° d) 45°

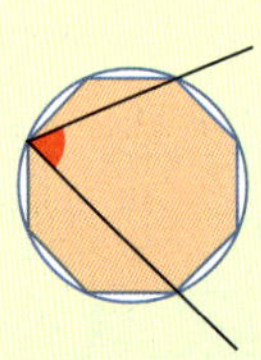

2. Calcula y aplica la longitud y el área de figuras circulares

5 Calcula el área coloreada.

a) 234,72 cm² c) 25,12 cm²
b) 628 cm² d) 2034,72 cm²

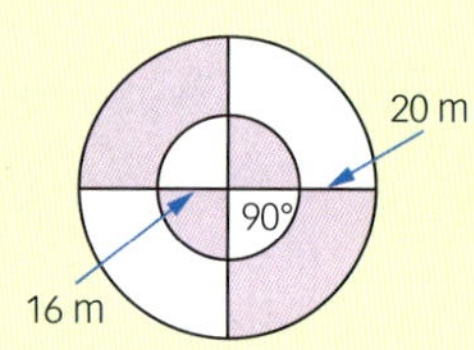

3. Resuelve problemas de la vida real relacionados con distancias, perímetros y áreas

6 Una escalera mide 2,5 m de longitud. Al apoyarse en la pared, su base dista de ella 0,7 m. ¿A qué altura de la pared llega la escalera?

a) 2,6 m b) 2,36 m c) 2,64 m d) 2,4 m

VALORA TU APRENDIZAJE

- ¿Te ayuda el pensamiento matemático?
- ¿Aceptas las opiniones de los demás?

10 Cuerpos geométricos. Áreas y volúmenes

DESAFÍO

Lo breve... mejor

Queremos llevar un hilo del punto *A* al *B* y de nuevo al punto *A*.

¿Qué trayectoria hay que seguir para usar la menor cantidad de hilo?

SITUACIÓN DE APRENDIZAJE

Diseñar un envase

En muchas situaciones de la vida real podemos encontrar objetos, construcciones, envases... en los que aparecen cuerpos geométricos. Sus formas son múltiples y algunos diseños resultan muy llamativos.

- ¿Te fijas en las formas geométricas que encuentras a tu alrededor?
- ¿Cómo se puede calcular la cantidad de materia necesaria para construir un envase? ¿Y para hallar su capacidad?

Para contestar a estas preguntas necesitas saber cómo calcular áreas y volúmenes de cuerpos geométricos.

¿Qué sabes ya?

Cómo aplicar el teorema de Pitágoras

En cualquier triángulo rectángulo, el cuadrado de la hipotenusa es igual a la suma de los cuadrados de los catetos.

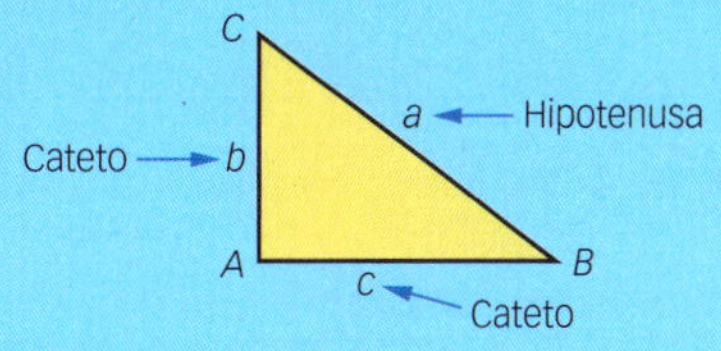

$$a^2 = b^2 + c^2$$

EJEMPLO

Para calcular la diagonal de un cuadrado cuyo lado mide 25 cm se aplica el teorema de Pitágoras.

$$d^2 = 25^2 + 25^2 = 1250 \rightarrow d = \sqrt{1250} = 35{,}4 \text{ cm}$$

ACTIVIDADES

1. ¿Cuánto mide la hipotenusa de un triángulo rectángulo cuyos catetos son de 5 y 12 cm?

   a) 14 cm   b) 13 cm   c) 17 cm   d) 15 cm

1. Poliedros

Un **poliedro** es un cuerpo geométrico limitado por caras en forma de polígonos.

Los elementos de un poliedro son:

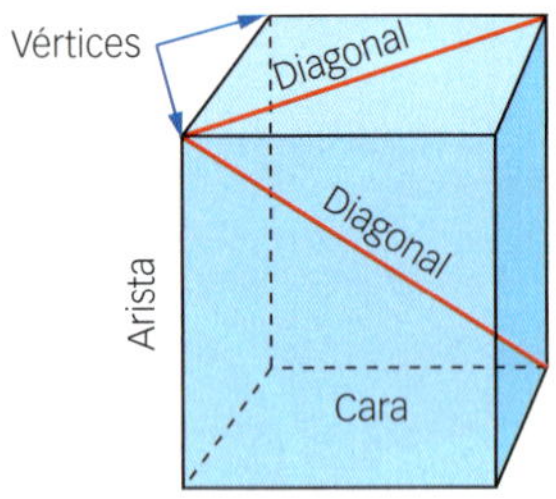

- **Caras:** son los polígonos que limitan el poliedro.
- **Aristas:** son las líneas donde concurren dos caras, los lados de estas.
- **Vértices:** son los puntos en los que se cortan tres o más aristas.
- **Diagonal:** es el segmento que une dos vértices que no están en la misma arista. La podemos trazar en una misma cara o entre caras diferentes.

1.1. Poliedros convexos y cóncavos

Los poliedros pueden ser convexos o cóncavos.

Poliedros convexos son los que, al prolongar cualquiera de sus caras, estas no cortan el poliedro.

Poliedros cóncavos son aquellos en los que existe alguna cara que, al prolongarla, corta el poliedro.

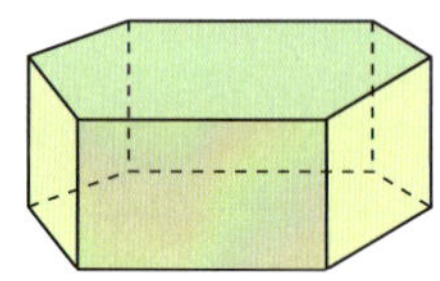

Poliedro convexo

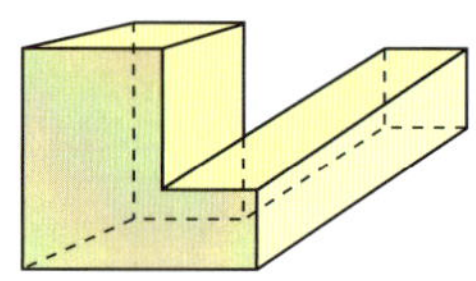

Poliedro cóncavo

En todos los poliedros convexos se cumple la **fórmula de Euler:**

$$\underset{\text{n.º de caras}}{C} + \underset{\text{n.º de vértices}}{V} = \underset{\text{n.º de aristas}}{A} + 2$$

Existen poliedros cóncavos que cumplen la fórmula.

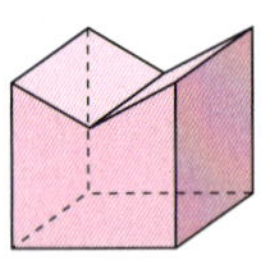

$C + V = A + 2$

$7 + 10 = 15 + 2$

EJEMPLO

1. Comprueba si se cumple la fórmula de Euler en este poliedro.

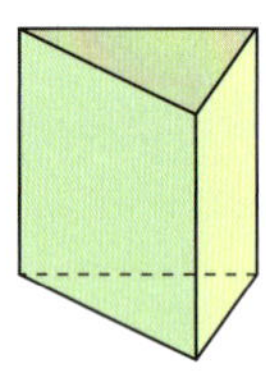

N.º de caras: 5

N.º de vértices: 6

N.º de aristas: 9

$C + V = A + 2$

$5 + 6 = 9 + 2$

$11 = 11$

ACTIVIDADES

1. Halla el número de caras, vértices y aristas de estos poliedros.

a) 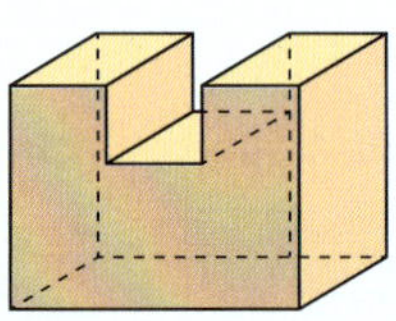

b) 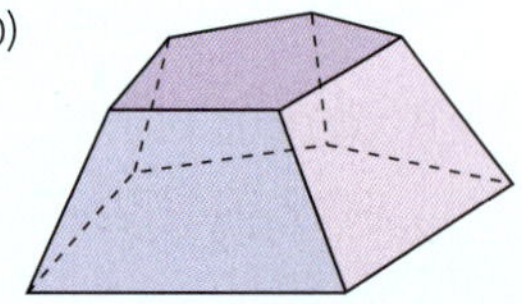

2. Clasifica los poliedros de la actividad anterior en cóncavos y convexos, y comprueba si cumplen la fórmula de Euler.

3. **REFLEXIONA.** ¿Cuál es el menor número de caras que puede tener un poliedro? ¿Y de aristas? ¿Y de vértices?

1.2. Poliedros regulares

Los poliedros se nombran según su número de caras:

4 caras → Tetraedro
5 caras → Pentaedro
6 caras → Hexaedro
7 caras → Heptaedro
...

GEOGEBRA

Un **poliedro** es **regular** si cumple estas dos condiciones:

- Todas sus caras son polígonos regulares iguales.
- En cada vértice concurre el mismo número de aristas.

Solo existen cinco poliedros regulares.

Desarrollo plano

Tetraedro

Tiene 4 caras que son triángulos equiláteros.

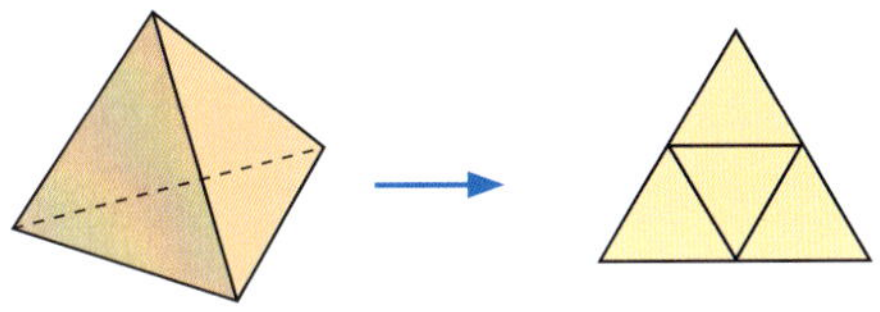

El **desarrollo plano** de un poliedro es la figura que resulta cuando extendemos sus caras sobre un plano.

Cubo

Tiene 6 caras que son cuadrados.

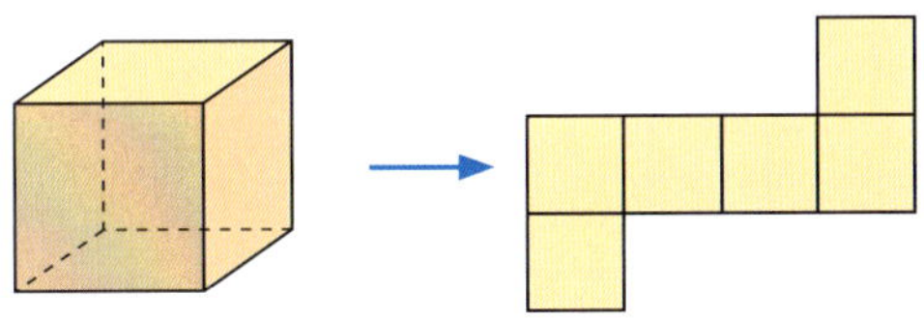

Octaedro

Tiene 8 caras que son triángulos equiláteros.

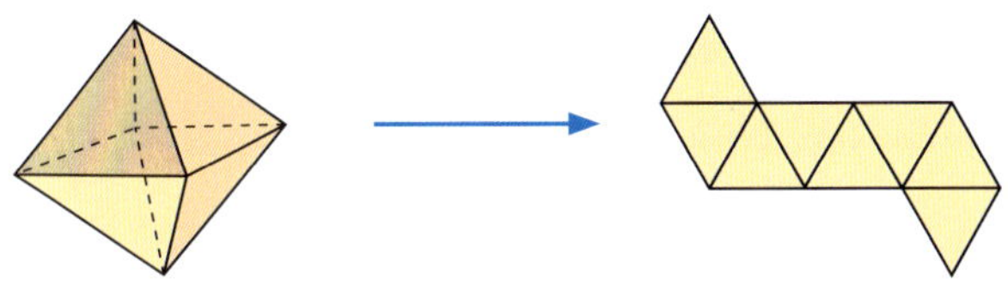

Dodecaedro

Tiene 12 caras que son pentágonos regulares.

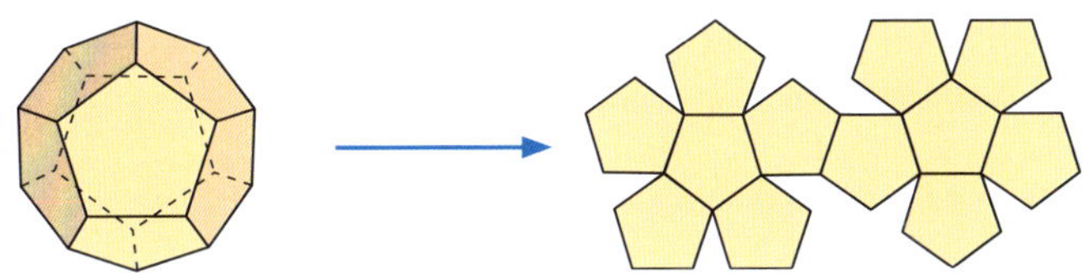

Icosaedro

Tiene 20 caras que son triángulos equiláteros.

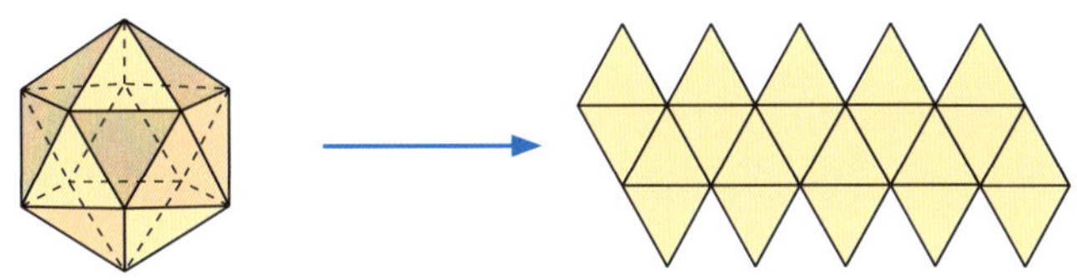

RETO

¿Cuántas diagonales tiene un tetraedro? ¿Y un octaedro?

ACTIVIDADES

4 Comprueba que se cumple la fórmula de Euler.

Poliedro	N.º de caras	N.º de vértices	N.º de aristas	$C + V$	$A + 2$
Tetraedro					
Cubo					
Octaedro					
Dodecaedro					
Icosaedro					

5 **REFLEXIONA.** ¿Son regulares estos poliedros?

a) 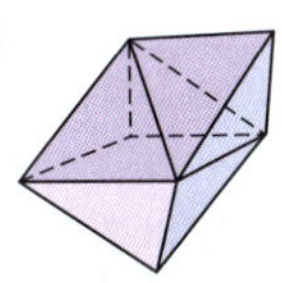

c) 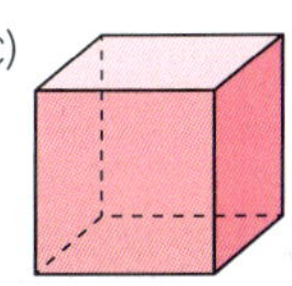

b) 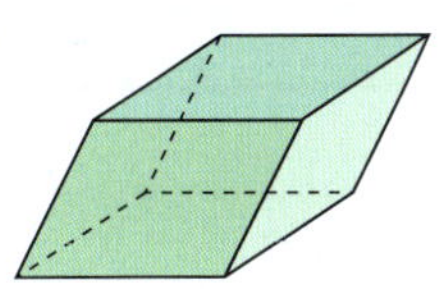

d) 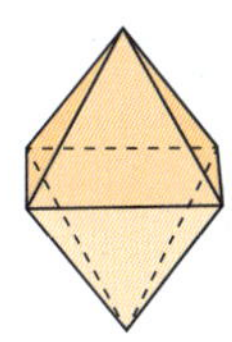

2. Prismas. Áreas

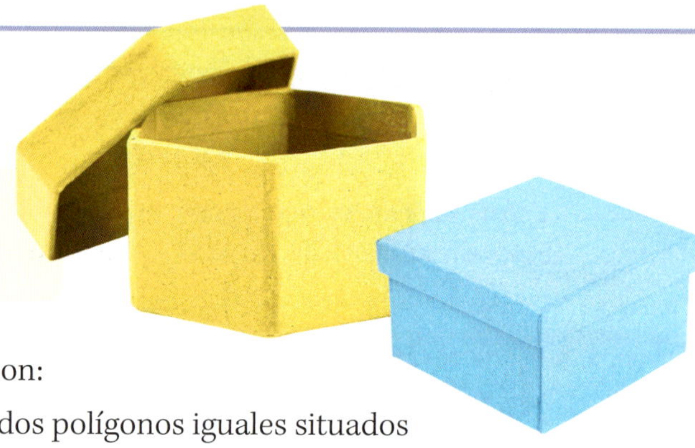

Un **prisma** es un poliedro que tiene dos caras iguales y paralelas entre sí, siendo el resto de ellas paralelogramos.

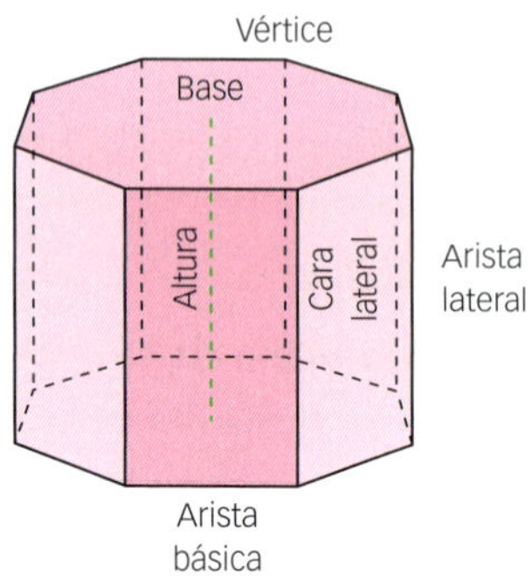

Los elementos de un prisma son:

- **Bases o caras básicas:** son dos polígonos iguales situados en planos paralelos.
- **Caras laterales:** son paralelogramos.
- **Aristas básicas:** son los lados de los polígonos de las bases.
- **Aristas laterales:** son los lados de las caras laterales que unen las bases.
- **Vértices:** son los puntos donde se cortan las aristas.
- **Altura** del prisma: es la distancia entre las bases.

Para nombrar los prismas se consideran los polígonos de sus bases.

Si la base de un prisma es un polígono regular y sus caras laterales son rectángulos, decimos que es un prisma **regular**. En caso contrario, se dice que es irregular.

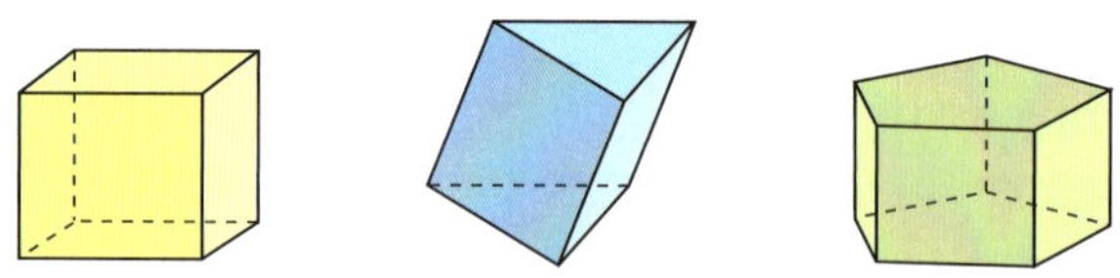

Prisma cuadrangular | Prisma triangular | Prisma pentagonal

Área de un prisma

GEOGEBRA

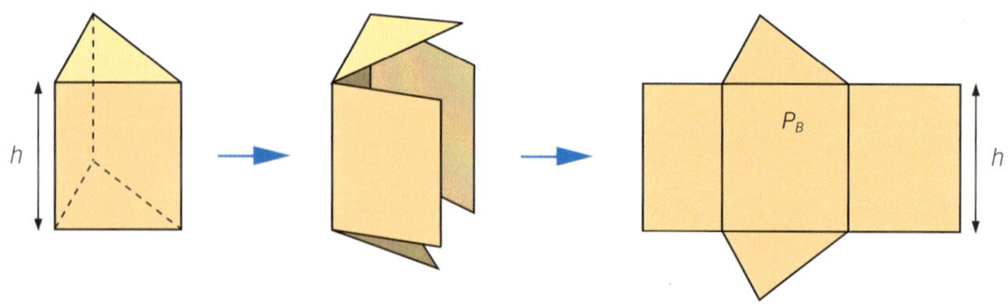

- **Área lateral,** A_L, se cumple que $A_L = P_B \cdot h$.
- **Área de cada base,** A_B.

El **área total de un prisma recto** es:

$$A_T = A_L + 2 \cdot A_B = P_B \cdot h + 2 \cdot A_B$$

Un prisma cuyas caras son paralelogramos se dice que es un **paralelepípedo**. Si además es recto, es un **ortoedro**.

RETO

¿Puede un prisma tener 3 caras? ¿Y 4 caras?

ACTIVIDADES

6 Dibuja un prisma recto de base triangular y otro prisma recto de base pentagonal y calcula.

a) Su número de caras.

b) Su número de aristas.

c) Su número de vértices.

¿Cumplen la fórmula de Euler?

7 Dibuja un prisma regular y otro que sea irregular.

8 **REFLEXIONA.** Responde de forma razonada.

a) ¿Qué polígono forma la base de un prisma con 18 aristas?

b) ¿Qué polígono forma la base de un prisma que tiene 10 vértices?

3. Pirámides. Áreas

Una **pirámide** es un poliedro en el que una de las caras es un polígono cualquiera y las demás caras son triángulos que se unen en un punto.

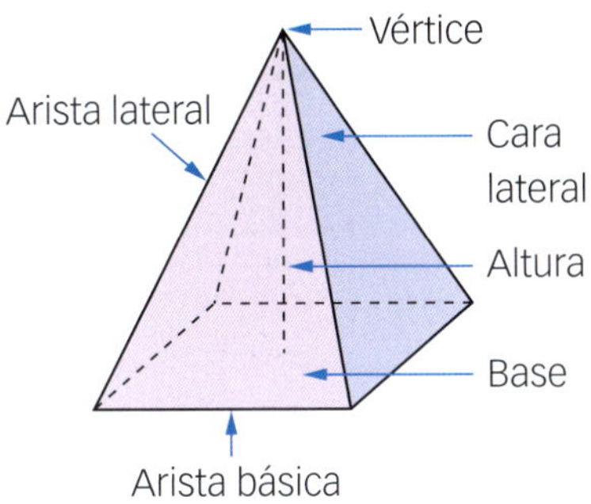

Los elementos de una pirámide son:

- **Base:** es un polígono cualquiera.
- **Caras laterales:** son triángulos que se unen en un punto denominado vértice de la pirámide.
- **Aristas básicas** y **aristas laterales:** son las aristas de la base y de las caras laterales, respectivamente.
- **Altura** de la pirámide: es el segmento perpendicular trazado desde el vértice hasta la base.

Las pirámides se nombran atendiendo a los polígonos de sus bases. Si es un polígono regular y sus caras laterales son triángulos isósceles, decimos que es una pirámide **regular**. En caso contrario, se dice que es irregular.

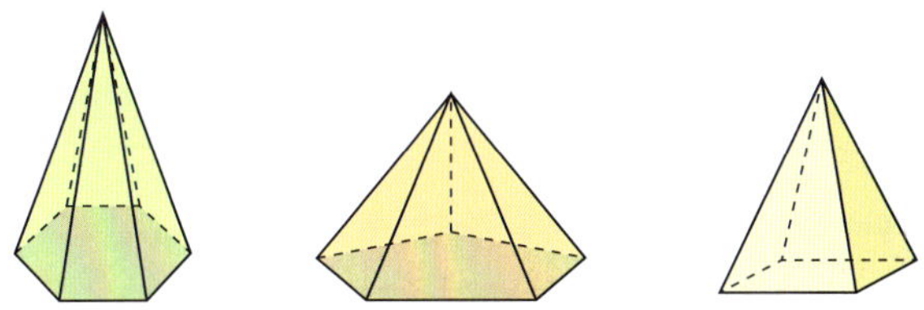

Pirámide hexagonal — Pirámide pentagonal — Pirámide cuadrangular

Área de una pirámide regular

GEOGEBRA

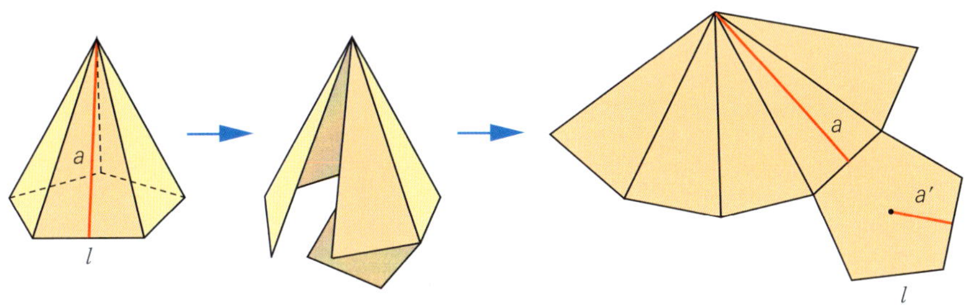

« Se llama **apotema** de una pirámide regular a la altura de cualquiera de sus caras laterales.

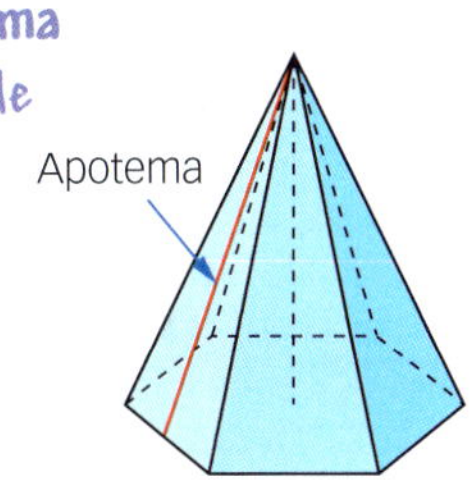

- **Área lateral**, A_L, si n es el número de lados de la base: $A_L = n \cdot \dfrac{l \cdot a}{2} = \dfrac{P_B \cdot a}{2}$.
- **Área de la base**, A_B, si la base es un polígono regular: $A_B = \dfrac{P_B \cdot a'}{2}$.

El **área total de una pirámide regular** es:

$$A_T = A_L + A_B = \frac{P_B \cdot a}{2} + \frac{P_B \cdot a'}{2}$$

RETO

¿Puede una pirámide tener 3 caras? ¿Y 4 caras?

ACTIVIDADES

9 Dibuja una pirámide recta de base triangular y otra de base pentagonal, y sus desarrollos planos.

a) Calcula su número de caras, aristas y vértices.

b) Comprueba que cumplen la fórmula de Euler.

10 Una pirámide tiene 7 vértices. ¿Cuántos lados tiene el polígono de la base?

11 **REFLEXIONA.** ¿Qué polígono forma la base de una pirámide con 18 aristas? ¿Y la de una con 9 vértices?

Cómo se obtiene el desarrollo plano de un prisma o una pirámide regulares

> Solo si el prisma es regular, los rectángulos que forman sus caras laterales son iguales.
>
> Solo si la pirámide es regular, los triángulos que forman sus caras laterales son isósceles.

Dibuja el desarrollo plano de estos poliedros regulares.

a) 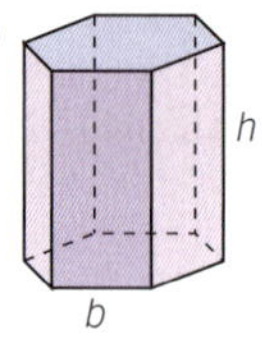

b) 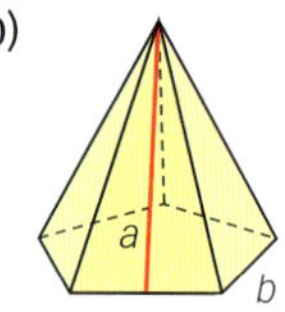

① Identificamos qué tipo de poliedro es.

a) Es un prisma regular.

b) Es una pirámide regular.

② Si es un prisma:

- Dibujamos una de sus bases.
- Dibujamos un rectángulo unido a la base. Su altura será la altura del prisma. Y, pegados a él, habrá tantos rectángulos iguales como lados tenga la base.
- Dibujamos la segunda base sobre uno de los rectángulos dibujados.

a) 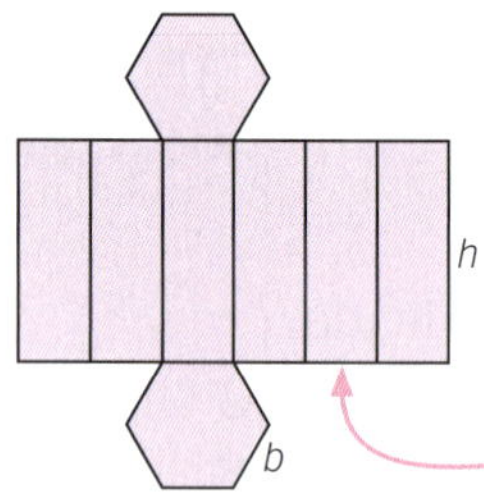

En el desarrollo de un prisma, las caras laterales forman un rectángulo.

③ Si es una pirámide:

- Dibujamos su base.
- Dibujamos un triángulo unido a la base. Su altura será la apotema de la pirámide. Y, pegados a él, habrá tantos triángulos iguales como lados tenga la base.

b) 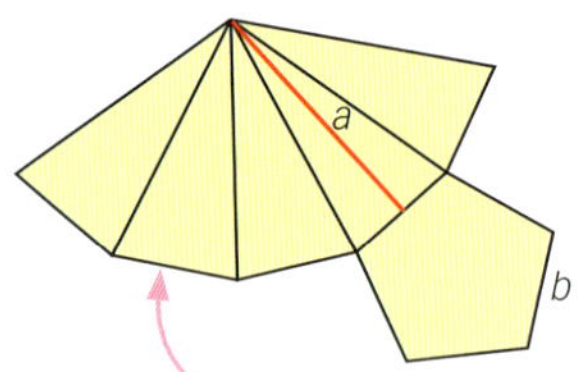

En el desarrollo de una pirámide, las bases de las caras laterales no pueden formar una línea recta.

ACTIVIDADES

12 Dibuja el desarrollo plano de un prisma triangular y de una pirámide cuadrangular regular.

13 Indica el error que hay en cada uno de estos desarrollos. Corrígelos en tu cuaderno.

a) 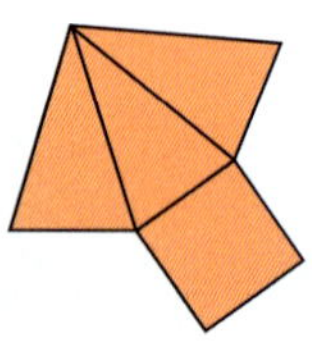

c) 

b) 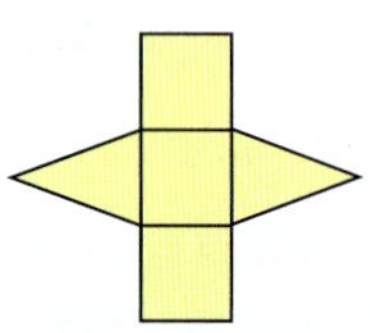

d) 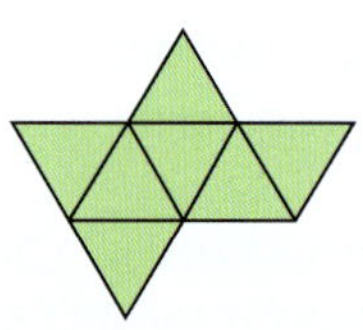

14 Observa estos desarrollos planos de un cubo.

a) 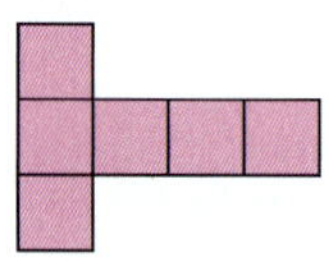

b) 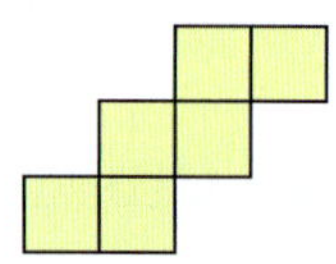

Sitúa puntos en las caras para que sean el desarrollo de un dado. Recuerda que las caras opuestas de un dado suman 7.

15 Indica cuáles de estos desarrollos planos no corresponden a un cubo.

a) 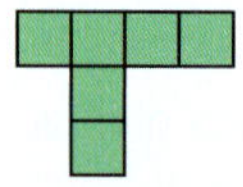

b) 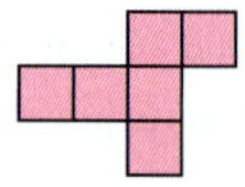

c) 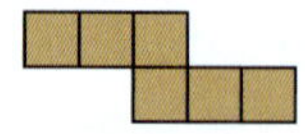

Dibuja otros tres desarrollos planos diferentes de un cubo.

Cómo se calcula el área de un prisma y de una pirámide

En muchos casos hay que utilizar el teorema de Pitágoras para hallar longitudes que no conocemos.

Halla el área de estos poliedros.

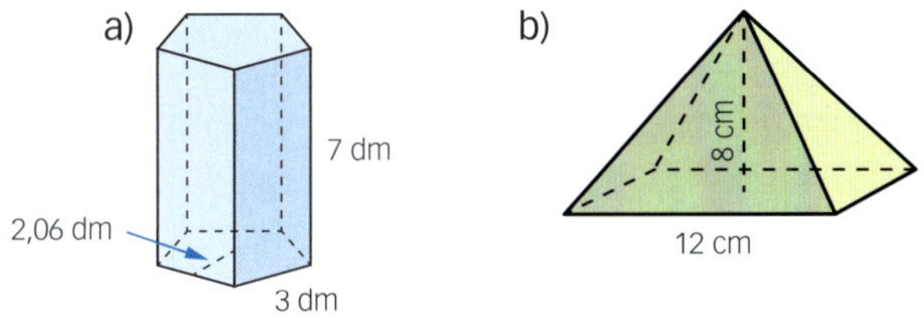

① **Identificamos qué tipo de poliedro es y los datos que necesitamos para calcular su área.**

a) Es un prisma regular pentagonal.

Necesitamos conocer:

- El lado y la apotema de la base, $l = 3$ dm y $a = 2{,}06$ dm.
- La altura del prisma, $h = 7$ dm.

b) Es una pirámide regular cuadrada.

Necesitamos conocer:

- El lado de la base, $l = 12$ cm.
- La altura de la pirámide, $h = 8$ cm.
- La apotema de la pirámide.

② **Si hay algún dato que no conocemos, lo hallamos.**

La altura de la pirámide, la mitad del lado del cuadrado y la apotema forman un triángulo rectángulo.

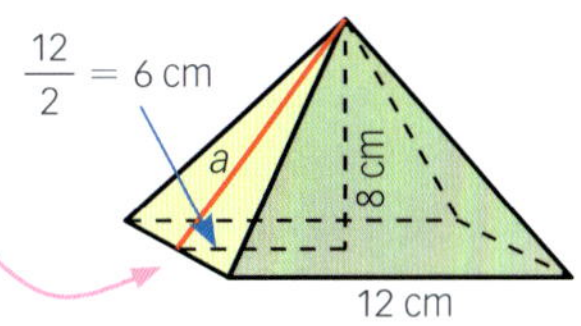

Para calcular la apotema, a, utilizamos el teorema de Pitágoras.

$$a^2 = 8^2 + 6^2 \rightarrow a^2 = 100 \rightarrow$$
$$\rightarrow a = \sqrt{100} = 10 \text{ cm}$$

③ **Aplicamos la fórmula correspondiente a cada poliedro.**

$$A_T = P_B \cdot h + 2 \cdot A_B =$$
$$= 5 \cdot 3 \cdot 7 + 2 \cdot \frac{5 \cdot 3 \cdot 2{,}06}{2} = 135{,}9 \text{ dm}^2$$

$$A_T = \frac{P_B \cdot a}{2} + l^2 =$$
$$= \frac{4 \cdot 12 \cdot 10}{2} + 12^2 = 384 \text{ cm}^2$$

ACTIVIDADES

16 Calcula el área de estos cuerpos.

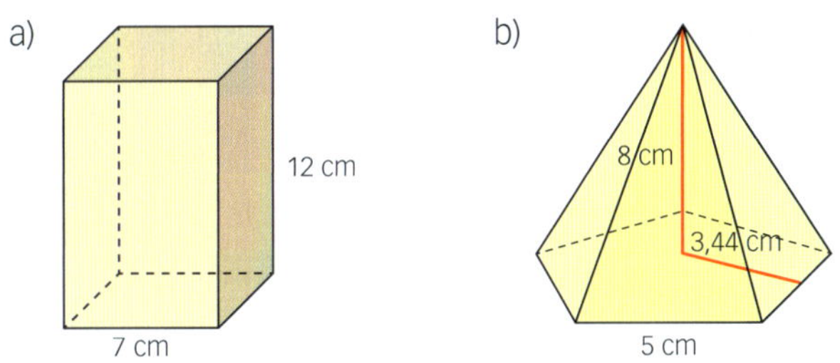

17 Determina el área de un prisma:

a) Pentagonal regular de altura 10 cm, lado de la base 4 cm y apotema 2,75 cm.

b) Triangular regular de altura 8 cm, lado de la base 4 cm y altura de la base 3,46 cm.

18 Halla el área total de una pirámide cuadrangular regular de altura 4 cm y arista de la base 4 cm.

19 Calcula el área lateral y el área total de un prisma triangular regular, cuyo lado de la base mide 4 cm y su arista lateral 8 cm.

20 Determina el área total de un prisma hexagonal, sabiendo que la arista de su base mide 8 cm y su altura es de 10 cm.

21 Determina el área total de esta pirámide regular de base hexagonal.

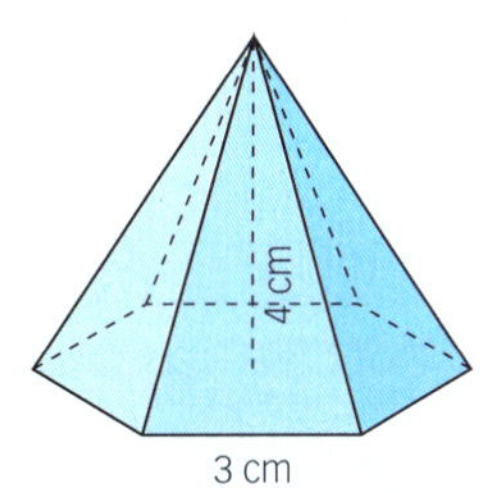

22 Halla el área total de un tetraedro de arista:

a) 3 cm
b) 5 cm
c) 9 cm
d) 6,2 cm

4. Cuerpos de revolución. Áreas

4.1. Cilindro

El **cilindro** es un cuerpo geométrico generado a partir de un rectángulo que gira alrededor de uno de los lados.

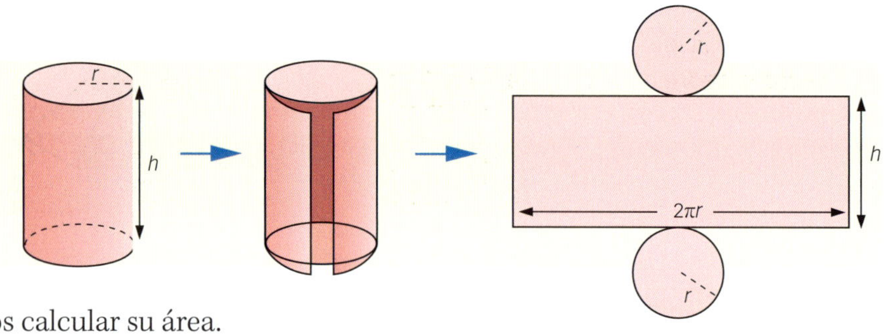

A partir del desarrollo del cilindro podemos calcular su área.

- **Área lateral**, A_L, es el área de un rectángulo de base la longitud de la circunferencia de la base y cuya altura es la altura del cilindro: $A_L = 2\pi r \cdot h$.
- **Área de cada base**, A_B, es el área de cada uno de los dos círculos iguales que forman sus bases: $A_B = \pi r^2$.

El **área total de un cilindro** es
$A_T = A_L + 2 \cdot A_B = 2\pi rh + 2\pi r^2$.

4.2. Cono

El **cono** es un cuerpo geométrico generado a partir de un triángulo rectángulo que gira alrededor de uno de los catetos.

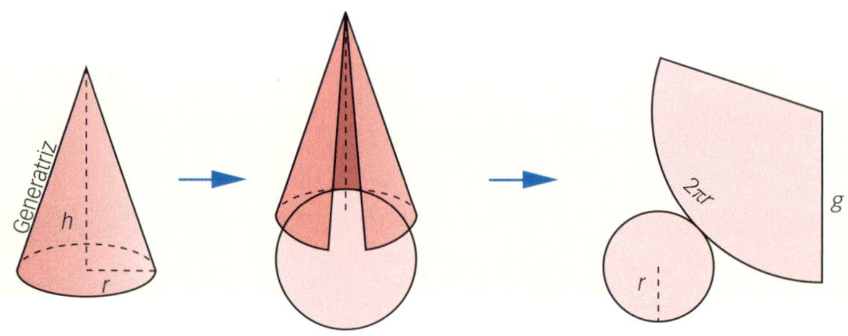

A partir del desarrollo del cono podemos calcular su área.

- **Área lateral**, A_L, es el área de un sector circular de longitud $2\pi r$ y radio igual a la generatriz del cono, g: $A_L = \pi rg$.
- **Área de la base**, A_B, es el área del círculo de la base: $A_B = \pi r^2$.

El **área total de un cono** es
$A_T = A_L + A_B = \pi rg + \pi r^2$.

4.3. Esfera

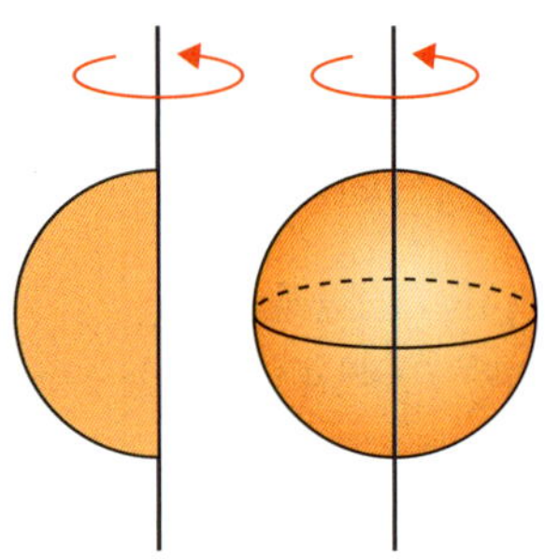

Una **esfera** es un cuerpo de revolución engendrado por un semicírculo que gira sobre su diámetro.

La esfera no tiene desarrollo plano.

El **área total de una esfera** es:
$A_T = 4\pi r^2$

«El área de una esfera es igual a 4 veces el área de un círculo de su mismo radio.

ACTIVIDADES

23 Un cono tiene 12 cm de generatriz y 8 cm de diámetro de la base. Calcula su área total.

24 Halla el área de una esfera de radio 5 cm.

25 **REFLEXIONA.** Indica qué sucede con el área de una esfera si:

a) Se duplica su radio.

b) Se triplica su radio.

Cómo se calcula el área de un cuerpo de revolución

Al aplicar el teorema de Pitágoras, recuerda que el lado mayor es siempre la hipotenusa.

Halla el área de estos cuerpos de revolución.

a) 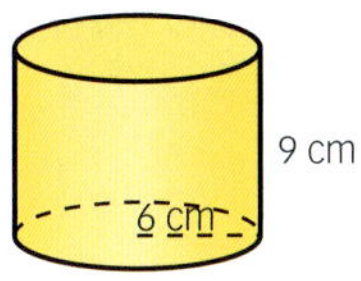

b) 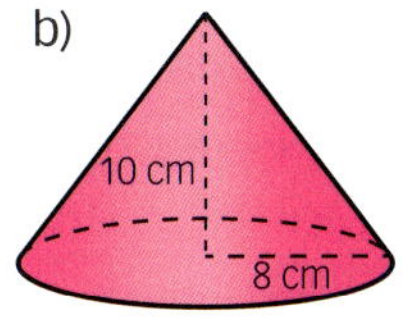

c) 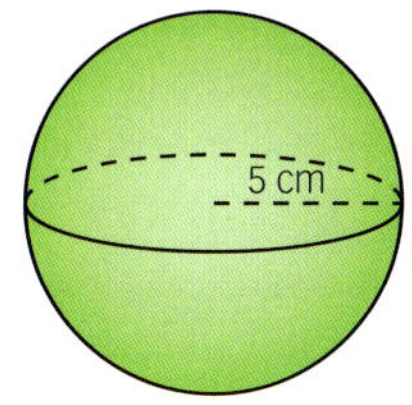

① Identificamos qué tipo de cuerpo es y los datos que necesitamos para calcular su área.

a) Es un cilindro.
Necesitamos conocer:
- El radio de la base, $r = 6$ cm.
- La altura, $h = 9$ cm.

b) Es un cono.
Necesitamos conocer:
- El radio de la base, $r = 8$ cm.
- La generatriz.

c) Es una esfera.
Necesitamos conocer:
- El radio, $r = 5$ cm.

② Si hay algún dato que no conocemos, lo hallamos.

Para calcular la generatriz, g, utilizamos el teorema de Pitágoras.

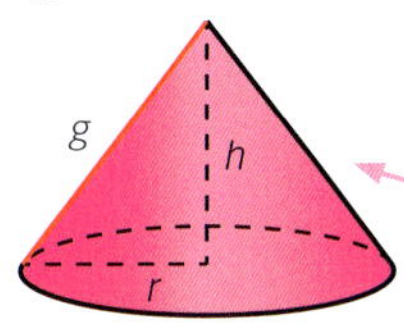

La altura del cono, el radio de la base y la generatriz forman un triángulo rectángulo.

$g^2 = 10^2 + 8^2 \rightarrow g^2 = 164 \rightarrow$
$\rightarrow g = \sqrt{164} = 12{,}8$ cm

③ Aplicamos la fórmula correspondiente a cada cuerpo.

$A_T = 2\pi rh + 2\pi r^2 =$
$= 2\pi \cdot 6 \cdot 9 + 2\pi \cdot 6^2 =$
$= 565{,}2 \text{ cm}^2$

$A_T = \pi rg + \pi r^2 =$
$= \pi \cdot 8 \cdot 12{,}8 + \pi \cdot 8^2 =$
$= 522{,}5 \text{ cm}^2$

$A_T = 4\pi r^2 =$
$= 4\pi \cdot 5^2 = 314 \text{ cm}^2$

ACTIVIDADES

26 Calcula el área de un cilindro:

a) De 10 cm de radio y 5 cm de altura.

b) De radio 9 cm y altura doble del radio.

c) De altura 10 cm y cuyas bases tienen cada una un área de 628 cm^2.

27 Halla el área de un cono:

a) De 8 cm de radio y 10 cm de generatriz.

b) De radio 9 cm y altura 12 cm.

c) De altura 10 cm y generatriz 12 cm.

d) De altura 10 cm y cuya base tiene un área de 314 cm^2.

28 Obtén el área de:

a) Una esfera de radio 20 cm.

b) Un cilindro de radio y altura iguales a 20 cm.

c) Un cono de radio y altura iguales a 20 cm.

¿Qué observas en los tres resultados anteriores?

29 Halla el área del cuerpo que se genera al girar la figura alrededor del eje rojo.

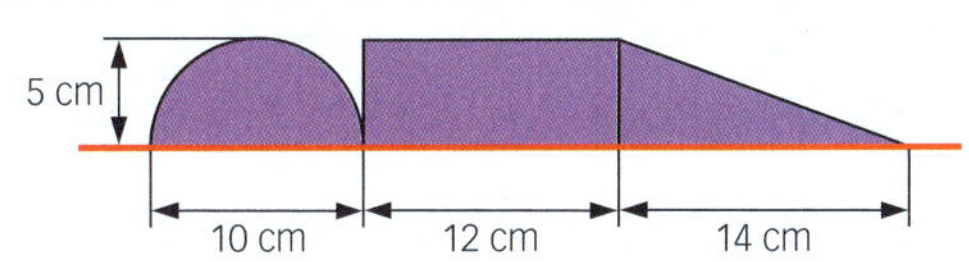

5. Volumen de un cuerpo

El **volumen** de un cuerpo es la cantidad de espacio que ocupa.

EJEMPLO

2. Determina el volumen de estos cuerpos.

a)

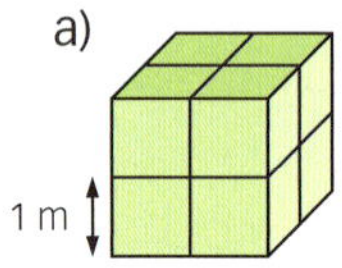

El cubo está formado por cubos más pequeños de 1 m de arista.

$2 \cdot 2 \cdot 2 = 8$ cubos de 1 m de arista

b)

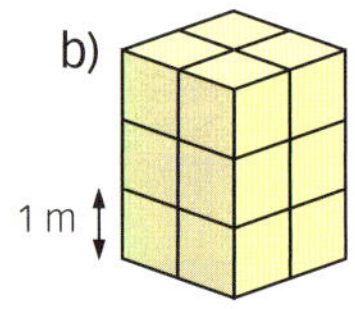

El prisma está formado por cubos de 1 m de arista.

$2 \cdot 2 \cdot 3 = 12$ cubos de 1 m de arista

5.1. Unidades de medida de volumen

La unidad principal de medida de volumen es el **metro cúbico**, m^3.

Los **múltiplos** y **submúltiplos** del metro cúbico son:

Múltiplos del metro cúbico				Submúltiplos del metro cúbico		
km^3 1 000 000 000 m^3	hm^3 1 000 000 m^3	dam^3 1 000 m^3	m^3	dm^3 0,001 m^3	cm^3 0,000001 m^3	mm^3 0,000000001 m^3

Un metro cúbico es el volumen de un cubo de 1 m de arista.

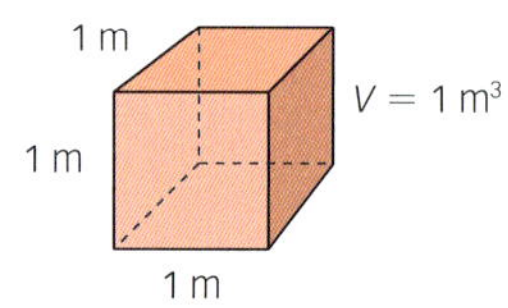

Para transformar unidades de volumen multiplicamos o dividimos por 1 000.

5.2. Relaciones entre volumen, capacidad y masa

Un **litro** es la capacidad de un cubo de 1 dm de arista.

Un **kilo** es la masa que tiene 1 dm^3 de agua destilada.

1 ℓ de cualquier líquido ocupa un volumen de 1 dm^3.

Solo 1 ℓ de agua destilada pesa exactamente 1 kg.

Si no es agua destilada, 1 ℓ no tiene por qué pesar 1 kg.

Equivalencias entre volumen, capacidad y masa para agua destilada:

Unidades de volumen	m^3			dm^3			cm^3
Unidades de capacidad	kl	hl	dal	ℓ	dl	cl	ml
Unidades de masa	t	q	mag	kg	hg	dag	g

ACTIVIDADES

30 Halla el volumen de estas figuras.

a)

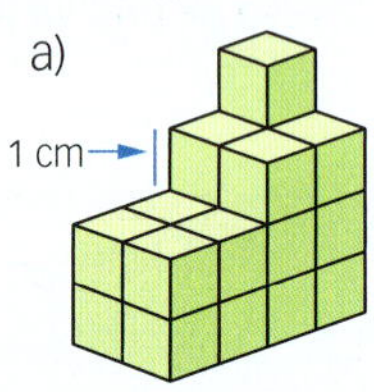

b)

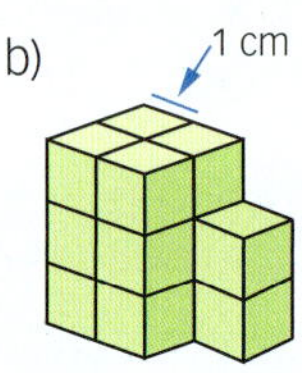

c)

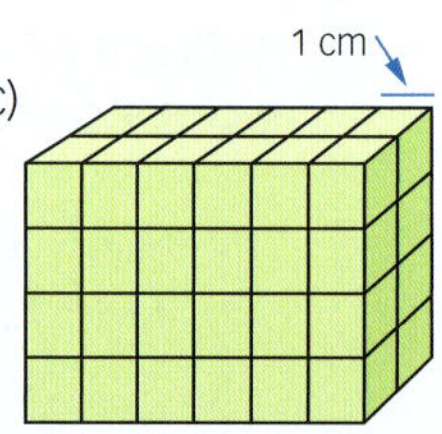

31 Transforma en decímetros cúbicos.

a) 2,3 hl b) 32,5 cl c) 1 023 dl d) 0,3 dal

32 **REFLEXIONA.** Transforma en kilos las siguientes medidas de agua destilada.

a) 240 cm^3 b) 8,6 cl c) 7 dal d) 2 400 mm^3

6. Volumen de ortoedros y cubos

6.1. Principio de Cavalieri

Si en dos cuerpos de igual altura las áreas de las secciones producidas por planos paralelos a la base son iguales, los cuerpos tienen el mismo volumen.

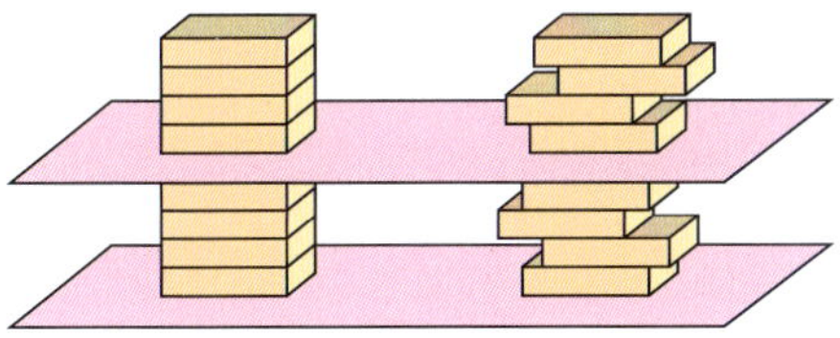

Observa las pilas de paquetes de folios. En los dos casos el volumen es idéntico, pues hay el mismo número de folios. Además, si los cortamos con un plano paralelo a la base, la sección es igual en ambos montones.

6.2. Volumen de un ortoedro y un cubo

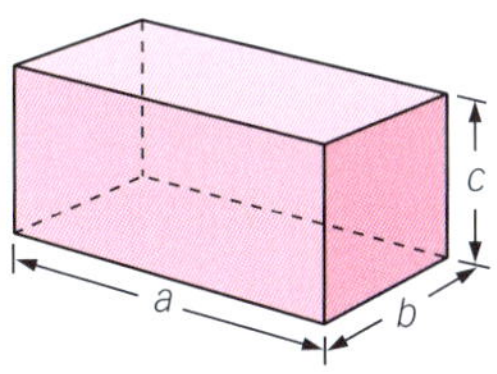

El **volumen** de un **ortoedro** de aristas a, b y c es:

$$V_{\text{Ortoedro}} = \text{largo} \cdot \text{ancho} \cdot \text{alto} = a \cdot b \cdot c$$

Un cubo es un ortoedro con todas sus aristas iguales.

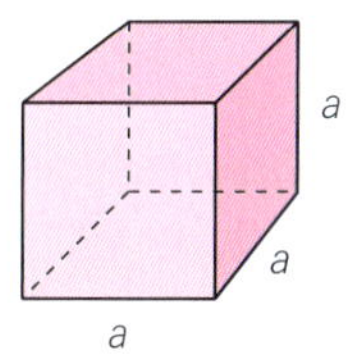

El **volumen** de un **cubo** de arista a es:

$$V_{\text{Cubo}} = \text{largo} \cdot \text{ancho} \cdot \text{alto} = a \cdot a \cdot a = a^3$$

RETO

¿Cuánto pesa el agua que se obtiene cuando se derrite un cubito de hielo de 5 cm de arista?

EJEMPLOS

3. Halla el volumen de un ortoedro de aristas 6 cm, 4 cm y 3 cm.

   $V_{\text{Ortoedro}} = 6 \cdot 4 \cdot 3 = 72\ \text{cm}^3$

4. Calcula el volumen de un cubo de arista 2 cm.

   $V_{\text{Cubo}} = 2^3 = 8\ \text{cm}^3$

ACTIVIDADES

33 Halla el volumen de estos cuerpos.

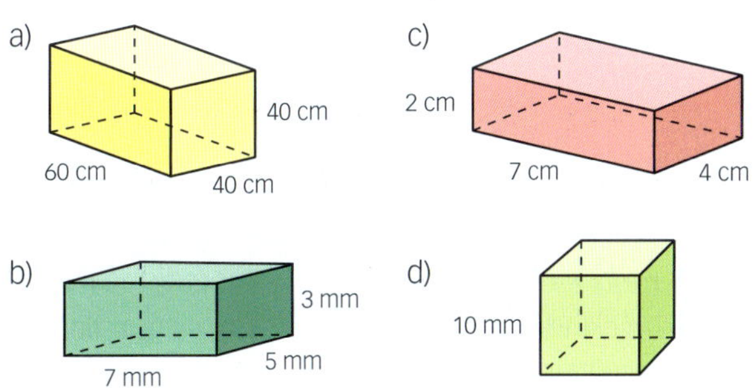

34 Calcula el volumen de un cubo que tiene 5 cm de arista. Expresa el resultado en m³.

35 Obtén el volumen de una piscina que tiene 12 m de largo, 9 m de ancho y 2 m de profundidad. Expresa el resultado en m³ y ℓ.

36 **REFLEXIONA.** Un ortoedro tiene de dimensiones $a = 25$ cm, $b = 8$ cm y $c = 5$ cm. ¿Cuánto mide la arista de un cubo con el mismo volumen?

7. Volumen de prismas y cilindros

7.1. Volumen de un prisma

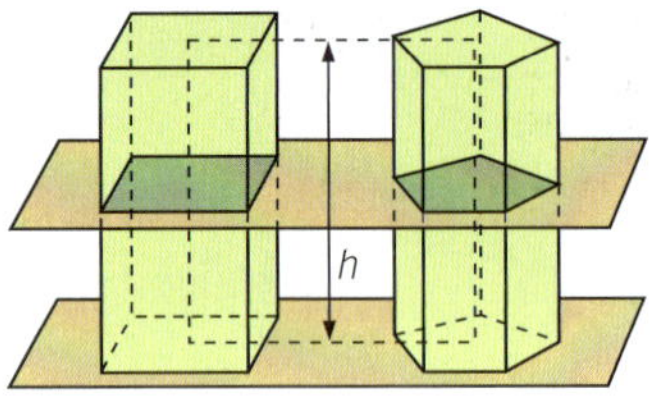

Por el principio de Cavalieri, el volumen de un ortoedro y de un prisma que tengan igual altura y cuyas bases tengan la misma área será el mismo.

El **volumen** de un **prisma** con altura h y área de la base A_B es $V_{\text{Prisma}} = A_B \cdot h$.

Según el principio de Cavalieri, estos prismas tienen el mismo volumen.

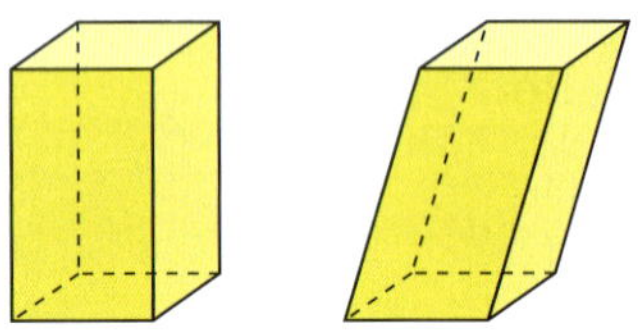

EJEMPLO

5. Calcula el volumen del prisma.

$$V_{\text{Prisma}} = A_B \cdot h = \frac{P \cdot a}{2} \cdot h$$

$$V_{\text{Prisma}} = \frac{(5 \cdot 6) \cdot 4{,}13}{2} \cdot 8 = 495{,}6 \text{ cm}^3$$

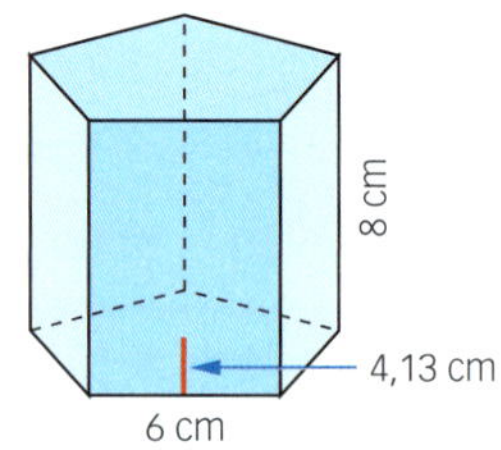

7.2. Volumen de un cilindro

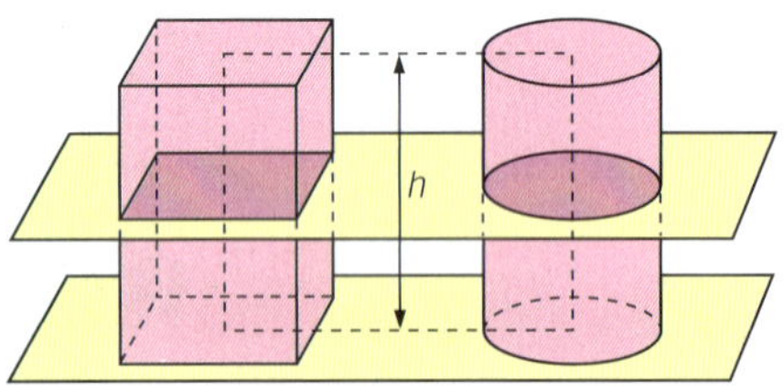

Un cilindro y un prisma con igual altura y cuyas bases tengan la misma área tendrán el mismo volumen, aplicando el principio de Cavalieri.

El **volumen** de un **cilindro** con radio r y altura h, A_B, es:

$$V_{\text{Cilindro}} = A_B \cdot h = (\pi r^2) \cdot h = \pi r^2 h$$

EJEMPLO

6. Halla el volumen del cilindro.

$V_{\text{Cilindro}} = \pi r^2 h = \pi \cdot 5^2 \cdot 12 = 942 \text{ cm}^3$

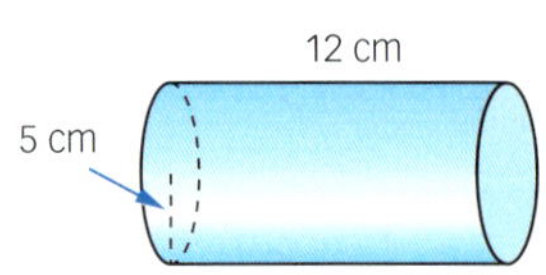

Para construir un prisma y un cilindro con el mismo volumen, según el principio de Cavalieri, sus alturas deben ser iguales y sus bases tener la misma área.

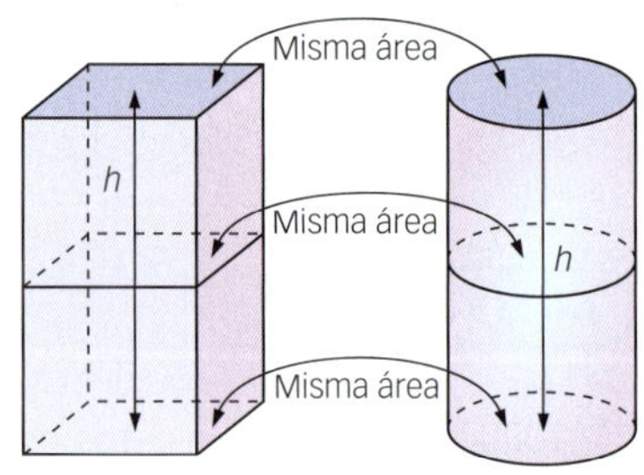

ACTIVIDADES

37 Determina el volumen de un prisma hexagonal regular, de lado de la base 6 cm, apotema 5,2 cm y altura 9 cm.

38 **REFLEXIONA.** ¿Cuál es el área de la base de un cilindro con una altura de 8 cm y que tiene el mismo volumen que un cubo de 6 cm de arista?

8. Volumen de pirámides y conos

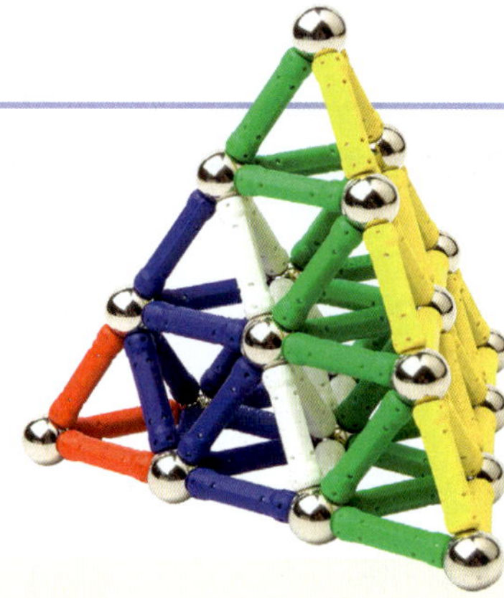

8.1. Volumen de una pirámide

Si tomamos una pirámide y un prisma con la misma altura, h, e igual área de la base, y llenamos la pirámide de agua, podemos comprobar que necesitaríamos el contenido de tres pirámides para llenar el prisma.

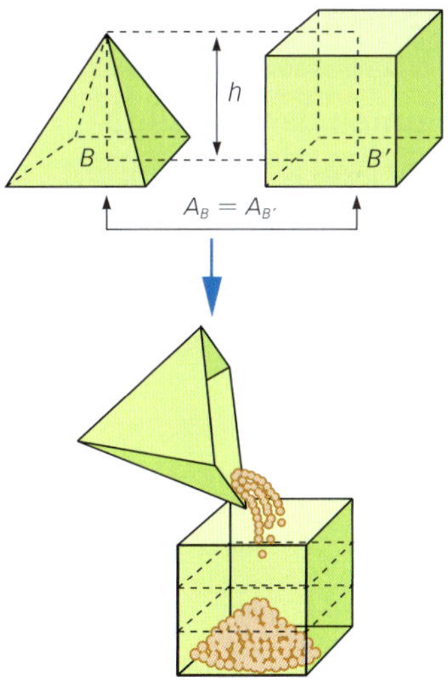

El **volumen** de una **pirámide** con altura h y área de la base A_B es:

$$V_{\text{Pirámide}} = \frac{1}{3} A_B \cdot h$$

EJEMPLO

7. Halla el volumen de la pirámide de la figura.

$$V_{\text{Pirámide}} = \frac{1}{3} A_B \cdot h \rightarrow V_{\text{Pirámide}} = \frac{1}{3} \cdot \frac{b \cdot a}{2} \cdot h$$

$$V_{\text{Pirámide}} = \frac{1}{3} \cdot \frac{6 \cdot 5}{2} \cdot 8 = \frac{240}{6} = 40 \text{ cm}^3$$

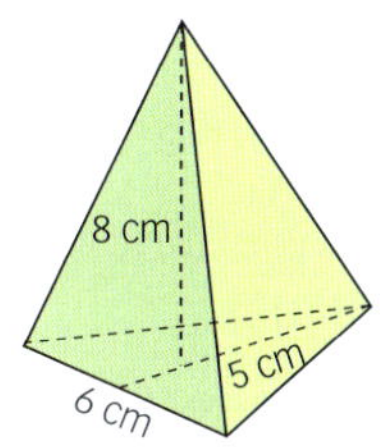

8.2. Volumen de un cono

Si tomamos un cilindro y un cono con la misma altura, h, e igual área de la base, y llenamos el cono de agua, comprobamos que necesitaríamos el contenido de tres conos para llenar el cilindro.

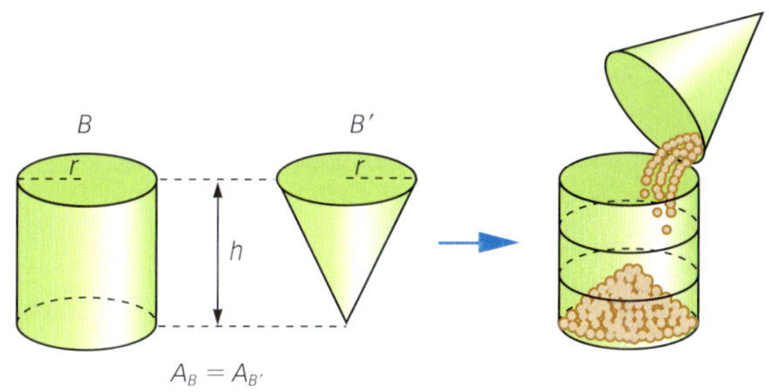

El **volumen** de un **cono** con radio r y altura h es:

$$V_{\text{Cono}} = \frac{1}{3} A_B \cdot h = \frac{1}{3} \pi r^2 h$$

EJEMPLO

8. Calcula el volumen de este cono.

$$V_{\text{Cono}} = \frac{1}{3} \pi r^2 h = \frac{\pi \cdot 4^2 \cdot 11}{3} = 184{,}21 \text{ cm}^3$$

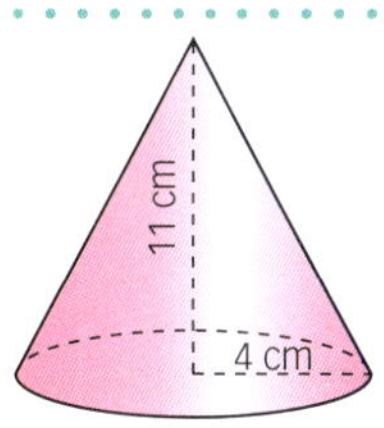

Por el principio de Cavalieri, un cono y una pirámide con la misma altura y área de la base tienen igual volumen.

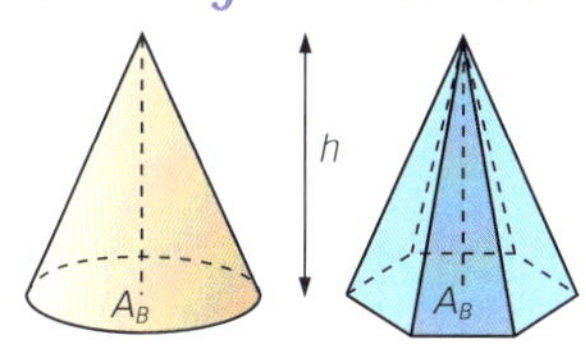

ACTIVIDADES

39 Halla el volumen de estos cuerpos.

a)

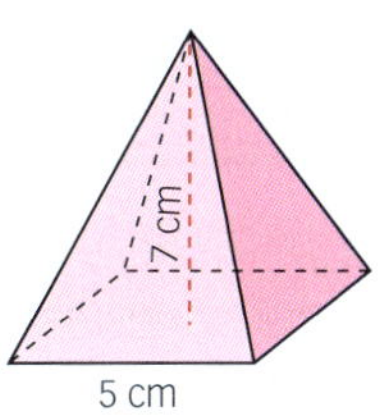

b)

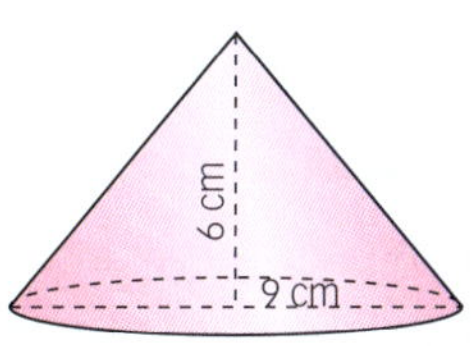

40 Obtén el volumen de estas pirámides regulares.

a) Hexagonal de lado 10 cm y altura 20 cm.

b) Cuadrangular de lado 7 cm y altura 13 cm.

41 **REFLEXIONA.** Si duplicamos la altura de una pirámide, ¿qué ocurre con su volumen? ¿Y si duplicamos la altura de un cono?

9. Volumen de esferas. Figuras esféricas

9.1. Volumen de una esfera

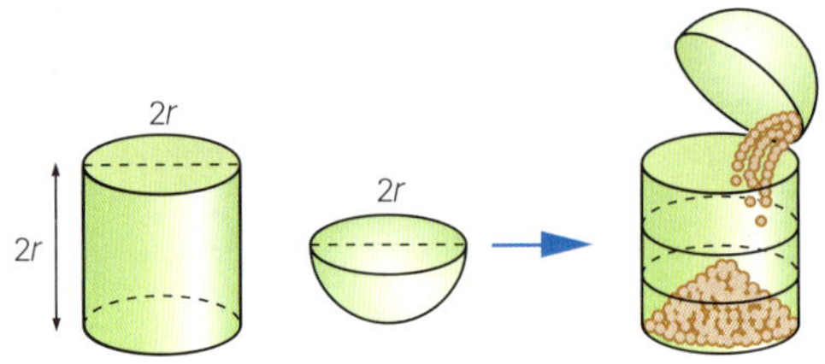

Tomamos un cilindro que tenga la altura y el diámetro iguales, $2r$, y la mitad de una esfera con el mismo diámetro.

Si llenamos la semiesfera de agua, comprobamos que necesitaríamos el contenido de tres semiesferas para llenar el cilindro. Por tanto, el volumen de la esfera es dos tercios del volumen del cilindro.

$$V_{\text{Esfera}} = \frac{2}{3} \cdot V_{\text{Cilindro}} = \frac{2}{3} \cdot \pi \cdot r^2 \cdot h = \frac{2}{3} \cdot \pi \cdot r^2 \cdot 2r = \frac{4}{3} \cdot \pi \cdot r^3$$

El **volumen** de una **esfera** de radio r es:

$$V_{\text{Esfera}} = \frac{4}{3}\pi r^3$$

9.2. Volumen de figuras esféricas

Las figuras esféricas son las que se obtienen al cortar una esfera con uno o más planos.

Un **casquete esférico** es cada una de las partes que se forman al cortar una esfera por un plano.

El **volumen** de un **casquete esférico** de altura h en una esfera de radio r es:

$$V_{\text{Casquete}} = \frac{1}{3} \cdot \pi \cdot h^2 \cdot (3r - h)$$

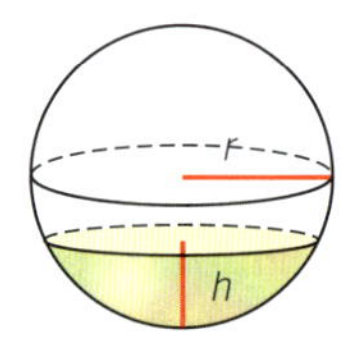

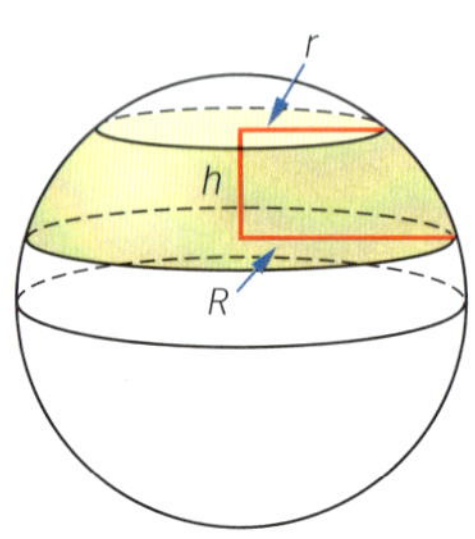

Una **zona esférica** es la parte de una esfera comprendida entre dos planos paralelos.

El **volumen** de una **zona esférica** de altura h y radios R y r es:

$$V_{\text{Zona}} = \frac{1}{6} \cdot \pi \cdot h \cdot (h^2 + 3R^2 + 3r^2)$$

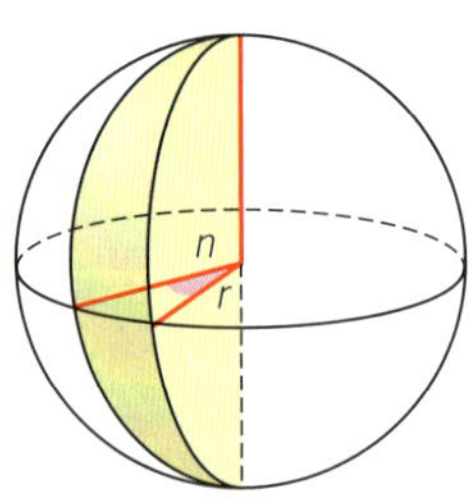

Una **cuña esférica** es la parte de una esfera comprendida entre dos planos secantes que pasan por su centro.

El **volumen** de una **cuña esférica** de amplitud $n°$ en una esfera de radio r es:

$$V_{\text{Cuña}} = \frac{4}{3} \cdot \pi \cdot r^3 \cdot \frac{n°}{360°}$$

ACTIVIDADES

42 Halla el volumen de estas figuras esféricas.

a) Un casquete esférico de 4 cm en una esfera de radio 12 cm.

b) Una zona esférica de radios 8 cm y 3 cm y altura 6 cm.

43 **REFLEXIONA.** Considera una semiesfera como una cuña esférica de amplitud 180° y escribe la fórmula de su volumen, expresándolo solamente en función de su radio r.

Cómo se calcula el volumen de un cuerpo geométrico

Observa la figura para saber si tienes que sumar o restar los volúmenes.

Calcula el volumen de estos cuerpos geométricos.

a)

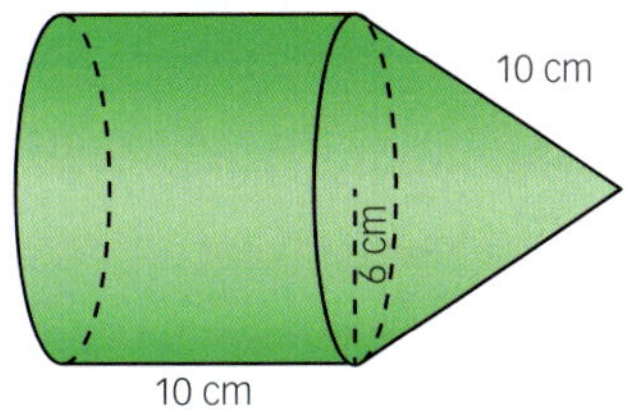

b)

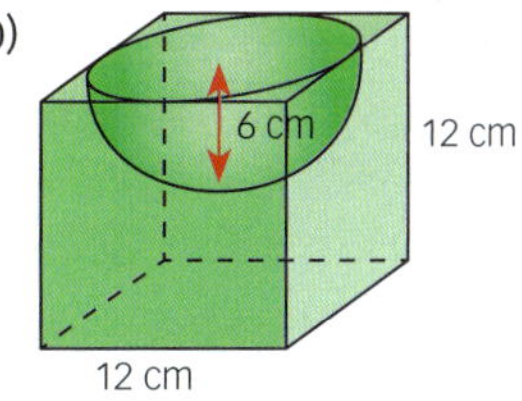

① **Descomponemos la figura en cuerpos más sencillos de los que sabemos calcular su volumen.**

a) Cono → Generatriz = 10 cm
Radio de la base = 6 cm
Cilindro → Altura = 10 cm
Radio de la base = 6 cm

b) Cubo → Arista = 12 cm
Semiesfera → Radio = 6 cm

② **Si hay algún dato que no conocemos, lo hallamos.**

Para hallar el volumen del cono, necesitamos conocer su altura.

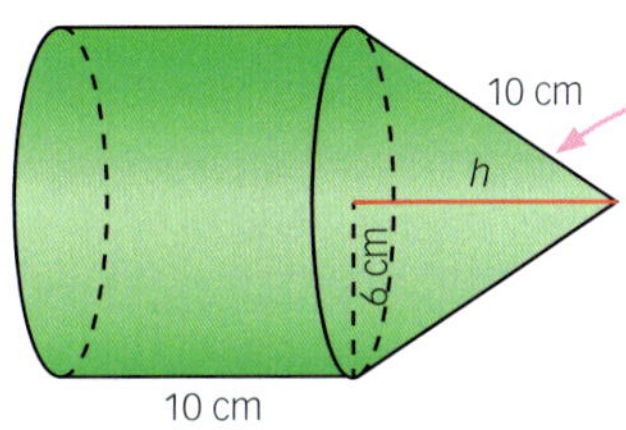

La altura del cono, el radio de la base y la generatriz forman un triángulo rectángulo.

$10^2 = h^2 + 6^2 \rightarrow$
$\rightarrow h = \sqrt{64} = 8$ cm

③ **Aplicamos las fórmulas para calcular el volumen de cada cuerpo.**

$V_{Cono} = \frac{1}{3} \cdot \pi \cdot r^2 \cdot h = 301{,}44 \text{ cm}^3$

$V_{Cilindro} = \pi \cdot r^2 \cdot h = 1\,130{,}4 \text{ cm}^3$

$V_{Cubo} = a^3 = 12^3 = 1728 \text{ cm}^3$

$V_{Semiesfera} = \frac{1}{2} \cdot \frac{4}{3} \cdot \pi \cdot r^3 = 452{,}16 \text{ cm}^3$

④ **Sumamos o restamos los volúmenes según el tipo de figura.**

Sumamos los dos volúmenes.
$V = 301{,}44 + 1\,130{,}4 = 1\,431{,}84 \text{ cm}^3$

Restamos el volumen de la semiesfera al del cubo.
$V = 1728 - 452{,}16 = 1\,275{,}84 \text{ cm}^3$

ACTIVIDADES

44 Halla el volumen de estas figuras.

a)

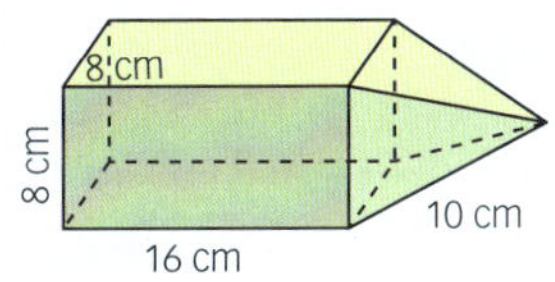

b)

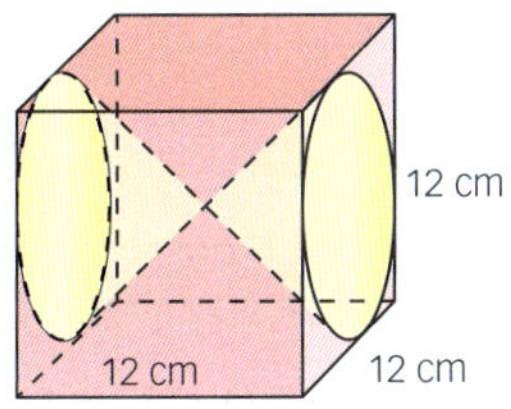

45 Calcula el volumen y explica cómo lo has hecho.

a)

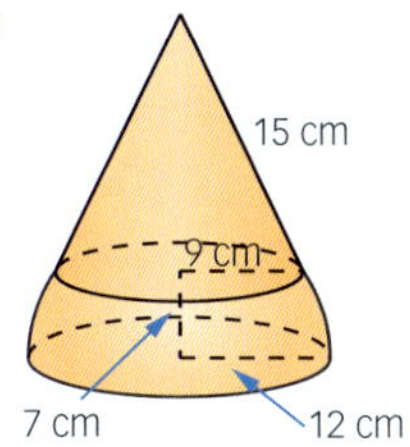

b)

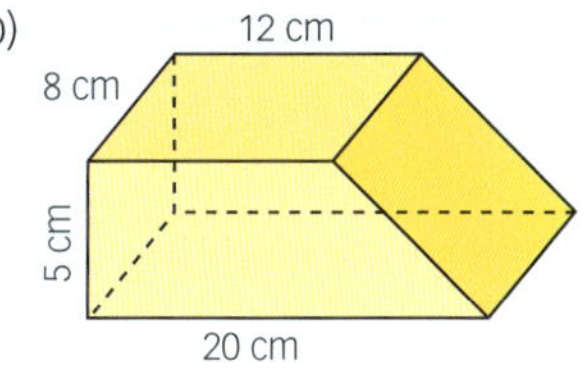

ACTIVIDADES FINALES

1. Analiza e identifica las características de cuerpos geométricos

Poliedros

ACTIVIDADES FLASH

46 Explica cuáles de estos poliedros son regulares.

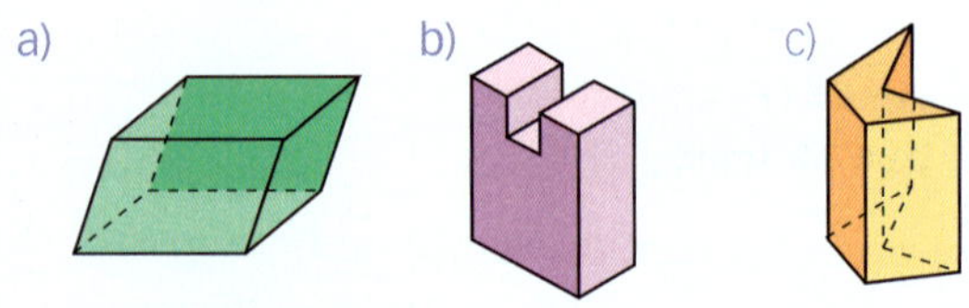

47 Escribe el número de caras, vértices y aristas de cada cuerpo. ¿Se cumple la fórmula de Euler?

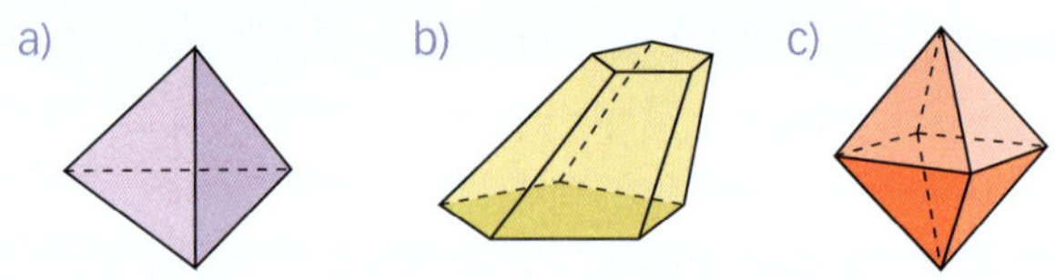

CÁLCULO MENTAL

48 Copia y completa la tabla en tu cuaderno, sabiendo que los datos pertenecen a poliedros en los que se cumple la fórmula de Euler.

N.º de caras	N.º de vértices	N.º de aristas
	8	12
11		27
12	20	

49 Resuelve el crucigrama.

VERTICALES

1. Poliedro regular con cuatro caras.
3. Cada uno de los polígonos que limitan el poliedro.

HORIZONTALES

2. Cada uno de los puntos donde se cortan tres o más aristas.
3. Tipo de poliedro tal que al prolongar cualquiera de sus caras no lo cortan.
4. Cada línea donde concurren dos caras.

50 Indica el nombre de estos poliedros regulares.

a) Tiene 6 caras cuadradas.

b) Tiene 4 vértices.

c) Tiene 20 caras, que son triángulos equiláteros.

Prismas y pirámides

ACTIVIDADES FLASH

51 Clasifica estos cuerpos según el polígono que forma su base. ¿Cuáles son irregulares?

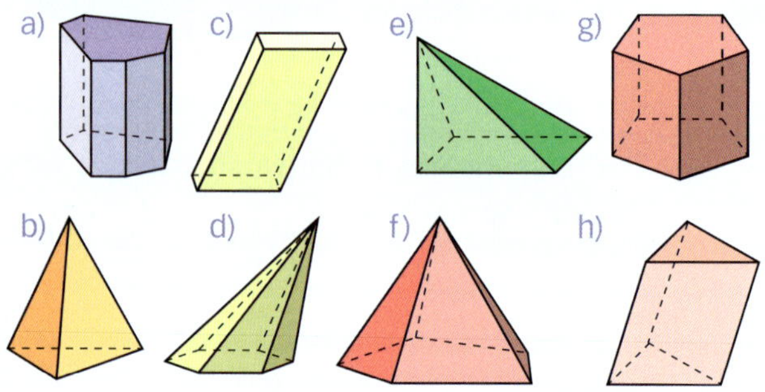

52 Dibuja estos cuerpos, marca sus elementos y dibuja también sus desarrollos planos.

a) Prisma triangular.

b) Pirámide cuadrangular.

c) Prisma pentagonal.

d) Pirámide hexagonal.

53 **INVENTA.** Dibuja una pirámide regular y una irregular.

54 Razona qué afirmaciones son verdaderas.

a) Un cubo es un ortoedro.

b) La altura de un prisma oblicuo es la arista lateral.

c) Los prismas oblicuos se clasifican en regulares e irregulares.

d) Un tetraedro es un prisma regular, recto y de base triangular.

e) Las pirámides irregulares son siempre oblicuas.

f) La apotema es la altura de las pirámides regulares.

g) En una pirámide regular, las caras laterales son triángulos equiláteros.

h) Una pirámide es un prisma triangular.

i) La altura de una pirámide es cualquiera de sus aristas laterales.

j) Una pirámide regular es un tetraedro.

k) Una pirámide tiene siempre más vértices que aristas.

55 **INVESTIGA.** ¿Cuáles de estos dibujos representan el desarrollo plano de un cubo?

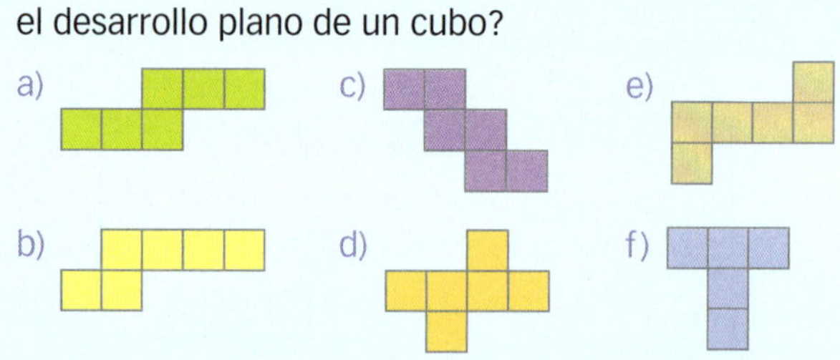

Cuerpos de revolución

ACTIVIDADES FLASH

56 Determina cuáles de estos cuerpos son cuerpos de revolución. Razona tu respuesta.

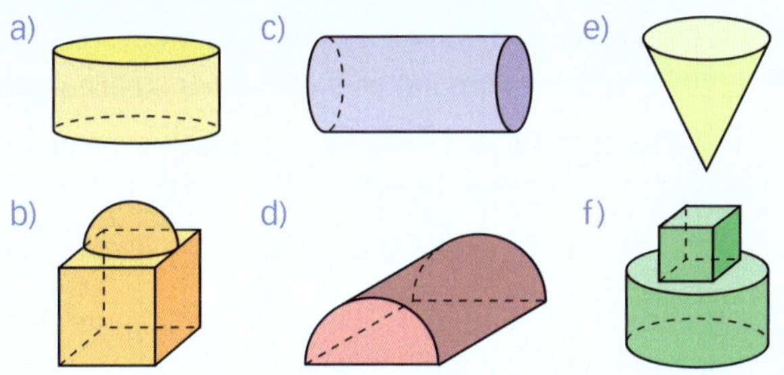

57 Dibuja el desarrollo de un cono en el que la altura mide 4 cm y el radio de la base 3 cm.

58 La altura de un cilindro es 7 cm y el radio de la base 3 cm. Dibuja el desarrollo plano.

59 **JUEGO.** Dibuja en una cartulina estas figuras y recórtalas. Pégalas a un bolígrafo y gíralo. Dibuja en tu cuaderno los cuerpos de revolución obtenidos.

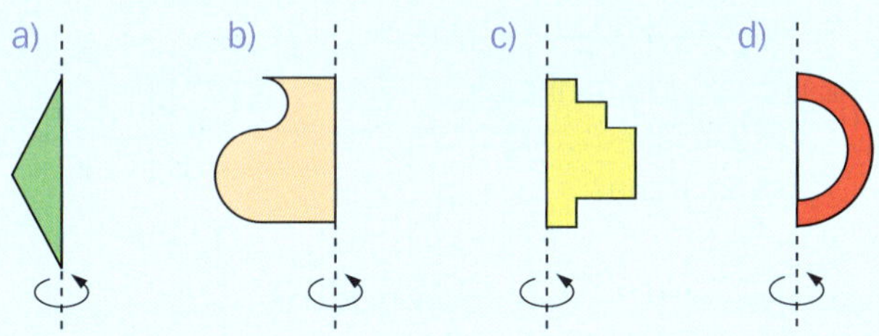

Después, crea una nueva figura tal que al girarla se obtenga un cuerpo de revolución. Por turnos, cada persona presenta su figura y los demás intentan dibujar el cuerpo de revolución que genera. Gana quien primero lo encuentre.

2. Calcula áreas y volúmenes de cuerpos geométricos

Área de prismas y pirámides

60 Calcula el área de estos prismas.

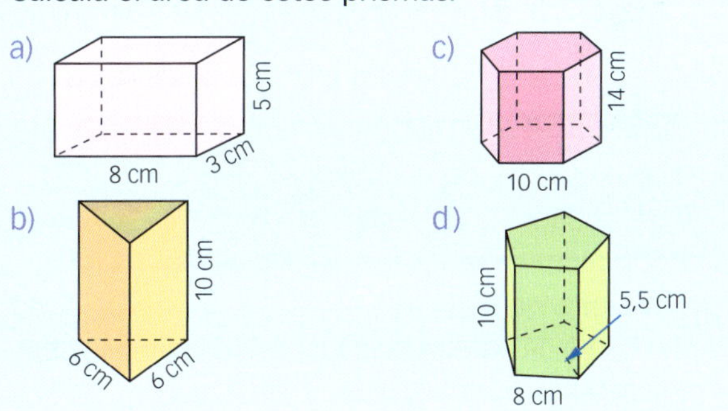

61 Obtén la arista de un cubo que tiene 150 cm^2 de área total.

62 Halla la arista básica y la lateral de un prisma en el que la base es un triángulo equilátero, si el área lateral es 144 cm^2 y la arista básica es una tercera parte de la lateral. Obtén también el área total.

63 Calcula el área lateral y total de este prisma, que tiene las bases formadas por dos rombos.

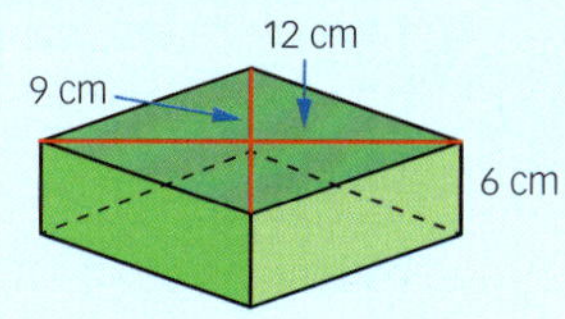

Cómo se calcula el área de una pirámide conociendo sus aristas

64 Calcula el área total de esta pirámide.

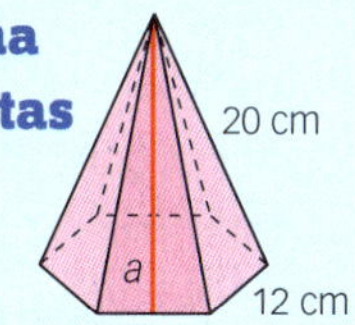

PRIMERO. Se calcula la apotema de la pirámide.

Se aplica el teorema de Pitágoras al triángulo rectángulo que forman la apotema de la pirámide, la mitad del lado de la base y la arista lateral.

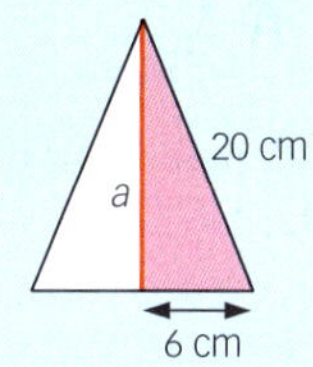

$$20^2 = a^2 + 6^2 \rightarrow a = \sqrt{20^2 - 6^2} = 19{,}1 \text{ cm}$$

SEGUNDO. Se calcula la apotema de la base.

Se aplica el teorema de Pitágoras al triángulo rectángulo que forman la apotema de la base, la mitad del lado de la base y el radio de la base.

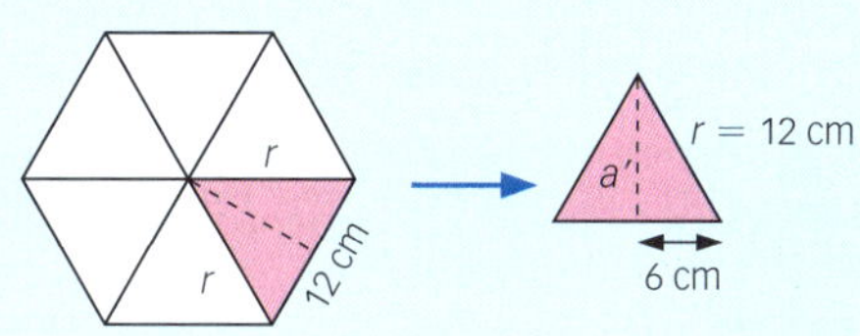

$$12^2 = (a')^2 + 6^2 \rightarrow a' = \sqrt{12^2 - 6^2} = 10{,}4 \text{ cm}$$

TERCERO. Se calcula el área de la pirámide.

$$A_T = \frac{P_B \cdot a}{2} + \frac{P_B \cdot a'}{2} =$$

$$= \frac{(6 \cdot 12) \cdot 19{,}1}{2} + \frac{(6 \cdot 12) \cdot 10{,}4}{2} = 1062 \text{ cm}^2$$

65 Halla el área de estas pirámides regulares.

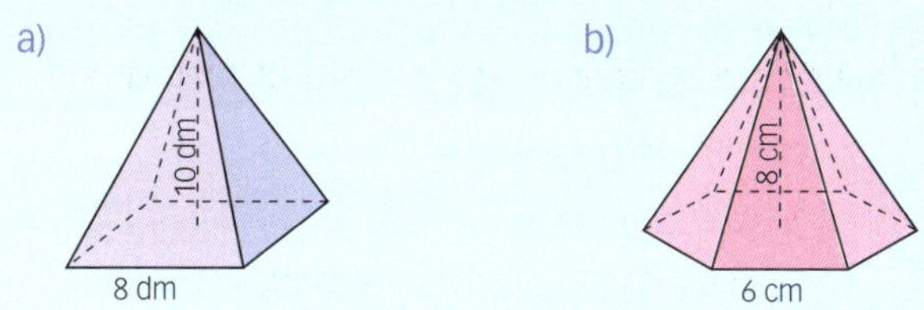

66 ●●○ Determina el área de un tetraedro y de un octaedro cuya arista mide 10 cm de longitud.

67 ●●○ Obtén la arista básica de un tetraedro que mide 62,28 cm^2 de área total.

68 ●●○ Calcula el valor de la arista lateral de una pirámide regular de base cuadrada inscrita en un cubo que tiene un área total de 486 cm^2.

69 ●●○ Este poliedro es un cubo de arista 5 cm al cual están pegadas 6 pirámides cuadrangulares de altura igual a la arista básica. Calcula su área total.

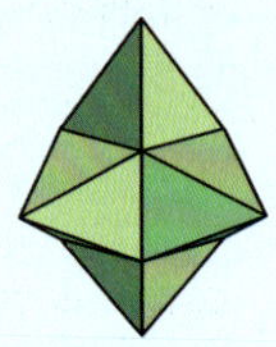

70 ●●○ El poliedro obtenido al cortar una pirámide por un plano paralelo a su base se llama tronco de pirámide.

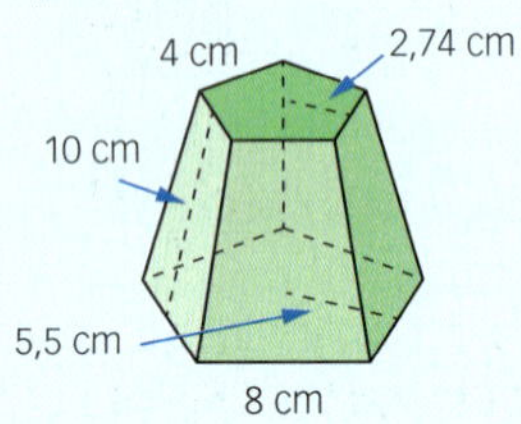

Dibuja el desarrollo plano de este tronco de pirámide cuya base es un pentágono regular y calcula su área.

Área de cuerpos de revolución

71 ●●○ Calcula el área de estos cuerpos.

a)

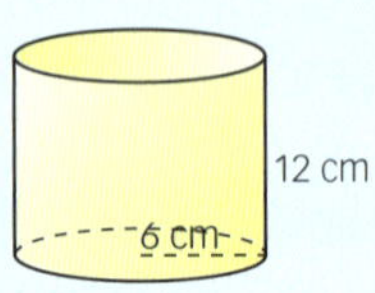

b)

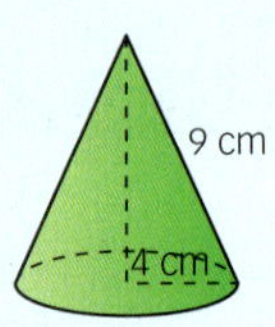

c)

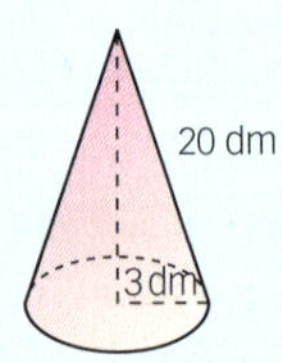

d)

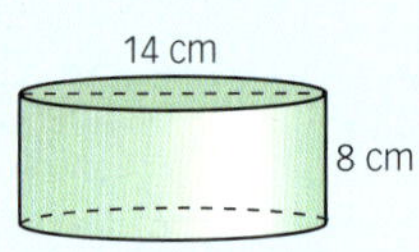

72 ●●● **INVESTIGA.** Un cono tiene 4 cm de radio y 5 cm de generatriz. Si triplicamos sus dimensiones, ¿qué ocurre con el área? ¿Ocurriría lo mismo si fuese un cilindro?

73 ●●○ El cuerpo de revolución obtenido al cortar un cono por un plano paralelo a su base se denomina tronco de cono.

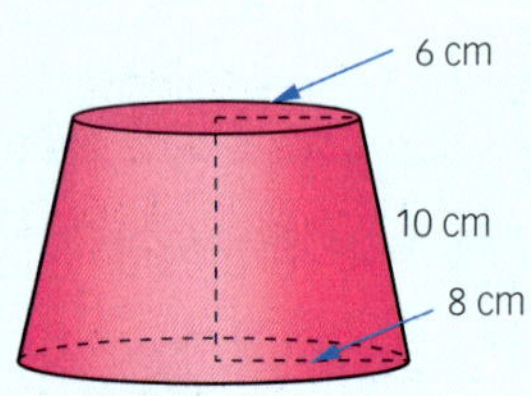

Dibuja el desarrollo plano de este tronco de cono y calcula su área

74 ●●○ Determina el radio de la base de un cilindro que tiene 175,84 cm^2 de área lateral y una altura de 7 cm.

75 ●●○ Halla el área de estas figuras.

a)

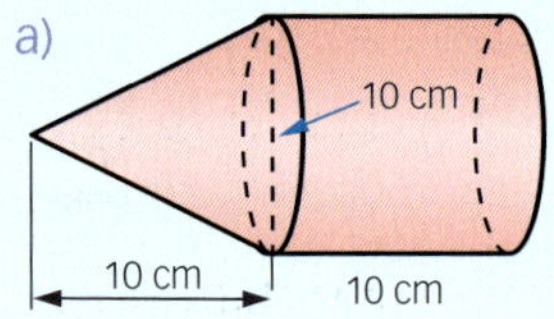

b)

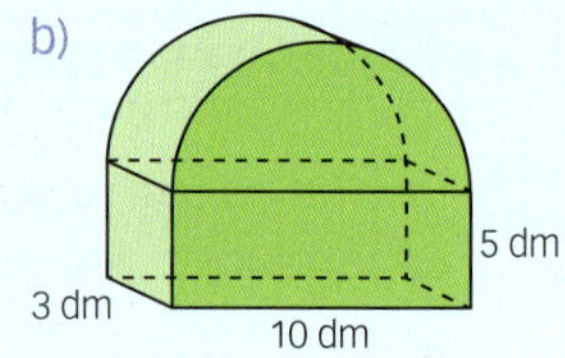

76 ●●○ El área total de un cono es siete veces su área lateral.

a) ¿Cuánto mide la generatriz si el radio es 2 cm? ¿Y si es 3 cm? ¿Y si es 4 cm?

b) ¿Qué relación existe entre el radio y la generatriz?

77 ●●● **INVESTIGA.** Averigua cuál debe ser la generatriz del cono para que ambos tengan:

a) La misma área lateral.

b) La misma área total.

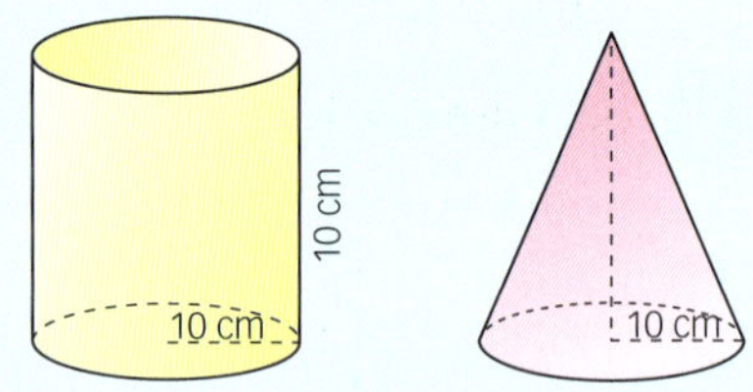

78 ●●● **RETO.** Una araña se desplaza desde el punto X al punto Y sobre la superficie de un cilindro.

¿Cuál es la mínima distancia recorrida por la araña?

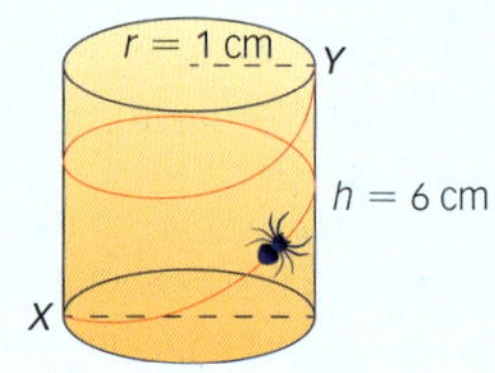

Volúmenes de cuerpos geométricos

79 ●○○ Calcula el volumen de un ortoedro de dimensiones 3 cm, 4 cm y 18 cm. ¿Cuánto mide la arista de un cubo que tiene el mismo volumen?

80 ●●○ Calcula los siguientes volúmenes en cm^3 y completa el crucigrama. Redondea a las unidades si es necesario.

VERTICALES

A. Cubo de lado 2 cm.

B. Cubo de lado 6 cm.

C. Cono de área de la base 4 cm^2 y altura 3 cm. Cilindro de área de la base 3 cm^2 y altura 1 cm.

	A	B	C
1			
2			
3			

HORIZONTALES

1. Pirámide regular cuadrangular de 6 cm de lado de la base y 2 cm de altura.
2. Ortoedro de base un cuadrado de lado 3 cm y altura 9 cm.
3. Prisma de base heptagonal de perímetro 11 cm, apotema 1,64 cm y altura 7 cm.

81 Calcula estos volúmenes.

a) Cilindro de radio 3 cm y altura 5 cm.

b) Prisma regular de altura 8 cm y base un hexágono regular de lado 5 cm.

82 **INVESTIGA.** Hemos formado este ortoedro con cubos y lo hemos pintado de rosa.

a) ¿Cuántos cubos tienen 3 caras pintadas de rosa? ¿Y 2 caras? ¿Y solo una cara?

b) ¿Cuántos no tienen caras rosas?

83 **RETO.** Las áreas de las tres caras de una caja en forma de paralelepípedo son 10, 12 y 30 cm^2. ¿Cuál es el volumen de la caja?

84 ¿Cuántos cubos de arista 2 cm caben en el ortoedro?

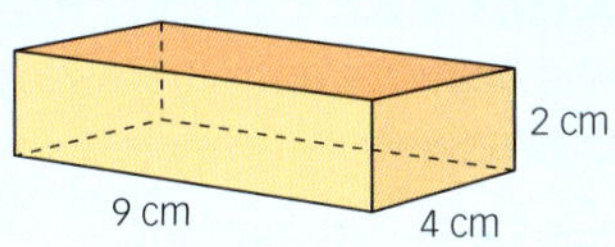

85 **INVESTIGA.** Un acuario tiene una base rectangular que mide 100 × 40 cm. Está lleno de agua hasta una altura de 40 cm. Se introduce un ladrillo de 40 × 20 × 10 cm de altura. ¿Cuánto sube el nivel?

86 Calcula el volumen de un cubo de diagonal:

a) 10 cm b) 20 cm

Al duplicar la diagonal, ¿se duplica el volumen?

87 La diagonal de una de las caras de un cubo mide 8 cm. Halla el volumen del cubo y su diagonal.

88 Calcula el volumen de estos cuerpos.

a)

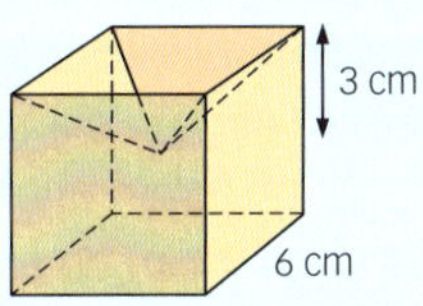

b)

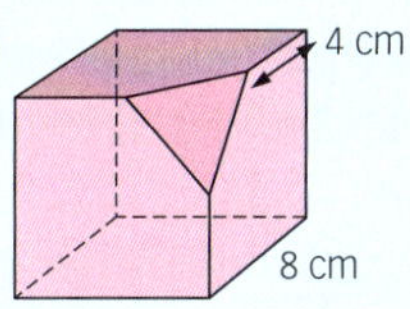

89 ¿Cuál es el volumen de un cilindro con un área total de 251,2 cm^2 si la altura es igual al radio de la base?

90 Halla el volumen de un cilindro que tiene 12 cm de diagonal y de altura la mitad del radio.

91 **INVESTIGA.** ¿En qué vasos hay la misma cantidad de líquido?

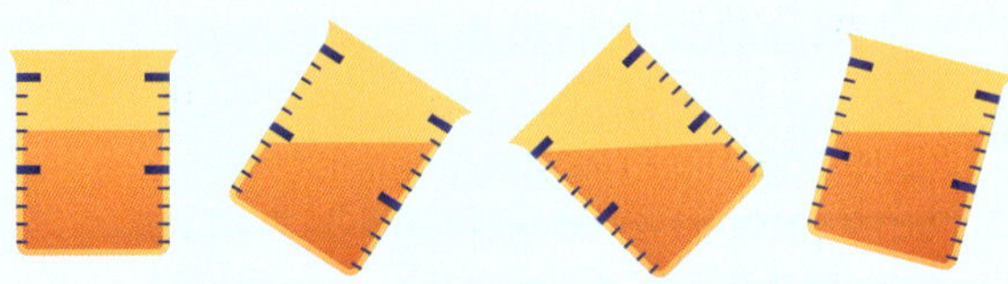

92 Calcula el volumen de un cono inscrito en un cilindro de 4 cm de radio de la base y de altura 8 cm.

93 ¿Cuál es el radio de la base de un cono que tiene 12 cm de altura y un volumen de 168 cm^3?

94 Calcula el diámetro de la base de un cilindro que tiene 35,5 cm de altura y un volumen de 2 ℓ.

95 Halla el volumen contenido entre un prisma regular hexagonal de 4,5 cm de lado y 9 cm de altura y el cilindro inscrito en él.

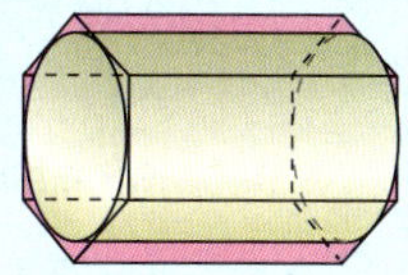

96 Halla el volumen de una esfera de radio:

a) 5 cm b) 10 cm

97 Calcula el volumen de estos cuerpos.

a)

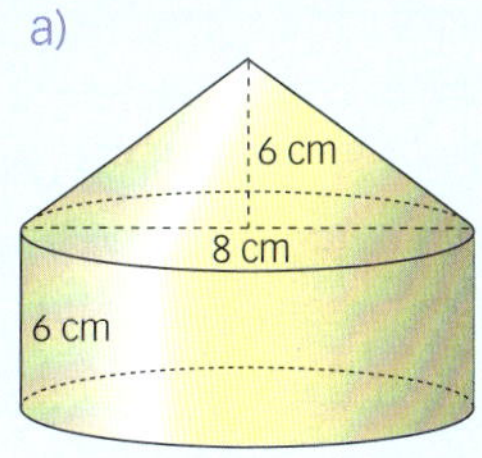

b)

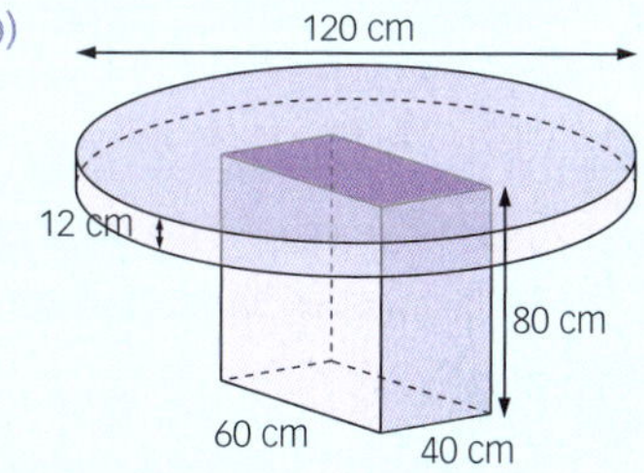

98 Halla el volumen de la figura que resulta al quitar a una esfera de radio 1 m un casquete esférico de altura 30 cm y una cuña esférica de 90° de amplitud.

99 Calcula el volumen de:

a) Un casquete esférico de altura 12 cm en una esfera de diámetro 40 cm.

b) Una zona esférica de altura 10 cm y radios 20 cm y 30 cm.

c) Una cuña esférica de amplitud 100° en una esfera de radio 20 cm.

CÁLCULO MENTAL

100 Halla el radio de las esferas con estos volúmenes.

a) $V = \frac{4}{3}\pi\ cm^3$ b) $V = 36\pi\ cm^3$ c) $V = \frac{32}{3}\pi\ cm^3$

101 El área de una esfera es 615,44 cm^2. ¿Cuál es su volumen?

3. Resuelve problemas de la vida real mediante el cálculo de áreas y volúmenes

102 Un edificio tiene forma de prisma recto de 50 m de altura y sus bases son dos triángulos equiláteros de 20 m de lado. ¿Qué área lateral y total tiene?

103 **RETO.** Una caja en forma de ortoedro está llena de terrones de azúcar. La cara superior tiene 77 terrones, y las laterales 55. Si quitamos los de la cara superior, después los que quedan en una de sus caras frontales y, finalmente, los de una de sus caras laterales, ¿cuántos terrones quedan?

104 Las paredes y el techo de una habitación tienen un área de 100 m². Si el suelo es un rectángulo de 8 m de largo y 5 m de ancho, ¿qué altura tendrá la habitación?

105 Se quiere pintar una estructura cónica de radio 10 m y de altura 15 m. ¿Qué cantidad de pintura se gastará? ¿Cuánto costará si la pintura vale 5 €/m²?

106 Determina el coste de construir este edificio, sabiendo que el metro cuadrado de ladrillos cuesta 4,35 €, y el de tejas, 9,65 €.

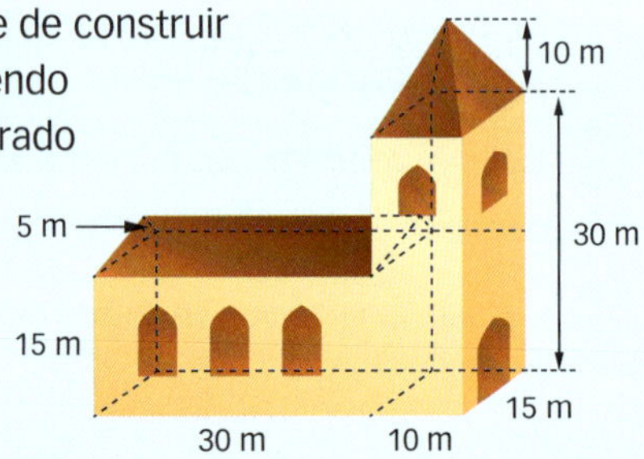

107 La galleta donde se pone un helado tiene forma cónica y una capacidad de 94,2 cl. Si la altura del cono es 10 cm, ¿cuál es el diámetro de la base?

108 Calcula el peso del agua que se obtiene al fundirse un bloque cúbico de hielo de 31,4 cm de arista si sabemos que la densidad del hielo es 0,917 g/cm³.

109 **MATEMÁTICAS Y... CELEBRACIONES.** El capirote es un gorro de forma cónica fabricado de cartón y forrado con tela que se utiliza durante las procesiones de Semana Santa. Las medidas del capirote más utilizado es de 90 cm de alto y 60 cm de diámetro. ¿Cuánto cartón se necesita para hacer este capirote?

110 Un depósito esférico se usa para almacenar gas bajo presión. ¿Qué cantidad de gas podemos meter en un depósito de 12 m de radio si puede contener hasta 33 veces más que su volumen en m³?

111 Un depósito en forma de prisma hexagonal regular de arista básica 10 m y altura 20 m se llena con un grifo que vierte 130 ℓ por minuto. ¿Cuánto tiempo tardará en llenarlo?

112 La cúpula de un edificio es semiesférica y tiene un diámetro aproximado de 18 m. Si se ha recubierto por fuera con baldosas rectangulares de medidas 20 × 20 cm, ¿cuántas baldosas necesitaron?

113 **INVESTIGA.** Un mago hace sus predicciones lanzando al aire 11 dados de oro. Cinco dados tienen una arista de 1 cm, cuatro una arista de 2 cm y, de los dos dados que quedan, uno tiene una arista de 3 cm, y el otro, de 4 cm. Cuando el mago se jubila reparte sus dados entre ambos aprendices dando a los dos la misma cantidad de oro. Si no parte ningún dado, ¿qué dados da a cada uno?

114 Calcula el volumen de esta habitación de 3 m de alto.

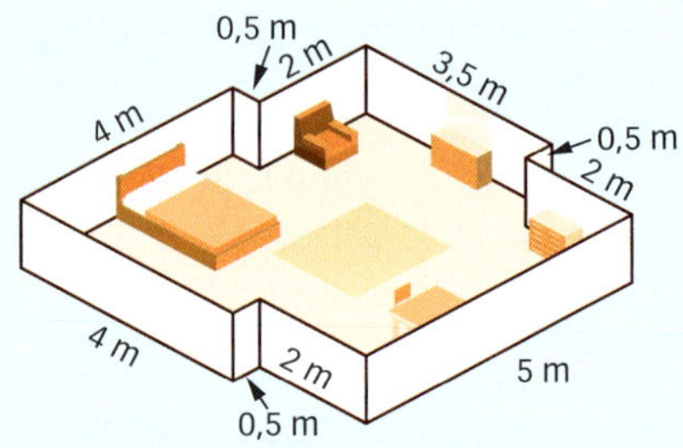

115 **MATEMÁTICAS Y... CUERPO HUMANO.** Una persona necesita entre 5 y 6 ℓ de aire para respirar cada minuto.

El habitáculo de un submarino S-80 tiene forma cilíndrica de 80,51 m de largo y 7,3 m de diámetro.

¿Cuánto tiempo como máximo podría estar una sola persona dentro del submarino?

116 **MATEMÁTICAS Y... AGRICULTURA.** Uno de los fertilizantes orgánicos más usados para el abono de jardines y pequeños huertos es el estiércol de caballo. Se deposita una capa de 1 a 2 cm de estiércol en toda la superficie cultivable. La densidad del estiércol de caballo es 0,38 kg/dm³, es decir, 1 dm³ de estiércol pesa 0,38 kg. Si se quiere abonar un jardín que tiene forma rectangular de 12 m de largo y 7 m de ancho, ¿cuántos sacos de 50 kg de estiércol necesitamos?

INTERNET

117 **MATEMÁTICAS Y... DEPORTE.** Las pelotas de tenis pierden su nivel de presión tras varios partidos. Un bote presurizador permite prolongar la vida de estas pelotas. Para ello hay que colocarlas en el interior del bote e introducir aire con una bomba.

Estos botes tienen habitualmente una base de unos 8 cm de diámetro y 20 cm de altura, mientras que una pelota de tenis suele tener un diámetro de 6,64 cm. Si metemos tres pelotas de este tamaño en este presurizador, ¿qué volumen de aire queda en el bote?

118 Una montaña con forma de cono y una altura de 2000 m tiene su base sobre el suelo del océano. La parte de la montaña que se ve sobre el agua es una milésima parte del volumen de la montaña entera. ¿Cuál es, en metros, la profundidad del océano en ese punto?

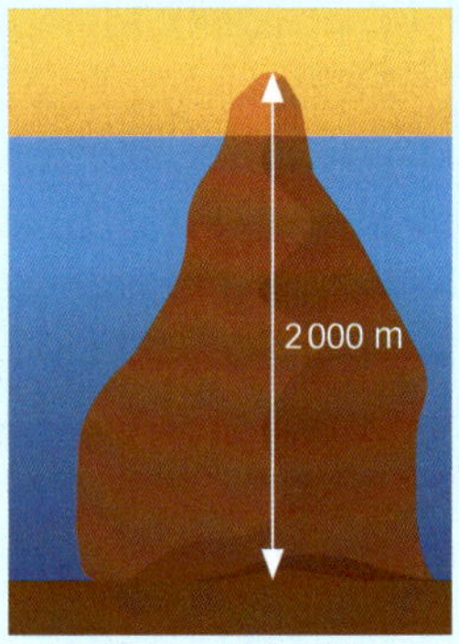

119 **INVESTIGA.** Sobre toda la superficie de un embalse caen, durante la noche, 60 ℓ de agua por metro cuadrado. ¿cuánto subirá el nivel del agua?

INTERNET

120 **MATEMÁTICAS Y... METEOROLOGÍA.** La cantidad de agua que llueve sobre un lugar se mide con un instrumento que se llama pluviómetro. Este aparato suele tener una boca circular de 15 cm de diámetro y recoge el agua en un tubo cilíndrico de 8,5 cm de diámetro y una altura variable. Si durante una semana el agua acumulada en el pluviómetro ocupa 3,5 cm de altura, ¿cuántos litros de agua por metro cuadrado han caído en ese lugar?

121 **RETO.** En un día de lluvia, la altura que alcanza el agua en un recipiente cilíndrico es de 3 cm. ¿Qué altura habría alcanzado en otro recipiente cilíndrico cuyo diámetro fuera el doble?

FAKE NEWS

Cuestión de pareceres

He encontrado dos informaciones distintas en dos páginas web diferentes y no sé si dicen lo mismo.

Y tú, ¿qué opinas?

PROBLEMAS APARENTEMENTE DISTINTOS

122 Calcula el área de un cilindro que tiene:
- Altura 12 cm.
- Diámetro de la base 8 cm.

123 En una fábrica de latas de conserva, las latas de tomate tienen forma de cilindro, con 12 cm de altura y 8 cm de diámetro de la base. ¿Qué cantidad de metal necesitan para hacer cada una?

124 Halla el volumen de un prisma de base cuadrada de 5 cm de lado y altura 20 cm.

125 ¿Cuánto zumo cabe en un envase con forma de prisma de base cuadrada de lado 5 cm y altura 20 cm?

126 Calcula el volumen que queda entre dos esferas, una dentro de otra, cuyos radios miden 6370 mm y 3400 mm.

127 La Tierra, tiene un radio de 6370 km y es mayor que Marte, cuyo radio es de 3400 km. ¿Cuánto volumen más tiene la Tierra que Marte?

¡Una historia de la leche!

Hace miles de años que el ser humano consume y almacena leche de animales. Al principio su duración era escasa y sus propiedades se veían alteradas por los procesos de fermentación utilizados en su conservación. Esto cambió con los sistemas de refrigeración popularizados en el siglo XX, aunque uno de los inventos más revolucionarios fueron los envases tetrabrik, lanzados a partir de la década de los cincuenta, durante el pasado siglo.

- ✔ Primer envase creado por la empresa Tetra Pak. Su forma con 4 caras triangulares iguales era fácil de manejar con una mano y servir su contenido.
- ✔ Complicado de guardar en la nevera.
- ✔ Capacidad de 1 litro.
- ✔ Actualmente en desuso.

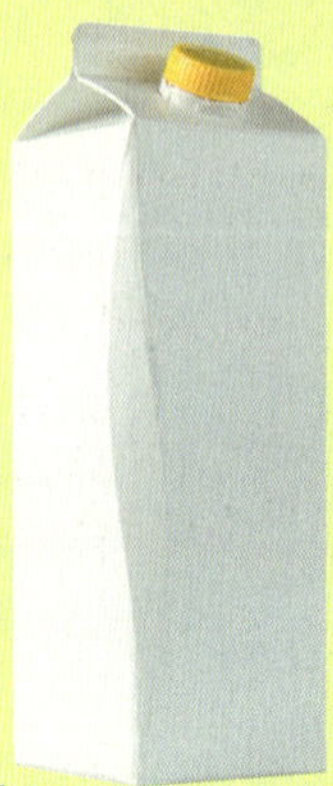

- ✔ Fácil de apilar y de guardar en la nevera.
- ✔ Se maneja bien con una mano.
- ✔ Capacidad de 1 litro.
- ✔ Usado actualmente.

- ✔ Fácil de apilar y de guardar en la nevera.
- ✔ Se maneja bien con una mano, pero solo sujetándolo por la cara más corta.
- ✔ Capacidad de 1 litro.
- ✔ Usado actualmente.

1 Reconociendo el envase

Los tetrabriks donde viene envasada la leche, aparte de ser apilables, resultan también fácilmente reciclables.

- ¿Qué forma tienen los tetrabriks presentados?
- ¿Cuáles son los polígonos que forman sus caras?
- ¿Alguno de los envases tiene forma de poliedro regular?
- ¿Cuántas caras, aristas y vértices tiene cada tipo de envase? ¿Cumplen la fórmula de Euler?

2 ¿Seguro que entra un litro?

La leche aumenta su volumen al congelarse. Por ello, y para que los envases no exploten, estos deberían tener mayor capacidad de la que anuncian. También al apilarlos la presión podría hacerlos explotar.

- En la etiqueta de los envases presentados con forma de ortoedro se indica que contienen un litro de leche, pero ¿qué capacidad tiene en realidad cada uno de ellos?
- ¿Cuánto líquido cabe en el envase con forma de tetraedro?
- ¿Qué volumen queda sin aprovechar en cada tipo de envase?
- Calcula unas posibles medidas para que cada uno de los envases contenga exactamente 1 ℓ.

PRODUCTO FINAL — Diseña un envase

Las empresas diseñan sus envases para que sean lo más baratos posible. Para ello intentan utilizar el mínimo material, respetando opciones de facilidad de uso y coherencia estética.

- ¿Cuánto miden las áreas de los envases con forma de ortoedro?
- ¿Cuánto mide el área del envase con forma de tetraedro?
- ¿Qué envase utiliza menos material, siendo así el más barato de producir?
- ¿Por qué crees que se usa uno u otro envase si la capacidad es prácticamente la misma?
- Haz tú el diseño de un envase. Calcula la cantidad de material utilizado en su construccion y su capacidad, y explica las ventajas que tiene el diseño que has inventado.

RESUMEN DE UNIDAD

POLIEDROS REGULARES

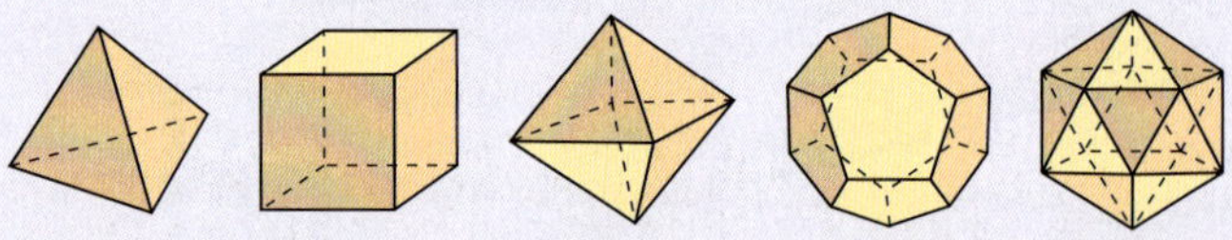

FÓRMULA DE EULER

$C + V = A + 2$

PRISMA

$A_T = P_B \cdot h + 2 \cdot A_B$

$V_{Prisma} = A_{Base} \cdot h$

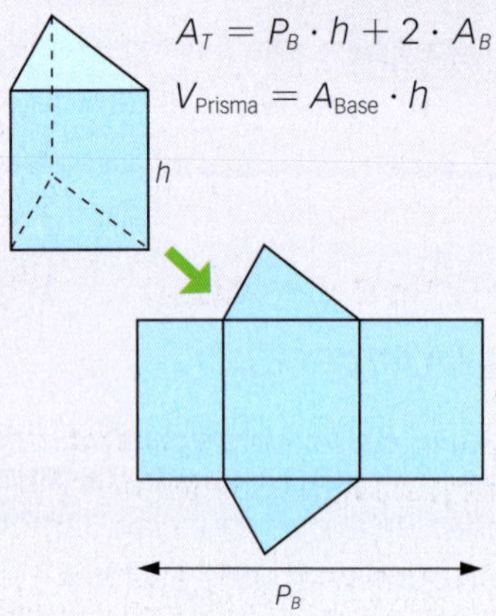

PIRÁMIDE

$A_T = \frac{P_B \cdot a}{2} + \frac{P_B \cdot a'}{2}$

$V_{Pirámide} = \frac{1}{3} A_{Base} \cdot h$

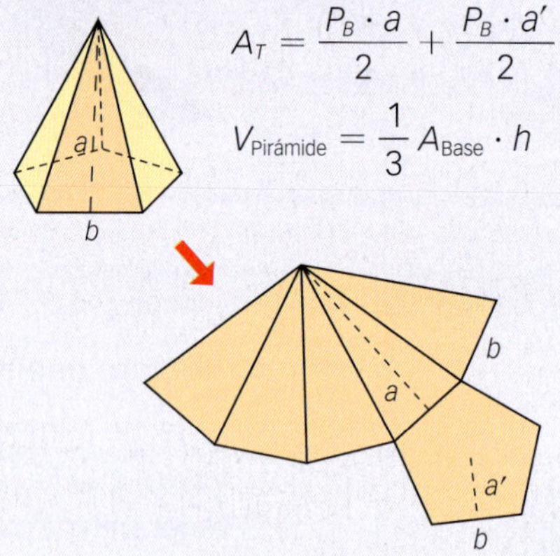

CILINDRO

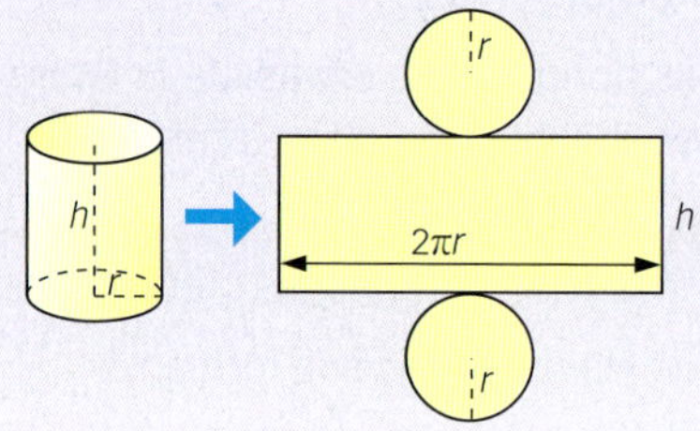

$A_T = 2\pi rh + 2\pi r^2$

$V_{Cilindro} = \pi r^2 h$

CONO

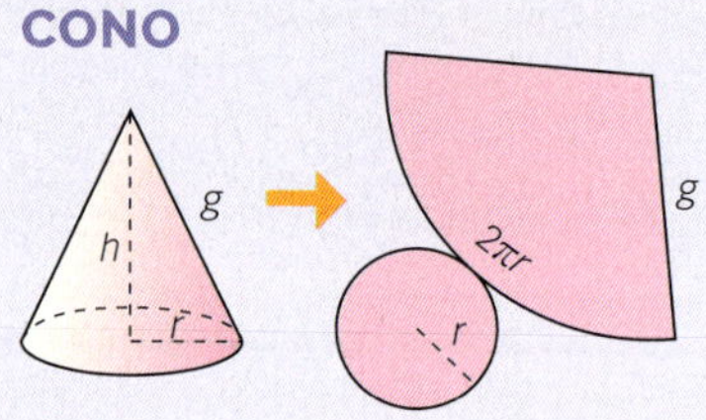

$A_T = \pi rg + \pi r^2$

$V_{Cono} = \frac{1}{3} \pi r^2 h$

ESFERA

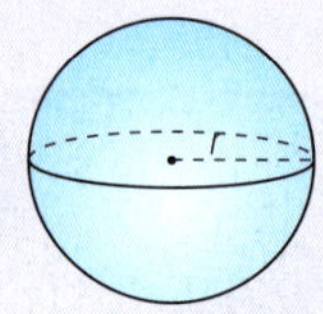

$V_{Esfera} = \frac{4}{3} \pi r^3$

$A_T = 4\pi r^2$

AUTOEVALUACIÓN

1. Analiza e identifica las características de cuerpos geométricos

1 Calcula el área de una pirámide hexagonal regular de arista básica y altura 4 cm.

a) 105 cm^2　　c) 96 cm^2

b) 65,52 cm^2　　d) 114,13 cm^2

2 Halla el área total de un cono de 2 cm de radio y 4 cm de generatriz.

a) 31,4 cm^2　　c) 37,68 cm^2

b) 56,52 cm^2　　d) 75,36 cm^2

2. Calcula áreas y volúmenes de cuerpos geométricos

3 ¿Cuántos dm^3 son 1 705,12 dam^3?

a) $1{,}70512 \cdot 10^9$ dm^3　　c) $1{,}70512 \cdot 10^5$ dm^3

b) $1{,}70512 \cdot 10^6$ dm^3　　d) $1{,}70512 \cdot 10^8$ dm^3

4 Halla el volumen de este cuerpo geométrico.

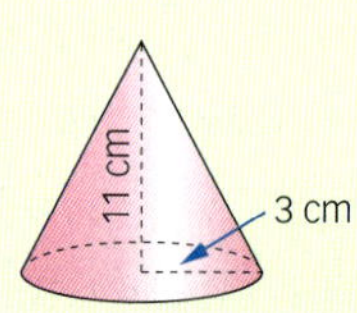

a) 310,86 cm^3　　c) 34,54 cm^3

b) 233,15 cm^3　　d) 103,62 cm^3

5 Calcula el volumen de la siguiente caja.

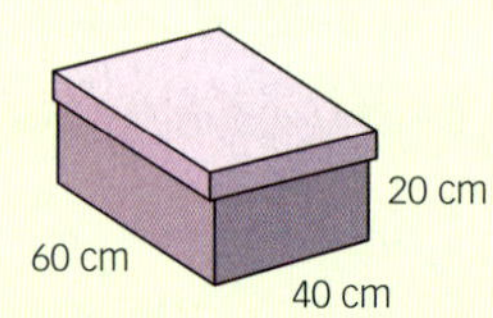

a) 4 800 cm^3　　c) 480 000 cm^3

b) 48 000 cm^3　　d) 24 000 cm^3

3. Resuelve problemas de la vida real mediante el cálculo de áreas y volúmenes

6 Las paredes y el techo de una habitación suman un área de 94 m^2. Si el suelo es de forma rectangular y mide 7 m de largo y 4 m de ancho, ¿qué altura tiene la habitación?

a) 2,5 m　　b) 2,75 m　　c) 1,73 m　　d) 3 m

VALORA TU APRENDIZAJE

- ¿Te gusta aprender cosas nuevas?
- ¿Intentas cumplir con tus tareas dentro del grupo?

11 Funciones

DESAFÍO

Se hace camino al andar

Para ir de *A* a *B*, una hormiga duda entre estos cuatro caminos:

¿Cuál de ellos es el más corto?

SITUACIÓN DE APRENDIZAJE

Realizar un informe sobre el consumo de agua

Los recursos naturales son limitados y, entre ellos, el agua es quizá el más importante, por lo que su consumo se debe hacer de manera responsable.

- ¿Conoces la situación de los embalses en los últimos años?
- ¿Cuánta agua consumes al día?

Para contestar a estas preguntas es necesario aprender qué son las funciones y cómo se representan.

¿Qué sabes ya?

Cómo se calcula el valor numérico de un polinomio

El valor numérico de un polinomio es el resultado que obtenemos al sustituir la variable por un número dado.

EJEMPLO

Dado el polinomio $P(x) = 3x^2 - x + 1$, su valor numérico para $x = 2$ es:

$$P(2) = 3 \cdot 2^2 - 2 + 1 = 12 - 2 + 1 = 11$$

ACTIVIDADES

1 Dado el polinomio $P(x) = x^3 + 2x^2 - 5x + 10$, calcula $P(-2)$.

a) 10   c) 20

b) 0   d) -10

1. Concepto de función

Una **función** es una relación entre dos variables numéricas, x e y, de forma que a cada valor de x le corresponde un único valor de y.

- x es la **variable independiente**, y es un valor prefijado.
- y es la **variable dependiente**, y su valor depende del valor de x.

EJEMPLOS

1. Decide si estas relaciones son funciones o no.

a) Número de minutos de llamada y precio si el coste por minuto en una llamada telefónica es 0,09 €.

Es una función, ya que a cada número de minutos de la llamada, x, le corresponde un único precio, y.

b) Cada número se asocia con sus divisores.

No es una función, pues cada valor de x (cada número) se puede relacionar con varios valores de y (sus divisores). Por ejemplo: 6 se relaciona con 1, 2, 3 y 6.

2. Explica si estas tablas se corresponden con una función.

a)

Tiempo (s)	1	2	3	4	5
Espacio (m)	2	4	6	8	10

Es una función, porque a cada valor de x (tiempo) le corresponde un único valor de y (espacio).

b)

Edad	13	13	14	14	14
Peso (kg)	45	52	48	52	60

No es una función, ya que a cada valor de x (edad) le corresponden varios valores de y (peso).

Representando los pares de valores relacionados, (x, y), en un sistema de coordenadas, como si fueran puntos, obtenemos la **gráfica de la función**.

EJEMPLO

3. Estudia si estas gráficas corresponden a una función.

a)

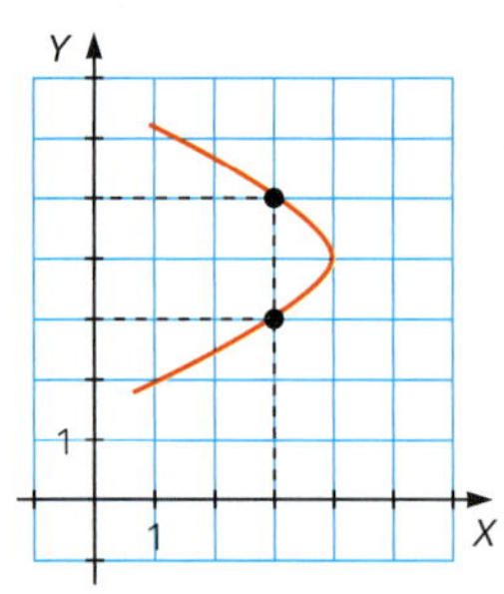

A $x = 3$ le corresponden dos valores de y, 3 y 5.

Esta gráfica no corresponde a una función.

b)

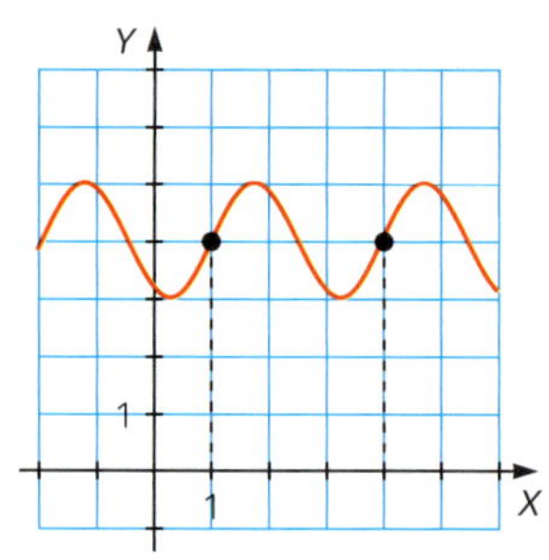

A cada valor de x le corresponde un único valor de y.

Esta gráfica corresponde a una función.

ACTIVIDADES

1 Indica cuáles de las siguientes relaciones son funciones.

a) Precio de un libro y número de páginas.

b) Hora del día y longitud de una sombra.

c) Un número y su doble.

d) La edad de una persona y su altura.

2 **REFLEXIONA.** ¿Representa esta gráfica una función?

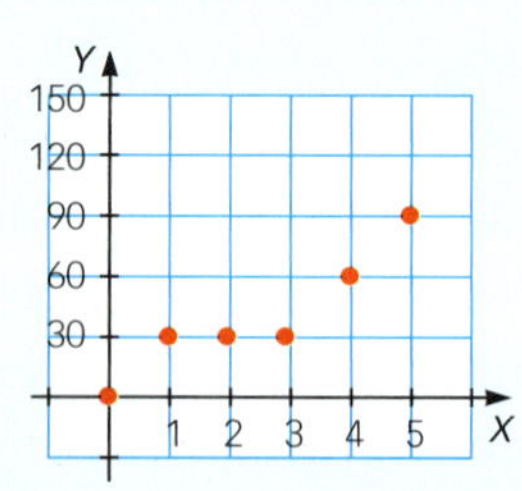

2. Formas de expresar una función

2.1. Mediante un enunciado

Una función se puede expresar mediante un enunciado.

EJEMPLO

4. Una persona bebe dos litros de agua al día. Elige la variable dependiente y la independiente, y decide si la relación entre el agua consumida y los días transcurridos es una función.

$x \rightarrow$ Días transcurridos $\qquad$ $y \rightarrow$ Litros consumidos

Si han transcurrido 2 días ($x = 2$), se ha bebido 4 litros de agua ($y = 4$).

Si han transcurrido 3 días ($x = 3$), se ha bebido 6 litros de agua ($y = 6$).

A cada valor de la variable independiente, x, le corresponde un único valor de la variable dependiente, y. Por tanto, la relación es una función.

En una función, dos valores distintos de x pueden tener un mismo valor de y.

2.2. Mediante una tabla de valores

Las variables x e y de una función también se pueden escribir como pares (x, y), cuyos valores se pueden anotar en una tabla de valores.

EJEMPLO

5. Comprueba si la variación de la temperatura máxima, en °C, desde el día 1 al 10 de noviembre, anotada en la siguiente tabla, es una función.

Días (x)	1	2	3	4	5	6	7	8	9	10
Temperatura (y)	16	10	12	24	20	16	14	18	20	18

A cada valor de la variable x (días) le corresponde un único valor de la variable y (temperatura). Cada día, la temperatura máxima es única.

La relación entre las variables x (días) e y (temperatura) es una función.

ACTIVIDADES

3. Completa con las palabras de las tarjetas para que la relación entre las magnitudes sea una función.

tiempo · kilos · velocidad · precio · tiempo · litros

a) Los … de manzanas que compro y su …

b) El … que está un grifo abierto y los … de agua que salen.

c) La … a la que se desplaza un coche y el … que tarda en hacer un recorrido.

4. Estudia si la variación diaria de temperatura, que es la diferencia entre la máxima y la mínima, durante una semana, es una función.

Tiempo (días)	1	2	3	4	5	6	7
Variación (°C)	16	10	12	24	20	16	14

5. **REFLEXIONA.** Construye una tabla de valores que represente una función. Define con un ejemplo la variable independiente y la dependiente. Si intercambias las variables, ¿sigue siendo una función?

2.3. Mediante una ecuación

La expresión algebraica de una función se escribe como $y = f(x)$ y se denomina **ecuación de la función**.

EJEMPLO

6. **La ecuación $y = 2{,}50x$ relaciona el peso de las fresas, en kilos, con su precio, en euros. Realiza una tabla de valores y di si es una función.**

El peso no puede tomar valores negativos.

Consideramos, por ejemplo, los valores 1 kg, 2 kg, 3 kg y 4 kg.

Si $x = 1 \rightarrow y = 2{,}50 \cdot 1 = 2{,}50$
Si $x = 2 \rightarrow y = 2{,}50 \cdot 2 = 5$
Si $x = 3 \rightarrow y = 2{,}50 \cdot 3 = 7{,}50$
Si $x = 4 \rightarrow y = 2{,}50 \cdot 4 = 10$

Peso (kg)	1	2	3	4
Precio (€)	2,50	5	7,50	10

Es una función, ya que a cada peso (valor de x) le corresponde un único precio (valor de y).

Solo podemos expresar mediante ecuaciones las funciones con variables cuantitativas.

2.4. Mediante una gráfica

Los pares (x, y) de una función son puntos del plano en un sistema de coordenadas cartesianas. La representación de los puntos es su **gráfica**.

EJEMPLO

7. **Explica la gráfica que muestra el número de barras de pan horneadas cada hora en una panadería e indica cuáles son la variable dependiente y la independiente.**

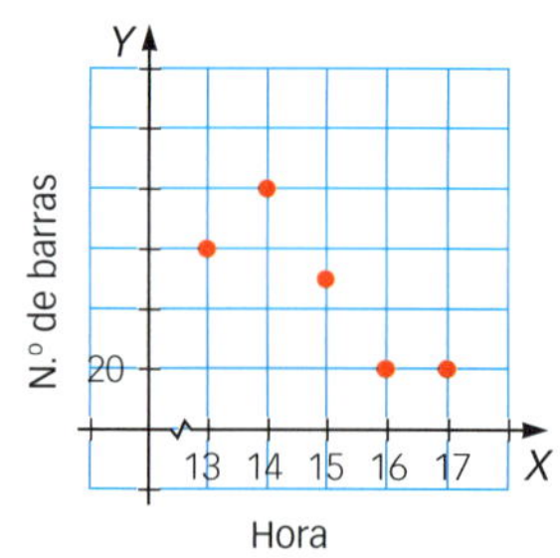

A las 13 h se hornean 60 barras de pan.
A las 14 h se hornean 80 barras.
A las 15 h, 50; y a las 16 y 17 h, 20 barras.

La variable independiente, x, es el tiempo y la variable dependiente, y, es el número de barras de pan que se hornean.

RETO ¿Puede expresarse con una ecuación la función que relaciona cada hora del día con la temperatura ambiente? ¿Y con una gráfica?

ACTIVIDADES

6. La gráfica representa la gasolina que hay en el depósito en un viaje.

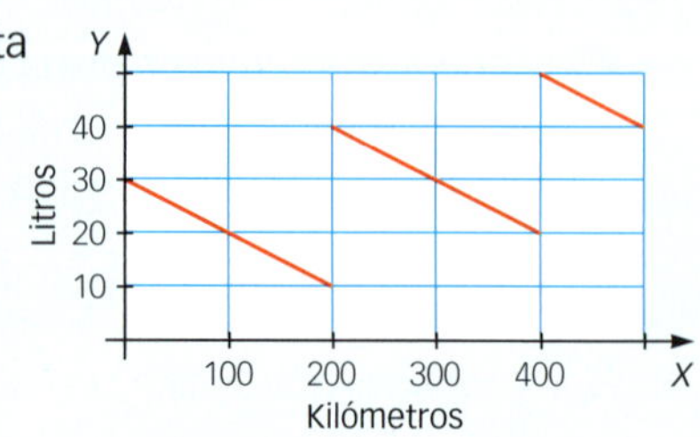

a) ¿Cuántos litros tiene el depósito en la salida? ¿Y en la llegada?
b) ¿En qué kilómetros se repostó gasolina?
c) ¿Cuántos litros se repostaron durante el viaje?
d) Identifica las variables dependiente e independiente.

7. En una frutería, el precio del kilogramo de melocotones es 2,75 €.
a) Define las variables dependiente e independiente.
b) Haz una tabla de valores con el peso y el precio.

8. **REFLEXIONA.** Dada la función que asocia a cada número su triple menos 7 unidades, halla su expresión algebraica y completa la tabla.

x	1	2	3	4	5
y					

Cómo se representa una función a partir de su ecuación

La función cuya ecuación es $y = x^2$ es una función cuadrática y su representación gráfica es una curva que se llama parábola.

Escribe la expresión algebraica que relaciona la longitud del lado de un cuadrado con su área. Realiza una tabla de valores para cuadrados con diferentes medidas de lados y represéntala gráficamente.

1 Identificamos las variables y escribimos la ecuación que las relaciona.

Variable independiente: $x \rightarrow$ Longitud del lado

Variable dependiente: $y \rightarrow$ Área del cuadrado

Área de un cuadrado de lado $x \rightarrow x \cdot x = x^2$

Por tanto, la ecuación de la función es $y = x^2$.

2 Elaboramos una tabla de valores a partir de su expresión algebraica.

Tomamos distintos valores de la variable independiente, x, y obtenemos valores de la variable dependiente, y. Para cada valor de longitud del lado, obtenemos un valor del área.

$y = x^2$

Si $x = 1$ cm $\rightarrow y = 1^2 = 1$ cm^2

Si $x = 2$ cm $\rightarrow y = 2^2 = 4$ cm^2

Si $x = 3$ cm $\rightarrow y = 3^2 = 9$ cm^2

Si $x = 4$ cm $\rightarrow y = 4^2 = 16$ cm^2

Lado (cm)	1	2	3	4
Área (cm^2)	1	4	9	16

3 Representamos los puntos de la tabla en un sistema de coordenadas.

Los pares de valores que obtenemos son los puntos:

(1, 1)   (2, 4)   (3, 9)   (4, 16)

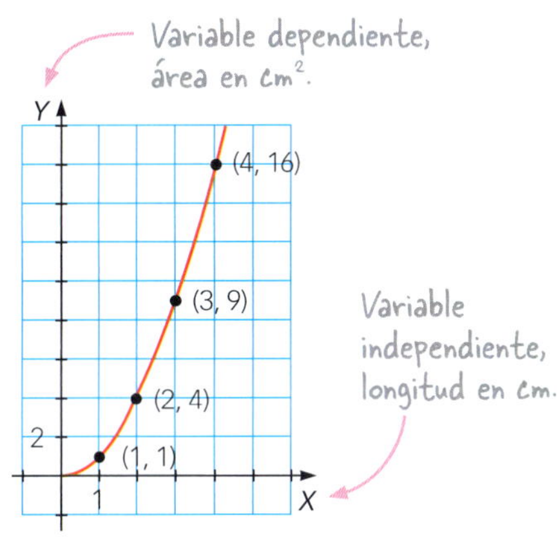

4 Analizamos si estos puntos se pueden unir.

En este caso es posible unir los puntos, ya que tanto la longitud del lado de un cuadrado como su área pueden ser cualquier número positivo.

ACTIVIDADES

9 Copia y completa la tabla.

Leche (ℓ)	1	3	5	9	10
Precio (€)	0,65				

a) Halla la expresión algebraica de esta función.

b) Represéntala gráficamente.

10 Dada la función que asocia a cada número su doble menos 3 unidades:

a) Halla su expresión algebraica.

b) Haz su representación gráfica.

11 El precio del kilo de cerezas es 4,25 €.

a) Halla la expresión algebraica de esta relación.

b) Construye una tabla de valores y represéntala gráficamente.

12 Un coche circula por una autopista a una velocidad de 100 km/h.

a) Escribe la expresión algebraica que indica el espacio recorrido en función del tiempo y represéntala.

b) ¿Cuántos kilómetros recorrerá en dos horas y media? ¿Y en tres cuartos de hora?

3. Estudio de una función

3.1. Continuidad

Una función real es **continua** si podemos dibujar la gráfica con un solo trazo. En caso contrario, es una función **discontinua**.

EJEMPLO

8. Indica si las siguientes funciones son continuas o discontinuas.

a) La función que relaciona los kilos de tomates que compro a 1,50 € el kilo y el importe total.

El peso puede ser cualquier valor positivo, y el precio se calcula multiplicando el peso por 1,50; por tanto, la función puede dibujarse de un solo trazo y es continua.

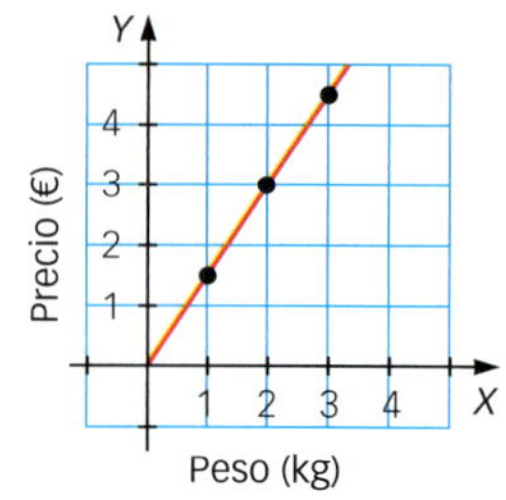

b) La función que relaciona la duración de una llamada con su precio, siendo el coste de la llamada de 5 céntimos el minuto.

La duración de la llamada puede alcanzar cualquier valor positivo, pero el coste siempre es múltiplo de 5; por tanto, la función es discontinua.

Los puntos de discontinuidad son $x = 1, x = 2, x = 3...$

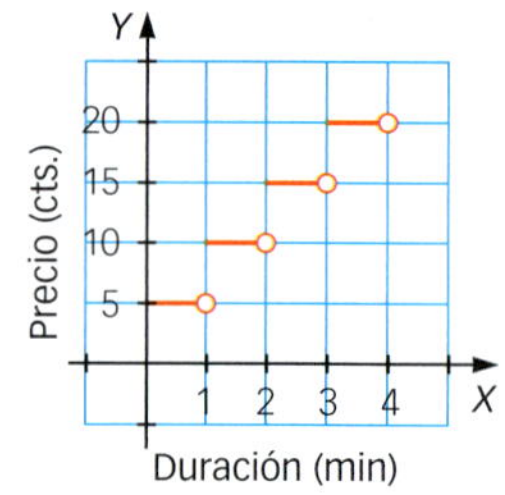

3.2. Puntos de corte con los ejes

Los **puntos de corte** con los ejes de una función son los puntos de intersección de su gráfica con los ejes de coordenadas.

EJEMPLO

9. Halla los puntos de corte con los ejes de $y = 3x - 3$.

- Con el eje $X \xrightarrow{y=0} 0 = 3x - 3 \rightarrow x = 1$

  Punto de corte con el eje X: (1, 0)

- Con el eje $Y \xrightarrow{x=0} y = 3 \cdot 0 - 3 \rightarrow y = -3$

  Punto de corte con el eje Y: (0, −3)

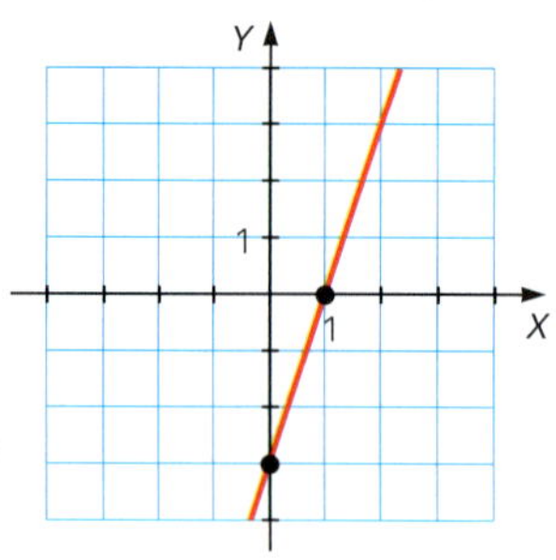

- Los puntos de corte con el eje X se hallan resolviendo la ecuación $f(x) = 0$, y son de la forma $(a, 0)$.
- El punto de corte con el eje Y se halla calculando el valor de la función en $x = 0$, $f(0)$; sus coordenadas son $(0, f(0))$.

ACTIVIDADES

13. Una tienda vende el litro de vinagre a 2,70 €. Expresa este enunciado con una función, dibuja la gráfica y di si es continua.

14. Representa la función $y = -2x + 2$ y halla sus puntos de corte con los ejes.

15. **REFLEXIONA.** Determina si es continua la función que relaciona la edad con el peso de una persona.

Edad (años)	0,5	1	2	5	8	11
Peso (kg)	5	6	9	15	21	34

3.3. Crecimiento y decrecimiento

- Una **función** es **creciente** en un tramo si al aumentar el valor de x, también aumenta el valor de y.
- Una **función** es **decreciente** en un tramo si al aumentar el valor de x, disminuye el valor de y.

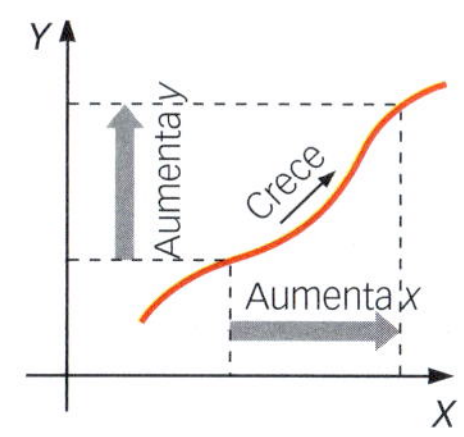

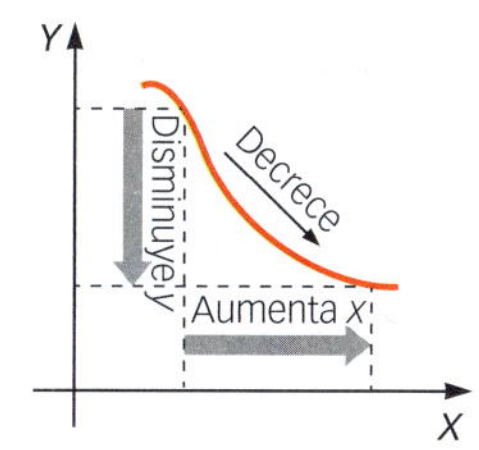

EJEMPLO

10. La gráfica muestra la temperatura en un lugar un día de primavera. Determina en qué tramos crece o decrece la función.

La función crece desde las 4 h hasta las 14 h y es decreciente desde las 0 h hasta las 2 h y desde las 14 h hasta las 24 h.

Es constante desde las 2 h hasta las 4 h.

3.4. Máximos y mínimos

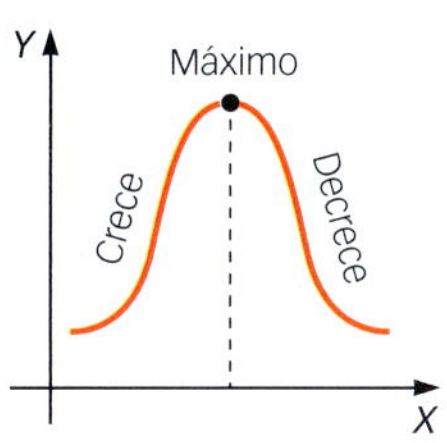

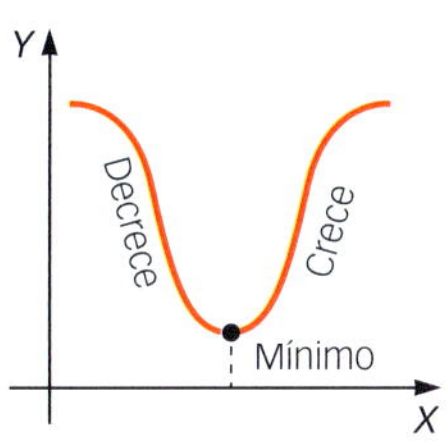

- En los puntos donde la gráfica pasa de ser creciente a ser decreciente, se dice que la función alcanza un **máximo**.
- En los puntos donde la gráfica pasa de ser decreciente a ser creciente, se dice que la función alcanza un **mínimo**.

Si la función alcanza su mayor valor en un punto máximo, se trata de un máximo absoluto. Ocurre lo mismo con el mínimo.

EJEMPLO

11. La siguiente gráfica muestra variación de la velocidad de descarga de datos de la red de una oficina a lo largo de la jornada. Determina los máximos y los mínimos.

Máximos: (14, 80) y (18, 60).

Mínimos: (11, 30) y (16, 40).

El punto (14, 80) es un máximo absoluto y (11, 30) es un mínimo absoluto.

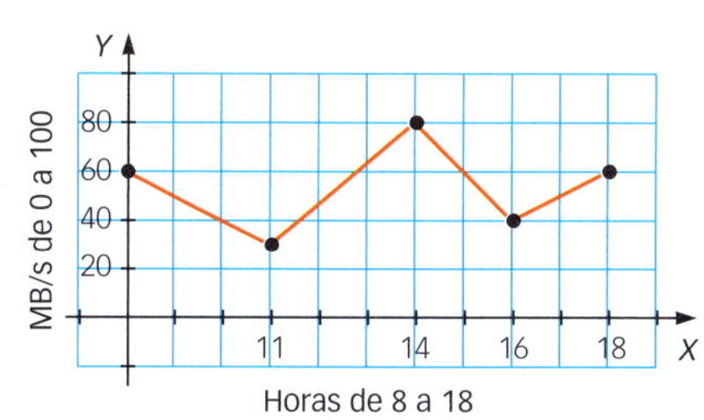

ACTIVIDADES

16. Representa gráficamente los datos de esta tabla, estudia su crecimiento y halla sus máximos y mínimos.

Altitud (km)	0	10	20	30	40	50
Temperatura (°C)	−20	−40	−30	−10	−18	5

17. **REFLEXIONA.** Dibuja la gráfica de una función que tenga:

a) Un máximo y dos mínimos.

b) Un máximo y ningún mínimo.

c) Ningún máximo ni mínimo.

Cómo se estudia e interpreta una función

Las funciones cuya expresión algebraica es un polinomio, son siempre continuas.

Esta gráfica muestra la distancia a la que me encontraba de mi casa durante un paseo que di ayer. Estudia las características de la función.

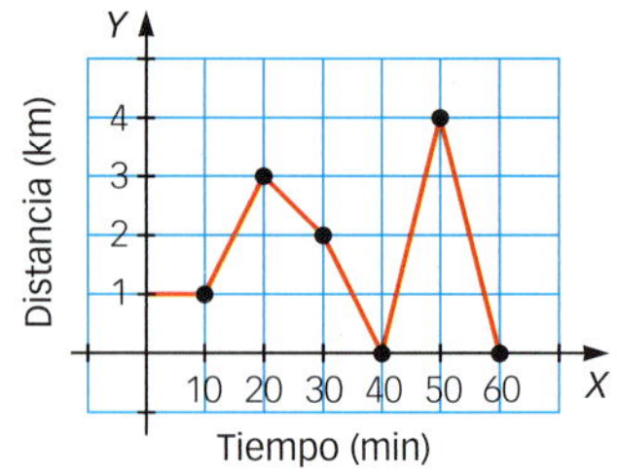

① **Determinamos si la función es continua.**

La gráfica está dibujada en un solo trazo, no tiene interrupciones; por tanto, la función es continua.

Durante los 60 minutos que duró mi paseo, en cada momento estuve a una cierta distancia de mi casa, y para pasar de una distancia a otra tuve que pasar por las distancias intermedias.

② **Hallamos los puntos de corte con los ejes.**

Cortes con el eje X ($y = 0$)

$x = 40$ y $x = 60$ → Puntos (40, 0) y (60, 0)

En dos momentos la distancia a mi casa es 0.

En el minuto 40 y al finalizar el trayecto, estoy en mi casa.

Cortes con el eje Y ($x = 0$)

$y = 1$ → Punto (0, 1)

Al iniciar el trayecto estoy a 1 km de mi casa.

③ **Estudiamos el crecimiento y el decrecimiento de la función.**

Crecimiento → Entre los minutos 10 y 20, y entre los minutos 40 y 50.

Decrecimiento → Entre los minutos 20 y 40, y entre los minutos 50 y 60.

Constante → Desde el principio, el minuto 0, hasta el minuto 10.

Parto a 1 km de mi casa y durante los primeros 10 minutos no me muevo. En los siguientes 10 minutos, llego a estar a 3 km de casa. Desde este momento, me voy acercando hasta llegar a casa en el minuto 40. Después, en los siguientes 10 minutos, me alejo de mi casa 4 km y, finalmente, llego de nuevo a casa en el minuto 60.

④ **Determinamos los máximos y los mínimos.**

Máximos → (20, 3) y (50, 4) → Lo máximo que me he alejado ha sido 4 km a los 50 minutos.

Mínimos → (40, 0) y (60, 0) → En el minuto 40 estaba en mi casa.

ACTIVIDADES

18 Esta gráfica muestra la temperatura de una enferma durante una noche.

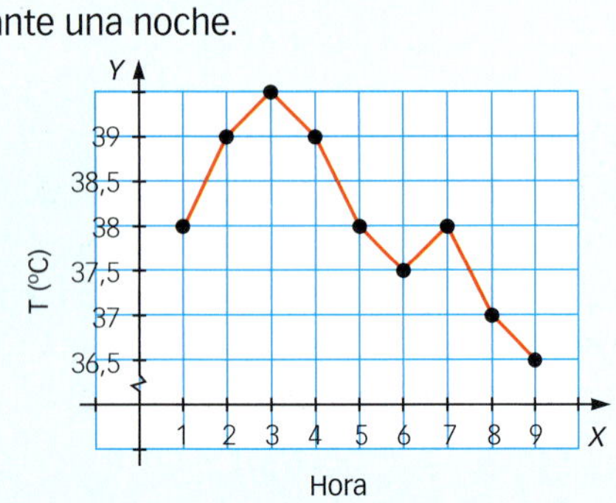

Estudia las características de la función.

19 Representa gráficamente los datos de la tabla que muestran la variación de la velocidad de un atleta durante el recorrido.

Distancia (km)	1	2	3,5	5	6	7,5	9	10
Velocidad (m/s)	4	5	5	6	7	6	4	6

a) ¿Cuál es la velocidad máxima? ¿Y la mínima?

b) ¿En algún momento la velocidad se mantiene constante?

20 Representa y estudia la función $y = -3x$.

4. Funciones de proporcionalidad directa

Una **función de proporcionalidad directa** es una función que relaciona dos magnitudes directamente proporcionales.

- Su expresión algebraica es del tipo $y = mx$, donde m es la constante de proporcionalidad directa.
- La constante de proporcionalidad, m, se llama **pendiente** de la recta. Si m es un número positivo, la función es creciente; si es negativo, es decreciente.

La gráfica de una función de proporcionalidad directa es una recta que pasa por el origen de coordenadas.

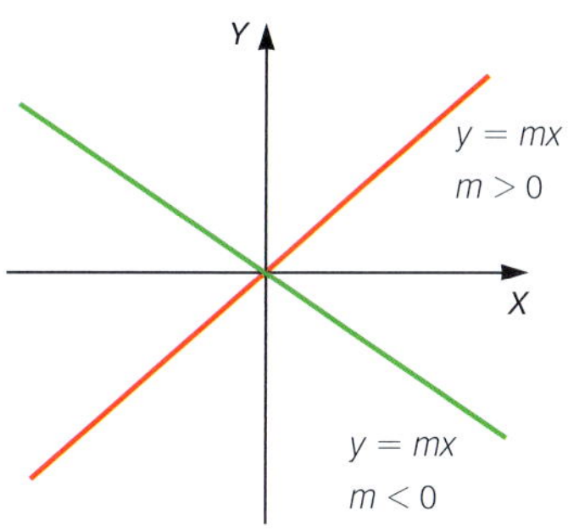

La recta está más inclinada cuanto mayor sea el valor absoluto de m.

EJEMPLO

12. Un coche circula a una velocidad constante de 120 km/h.
Estudia y representa la función que relaciona el tiempo transcurrido y la distancia recorrida por el vehículo.

Las variables son magnitudes directamente proporcionales.
Si aumentamos el tiempo al doble, la distancia recorrida será el doble.

Tiempo (h)		Distancia (km)
1	⟶	120
2	⟶	$120 \cdot 2$
3	⟶	$120 \cdot 3$
x	⟶	$120x$

→ La expresión algebraica de la función es $y = 120x$.

Construimos la tabla de valores:

Tiempo (h)	1	2	3	4	5	6
Distancia (km)	120	240	360	480	600	720

Representamos los puntos y los unimos, porque para cualquier tiempo podemos obtener una distancia recorrida.

- Su gráfica es una recta que pasa por el origen de coordenadas.
- Su pendiente es $m = 120 > 0$; por tanto, es creciente.

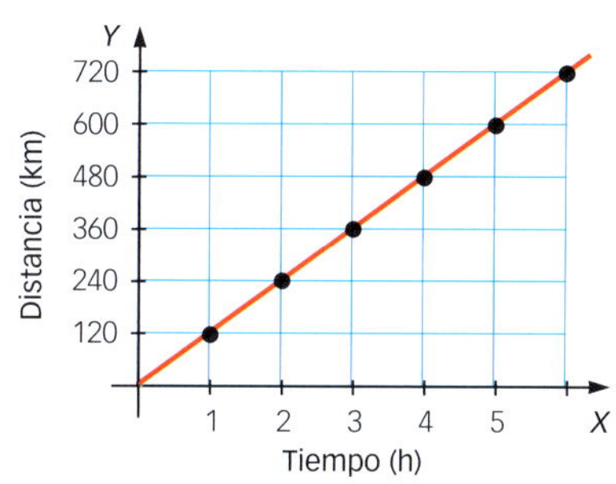

ACTIVIDADES

21 Un litro de combustible para la calefacción cuesta 1,40 €.

a) Haz una tabla que exprese el precio en función de los litros.

b) Averigua la expresión algebraica de la función.

c) Representa gráficamente la función.

d) ¿Es una función de proporcionalidad directa? ¿Cuál es su pendiente?

22 Cada metro de cable de un tendido eléctrico pesa 3 kg. Averigua la expresión algebraica de la función que expresa el peso del cable en función de su longitud.

23 **REFLEXIONA.** Determina qué valor de m corresponde a la pendiente de una recta más inclinada.

a) $m = 3$ $\quad m = 2$ $\quad m = 5$

b) $m = -4$ $\quad m = -1$ $\quad m = -2$

5. Funciones lineales

Una **función lineal** es una función cuya representación gráfica es una recta. Su ecuación es del tipo $y = mx + n$, donde m y n son números.

- Si $n = 0$, $y = mx$: es una función de **proporcionalidad directa**.
- Si $m = 0$, $y = n$: es una **función constante**.

A m se le llama **pendiente** de la recta e indica la inclinación de la misma.

A n se le llama **ordenada en el origen** y marca el punto de corte de la recta con el eje Y.

La gráfica de una función lineal es una recta. Si la recta es horizontal, decimos que la función es constante.

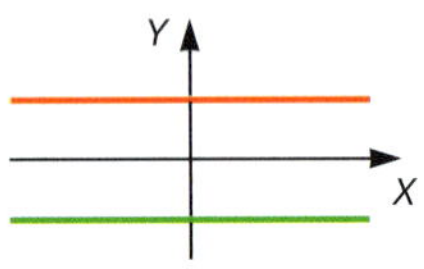

RETO

¿Son todas las funciones lineales de proporcionalidad directa?

EJEMPLO

13. Alfonso está leyendo la factura del agua. Este mes debe pagar 5 € de servicio y 1,50 € por m³ consumido.

Escribe la expresión algebraica que relaciona la cantidad de agua consumida y el precio que debe pagar, y representa la situación.

$x \rightarrow$ m³ consumidos $\qquad y \rightarrow$ precio a pagar

Si no consume agua: $x = 0$ m³ $\rightarrow y = 5$ €

Si consume 1 m³: $x = 1$ m³ $\rightarrow y = 1 \cdot 1{,}50 + 5 = 6{,}50$ €

Si consume 2 m³: $x = 2$ m³ $\rightarrow y = 2 \cdot 1{,}50 + 5 = 8$ €

Si consume 3 m³: $x = 3$ m³ $\rightarrow y = 3 \cdot 1{,}50 + 5 = 9{,}50$ €

...

La expresión algebraica es $y = 1{,}50x + 5$.

Consumo (m³)	0	1	2	3
Precio (€)	5	6,50	8	9,50

La pendiente es $m = 1{,}50$ y la ordenada en el origen $n = 5$, es decir, la recta corta el eje Y en el punto (0, 5).

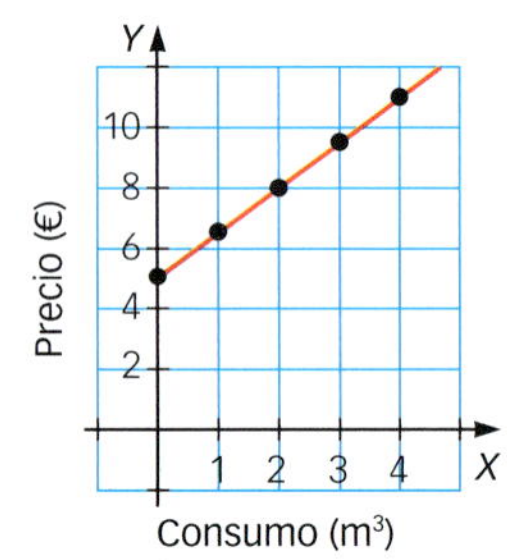

ACTIVIDADES

24. Indica si estas funciones son lineales.

a) $y = 3x - 4$

b) $y = \dfrac{-2}{5}x + 3$

c) $y = x^2 - 5$

d) $y = \dfrac{2}{x} + 1$

25. En las siguientes funciones, señala cuál es el valor de la pendiente y de la ordenada en el origen.

a) $y = -3x + 6$

b) $y = 10x$

c) $y = -2x - 5$

d) $y = -9x$

26. Determina el signo de la pendiente y el de la ordenada en el origen de estas funciones.

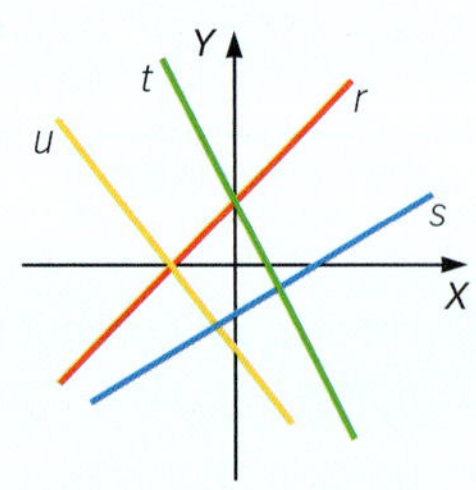

27. **REFLEXIONA.** Un coche tiene el depósito lleno con 50 ℓ de gasolina. Escribe la expresión algebraica y representa gráficamente el estado del depósito en función de los kilómetros que recorre, sabiendo que por cada kilómetro gasta 0,1 ℓ de gasolina.

Cómo se representan funciones lineales

Para representar gráficamente una recta basta con conocer dos de los puntos por los que pasa.

Representa las siguientes funciones lineales.

a) $y = 2x$ b) $y = -x + 2$ c) $y = 3$

① Determinamos el tipo de función que es y sus características.

a) $n = 0$

Función de proporcionalidad directa.

Pendiente $m = 2 > 0$
Es creciente.

Ordenada en el origen $n = 0$
Corta el eje Y en (0, 0).

b) $m \neq 0, n \neq 0$

Función lineal.

Pendiente $m = -1 < 0$
Es decreciente.

Ordenada en el origen $n = 2$
Corta el eje Y en (0, 2).

c) $m = 0$

Función constante.

Pendiente $m = 0$
Es constante.

Ordenada en el origen $n = 3$
Corta el eje Y en (0, 3).

② Hallamos dos puntos de la función.

a) Corta el eje Y en el punto (0, 0).
Si $x = 1 \rightarrow y = 2 \cdot 1 = 2$
La recta pasa por (1, 2).

b) Corta el eje Y en el punto (0, 2).
Si $x = 1 \rightarrow y = -1 + 2 = 1$
La recta pasa por (1, 1).

c) Corta el eje Y en el punto (0, 3).
Si $x = 1 \rightarrow y = 3$
La recta pasa por (1, 3).

③ Representamos los puntos y trazamos la recta que pasa por ellos.

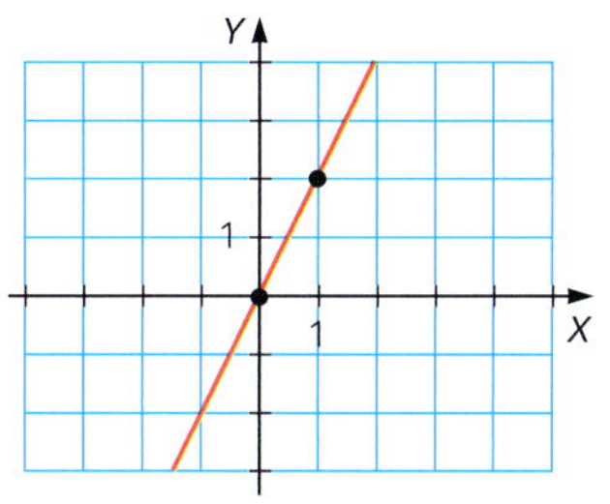

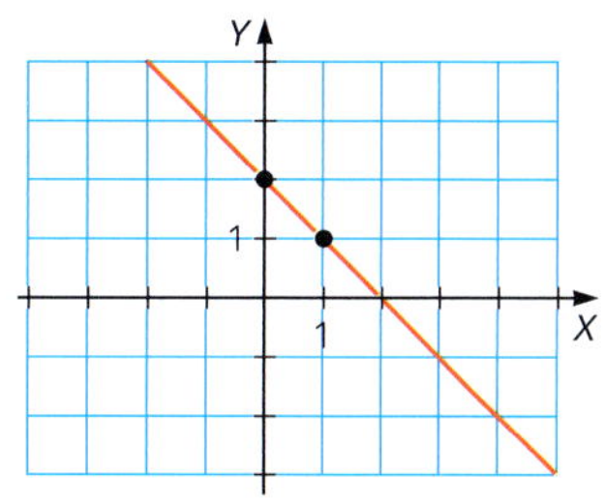

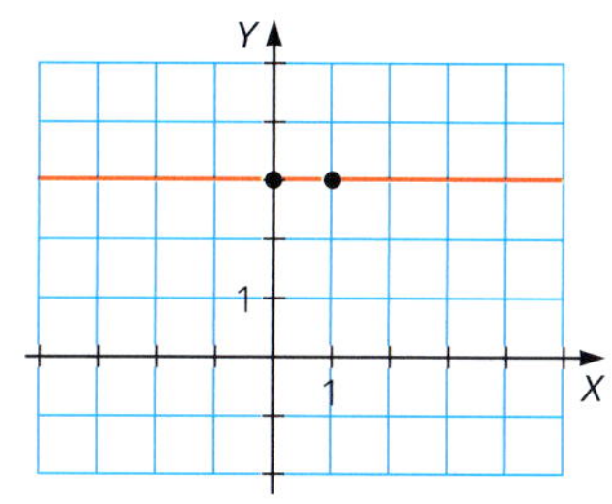

ACTIVIDADES

28 Obtén una tabla de valores y representa estas funciones lineales.

a) $y = 2x + 3$
b) $y = -x + 4$
c) $y = x + 3$
d) $y = 5x - 5$

29 Dibuja las funciones en los mismos ejes de coordenadas y explica sus diferencias.

a) $y = 2x$
b) $y = \frac{x}{10}$
c) $y = -2x$
d) $y = -\frac{x}{5}$
e) $y = -4x$
f) $y = -\frac{x}{10}$

30 Representa las siguientes rectas.

a) $y = 2$ b) $y = -1$ c) $y = \frac{1}{2}$

31 Representa gráficamente cada una de estas funciones.

a) Una función de proporcionalidad directa que pase por el punto (3, 2).

b) Una función lineal que pase por (−1, 2) y (2, 1).

32 Escribe la expresión algebraica y representa una función constante en cada uno de estos casos.

a) Su ordenada en el origen es 5.

b) Pasa por el punto (3, 1).

c) Pasa por el origen de coordenadas.

33 Una bióloga estudia el crecimiento de un grupo de plantas. Ha anotado en cada caso la altura que tenían al inicio del experimento y la que han alcanzado el décimo día. Dibuja la función asociada en cada caso.

Planta	Altura 1.er día (cm)	Altura 10.º día (cm)
A	5	6,5
B	3	5
C	7	9

1. Reconoce una función y su gráfica

ACTIVIDADES FLASH

34 Indica si cada relación es una función o no.

a) La estatura de una persona y su edad.

b) La longitud del lado de un triángulo equilátero y su área.

c) Un número y sus múltiplos.

35 Indica si las siguientes gráficas representan una función.

a)

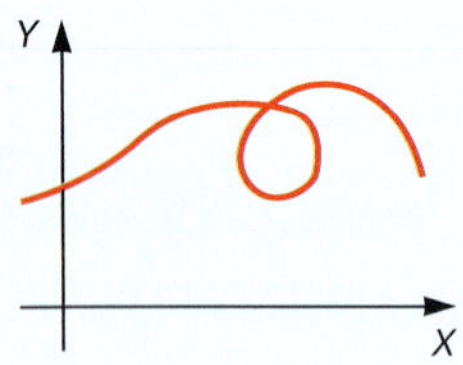

b)

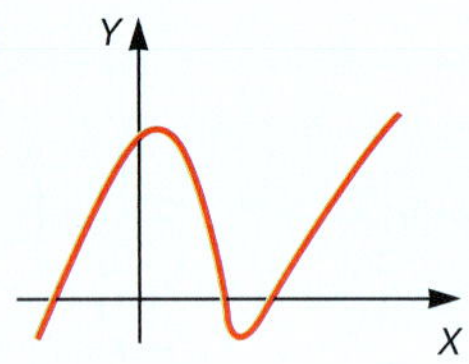

36 Justifica si las siguientes tablas de valores representan una función o no.

a)

x	1	1	2	2	3	3
y	2	4	6	8	10	12

b)

x	1	2	3	4	5	6
y	2	2	4	8	16	32

37 Sustituye cada punto por su letra y averigua dónde nos encontramos.

(2, 3) (−3, −2)
(−3, 2) (−2, −3)
(3, −2) (−1, 3)
(3, 2)

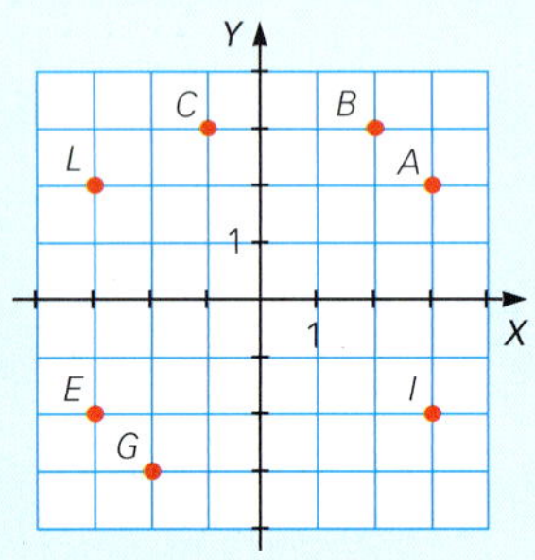

38 Completa los siguientes refranes y di qué tienen en común las coordenadas de las letras de cada palabra.

A. Más vale maña que…

B. Querer es…

C. Cada loco con su…

D. Una de … y otra de arena.

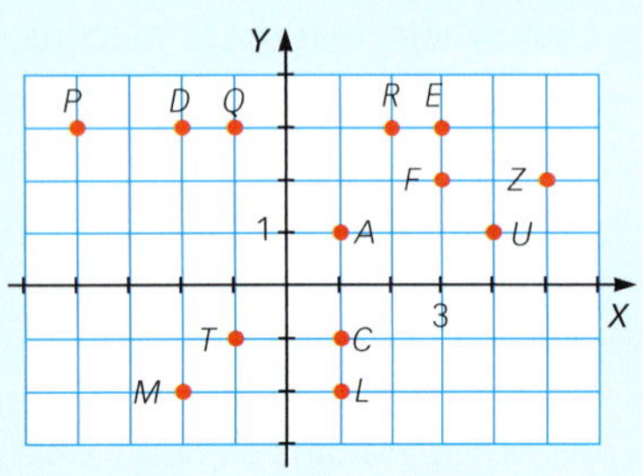

CÁLCULO MENTAL

39 Indica a cuáles de las siguientes funciones pertenece el punto $A(-2, 2)$.

a) $y = 2 + x^2$

b) $y = x^2 - 2$

c) $y = 3x + 4$

d) $y = 2x + 6$

40 **JUEGO.** Las tarjetas verdes contienen la ecuación de una función y las rojas las coordenadas de un punto. Jugad al *memory* juntando cada punto con la función a la que pertenece.

$y = x$	$y = -4x$	(2, 5)	(3, 3)
$y = x + 3$	$y = -x + 1$	(3, −2)	(5, −3)
$y = -7x + 5$	$y = -3$	(1, −2)	(−4, −5)
$y = -5$	$y = 2x + 9$	(−1, 4)	(−5, −1)

41 Copia y completa el sudoku 2 × 2, ayudándote de las coordenadas de los puntos que pertenecen a las rectas dadas. Rellena los números del 1 al 4 en cada fila, columna y sin que se repitan.

HORIZONTALES

1. $y = -x + 5 \rightarrow (x, y); (3, y)$
2. $y = -x + 5 \rightarrow (3, y); (x, y)$
3. $x - y = 1 \rightarrow (x, 3); (x, y)$
4. $y = x - 1 \rightarrow (x, y); (x, 3)$

VERTICALES

A. $-x - 3y = -10 \rightarrow (x, 3); (x, y)$

B. $x - y = 2 \rightarrow (x, y); (3, y)$

C. $3x + y = 10 \rightarrow (3, y); (x, y)$

D. $x - y = -2 \rightarrow (x, y); (x, 3)$

	A	B	C	D
1			3	
2	3			
3		3		
4				3

2. Elige la representación más adecuada para una función según el contexto

42 Si en una cafetería hemos pagado 15 € por 6 cafés:

a) Haz una tabla de valores donde relacionen el número de cafés y el precio.

b) Señala cuál es cada variable.

43 El precio de una garrafa de 5 litros de aceite de oliva es de 30,50 €.

a) Justifica si esta relación es una función o no.

b) Elabora una tabla de valores donde consten los litros de aceite y el precio.

c) Indica cuál es la variable independiente y cuál la variable dependiente.

d) Halla la expresión algebraica.

e) Determina cuántas garrafas se compran pagando 122 €.

44 El precio de una entrada de teatro es de 21 €.

a) Construye una tabla que represente el precio que se tiene que pagar hasta un total de 10 entradas.

b) Escribe la función mediante una expresión algebraica.

c) Indica cuál es la variable independiente.

d) Representa gráficamente la función.

45 La gráfica muestra la velocidad media de un coche.

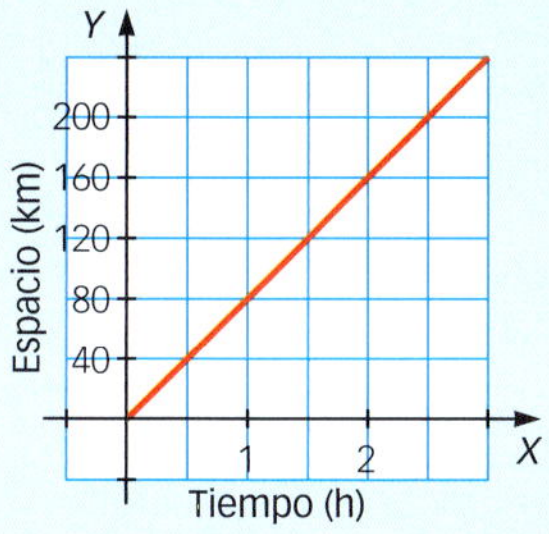

a) ¿Cuál es la variable dependiente? ¿Y la independiente?

b) ¿Cuántos kilómetros ha recorrido al cabo de dos horas? ¿Y tras dos horas y media?

c) Representa la tabla de valores de la función.

d) ¿Cuántas horas tiene que estar circulando el coche para hacer un recorrido de 400 km?

3. Interpreta y analiza una gráfica

ACTIVIDADES FLASH

46 Determina si las siguientes funciones son continuas o discontinuas. Justifica la respuesta.

a)

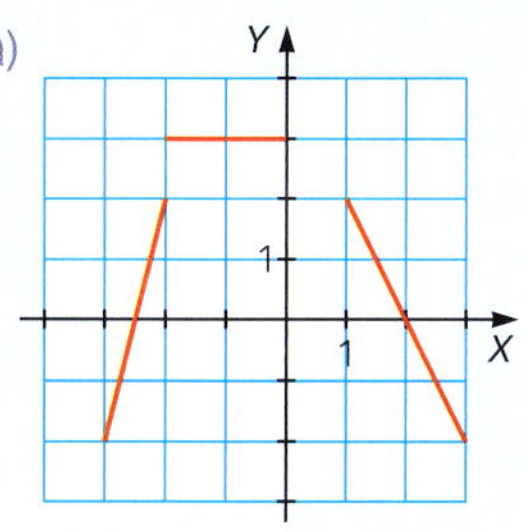

c)

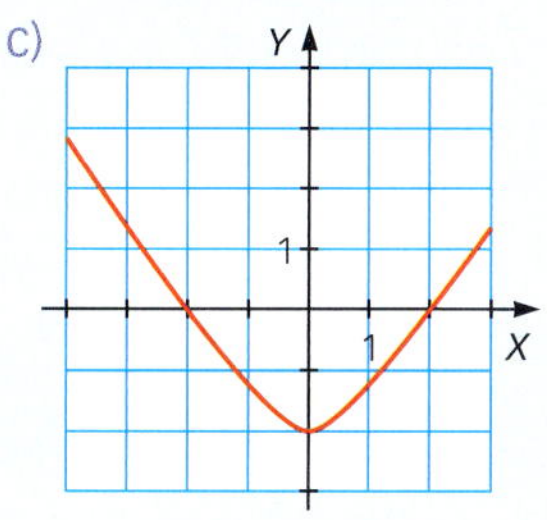

b)

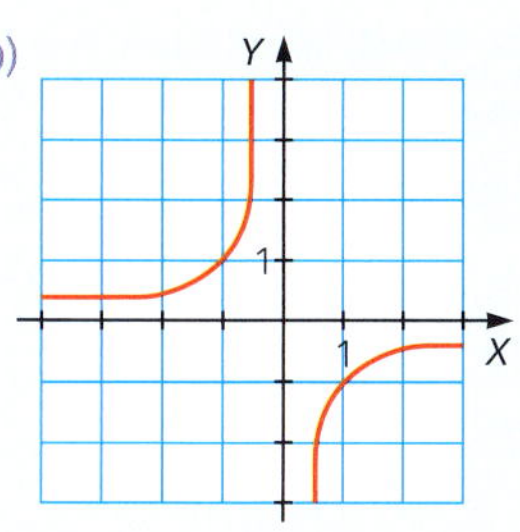

d)

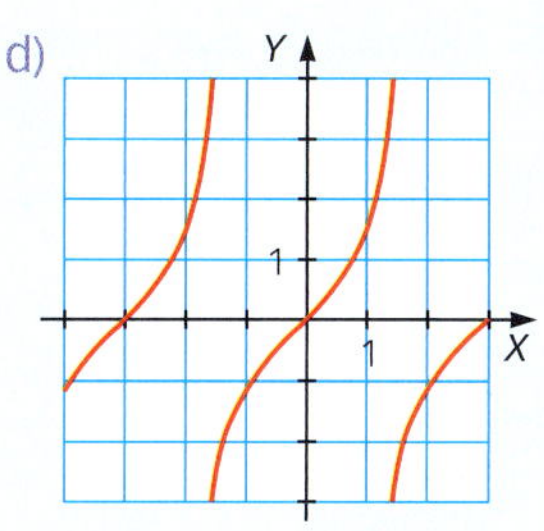

47 Determina los máximos y mínimos de esta función.

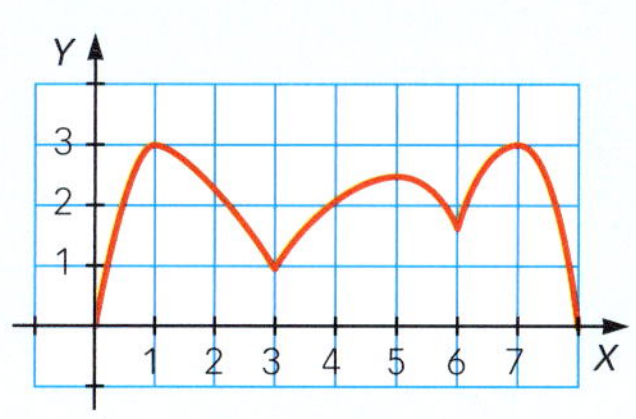

48 Calca, recorta y coloca las piezas del puzle para que la función cumpla las condiciones.

- Es una función continua.
- Crece de −7 a −5, de −2 a 2, de 3 a 4 y de 6 a 7.
- Sus máximos son (−5, 2), (2, 4), (4, 5).
- Tiene mínimos en (−2, −4), (3, 3), (6, −5).
- Cortes con los ejes en (−6, 0), (−4, 0), (0, 0) y (5, 0).

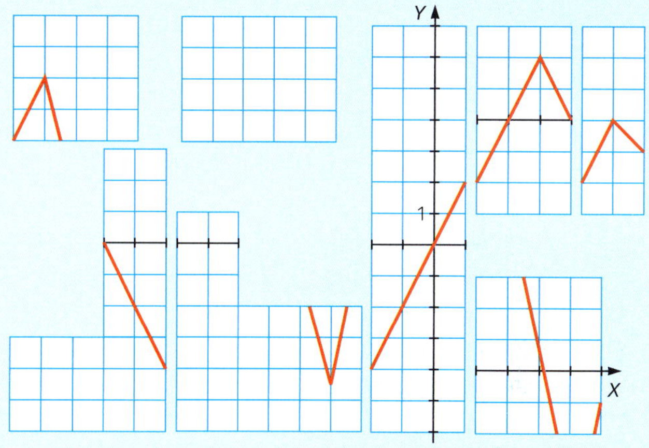

49 La velocidad de un motorista varía según la siguiente gráfica.

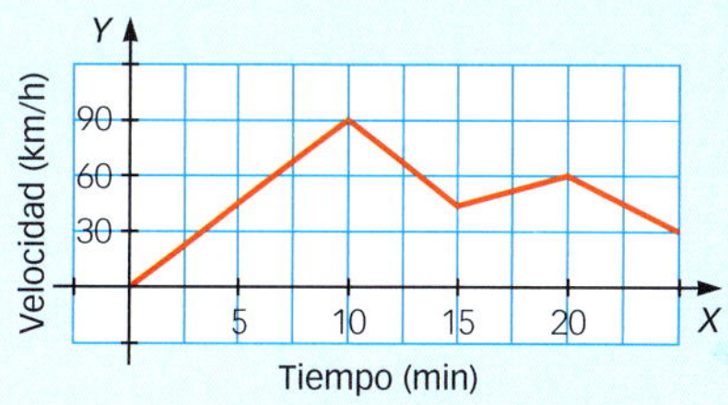

a) Indica los tramos donde la función crece y decrece.

b) Halla los máximos y mínimos absolutos y relativos.

c) ¿Es una función continua?

50 Observa la gráfica de esta función y determina si son verdaderas o falsas las siguientes afirmaciones. Corrige las falsas.

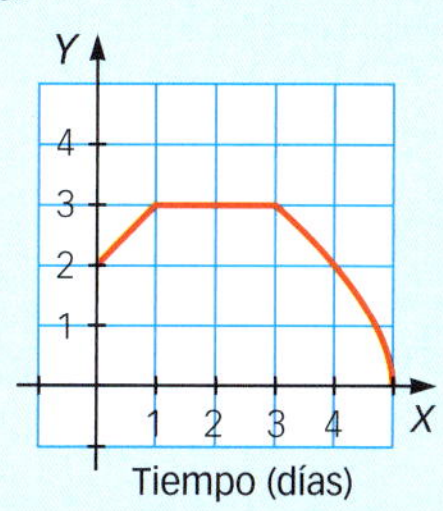

a) La función es decreciente de los 3 a los 5 días.

b) La función tiene un máximo absoluto al cabo de un día.

c) La función se mantiene constante durante 3 días.

d) La función no tiene mínimos.

e) La función es discontinua.

f) La función no tiene puntos de corte con los ejes.

51 ●●● **INVESTIGA.** Esta gráfica muestra el viaje de un tren entre dos estaciones.

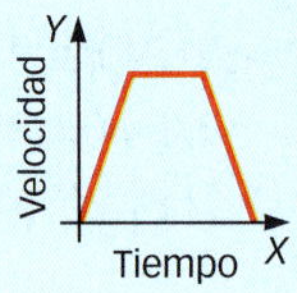

¿Cuál de estas gráficas puede describir la relación entre el tiempo y la distancia recorrida por el tren?

a)
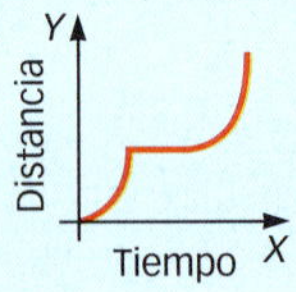

c)
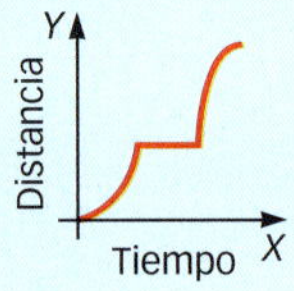

b)
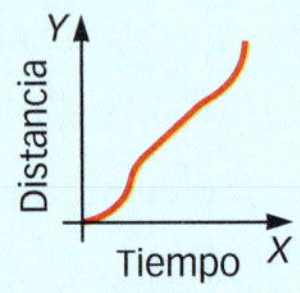

d)
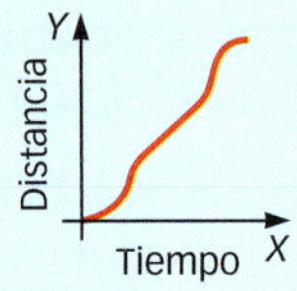

52 ●●○ Esta gráfica muestra el número de asistentes a un concierto de rock durante cinco días.

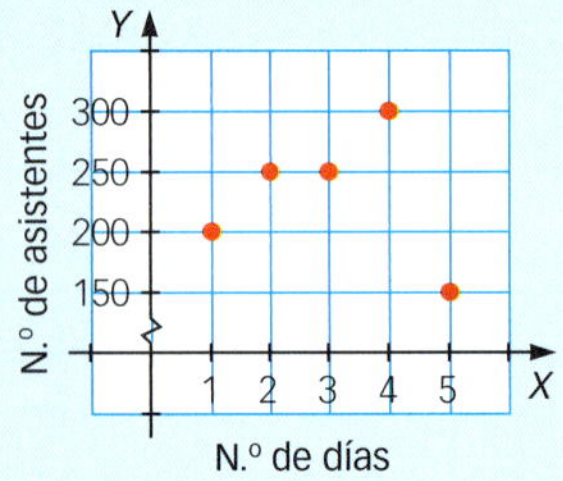

Indica cuáles de las siguientes afirmaciones son verdaderas.

a) La tendencia ha sido creciente en el número de asistentes durante los cuatro primeros días.

b) La asistencia del penúltimo día fue máxima.

c) Cada día se superaron los 50 participantes.

d) El tercer día se vendieron 200 entradas.

e) Si cada entrada costaba 45 €, el tercer día se recaudaron 6750 €.

f) En dos días se vendieron 150 entradas.

53 ●○○ **INVENTA.** Dibuja la gráfica de una función que corte tres veces el eje X y una vez el eje Y.

54 ●●○ La tabla muestra las temperaturas de una localidad durante un día.

Hora	°C
2	−9
6	−6
8	−3
10	3
12	8
14	9
16	7
18	4
20	−3
22	−3
24	−5

a) Identifica las variables.

b) Representa la gráfica.

c) Halla los máximos y los mínimos relativos.

d) ¿Es una función continua?

e) ¿Durante cuántas horas la temperatura superó los 0 °C?

f) ¿A qué hora se midió la temperatura mínima? ¿Y la máxima?

g) ¿A qué horas la temperatura fue de 0 °C?

4. Reconoce y representa una función lineal

Función de proporcionalidad directa

55 ●●○ Representa las siguientes funciones en los mismos ejes de coordenadas.

a) $y = -2x$ b) $y = 4x$ c) $y = 10x$ d) $y = -8x$

¿Qué tienen en común las funciones a) y d)? ¿Y las funciones b) y c)?

56 ●●○ La siguiente tabla muestra el precio de las avellanas en un supermercado.

Peso (g)	100	200	300		
Precio (€)	1,25			6,25	12,50

a) Completa los datos de la tabla en tu cuaderno.

b) Representa los datos gráficamente.

c) ¿Las magnitudes son directamente proporcionales?

d) Halla la expresión algebraica de esta función.

e) ¿Cuánto costarían 1,5 kg de avellanas?

f) Si por cada 2,5 kg se aplica un descuento de 0,50 €, ¿cuánto costarían 7,5 kg?

57 ●●○ **JUEGO.** En un tablero de ajedrez se coloca una ficha en la esquina superior izquierda, a8, y por turnos se mueve una casilla en horizontal, diagonal o vertical, siempre hacia la derecha y/o abajo. Gana quien llegue primero a la fila 1. ¿Crees que hay alguna estrategia ganadora?

Cómo se determina la ecuación de una función de proporcionalidad directa conociendo uno de sus puntos

58 Determina la ecuación de la función de proporcionalidad directa que pasa por el punto $P(2, -2)$.

PRIMERO. En la ecuación $y = mx$, se sustituye x por la primera coordenada e y por la segunda.

$$y = mx \xrightarrow{x = 2,\, y = -2} -2 = m \cdot 2$$

SEGUNDO. Se calcula m.

$$-2 = 2m \rightarrow m = \frac{-2}{2} = -1$$

Por tanto, la ecuación de la función es $y = -x$.

59 Determina la ecuación de la función de proporcionalidad directa que pasa por:

a) (1, −1) b) (3, −4) c) (−2, −1)

¿Pasa alguna de estas funciones por el punto (7, 2)? ¿Y por el punto (0, −2)?

60 Calcula la ecuación de la recta de proporcionalidad directa que pasa por el punto $A(-1, 9)$ y represéntala.

a) ¿Qué signo tiene la pendiente m?

b) ¿Qué conclusiones puedes extraer sobre estas rectas según el signo de su pendiente?

61 Halla las ecuaciones de estas funciones.

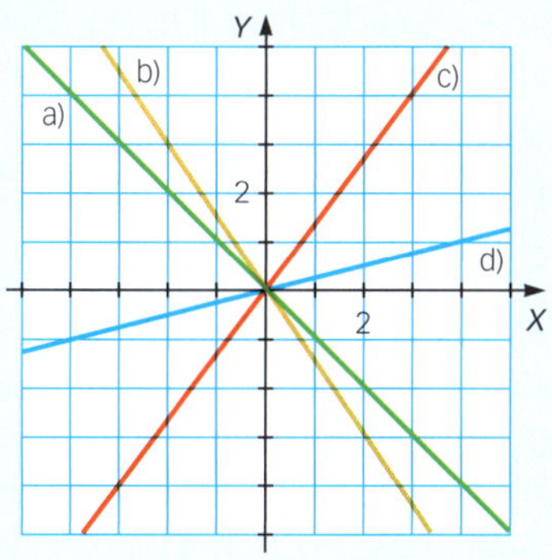

62 **INVESTIGA.** ¿Qué coche tardó menos?

- El coche A hace todo el recorrido a 60 km/h.
- El coche B hace la mitad a 40 km/h y la otra mitad a 80 km/h.
- El coche C hace dos tercios a 90 km/h y un tercio a 30 km/h.
- El coche D hace un tercio a 90 km/h y dos tercios a 30 km/h.
- El coche E hace un cuarto a 100 km/h y tres cuartos a 20 km/h.

Funciones lineales

63 Representa estas funciones e indica de qué tipo son.

a) $y = 5x$ c) $y = 4$ e) $y = -3$

b) $y = x + 6$ d) $y = -x + 2$ f) $y = -7x$

64 Escribe la ecuación y representa estas funciones.

a) Función lineal de pendiente $m = 2$ y que pasa por el punto $P(4, 1)$.

b) Función lineal de pendiente $m = -1$ y que pasa por el punto $P(0, 3)$.

65 Indica la expresión algebraica y representa las siguientes funciones constantes.

a) Función constante que pasa por el punto (−1, −2).

b) Función constante cuya ordenada en el origen es 4.

66 **INVESTIGA.** Si dibujas dos rectas paralelas al eje X, tres paralelas al eje Y y cuatro paralelas a la recta $y = x$, ¿cuál es el menor número posible de puntos de corte entre ellas?

Cómo se halla la ecuación de una función lineal conociendo dos de sus puntos

67 Halla y representa la ecuación de la función lineal que pasa por los puntos (1, 2) y (2, 3).

PRIMERO. Se sustituyen los pares (x, y) de los puntos dados en la ecuación $y = mx + n$.

$$y = mx + n \xrightarrow{x=1,\, y=2} 2 = m \cdot 1 + n$$

$$y = mx + n \xrightarrow{x=2,\, y=3} 3 = m \cdot 2 + n$$

SEGUNDO. Se resuelve el sistema que resulta.

$$\left.\begin{aligned} 2 &= m + n \\ 3 &= 2m + n \end{aligned}\right\} \rightarrow m = 1, n = 1$$

La ecuación de la recta es $y = x + 1$.

TERCERO. Se representa la función.

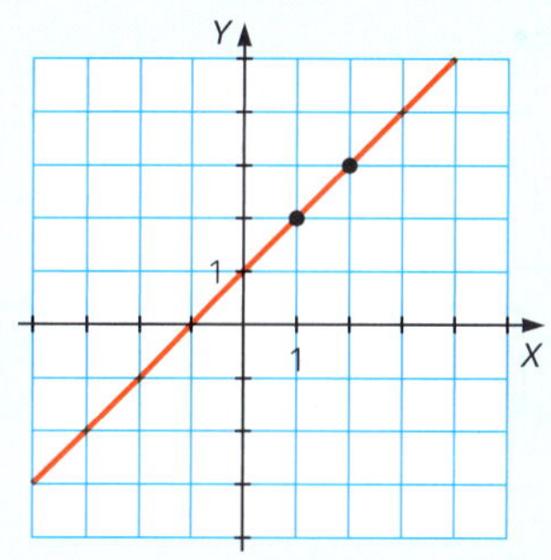

68 Determina la expresión algebraica de las funciones que pasan por los puntos indicados y represéntalas.

a) (2, 3) y (5, 6) c) (3, −4) y (1, 2)

b) (1, 5) y (3, 3) d) (−2, 5) y (−1, −3)

69 Escribe la expresión algebraica de estas funciones.

a)

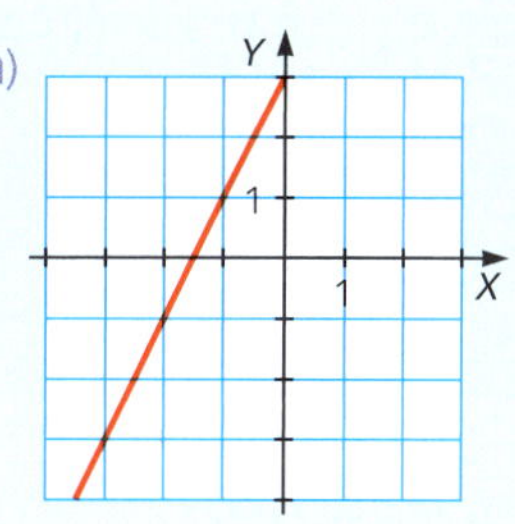

b)

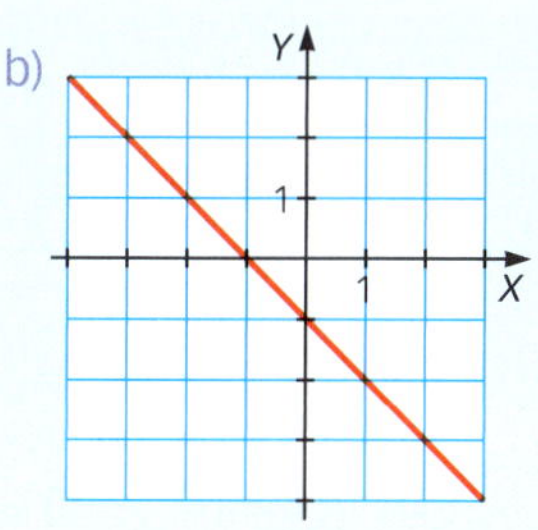

70 **JUEGO.** Juega a los barquitos. Dibuja una cuadrícula de 8×8 y tres barquitos. Sitúa cada extremo del barco en un punto de coordenadas enteras.
En su turno, cada persona inventa la ecuación de una recta.

- Si la recta no pasa por ningún extremo de un barco, será *agua*.
- Si la recta pasa por uno de los extremos de un barco, será *tocado*, y se debe indicar cuál es el extremo tocado.
- Si la recta pasa por los dos extremos de un mismo barco, será *tocado y hundido*.

Ejemplo:

$y = 2x - 1$
Tocado y hundido el barco *AB*.

$y = x + 3$
Tocado el barco *EF*.

$y = x - 4$
Agua.

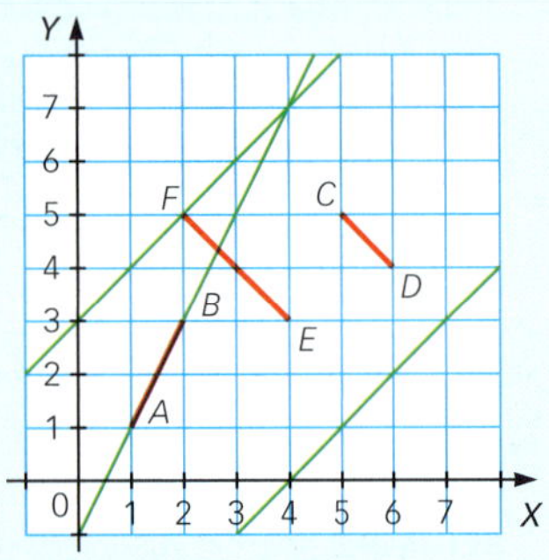

5. Estudia situaciones reales e identifica las funciones lineales más adecuadas

71 En esta gráfica están representados los pesos de dos amigos, de los 10 a los 25 años.

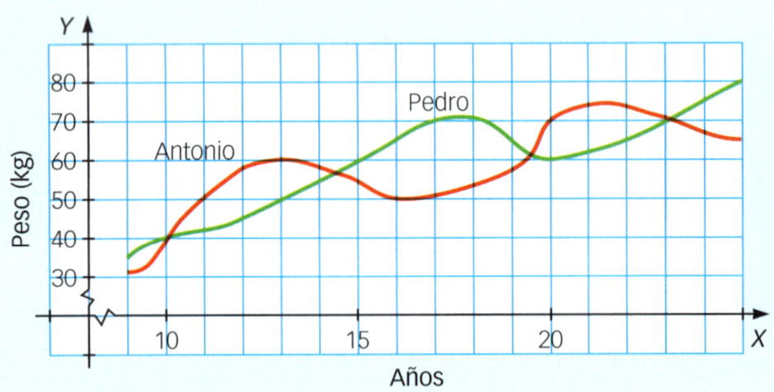

a) ¿En qué momentos pesan lo mismo? ¿Cuánto pesan?

b) ¿Cuánto aumentó Pedro de peso en los últimos cinco años? ¿Y Antonio?

c) ¿Cuál era el peso de Antonio a los 13 años? ¿Y 10 años después?

72 La ecuación del movimiento de un tren que circula a una velocidad constante de 180 km/h es $y = 180x$.

a) Di qué magnitudes representan las variables x e y.

b) Haz una tabla de valores de la función y represéntala.

c) ¿A qué velocidad tendría que ir el tren para hacer un recorrido de 30 km en 15 minutos?

73 Alis va a hacer unos 300 km del Camino de Santiago, desde Oviedo, y Asier quiere hacer el recorrido contrario, desde Santiago hasta Oviedo. Alis hará 18 km al día y Asier 24 km. Si los dos parten el 1 de julio, ¿qué día se encontrarán?

74 **RETO.** Camino a 5 km/h y corro a 7 km/h. Me ahorro 3 minutos en ir al instituto si voy corriendo en lugar de caminar. ¿A qué distancia vivo del instituto?

75 **INVESTIGA.** Elma y su hermano salen a pasear. Elma va a 6 km/h y su hermano a 4 km/h. Cuando Elma ha recorrido 1 km, se vuelve hasta encontrar a su hermano y desde ahí regresan al punto de partida los dos juntos, cada uno a su velocidad. ¿Cuántos minutos más tarde llegará su hermano que ella?

INTERNET

76 **MATEMÁTICAS Y… TRANSPORTE.** La llegada de la alta velocidad ferroviaria reduce alrededor de hora y media los tiempos de viaje entre Galicia y Madrid, gracias a los trenes de la serie 106 de Talgo, que permiten velocidades máximas de 330 km/h.

a) Escribe la ecuación de la función que relaciona la distancia y el tiempo a la velocidad máxima.

b) Busca estas distancias y calcula el tiempo mínimo que se tardaría en recorrer con cada tren.

Ourense-Madrid	Santiago-Madrid
Vigo-Madrid	A Coruña-Madrid
Pontevedra-Madrid	Lugo-Madrid

77 La gráfica muestra el recorrido de dos ciclistas en función del tiempo. Observa y responde.

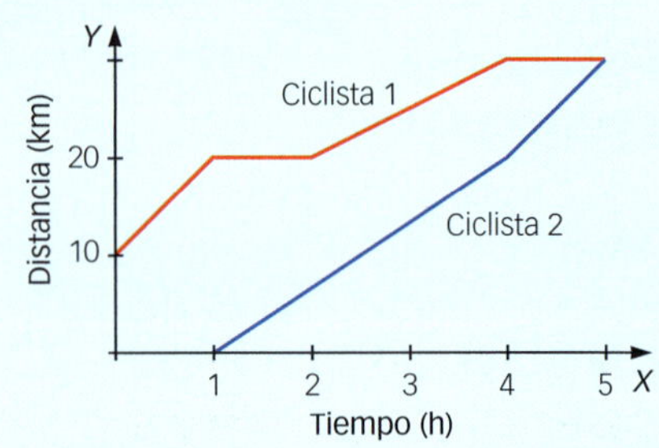

a) ¿Las dos ciclistas parten del mismo punto? ¿Y a la misma hora? Justifica la respuesta.

b) ¿Qué distancia han recorrido y cuánto han tardado?

c) ¿Crees que alguna ciclista se ha parado?

78 Por alquilar un coche, cobran 20 € de entrada más 15 € cada día. Escribe la expresión algebraica que representa la relación entre el número de días que se tiene el coche alquilado y el precio.

79 ●●○ En un gimnasio se pagan 20 € de matrícula y 30 € de mensualidad.

a) ¿Cuánto se pagará el primer mes?

b) Representa la cantidad de dinero que paga una persona durante un año mediante una gráfica.

c) ¿Es posible unir los puntos de la gráfica? Razona la respuesta.

80 ●●● **RETO.** Amir y Fátima han quedado en el camino que une sus casas. Amir tarda 15 minutos hasta casa de Fátima y ella tarda 10 minutos en hacer el camino inverso. Si salen a la vez, ¿cuándo se encontrarán?

INTERNET

81 ●●● **MATEMÁTICAS Y... AVIACIÓN.** La distancia al horizonte desde un globo aerostático depende de la altitud del globo. La relación es:

$$d = \sqrt{2hR + h^2}$$

donde d es la distancia al horizonte, h es la altitud del globo y R es el radio de la Tierra, 6 371 km.

La máxima altura que suele alcanzar un globo aerostático es 800 m. Representa gráficamente la función que relaciona la distancia al horizonte con la altura del globo.

FAKE NEWS

¡Mi coche no vale nada!

4 de agosto de 2021

Un coche se deprecia alrededor de un 15 % en el momento de ser matriculado. A esta devaluación inmediata se suma una pérdida anual media del 10 % de su valor, aunque este porcentaje disminuye con el tiempo. Es decir, un vehículo adquirido en un concesionario en verano de 2016 por 30 000 € tiene hoy un valor residual de unos 15 000 €, que es justo la mitad de lo que costó

Y tú, ¿qué opinas?

PROBLEMAS APARENTEMENTE DISTINTOS

82 Observa y contesta

a) Halla la ordenada de A.

b) Halla la abscisa de D.

c) ¿Cuál es la abscisa del máximo? ¿Y la del mínimo?

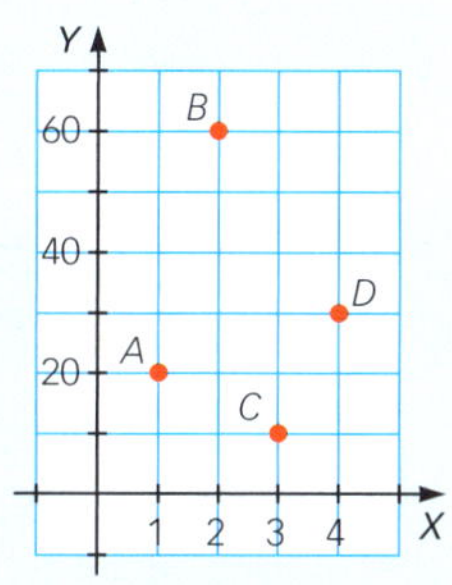

83 La gráfica relaciona las llamadas recibidas en una centralita.

a) ¿Cuántas llamadas hubo la primera hora?

b) ¿En qué hora se recibieron 30 llamadas?

c) ¿En qué momento hubo más llamadas? ¿Y menos?

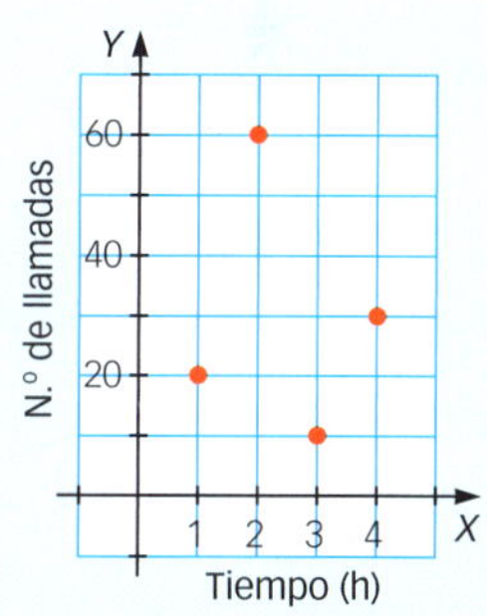

84 Haz una tabla de valores para la función cuya expresión algebraica es $y = 2{,}5x$. Después represéntala gráficamente.

85 Luisa bebe 2,5 ℓ de agua al día. Escribe la ecuación de la función que relaciona el número de litros bebidos con el número de días, y represéntala gráficamente.

86 Consideramos la relación que asocia el número 1 con el 20, el 2 con el 40 y así sucesivamente. Decide si estas magnitudes son directamente proporcionales. Representa gráficamente esta relación e indica su pendiente. ¿Qué relación tiene la pendiente con la constante de proporcionalidad?

87 En una pizzería cada repartidora hace 20 entregas. Decide si las magnitudes *número de repartidoras* y *número de entregas* son directamente proporcionales. Representa la función que relaciona ambas magnitudes e indica su pendiente relacionándola con la constante de proporcionalidad.

SITUACIÓN DE APRENDIZAJE

Cada gota importa

El agua es un bien escaso y, por tanto, se debe racionalizar su uso.

En nuestro país, el consumo de agua es bastante elevado y su suministro depende fundamentalmente de las precipitaciones anuales. Para gestionarla de forma óptima se emplean los embalses. La capacidad de almacenaje de agua en España es de 56 069 hm^3.

Los embalses pueden ser naturales y artificiales, y entre las funciones que tienen está la de garantizar el abastecimiento de agua para uso humano e industrial, además del riego en la agricultura y el control de riadas cuando las precipitaciones son intensas y continuas.

Aparte de estas funciones, la mayoría de los embalses también se emplean para generar energía eléctrica.

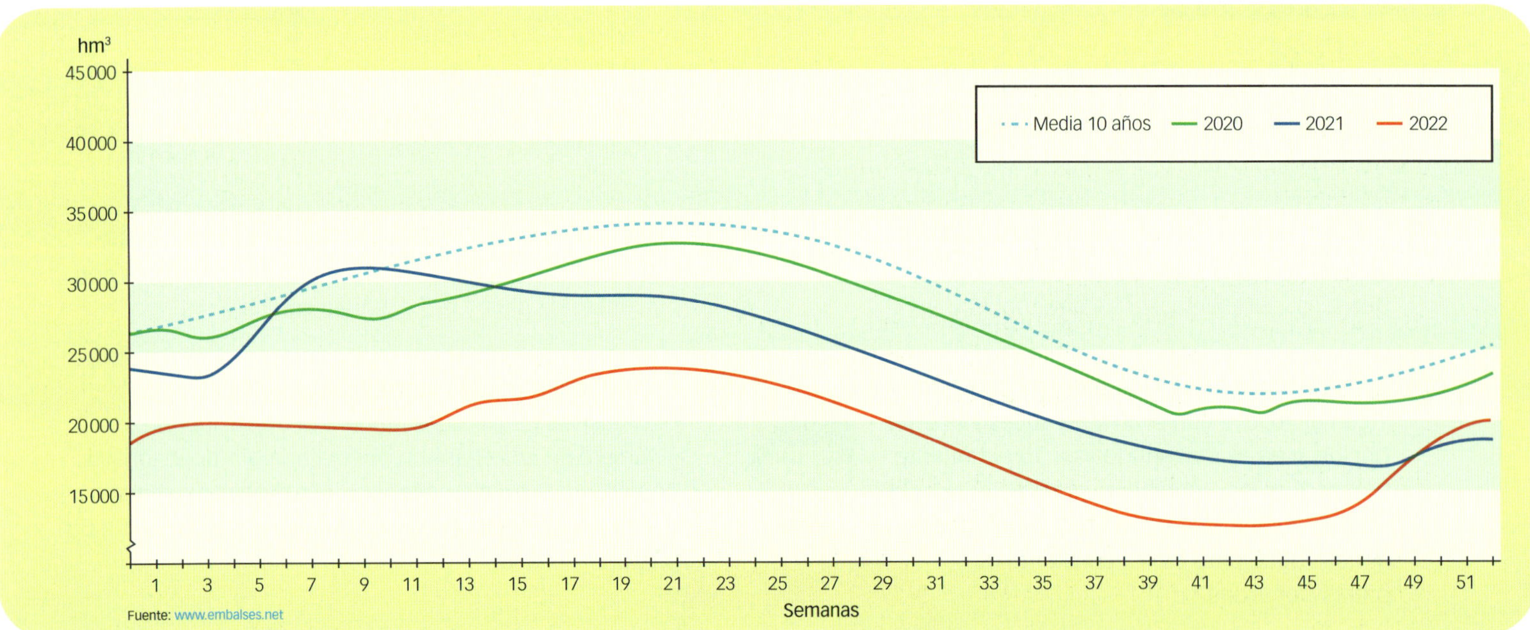

1 Cada año, su color

Cada año es diferente, en uno se almacena más agua y en otro menos.

- ¿Qué cantidad había embalsada la tercera semana de 2021? ¿Y en 2022?
- ¿En qué semana del año 2022 se bajó de 20 000 hm^3 almacenados?
- Hubo momentos en 2020 y 2021 en que la cantidad de agua almacenada en la misma semana era igual. ¿Cuándo ocurrió esto?

2 Las cuatro estaciones

Lo normal es que el clima y las precipitaciones se repitan, más o menos, de forma cíclica: los deshielos de las montañas suelen suceder en primavera y en ese momento la cantidad de agua embalsada tiende a aumentar.

- Señala cuándo aumenta y cuándo disminuye el agua embalsada en cada uno de los años representados.
- ¿A qué crees que se puede deber ese crecimiento o decrecimiento detectado?
- ¿Hay algún máximo o mínimo? ¿Qué significan?
- Haz una gráfica que represente el agua embalsada en España desde la primera semana de 2020 hasta la última semana de 2022.
- Di cuándo crece y decrece la gráfica que has hecho.

PRODUCTO FINAL Elabora un informe sobre el consumo de agua

Piensa en toda el agua que gasta tu familia en un día. ¡No solo la que bebéis! Aseo, limpieza y cocina suponen los principales gastos de agua del hogar.

El consumo medio por habitante y día en España se dispara hasta los 133 litros.

- ¿Cuánta agua gastan entre todos los habitantes de España al día por término medio? ¿Y a la semana?
- Construye una tabla donde se refleje el consumo medio de la población según el número de semanas transcurridas.
- Represente en unos ejes coordenados los datos de la tabla que has hecho.
- ¿Tendría sentido unir con una línea los puntos obtenidos? ¿Cómo es la gráfica? ¿Representa una función?
- Realiza un informe recogiendo la tabla y la gráfica anterior en el que propongas medidas que se te ocurran para ahorrar agua en casa.

RESUMEN DE UNIDAD

FUNCIONES

Ecuación: $f(x) = x^3 - 6x^2 + 9x$

Tabla:

x	0	1	2	3	4
y	0	4	2	0	4

Variable independiente: x

Variable dependiente: y

Gráfica:

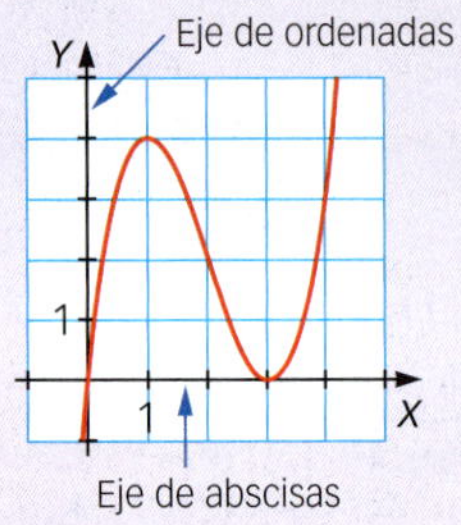

PUNTOS DE CORTE. MÁXIMOS Y MÍNIMOS. CRECIMIENTO Y DECRECIMIENTO

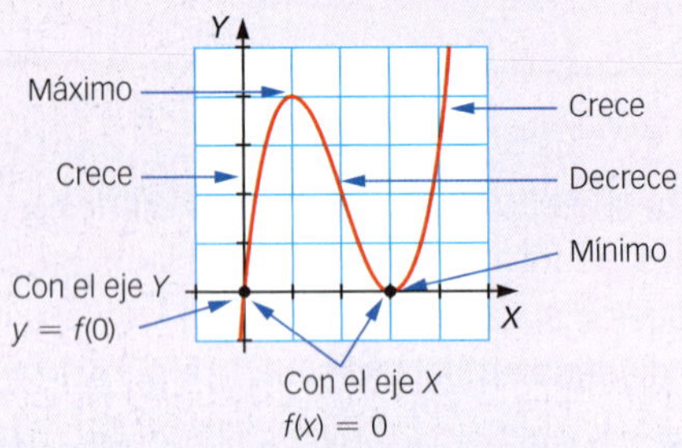

FUNCIÓN CONSTANTE

$y = k$

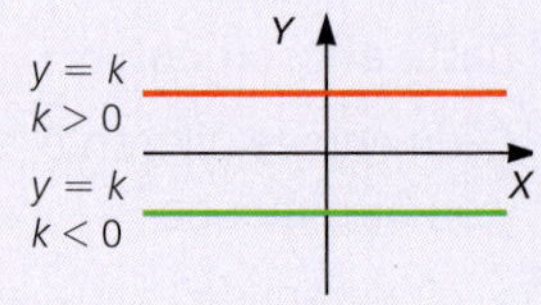

FUNCIÓN DE PROPORCIONALIDAD DIRECTA

$y = mx$ — m: Pendiente

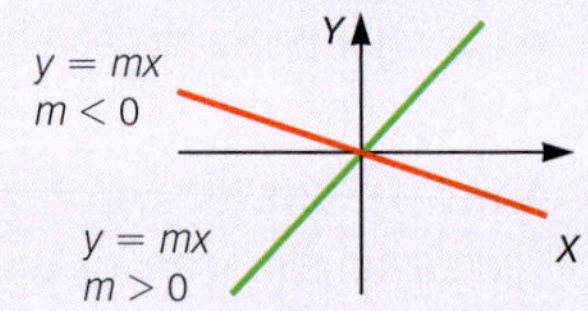

FUNCIÓN LINEAL

$y = mx + n$ — m: Pendiente; n: Ordenada en el origen

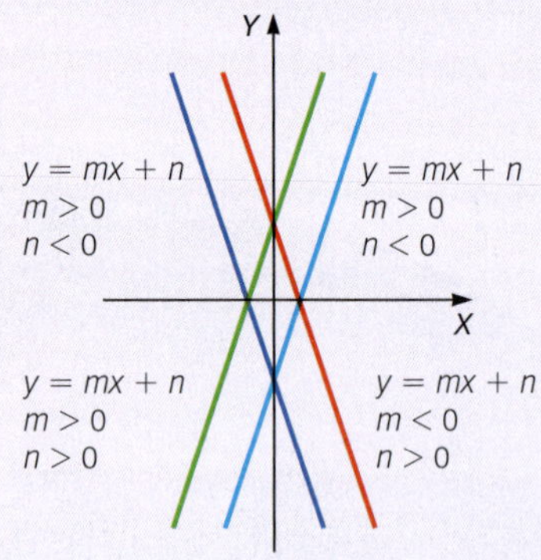

AUTOEVALUACIÓN

1. Reconoce una función y conoce su gráfica

1 Indica qué gráfica corresponde a una función.

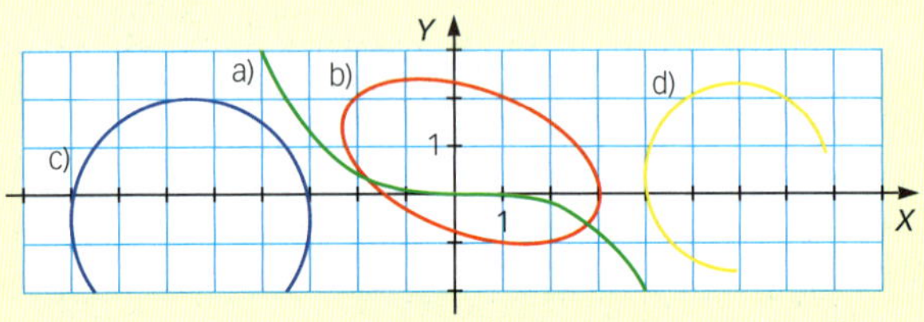

2. Elige la representación más adecuada para una función según el contexto

2 Si el precio de 5 kilos de mandarinas es 17 €, halla la expresión algebraica que representa esta situación.

a) $y = 3{,}4x$ b) $y = 5x$ c) $y = 17x$ d) $y = 17$

3. Interpreta y analiza una gráfica

3 Señala los máximos y mínimos.

a) Máximos: $(-2, 3)$; $(2, 3)$
Mínimos: $(0, -2)$; $(-3, 2)$; $(4, 1)$

b) Máximos: $(-2, 3)$; $(2, 3)$
Mínimos: $(-2, 0)$

c) Máximos: $(-2, 3)$; $(2, 3)$
Mínimos: $(0, -2)$

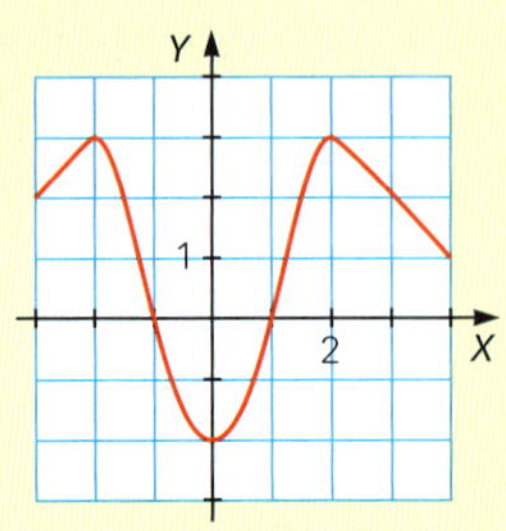

4. Reconoce y representa una función lineal

4 Completa la siguiente tabla y elige la expresión algebraica correspondiente.

x	-1	0	2
y	0,5	b	2

a) $b = 1 \rightarrow y = \frac{1}{2}x - 1$ c) $b = 1 \rightarrow y = \frac{1}{2}x + 1$

b) $b = 0 \rightarrow y = \frac{1}{2}x + 1$ d) $b = 1 \rightarrow y = -\frac{1}{2}x + 1$

5. Estudia situaciones reales e identifica las funciones lineales más adecuadas

5 Un parterre rectangular tiene un perímetro de 36 dm. Su largo es 3 veces su ancho más 2 m. Encuentra las dimensiones del parterre.

a) 10 dm × 5 dm b) 14 dm × 4 dm c) 12 dm × 3 dm

VALORA TU APRENDIZAJE

- ¿Crees que fallar también ayuda a aprender?
- ¿Colaboras para que el grupo funcione bien?

CONTENIDOS ADICIONALES

Estadística y probabilidad

I Estadística y probabilidad

DESAFÍO

¡No te pierdas!

Hay distintas rutas para llegar de *A* a *D*, pasando una única vez por *B* y *C*.

¿Cuántas rutas hay?

SITUACIÓN DE APRENDIZAJE

Codificar un mensaje a partir de una clave propia

El ser humano, desde la Antigüedad, ha sentido la necesidad de enviar mensajes de manera que solo pudieran ser comprendidos por su receptor. Para ello, se transforma el mensaje usando una clave.

- ¿Es importante poder codificar mensajes? ¿Qué usos crees que tiene?
- ¿Cómo podemos obtener una clave de codificación? ¿Conoces alguna forma?

Para contestar a estas preguntas necesitas estudiar estadística y probabilidad.

¿Qué sabes ya?

Cómo se pasa de fracción a decimal y a porcentaje

Para expresar una fracción como un número decimal se divide el numerador entre el denominador.

Para expresar un número decimal como porcentaje se multiplica por 100 y al resultado se le añade el símbolo %.

EJEMPLO

De 25 jóvenes entrevistados, 18 han dicho que practican deporte. ¿Qué porcentaje practica deporte?

$$\frac{18}{25} = 0{,}72 \rightarrow \frac{0{,}72 \cdot 100}{100} = 72\,\%$$

El 72 % de los jóvenes entrevistados practica deporte.

ACTIVIDADES

1 Indica el porcentaje que representa $\frac{14}{20}$.

a) 0,7 % b) 7 % c) 14 % d) 70 %

1. Variables estadísticas

La **estadística** es la ciencia que se ocupa de recoger y ordenar datos referidos a diversos fenómenos y, posteriormente, analizarlos e interpretarlos.

Una **variable estadística** es cualquier característica que se estudie en los individuos de la población o de una muestra.

Según sus posibles valores, las variables se clasifican así:

- **Cualitativas:** los valores de la variable no son números, sino cualidades. Por ejemplo, *color de ojos, lugar de nacimiento*…
- **Cuantitativas:** los valores que toma la variable son números. Dentro de las variables cuantitativas hay dos clases:
  - **Discretas:** entre cada dos valores, la variable solo puede tomar un número finito de valores. Por ejemplo, *número de páginas de un libro* (entre 112 y 114 solo hay un posible valor, 113).
  - **Continuas:** entre cada dos valores, la variable puede tomar tantos valores como queramos. Por ejemplo, la *temperatura* (entre 10 °C y 11 °C hay 10,1 °C, 10,15 °C…, es decir, infinitos valores posibles).

La **población** es el conjunto de todos los elementos del estudio estadístico.

La **muestra** es la parte de la población que estudiamos. Se usa cuando la población es muy grande.

EJEMPLO

1. Clasifica estas variables estadísticas y pon ejemplos de los valores que pueden tomar.

   a) Raza de un perro → Cualitativa: no toma valores numéricos.

   Raza = {Pequinés, cocker…}

   b) Peso al nacer → Cuantitativa continua: toma valores numéricos y, en cada tramo, puede tomar infinitos valores.

   Peso al nacer = {2 kg, 3 kg, 3,22 kg…}

   c) Número de mascotas → Cuantitativa discreta: toma valores numéricos y, en cada tramo, solo puede tomar un número determinado de valores.

   Número de mascotas = {0, 1, 2, 3…}

ACTIVIDADES

1 Clasifica las siguientes variables estadísticas.

a) Marca de un móvil.

b) Color de ojos.

c) Deporte favorito.

d) Altura.

e) Edad.

2 Escribe tres variables cualitativas, tres cuantitativas continuas y otras tres cuantitativas discretas.

3 **REFLEXIONA.** Para clasificar los perros abandonados, los empleados de la perrera rellenan una ficha con los siguientes datos.

a) Raza.

b) Edad.

c) Alzada (cm).

d) Peso (kg).

e) Sexo.

f) Color de pelo.

g) Nivel de adiestramiento.

h) Nivel de peligrosidad.

Clasifica las variables.

2. Frecuencias

- La **frecuencia absoluta** de un dato estadístico es el número de veces que se repite. Se representa por f_i.
- La **frecuencia relativa** es el cociente entre la frecuencia absoluta y el número total de datos. Se representa por h_i.

La suma de las frecuencias absolutas es el número total de datos, N.

La suma de las frecuencias relativas es igual a 1.

Para hacer el recuento de datos:

- Si la variable es **cuantitativa**, se ordenan los valores de los datos en orden creciente y se apunta la cantidad de veces que aparece cada uno.
- Si la variable es **cualitativa**, se escriben todos los valores y se apunta la cantidad de veces que aparece cada uno.

GEOGEBRA

EJEMPLO

2. Se ha preguntado a 50 personas por el número de ordenadores que hay en su vivienda, obteniendo los siguientes resultados.

1 2 0 2 2	3 4 0 1 2	2 2 0 3 1	3 4 2 0 1	1 3 3 2 1
1 2 2 2 0	2 2 2 1 3	1 1 1 3 1	1 3 2 4 1	3 1 0 1 3

Pon los datos en una tabla y halla las frecuencias absolutas y relativas.

x_i	0	1	2	3	4	
f_i	6	16	15	10	3	**50**
h_i	$\frac{6}{50}=0{,}12$	$\frac{16}{50}=0{,}02$	$\frac{15}{50}=0{,}3$	$\frac{10}{50}=0{,}2$	$\frac{3}{50}=0{,}06$	**1**

La frecuencia relativa acumulada puede calcularse dividiendo la frecuencia absoluta acumulada entre el número de datos.

$$H_i = \frac{F_i}{N}$$

- La **frecuencia absoluta acumulada**, F_i, de un dato, x_i, es la suma de las frecuencias absolutas de los valores que son menores o iguales a este dato.

$$F_i = f_1 + f_2 + f_3 + \ldots + f_i$$

- La **frecuencia relativa acumulada**, H_i, de un dato, x_i, es la suma de las frecuencias relativas de los valores menores o iguales a este dato.

$$H_i = h_1 + h_2 + h_3 + \ldots + h_i$$

ACTIVIDADES

4. Organiza las alturas, en centímetros, de 10 estudiantes en una tabla de frecuencias.

164	168	170	170	168
170	174	170	168	172

5. Haz una tabla de frecuencias con las edades de los socios de un club deportivo.

27	19	21	24	24	24
22	20	22	29	23	28
23	25	24	21	26	19

6. **REFLEXIONA.** A partir de esta tabla de frecuencias, construye la tabla de frecuencias acumuladas.

Dato	f_i	h_i
1	3	0,15
2		0,2
3		
4		0,3
5	5	

Cómo se construyen tablas de frecuencias

> Para calcular las frecuencias acumuladas, los datos se tienen que poder ordenar, es decir, la variable tiene que ser cuantitativa.

Organiza en una tabla de frecuencias los datos de estas dos variables.

a) Número de hermanos y hermanas.

1 1 3 4 4 2 2 2 1 4 4 2 3 2 3
2 3 1 1 2 2 1 3 1 2

b) Color de ojos.

Azul: 5 Castaño: 6
Negro: 6 Verde: 8

① Contamos el número de veces que aparece cada dato (f_i).

a) 1 → ||||| || 3 → |||||
2 → ||||| |||| 4 → ||||

b) El recuento ya está realizado.

② Elaboramos una tabla colocando en la primera columna los valores que toma la variable (en orden creciente si la variable es cuantitativa) y añadimos su frecuencia absoluta.

Datos (x_i)	f_i
1	7
2	9
3	5
4	4
Total	**25**

La suma de las frecuencias absolutas debe ser el número total de datos.

Datos (x_i)	f_i
Azul	5
Castaño	6
Negro	6
Verde	8
Total	**25**

③ Dividimos las frecuencias absolutas entre el número total de datos para hallar las frecuencias relativas y las anotamos en la siguiente columna.

Datos (x_i)	f_i	h_i
1	7	7/25 = 0,28
2	9	9/25 = 0,36
3	5	5/25 = 0,2
4	4	4/25 = 0,16
Total	**25**	**1**

La suma de las frecuencias relativas debe ser 1.

Datos (x_i)	f_i	h_i
Azul	5	5/25 = 0,2
Castaño	6	6/25 = 0,24
Negro	6	6/25 = 0,24
Verde	8	8/25 = 0,32
Total	**25**	**1**

$h_i = \frac{f_i}{N}$

④ Si la variable es cuantitativa, podemos anotar las frecuencias acumuladas sumando las frecuencias en orden creciente.

x_i	f_i	F_i	h_i	H_i
1	7	7	0,28	0,28
2	9	16	0,36	0,64
3	5	21	0,2	0,84
4	4	25	0,16	1
Total	**25**		**1**	

Datos (x_i)	f_i	h_i
Azul	5	0,2
Castaño	6	0,24
Negro	6	0,24
Verde	8	0,32
Total	**25**	**1**

ACTIVIDADES

7 Construye una tabla de frecuencias, incluyendo frecuencias absolutas, relativas y acumuladas, a partir de estos datos.

Dato	1	3	4	6	10
Frecuencia absoluta	2	4	3	1	5

8 En una clase de 20 estudiantes, el número de horas dedicadas a realizar un trabajo han sido:

4 6 7 3 6 8 5 9 8 7
5 4 7 8 4 6 5 8 10 7

Forma una tabla con el recuento de datos y calcula las frecuencias de los valores que toma su variable.

9 Elabora la tabla de frecuencias de las temperaturas (en °C) en el mes de junio.

20 28 24 26 22 24 28 22 26 30
20 22 26 24 28 20 24 26 22 24
24 26 22 24 28 20 26 22 24 26

10 La estatura, en cm, de 24 estudiantes de una clase es:

147 148 149 149 150 150 151 151
152 153 153 154 156 157 157 158
158 158 159 159 160 160 160 161

Realiza el recuento de datos y construye una tabla de frecuencias.

3. Gráficos estadísticos

Otra forma de organizar y resumir los datos son las **representaciones gráficas**.

Los gráficos estadísticos nos permiten captar inmediatamente las características más relevantes de un estudio estadístico.

3.1. Diagrama de barras

Un **diagrama de barras** consiste en un gráfico compuesto por barras que representan las frecuencias de cada dato. Se utiliza para representar frecuencias de variables cualitativas y de cuantitativas discretas que tomen pocos valores.

GEOGEBRA

Para construir un diagrama de barras, dibujamos unos ejes de coordenadas y a continuación:

- Representamos los valores de la variable en el eje horizontal.
- Representamos las frecuencias en el eje vertical.
- La frecuencia de cada dato se representa con una barra. Las alturas de las barras son proporcionales a las frecuencias correspondientes.

Cuando la variable es cuantitativa, podemos unir con líneas los extremos superiores de las barras y obtenemos una línea poligonal denominada polígono de frecuencias.

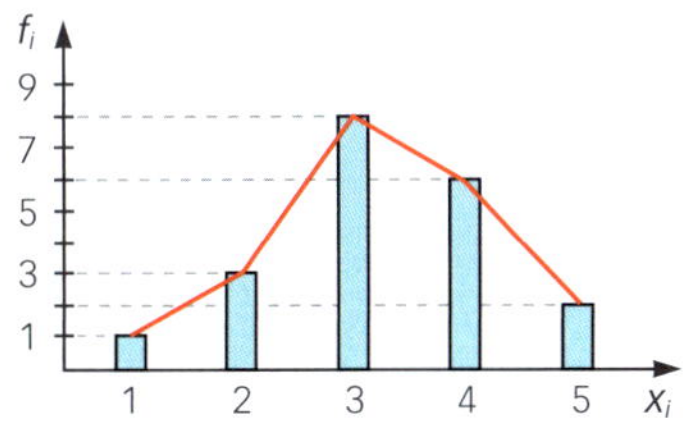

EJEMPLO

3. La tabla muestra los valores recogidos al preguntar a 40 personas sobre el tipo de novela favorita. Representa la información obtenida mediante un diagrama de barras.

Novela favorita (x_i)	N.º de personas (f_i)
Aventuras	12
Histórica	8
Ciencia ficción	14
Romántica	6

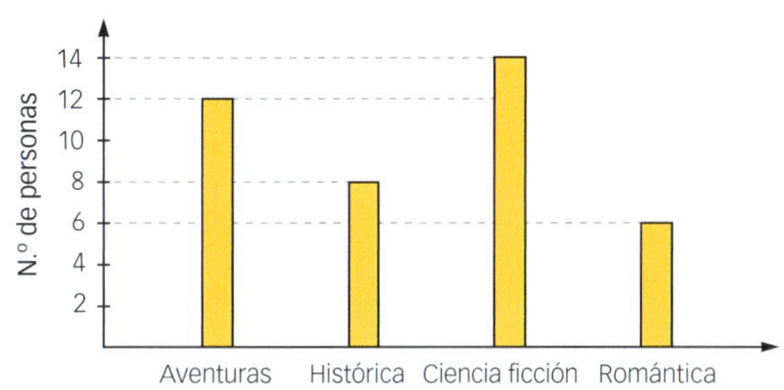

ACTIVIDADES

11 Realiza un diagrama de barras con el número de menores que hay en 100 familias de una ciudad.

N.º de menores	0	1	2	3	4
N.º de familias	10	25	33	14	18

12 El color de pelo de 30 personas es:

M = moreno R = rubio P = pelirrojo

M R P M M M M R R P
M M P R R R P M M M
P M M M M M R M M M

Representa los datos en un diagrama de barras.

13 **REFLEXIONA.** Este gráfico representa el número de veces que un grupo de personas utiliza el transporte público en una semana.

a) ¿Qué tipo de variable estamos estudiando?

b) Construye la tabla correspondiente a los datos representados en el gráfico.

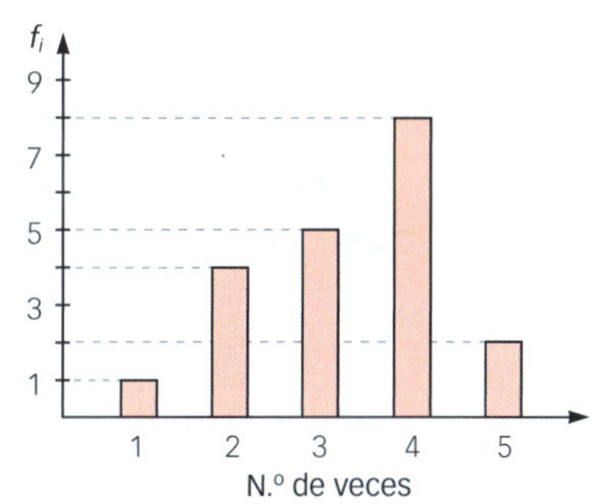

3.2. Diagrama de sectores

GEOGEBRA

Un **diagrama de sectores** está compuesto por un círculo dividido en sectores que representan a cada uno de los valores de la variable. Se puede utilizar para representar cualquier tipo de variable.

Para construir un diagrama de sectores, dibujamos un círculo y lo dividimos en sectores.

- Cada sector representa un valor de la variable.
- La amplitud de cada sector es proporcional a la frecuencia del dato que representa. La obtenemos aplicando esta fórmula:

$$\text{Amplitud del sector circular} = \frac{f_i}{N} \cdot 360° = h_i \cdot 360°$$

EJEMPLO

4. Completa la tabla y realiza un diagrama de sectores.

Novela favorita	Aventuras	Histórica	C. ficción	Romántica
Frecuencia (f_i)	12	8	14	6

Completamos la tabla con h_i, el porcentaje y la amplitud de cada sector.

Novela favorita	f_i	h_i	%	Amplitud (°)
Aventuras	12	0,3	30 %	0,3 · 360° = 108°
Histórica	8	0,2	20 %	0,2 · 360° = 72°
Ciencia ficción	14	0,35	35 %	0,35 · 360° = 126°
Romántica	6	0,15	15 %	0,15 · 360° = 54°
	N = 40			

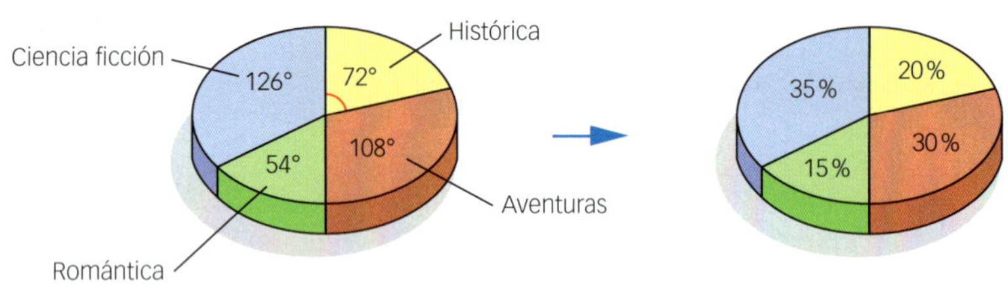

RETO

Si en una encuesta 3 de cada 4 personas tienen la misma opinión, ¿qué amplitud tendría el sector que representa esa opinión?

En los diagramas de sectores, además del valor de la variable, solemos escribir el tanto por ciento que representa.

ACTIVIDADES

14 Dibuja un diagrama de barras y otro de sectores con los siguientes datos.

Deporte favorito	Fútbol	Baloncesto	Tenis
N.º de personas	120	80	50

¿Cuál de las dos representaciones te parece más adecuada? ¿Por qué?

15 **REFLEXIONA.** Este diagrama de sectores muestra las respuestas de un grupo de personas sobre el color de vehículo que prefieren.

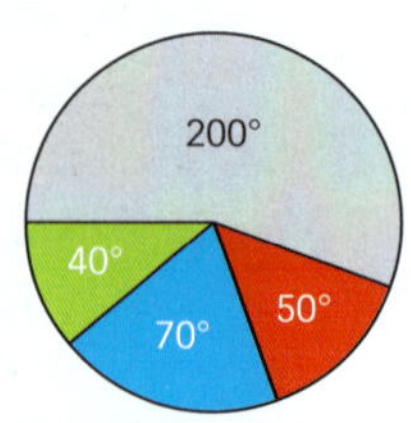

a) ¿Cuál es el color que prefiere la mayoría?

b) Si hemos entrevistado a 3 600 personas, ¿cuántas prefieren cada color?

Cómo se interpretan gráficos estadísticos

Para calcular el tanto por ciento que representa un dato en un diagrama de sectores del que solo conocemos la amplitud del sector utilizamos esta fórmula:

$$\frac{\text{Amplitud del sector}}{360°} \cdot 100$$

Observa en cada caso el gráfico y contesta.

a) El diagrama de sectores representa los gastos de una familia con unos ingresos de 1800 € mensuales. ¿Cuánto dinero gasta en cada concepto?

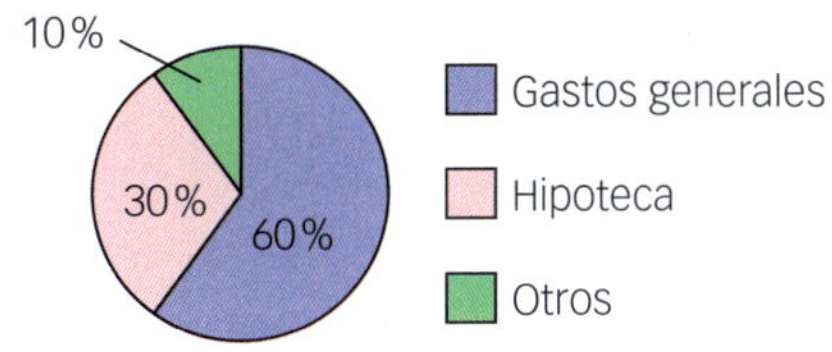

b) El gráfico de barras muestra las ventas de coches de un concesionario según el tipo de vehículo.

¿Qué porcentaje de ventas corresponde a turismos?

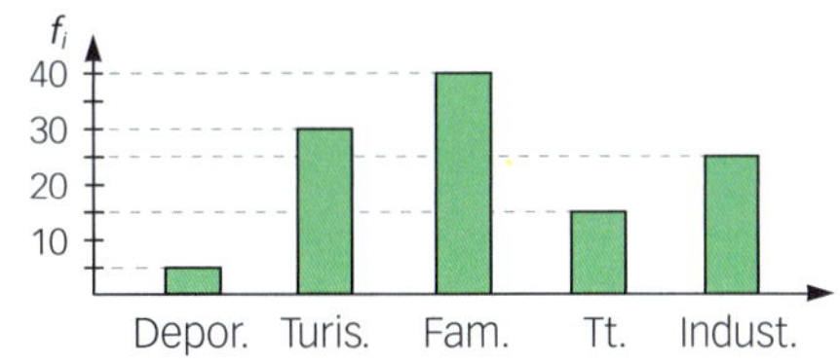

① **Analizamos los datos del enunciado del problema y el gráfico correspondiente.**

a) El 60 % corresponde a gastos generales, el 30 % a la hipoteca y el 10 % restante a otros conceptos.

b) Recogemos en una tabla los datos del gráfico de barras.

x_i	Deportivo	Turismo	Familiar	Todoterreno	Industrial
f_i	5	30	40	15	25

② **Calculamos a partir de los datos lo que nos pide el problema.**

a) Gastos generales: 60 % de 1800 = 1080 €. ← $\frac{60}{100} \cdot 1800$

Hipoteca: 30 % de 1800 = 540 €.

Otros: 10 % de 1800 = 180 €.

b) Calculamos primero el número de coches vendidos.

5 + 30 + 40 + 15 + 25 = 115

Y hacemos una regla de tres.

Número de turismos →

$$\left.\begin{array}{l} 115 \text{ coches} \xrightarrow{\text{son}} 100\,\% \\ 30 \text{ coches} \xrightarrow{\text{son}} x\,\% \end{array}\right\} \rightarrow \frac{115}{30} = \frac{100}{x} \rightarrow x = \frac{30 \cdot 100}{115} = 26{,}09\,\%$$

③ **Interpretamos el resultado.**

a) Gasta en gastos generales 1080 €, en hipoteca, 540 €, y en otros gastos, 180 €.

b) El 26,09 % de los coches vendidos son turismos.

ACTIVIDADES

16 El gráfico muestra el número de entradas de cine vendidas durante una semana. El precio de la entrada de lunes a viernes es de 7,50 €, menos el día del espectador, que es el miércoles y cuesta 6 €. El sábado y el domingo el precio es de 8,50 €. ¿Cuánto dinero se ha recaudado durante la semana?

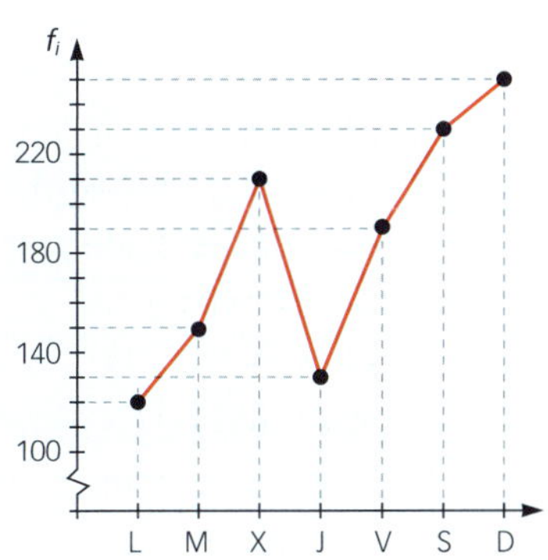

17 Una tienda vende camisetas de cuatro colores. El siguiente diagrama muestra las preferencias, en cuanto al color, de la clientela de esa tienda.

a) ¿Cuál es el color que prefiere la mayoría?

b) Si se atendió a 720 personas en enero, ¿cuántas prefirieron cada color?

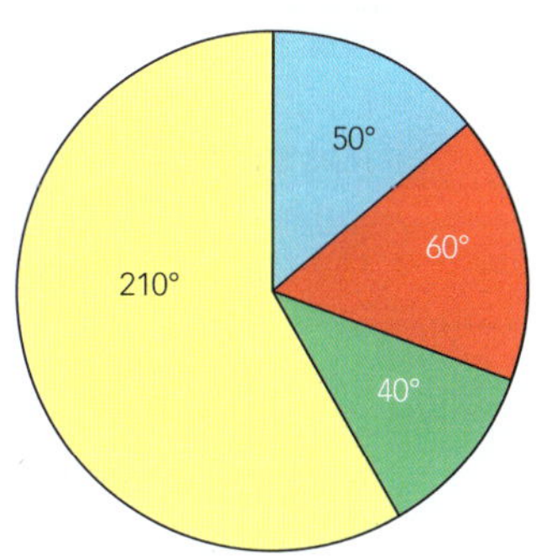

4. Medidas estadísticas

Una vez organizados los datos de un estudio estadístico, podemos calcular una serie de valores que nos ayudarán a interpretarlos: las medidas estadísticas. Las medidas que vamos a estudiar son la **media aritmética**, la **mediana**, la **moda** y el **rango** o **recorrido**.

- **Media aritmética:** se representa por $\overline{x}$ y es el número que resulta de dividir la suma de todos los datos entre el número total de ellos.
- **Mediana:** se representa por ***Me*** y es el valor que ocupa la posición central de los datos después de ordenarlos, o la media de los dos valores centrales en el caso de que el número de datos sea par.
- **Moda:** se representa por ***Mo*** y es el dato (o datos) más repetido, es decir, el que tiene mayor frecuencia absoluta.
- **Rango** o **recorrido:** se representa por ***R*** y es el número que resulta de restar el dato menor al dato mayor.

“

- La media aritmética, la mediana y el rango solo se pueden calcular en variables cuantitativas y son valores únicos.
- La moda se puede calcular para cualquier tipo de variable, no tiene por qué ser un valor único y siempre coincide con alguno de los datos.

RETO

La media de un grupo de tres números es 15 y la de un grupo de dos números es 9. ¿Cuál es la media de los cinco números?

EJEMPLO

5. Calcula las medidas estadísticas de esta serie de datos.

5 6 7 3 1 3 4 5

Hay 8 datos. → $N = 8$

Media: $\overline{x} = \dfrac{5+6+7+3+1+3+4+5}{8} = \dfrac{34}{8} = 4{,}25$

Mediana: Ordenamos los datos y escogemos el central.

$\underbrace{1\ \ 3\ \ 3}_{3\ \text{datos}}\ \ 4\ \ 5\ \ \underbrace{5\ \ 6\ \ 7}_{3\ \text{datos}} \rightarrow Me = \dfrac{4+5}{2} = 4{,}5$

Moda: Los datos con mayor frecuencia son 3 y 5, luego hay 2 modas. → $Mo_1 = 3$ y $Mo_2 = 5$

Rango: $7 - 1 = 6 \rightarrow R = 6$. Los datos varían entre 1 y 7.

ACTIVIDADES

18 Las edades de los estudiantes de una academia de inglés son las siguientes:

15	14	16	16	14
12	15	11	13	14

Calcula la media aritmética, la mediana, la moda y el rango.

19 Las temperaturas diarias, en °C, en una ciudad durante un mes son:

18	19	22	16	21	20	19	18	17	22
21	23	25	19	20	19	22	21	20	24
23	21	19	14	23	19	18	19	20	21

Compara la temperatura media, la mediana y la moda del mes.

20 **REFLEXIONA.** Este diagrama de barras muestra el número de llamadas telefónicas recibidas por un grupo de personas.

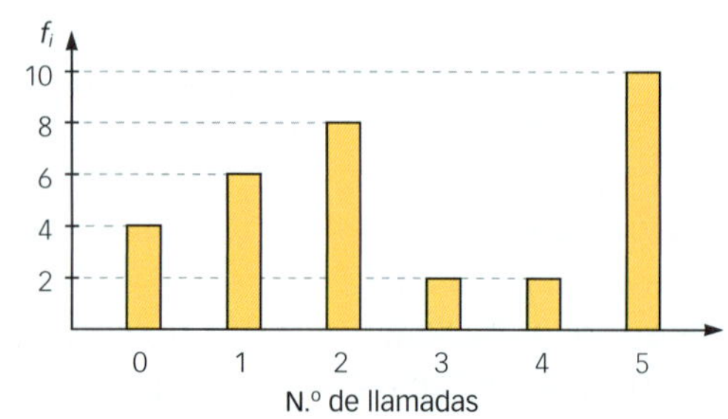

Realiza la tabla de frecuencias y complétala para calcular la media aritmética, la mediana, la moda y el rango.

Cómo se calculan e interpretan las medidas estadísticas

> La media, la mediana y el rango solo existen si la variable es cuantitativa.

La siguiente tabla muestra el número de intentos que ha tenido que realizar un grupo de personas para obtener el carné de conducir.

Calcula e interpreta sus medidas estadísticas.

N.º de intentos	N.º de personas
1	20
2	52
3	8

① **Determinamos el tipo de variable.**

La variable *número de intentos* es una variable cuantitativa.

② **Completamos la tabla de frecuencias.**

Añadimos una columna con las frecuencias absolutas acumuladas, F_i, para facilitar el cálculo de la mediana.

Añadimos una columna con el producto de cada valor por su frecuencia, $f_i \cdot x_i$, para facilitar el cálculo de la media.

Añadimos una fila con las sumas de los datos de las columnas.

x_i	f_i	F_i	$f_i \cdot x_i$
1	20	20	$20 \cdot 1 = 20$
2	52	$20 + 52 = 72$	$52 \cdot 2 = 104$
3	8	$72 + 8 = 80$	$8 \cdot 3 = 24$
Total	$20 + 52 + 8 = 80$		$20 + 104 + 24 = 148$

El total es N.

③ **Hallamos las medidas estadísticas.**

- Media aritmética: $\overline{x} = \dfrac{f_1 \cdot x_1 + f_2 \cdot x_2 + f_3 \cdot x_3}{N} = \dfrac{20 + 104 + 24}{80} = \dfrac{148}{80} = 1{,}85$
- Mediana: El valor central ocupará esta posición: $\dfrac{N}{2} = \dfrac{80}{2} = 40$. Por las frecuencias absolutas acumuladas sabemos que los 20 primeros datos son 1 y, a partir de ahí hasta la posición 72, son 2. Los datos que ocupan los lugares 40 y 41 son 2, luego su media también es 2.
- Moda: El valor más repetido, 52 veces, es 2. $\rightarrow Mo = 2$
- Rango: Máximo $= 3$, mínimo $= 1 \rightarrow R = 3 - 1 = 2$

④ **Interpretamos las medidas estadísticas.**

La media indica que se necesitan 1,85 intentos (casi 2) para aprobar.

La mediana está cerca de la media, lo que significa que los datos están repartidos uniformemente.

La moda nos dice que la mayoría de las personas necesita 2 intentos para aprobar.

Y el rango indica que como máximo hay 2 intentos de diferencia entre dos personas cualesquiera.

ACTIVIDADES

21 Halla las medidas estadísticas para el estudio reflejado en la siguiente tabla e interprétalas.

N.º de dispositivos electrónicos (x_i)	0	1	2	3	4
N.º de personas (f_i)	2	5	8	6	3

22 Halla las medidas estadísticas del estudio de la estatura, en cm, de 24 estudiantes e interprétalas.

x_i	154	158	162	166	170
f_i	2	5	8	6	3

5. Experimentos aleatorios

Existen experimentos en los que conocemos lo que ocurrirá antes de realizarlos. Por ejemplo, si dejamos caer una piedra desde una cierta altura, sabemos con seguridad que llegará al suelo.

Sin embargo, en otras ocasiones, no podemos predecir el resultado. Por ejemplo, al lanzar un dado desconocemos qué número saldrá.

Si al realizar un experimento se puede dar más de un resultado, es aleatorio.

Si solo se puede dar un resultado, el experimento es determinista.

- Un **experimento** es **aleatorio** si no podemos predecir el resultado que obtendremos cuando lo hacemos, es decir, cuando depende del azar.
- Un **experimento** es **determinista** si sabemos por adelantado el resultado que obtendremos.

RETO

¿Puede un experimento ser aleatorio y determinista a la vez?

EJEMPLO

6. Clasifica los siguientes sucesos en aleatorios o deterministas.

a) Determinar el día de la semana que será mañana.

Si sabemos qué día de la semana es hoy, podremos determinar con exactitud qué día será mañana.

El experimento es determinista.

b) Coger una carta de la baraja española y adivinar el palo.

Cuando cogemos una carta, puede ser de oros, copas, espadas o bastos. Antes de cogerla de la baraja, no podemos saber de qué palo será.

El experimento es aleatorio.

c) Lanzar una chincheta y determinar cómo caerá.

Cuando lanzamos una chincheta, puede caer con la punta hacia abajo o hacia arriba.

Aunque es más probable que caiga con la punta hacia abajo, no podemos saber cómo caerá.

El experimento es aleatorio.

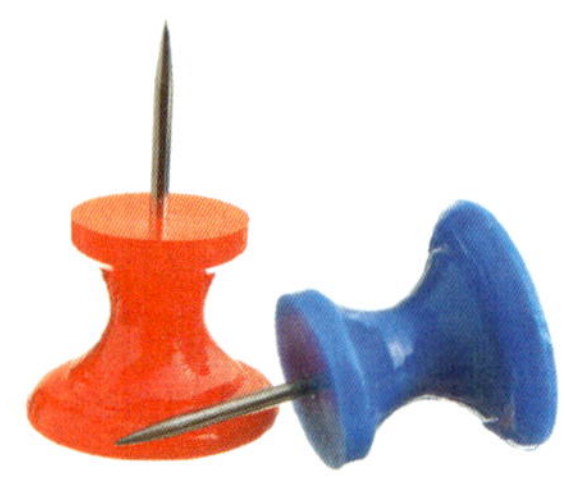

ACTIVIDADES

23 Clasifica los siguientes experimentos en aleatorios o deterministas.

a) Extraer una carta de una baraja y adivinar cuál es.

b) Averiguar el peso de un litro de mercurio.

c) Preguntar a un compañero un número y adivinar cuál es.

d) Lanzar tres monedas y adivinar el número de caras obtenidas.

e) Averiguar el resultado de la resta de dos números conocidos.

24 En una bolsa hay 10 bolas de 3 colores diferentes. Explica si estos experimentos son aleatorios o deterministas.

a) Sacar una bola y averiguar el color.

b) Sacar una bola y adivinar su forma.

c) Averiguar cuántas bolas hay en la bolsa.

25 **REFLEXIONA.** Escribe dos experimentos aleatorios y dos deterministas.

6. Sucesos

En los experimentos aleatorios no podemos predecir el resultado.

- Un **suceso elemental** es cada uno de los resultados posibles de un experimento aleatorio.
- Un **suceso compuesto** es un suceso que contiene dos o más sucesos elementales.

Espacio muestral de un experimento

El conjunto formado por todos los resultados posibles de un experimento aleatorio es el **espacio muestral**. Se representa por E.

El espacio muestral está compuesto por todos los sucesos elementales del experimento.

Para expresar los sucesos que contiene el espacio muestral o un suceso compuesto, escribimos los sucesos que contiene entre llaves ({ }).

Al tirar un dado de seis caras:

$E = \{1, 2, 3, 4, 5, 6\}$

«Que salga par» $= \{2, 4, 6\}$

EJEMPLO

7. Determina el espacio muestral, los sucesos elementales y un suceso compuesto en los siguientes experimentos aleatorios.

a) Lanzamos un dado de seis caras y apuntamos el resultado.

Espacio muestral → $E = \{1, 2, 3, 4, 5, 6\}$

Sucesos elementales → {1}, {2}, {3}, {4}, {5} y {6}

Suceso compuesto → «Obtener un número impar» = {1, 3, 5}

b) Lanzamos dos monedas y anotamos el número de caras que hemos obtenido.

Espacio muestral → E = {2 caras, 1 cara, 0 caras}

Sucesos elementales → {2 caras}, {1 cara} y {0 caras}

Suceso compuesto → «Obtener alguna cara» = {2 caras, 1 cara}

ACTIVIDADES

26 Escribe el espacio muestral, los sucesos elementales y un suceso compuesto asociado a cada uno de estos experimentos aleatorios.

a) Extraer una bola de una urna que contiene 10 bolas numeradas del 1 al 10.

b) Lanzar un dado de ocho caras y anotar el resultado.

c) Lanzar dos dados de seis caras y anotar la suma de las puntuaciones.

d) Lanzar tres monedas y anotar el número de cruces que han salido.

e) Participar en una rifa en la que se sortea un cheque-regalo entre 1000 boletos.

f) Sacar una carta de una baraja española y averiguar el palo.

27 De una bolsa donde hay tarjetas con todas las letras de la palabra VACACIONES, sacamos una.

a) Escribe el espacio muestral.

b) Determina un suceso elemental y uno compuesto.

28 **REFLEXIONA.** En el experimento aleatorio que consiste en lanzar un dado de ocho caras y anotar el resultado, clasifica los siguientes sucesos en elementales y en compuestos.

a) «Que salga un número primo».

b) «Que salga un número mayor que 7».

c) «Que salga un divisor de 6».

d) «Que salga un número menor que 10».

e) «Que salga un 10».

7. Probabilidad. Regla de Laplace

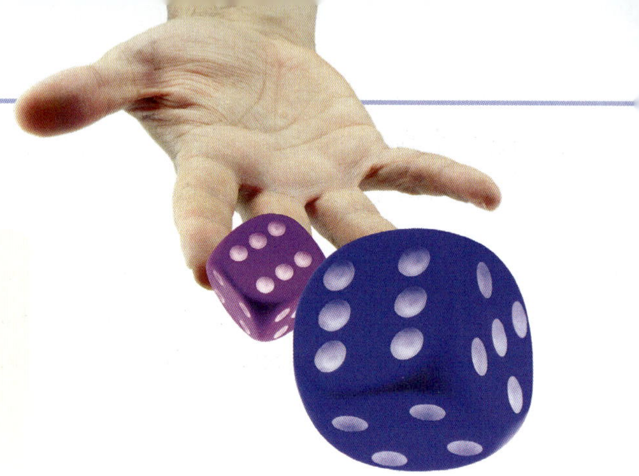

La **probabilidad**, *P*, de un suceso *A*, es un número comprendido entre 0 y 1 que indica la posibilidad de que este ocurra.

Ley de los grandes números: si realizamos un experimento aleatorio un número elevado de veces, la probabilidad de un suceso es igual a su frecuencia relativa, $P(A) \approx h_A$.

Cuanto mayor sea la probabilidad, más fácil será que ocurra.

- Si $P(A) = 1$, decimos que *A* es un **suceso seguro**. *A* siempre ocurre.
- Si $P(A) = 0$, *A* es un **suceso imposible**. *A* no ocurre nunca.

«La probabilidad del suceso A se representa por P(A).

Regla de Laplace

Dos sucesos de un experimento aleatorio son **equiprobables** si tienen la misma probabilidad de ocurrir. Si todos los sucesos elementales de un experimento aleatorio son equiprobables, el **experimento** es **regular**.

RETO

Explica si los experimentos que consisten en lanzar estos dados son equiprobables.

EJEMPLO

8. Determina si estos experimentos son regulares.

a) Lanzar una moneda y observar qué sale.

El experimento es regular, porque los sucesos elementales, cara y cruz, tienen la misma probabilidad de salir; son equiprobables.

b) Lanzar una moneda trucada y observar qué sale.

El experimento no es regular, porque, como la moneda está trucada, los sucesos elementales no son equiprobables.

GEOGEBRA

La **regla de Laplace** dice que la probabilidad de un suceso es igual al cociente entre el número de resultados favorables al suceso y el número total de casos posibles.

$$P(A) = \frac{\text{N.º de casos favorables al suceso } A}{\text{N.º de casos posibles}}$$

ACTIVIDADES

29 En el experimento de tirar dos dados de seis caras y sumar los puntos, escribe un suceso seguro y uno imposible.

30 Al lanzar un dado de diez caras, calcula la probabilidad de obtener un número:

a) Múltiplo de 5.

b) Primo.

c) Impar.

d) Divisor de 6.

e) Menor que 12.

f) Mayor o igual que 3.

31 **REFLEXIONA.** Ordena de menor a mayor, sin hacer los cálculos, la probabilidad de obtener los siguientes sucesos al lanzar un dado de seis caras.

a) «Número impar».

b) «Número igual o mayor que 5».

c) «Número menor que 7».

d) «Número mayor que 7».

Cómo se calculan probabilidades mediante la regla de Laplace

La regla de Laplace solo se puede aplicar si el experimento es regular.

Si no lo es, hay que calcular la probabilidad de forma experimental (ley de los grandes números).

Lanzamos un dado en una partida de parchís.

a) ¿Qué probabilidad hay de que salga un 5?

b) ¿Y de que salga un número menor que 5?

① **Comprobamos que el experimento es regular.**

Si el dado no está trucado, todas sus caras tienen la misma probabilidad de salir.
Así pues, el experimento es regular.

② **Escribimos el espacio muestral y contamos el número de sucesos elementales que tiene. Este es el número de casos posibles.**

$E = \{1, 2, 3, 4, 5, 6\}$ → 6 elementos
Número de casos posibles $= 6$

③ **Determinamos los sucesos que nos piden y contamos el número de sucesos elementales que los forman. Este será el número de casos favorables.**

a) $A =$ «Sacar un 5» $= \{5\}$ → 1 elemento
Número de casos favorables $= 1$

b) $B =$ «Sacar un número menor que 5» $= \{1, 2, 3, 4\}$ → 4 elementos
Número de casos favorables $= 4$

④ **Aplicamos la regla de Laplace.**

a) $P(A) = \dfrac{\text{N.º de casos favorables a } A}{\text{N.º de casos posibles}} = \dfrac{1}{6} = 0{,}1\widehat{6}$

b) $P(B) = \dfrac{\text{N.º de casos favorables a } B}{\text{N.º de casos posibles}} = \dfrac{4}{6} = 0{,}\widehat{6}$

ACTIVIDADES

32 Cogemos una bola de esta urna al azar.

a) Halla el espacio muestral.

b) Determina la probabilidad de obtener cada color.

c) Calcula la probabilidad de que no sea verde.

33 Se han presentado 5 personas para participar en un concurso televisivo. Les han dado un número por orden de llegada. Si eligen por sorteo al concursante de la semana, calcula la probabilidad de que concurse:

a) El participante número 5.

b) Un participante con número impar.

c) Un participante con número múltiplo de 2.

34 En el experimento de coger una bola de una bolsa, calcula la probabilidad del suceso «Coger una bola blanca» si:

a) La bolsa contiene 2 bolas blancas y 2 negras.

b) La bolsa contiene 1 bola blanca y 2 negras.

c) La bolsa contiene 2 bolas blancas, 2 negras y 2 verdes.

35 De la palabra PROBABILIDAD, escogemos una letra al azar.

a) ¿Qué probabilidad hay de que sea una vocal?

b) ¿Y una consonante?

36 En una tómbola sortean un viaje al Caribe. Los números van del 000 al 999. Calcula la probabilidad que tendremos de ganar si compramos:

a) Un número.

b) Todos los números que empiezan por 3.

c) Todos los números acabados en 0.

37 Lanzamos al aire un dado de 10 caras. Calcula las probabilidades de los siguientes sucesos y ordénalas de mayor a menor.

a) «Sacar un número par».

b) «Sacar un número mayor que 5».

c) «Sacar un 7».

d) «Sacar un 1 o un 10».

e) «Sacar un divisor de 9».

1. Reconoce los distintos tipos de variables estadísticas

ACTIVIDADES FLASH

38 Indica la población, la muestra y los individuos en estos estudios referidos a los estudiantes de tu centro educativo.

a) Número de asignaturas aprobadas.

b) Estatura.

39 Clasifica en variables cualitativas y cuantitativas cada una de estas características.

a) Medida del pie.

b) Lugar de nacimiento.

c) Profesión.

d) Deporte que se practica.

Decide si las variables cuantitativas son discretas o continuas.

40 Para hacer un estudio estadístico sobre el género musical preferido de los jóvenes y el tiempo que dedican a escuchar música durante la semana, hemos consultado a 80 jóvenes de los 330 que estudian en un instituto.

a) Especifica la población y el tamaño de la muestra.

b) Determina el tipo de variables que se estudian.

41 **INVENTA.** Escribe dos variables estadísticas cuantitativas y dos cualitativas sobre ti mismo y da un valor a la variable en cada caso.

42 Se quiere hacer un sondeo de opinión en un municipio de 13 510 habitantes. Sabiendo que el 40 % son hombres, ¿cuántas mujeres viven allí?

a) Si para el estudio se escoge una muestra de 500 habitantes, ¿cuántos hombres y mujeres participarán en este estudio?

b) Especifica tres tipos de variables estadísticas que se podrían estudiar y clasifícalas.

2. Organiza datos en tablas de frecuencias y construye gráficos estadísticos

43 Las notas obtenidas en un examen por los estudiantes de una clase han sido:

5 4 3 6 8 5   4 9 6 7 8 10
4 3 2 5 5 6   7 9 6 8 6 5

a) Haz una tabla con el recuento de datos.

b) Calcula las frecuencias absolutas, relativas y los porcentajes.

44 Se ha hecho una consulta a un grupo de personas sobre su deporte favorito. Las respuestas de fútbol (F), baloncesto (B), atletismo (At), tenis (T), karate (K), voleibol (V), ajedrez (A), natación (N) y otros (O) son:

B F F V O At A   N K B B F V F
T K N A O N B   B F B F B F At
T At V F B N K   V F F F B F F

a) Indica cuál es la variable y de qué tipo es.

b) Construye la tabla de frecuencias.

45 Las puntuaciones que han obtenido los estudiantes de 2.º de ESO en una prueba de tipo test son:

8 4 9 3 2   6 4 6 7 8
5 2 3 2 4   4 5 7 8 9

A partir de las calificaciones anteriores, completa en tu cuaderno la tabla.

Notas	f_i	F_i	h_i	H_i	%
2	3	3			
3					10
4			0,2		
5	2				
6	2			0,65	
7	2				
8					
9		20			

46 Una agencia de viajes ha preguntado a un grupo de personas cuál es su destino preferido para viajar. Representa en un diagrama de barras los datos que aparecen en la siguiente tabla.

Destino	N.º de personas
Tenerife	28
Benidorm	35
Mallorca	20
Santiago	12
Málaga	5

47 En un edificio de 24 viviendas, el número de personas que habitan en cada una es:

3 4 2 5   6 4 2 0   1 2 3 4
6 8 4 3   5 4 6 2   8 4 1 3

a) Forma una tabla de frecuencias absolutas y relativas.

b) Representa los datos con un diagrama de barras y un diagrama de sectores.

48 Una fiesta de aniversario ha costado 200 €. Observa el siguiente gráfico de sectores y calcula cuánto dinero se ha gastado en cada concepto.

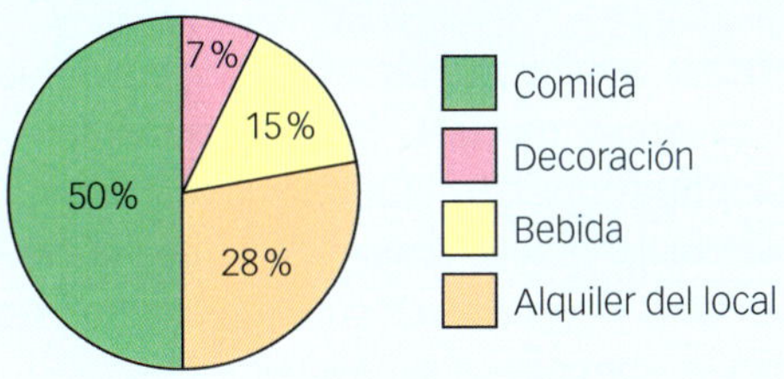

49 Pregunta a tus compañeras y compañeros por su postre favorito, haz una tabla de frecuencias y representa los datos en un gráfico de sectores. Escribe para cada sector el porcentaje que representa y el número de personas que prefieren ese postre.

50 En un hospital se toma la temperatura de una paciente cada hora, durante 12 horas, para ver cuál es su evolución clínica.

Horas	8:00	9:00	10:00	11:00	12:00	13:00
T (°C)	36	36,5	37	39	38,5	37,5

Horas	14:00	15:00	16:00	17:00	18:00	19:00
T (°C)	37,5	37	36,5	36,5	36	36

Representa los datos con un gráfico estadístico.

51 Formad grupos de cinco personas. Aportad dos facturas de electricidad de dos suministradoras diferentes y haced un estudio estadístico completo de cada una. Indicad las variables estadísticas, haced gráficos, tablas de frecuencias, etc. Después, comparadlas entre ellas. ¿Qué suministradora os interesa más?

52 Hemos preguntado a un grupo de personas por sus helados preferidos y, con sus respuestas, hemos elaborado el siguiente diagrama de barras.

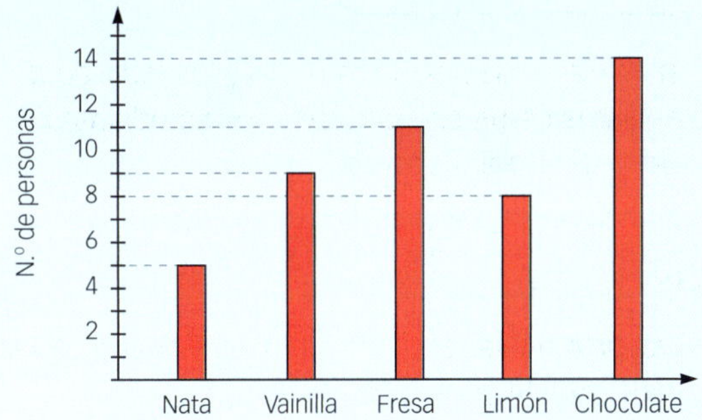

a) Indica el total de individuos de la muestra.

b) Elabora una tabla de frecuencias absolutas.

c) Determina las frecuencias relativas.

d) Calcula el porcentaje de cada gusto.

e) Dibuja un diagrama de sectores con los datos.

Cómo se dibujan pictogramas

53 La cantidad de hectáreas dedicadas al cultivo de trigo en cuatro provincias se muestra en esta tabla.

Provincia	N.º de hectáreas
A	6 000
B	9 000
C	8 000
D	12 000

Representa los datos mediante un pictograma.

PRIMERO. Se elige un dibujo representativo de la variable estadística que se estudia.

En este caso es una espiga de trigo.

SEGUNDO. Se marcan en el eje horizontal los valores de la variable y sobre cada uno de ellos se coloca el dibujo representativo con una altura o una superficie proporcional a la frecuencia observada.

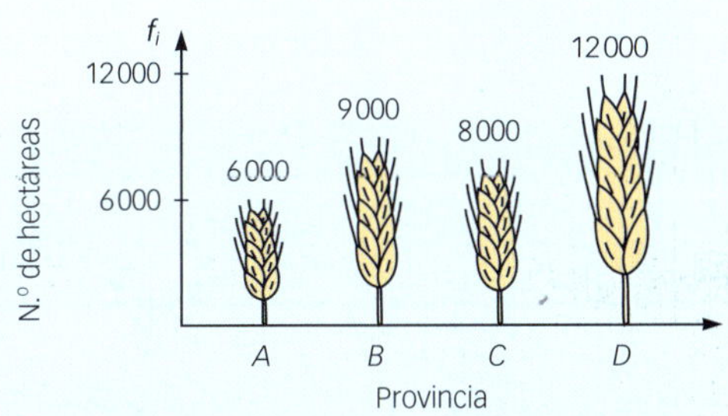

54 Construye la tabla de frecuencias de este pictograma sobre los libros leídos por Teo.

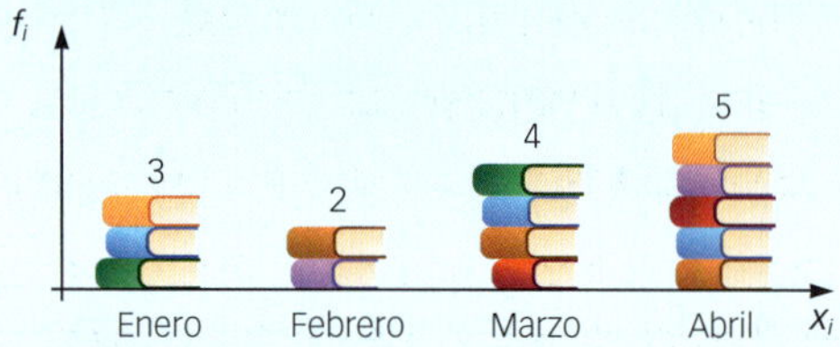

55 La población de las provincias de Castilla-La Mancha se refleja en la siguiente tabla.

Realiza un pictograma para representar estos datos.

Provincia	Población
Albacete	388 000
Ciudad Real	490 000
Cuenca	199 000
Guadalajara	269 000
Toledo	712 000

3. Calcula media, mediana, moda y rango

ACTIVIDADES FLASH

56 Copia y resuelve el crucigrama.

VERTICALES

1. Tipo de variable cuyos valores no son números, sino cualidades.
2. Valor que resulta de dividir la suma de todos los datos entre el número de datos.
3. Dato con mayor frecuencia absoluta.
4. Valor que ocupa la posición central de los datos una vez que los hemos ordenado de menor a mayor.

HORIZONTALES

5. Tipo de variable cuyos valores son números.
6. Valor que resulta de restar el dato mayor al dato menor.

57 Las edades de los miembros de un club de vela son:

15	22	35
16	24	35
40	16	18
25	45	37
25	30	28
31	42	28
20	25	18
25	29	34
25	23	32
20	17	43

a) ¿Cuál es la edad media de los socios y socias?

b) ¿Cuál es la mediana? ¿Y la moda?

c) Calcula el porcentaje de socios y socias que tienen menos de 30 años y el de los que superan esta edad.

d) ¿Cuál es el rango de este conjunto de datos?

58 **JUEGO.** Elegid una característica cuantitativa sobre las personas de clase. Cada participante escribe el valor que considere que representa la media, la moda y la mediana. A continuación, haced el estudio: tomad los datos y realizad los cálculos exactos. Gana quien más se aproxime a cada valor.

59 **INVESTIGA.** He vuelto de la frutería con 6 bolsas de frutas y 4 de verduras. En total he traído 10 kg. De media cada bolsa de verduras pesaba 700 g. ¿Cuánto pesaba de media cada bolsa de fruta?

60 Observa el siguiente diagrama de sectores, en el que se representan los resultados de una encuesta hecha a 5 000 personas sobre la calidad del agua.

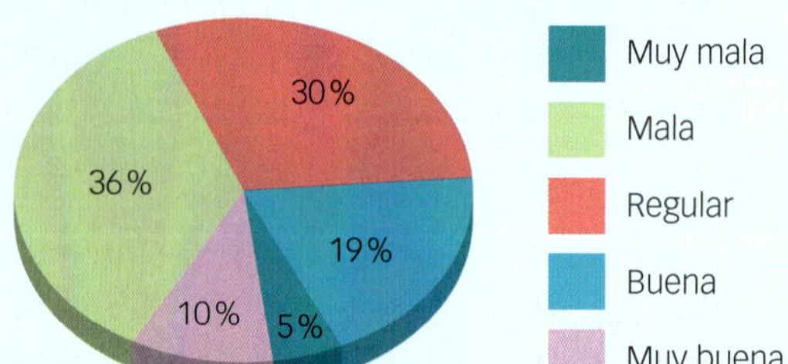

a) Elabora una tabla con las frecuencias absolutas y las relativas de cada opinión. Incluye también las frecuencias acumuladas.

b) ¿Cuántas personas opinan que el agua es muy mala?

c) ¿Cuántas creen que el agua es mala o regular?

d) ¿Y cuántas de las personas encuestadas creen que es buena o muy buena?

61 **MATEMÁTICAS Y... MEDICINA.** Los médicos de familia atienden una media de 50 pacientes al día. Un centro de salud grande en una ciudad puede llegar a tener hasta 7 médicos en el turno de la mañana y 10 en el de tarde. Si un médico falta un día, los demás médicos de su turno se reparten a sus pacientes. ¿Cuántos pacientes tendrá de media cada médico en el turno de la mañana si falta un médico? ¿Y si faltan dos? ¿Y si falta un médico por la tarde?

62 Estos son los libros que han vendido tres personas en una semana de trabajo en una librería.

	L	M	X	J	V	S
Anna	4	2	7	3	8	3
Quim	5	4	6	6	4	3
Clara	4	4	4	4	4	4

Calcula las medidas estadísticas de cada una.

INTERNET

63 **MATEMÁTICAS Y... TURISMO.** Esta es la relación del número de turistas internacionales según la comunidad autónoma de destino principal en 2022.

Andalucía	1 049 705
Canarias	1 184 501
Cataluña	1 483 599
Comunitat Valenciana	865 908
Comunidad de Madrid	688 517
Illes Balears	1 352 359
Resto de comunidades (11 comunidades)	553 457

a) ¿Cuál fue la media de visitantes por comunidad?

b) ¿Cuál fue la mediana? ¿Qué significado tiene este parámetro en esta estadística?

c) ¿Cuál fue el rango o recorrido? ¿Qué significa?

64 **MATEMÁTICAS Y... RECICLAJE.** De media, cada español deposita 18 kg al año en el contenedor verde. Un poco más, 19,3 kg, en el azul y 18,6 kg en el amarillo.

a) Si la población de España es de 47 385 107 habitantes, ¿cuántas toneladas de envases, papel y cartón, y vidrio se han reciclado?

b) Se estima que en la Comunitat Valenciana, que tiene 5 058 138 habitantes, se han reciclado este año 184 000 toneladas de envases. ¿Crees que en la Comunitat Valenciana hay más concienciación de reciclaje que en el resto de España?

65 **INVESTIGA.** Si a todos los datos obtenidos en un estudio estadístico:

a) Les sumamos una cierta cantidad.

b) Los multiplicamos por un mismo número.

¿Qué le sucede a la media de la nueva serie?

66 **JUEGO.** Formad grupos de 5 personas. Cada una escribe una frase con menos de 10 palabras. En cada turno, una persona propone una variable para analizar, por ejemplo, *número de vocales*. Las demás dicen el número aproximado que creen que habrá entre las 5 frases. Gana quien más se aproxime al resultado. ¿En qué te basas para dar una respuesta aproximada?

67 **RETO.** En una lista de cinco números naturales la media es 9, la mediana 10 y la moda 11. ¿Cuál es el número más pequeño que podemos escribir?

4. Identifica los experimentos aleatorios

ACTIVIDADES FLASH

68 Clasifica los siguientes experimentos en deterministas o aleatorios.

a) Extraer una carta de una baraja y observar el número y el palo.

b) Adivinar los goles que marcará una jugadora de fútbol en un partido de liga.

c) Determinar la raíz cuadrada de 49.

d) Determinar el próximo color que mostrará un semáforo si ahora está verde.

e) Abrir la agenda por una página y mirar el día.

69 Determina, de los siguientes sucesos, cuáles son elementales y cuáles son compuestos.

a) Lanzar un dado y que salga un número par.

b) Lanzar una moneda al aire y que salga cara.

c) Coger una carta de una baraja española y que salga un as.

d) Extraer una tarjeta del bolsillo de un árbitro de fútbol, sin mirar, y que sea roja.

70 Escribe el espacio muestral de cada experimento.

a) Extraer un billete de una caja fuerte de un banco en España y observar el valor y el color.

b) Extraer una bola de bingo y anotar el número.

c) Tirar dos dados de 4 caras y anotar el producto de los números que se obtengan.

5. Calcula probabilidades de sucesos en experimentos aleatorios

71 Halla, mediante la frecuencia relativa, la probabilidad del suceso «Sale 4» al tirar un dado con estos resultados.

N.º de lanzamientos	10	50	100	150	200
N.º de veces que sale 4	2	9	16	26	33

INTERNET

72 **MATEMÁTICAS Y... JUEGOS.** El dominó tiene 28 fichas. Cada ficha tiene dos cuadrados y, en cada uno, una puntuación de 0 a 6.

a) ¿Cuántas fichas tienen 8 puntos?

b) ¿Cuántas fichas suman menos de 5 puntos?

c) ¿Cuántas fichas tienen el mismo número de puntos en los dos cuadrados?

Elegida una ficha al azar, calcula la probabilidad de cada caso.

73 **INVESTIGA.** ¿Cuál es la probabilidad de que la suma de los dos números señalados por las flechas al hacer girar ambas ruletas sea par?

Cómo se calculan probabilidades mediante un diagrama de árbol

74 En una bolsa hay 2 bolas blancas y 4 rojas. ¿Cuál es la probabilidad de extraer una bola blanca y, después de devolver la bola a la bolsa, extraer una bola roja?

PRIMERO. Se dibuja un diagrama de árbol y se escribe en cada rama la probabilidad del suceso.

$$P(B) = \frac{2}{6} \qquad P(R) = \frac{4}{6}$$

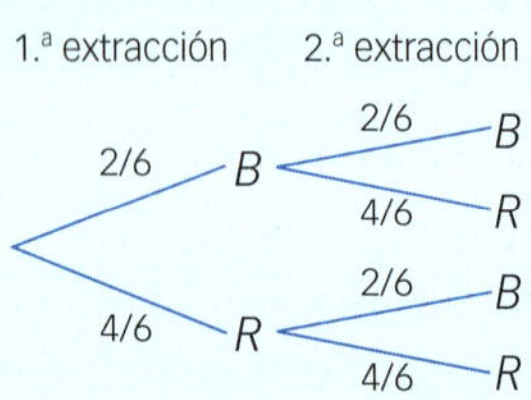

SEGUNDO. Se calcula la probabilidad del suceso compuesto multiplicando las probabilidades de los sucesos simples que lo componen.

$$P_{(B,R)} = \frac{2}{6} \cdot \frac{4}{6} = \frac{8}{36} = 0,\widehat{2}$$

75 Lanzamos dos dados cúbicos al aire y sumamos los puntos obtenidos. Escribe el espacio muestral del experimento y halla la probabilidad de que la suma sea:

a) Un número par.

b) Un número superior o igual a 6.

c) Un múltiplo de 3.

d) Un número comprendido entre el 5 y el 9.

76 **RETO.** En una epidemia en una ciudad, hace tres días tenía gripe el 10 % de la población y estaba sana el 90 % restante. En los tres últimos días, el 10 % de los enfermos se curó y el 10 % de los sanos contrajo la enfermedad. ¿Qué porcentaje de la población está sana ahora?

77 En una fábrica utilizan una máquina que tiene dos motores independientes, con una probabilidad de funcionar correctamente cada uno de 0,89. ¿Cuál es la probabilidad de que se tenga que parar la producción porque no funciona ningún motor?

78 Tenemos en una urna 6 bolas blancas y 4 negras, y hacemos tres extracciones al azar, anotando el resultado. Calcula qué probabilidad hay de que todas las bolas sean blancas si la bola que se coge no se devuelve a la urna.

79 Hemos trucado un dado de seis caras de forma que la probabilidad de obtener un número par es el doble que la de obtener un número impar. Calcula la probabilidad de obtener cada número.

80 En un grupo de personas se sabe que:

	Diestros	Zurdos
Hombres	15	5
Mujeres	22	8

Si escogemos al azar a una persona, halla la probabilidad de que:

a) Sea hombre.

b) Sea mujer zurda.

c) No sea hombre zurdo.

d) Sea zurdo o mujer.

INTERNET

81 **MATEMÁTICAS Y... MEDICINA.** La incidencia de gripe en España durante el año 2022 ha sido de 1 298 casos por cada 100 000 habitantes.

a) Andalucía tiene 8 538 376 habitantes, ¿cuántos sufrieron gripe de media durante ese año?

b) Si se recomienda a los enfermos y enfermas de gripe un antigripal con el 2 % de efectos secundarios, ¿cuántas personas podrían sufrir estos efectos?

82 En una caja de 20 bombones hay 6 de chocolate negro, 2 de blanco, 4 con relleno de avellanas y el resto de chocolate con leche. Si cogemos un bombón al azar, calcula la probabilidad de que el bombón:

a) Sea de chocolate negro.

b) No sea de chocolate blanco.

c) Si cogemos dos bombones, ¿cuál será la probabilidad de que el segundo sea de avellanas si el primero es de avellanas? ¿Y de que el segundo sea de chocolate blanco si el primero es de chocolate negro?

INTERNET

83 **MATEMÁTICAS Y... AZAR.** En la Lotería Primitiva se eligen 6 números del 1 al 49. Cada semana se premian 6 números y un número complementario. Se gana premio si los números coinciden:

- Con los 6 números premiados.
- Con 5 de ellos y el complementario.
- Con 5 de los números premiados.
- Con 4 de los números premiados.
- Con 3 de los números premiados.

¿Cuál es la probabilidad de obtener premio?

FAKE NEWS

¡Pues yo cobro mucho menos!

El Instituto Nacional de Estadística ha publicado una nota de prensa con el sueldo medio de 2020 y la subida respecto del año anterior, pero mi sueldo no se aproxima ni de casualidad. ¡No entiendo nada!

INE Instituto Nacional de Estadística

Nota de prensa

En el año 2020, el salario medio mensual bruto en España fue de 2 038,60 € y ha supuesto un incremento del 2,8 % respecto al año anterior.

Y tú, ¿qué opinas?

PROBLEMAS APARENTEMENTE DISTINTOS

84 Representa los siguientes datos mediante:

x_i	A	B	C	D
f_i	18	8	2	12

a) Un diagrama de sectores.

b) Un diagrama de barras.

85 Representa gráficamente estos datos del grupo sanguíneo de 40 personas.

Grupo	Personas
Grupo A	18
Grupo B	8
Grupo AB	2
Grupo 0	12

a) Con un diagrama de sectores.

b) Con un diagrama de barras.

86 Observa los datos y calcula.

15 20 18 15 12

a) La media y la moda.

b) El rango.

87 Un ciclista ha entrenado de lunes a viernes recorriendo 15 km, 20 km, 18 km, 15 km y 12 km, respectivamente.

a) ¿Cuántos kilómetros entrenó de media al día? ¿Qué distancia recorrió más veces?

b) ¿Qué diferencia hubo entre el día que más kilómetros recorrió y el que menos?

88 En una urna hay 4 bolas blancas y una negra. Se extrae una, se mira y se devuelve. Después, se extrae otra bola. ¿Cuál es la probabilidad de que solo la segunda sea blanca?

89 Una jugadora de baloncesto anota 4 tiros libres de cada 5 que lanza. ¿Cuál es la probabilidad de que anote solo el segundo tiro libre?

Privacidad, seguridad, tranquilidad

Una y otra vez, desde internet, las redes sociales y el mundo virtual, se nos transmite la necesidad de proteger nuestra privacidad.

De hecho, cualquier tipo de transacción económica o un simple mensaje de WhatsApp siempre está cifrado, es decir, permanece oculto desde que se env hasta que se recibe.

Podría parecer que el cifrado de datos es algo moderno, pero su origen se remonta miles de años. Un ejemplo de este cifrado podría ser el código morse; si no lo conoces, te resultaría casi imposible descifrar el mensaje. En este código se utilizan puntos y rayas para transcribir las letras de los mensajes, usando el menor número de símbolos para las letras con mayor frecuencia de aparición en el lenguaje usual; por ejemplo, la señal internacional de socorro **SOS** es:

· · · — — — · · ·

Frecuencia de utilización de las letras del abecedario en inglés

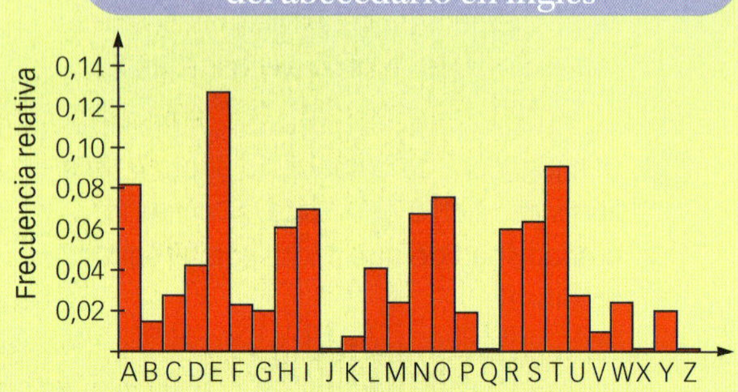

Frecuencia de utilización de las letras del abecedario en español

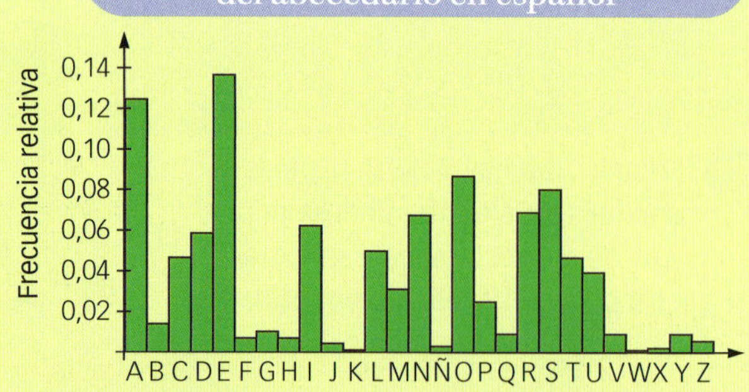

1 ¡Punto y raya!

En el código morse, a cada letra le corresponde uno o varios símbolos (puntos y rayas). El símbolo o los símbolos son más sencillos cuanto más se utilice esa letra en el lenguaje habitual.

- ¿Qué letra suele aparecer con más frecuencia en inglés? ¿Y en español?
- ¿Por qué crees que en el código morse el punto se reserva a la letra E y la raya a la letra T? ¿En qué lengua opinas que se pensó cuando se creó?
- ¿A qué letras se les asignarían el punto y la raya en español?
- ¿Qué característica tienen los símbolos que se utilizan para las letras menos utilizadas en inglés?

Código morse

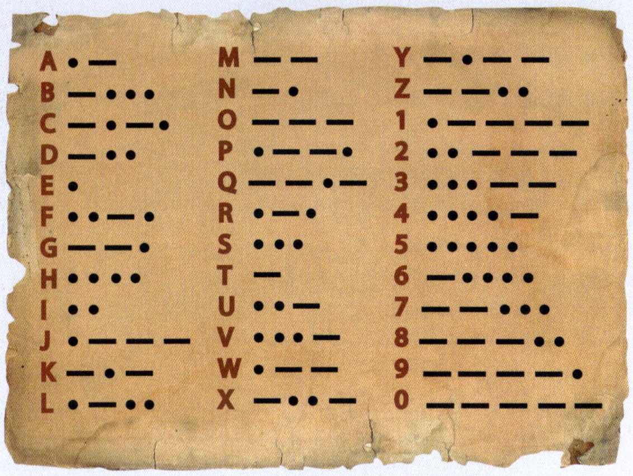

2 Enigma

Hemos encontrado un mensaje escrito donde cada símbolo se corresponde con una letra del abecedario español.

⇄ ↫ ⇚ ↠ ⇈ ⇝ ↫ ↫ ↫ ⇄ ⇛ ⇝ ⇍ ⇃ ⇄
⇝ ⇉ ⇄ ⇃ ⇉ ⇝ ⇄ ↫ ⊸ ⇄ ⇃ ⇝ ⇈ ⇊

- ¿Cuántos símbolos distintos hay y cuántas veces aparecen?
- Organiza los datos recogidos en una tabla y anota sus frecuencias absolutas y sus frecuencias relativas.
- Dibuja un diagrama de barras con las frecuencias relativas.
- ¿Qué símbolos crees que corresponden a las letras E y A?

Fíjate en las palabras con uno o dos símbolos; normalmente, serán artículos o preposiciones.

- ¿Puedes descifrar el mensaje?

PRODUCTO FINAL Codificar mensajes a partir de una clave propia

Vamos a crear una clave nueva utilizando las primeras 500 letras del *Quijote*. Asignamos la letra de mayor frecuencia a la A, la segunda a la B y así sucesivamente hasta completar el abecedario.

A	B	C	D	E	F	G	H	I	J	K	L	M	N
72	7	20	26	52	4	10	7	18	1	0	41	14	41

Ñ	O	P	Q	R	S	T	U	V	W	X	Y	Z
1	49	7	6	26	44	14	25	8	0	0	5	2

- ¿Qué letra le corresponde a la A? ¿Y a la B? ¿Y a la E? ¿Y a la F?
- ¿Cómo escribirías la palabra BECA con el código nuevo?
- Codifica una frase y pídele a un compañero o compañera que la descifre.
- ¿Qué probabilidad hay de que alguien que haya usado esta misma clave escriba la palabra CABE igual que tú?

En un lugar de la Mancha, de cuyo nombre no quiero acordarme, no ha mucho tiempo que vivía un hidalgo de los de lanza en astillero, adarga antigua, rocín flaco y galgo corredor. Una olla de algo más vaca que carnero, salpicón las más noches, duelos y quebrantos los sábados, lentejas los viernes, algún palomino de añadidura los domingos, consumían las tres partes de su hacienda. El resto della concluían sayo de velarte, calzas de velludo para las fiestas con sus pantuflos de lo mismo, los días de entre semana se honraba con su vellorí de lo más fino. Tenía en su casa una ama que pasaba de los cuarenta, y una sobrina que no llegaba a los veinte...

RESUMEN DE UNIDAD

ESTADÍSTICA

Variable cualitativa → Empleo

Variable cuantitativa discreta → Edad

Variable cuantitativa continua → Estatura

TABLA DE FRECUENCIAS

Datos	f_i	h_i	F_i	H_i
A	7	0,28	7	0,28
B	10	0,4	17	0,68
C	8	0,32	25	1
	$N = 25$	1		

GRÁFICOS ESTADÍSTICOS

Diagrama de barras

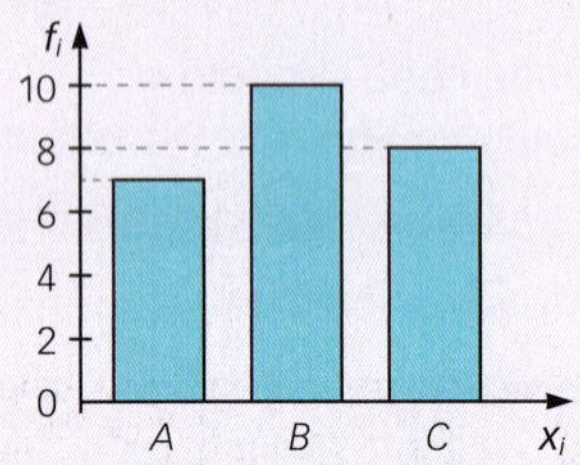

Diagrama de sectores

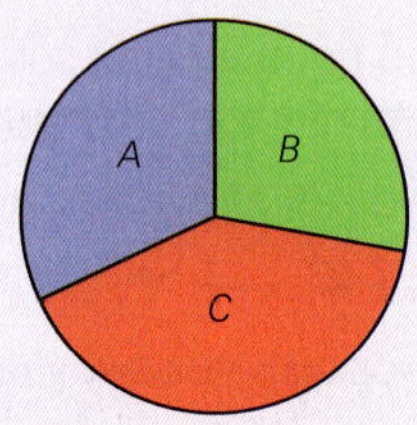

MEDIDAS ESTADÍSTICAS

Media aritmética

$$\overline{x} = \frac{\sum(f_i \cdot x_i)}{N} = \frac{44}{8} = 5{,}5$$

Mediana

$$Me = \frac{5 + 6}{2} = 5{,}5$$

Moda

$Mo = 4$ y 7

Datos (x_i)	f_i
3	1
4	2
5	1
6	1
7	2
8	1
	$N = 8$

EXPERIMENTOS ALEATORIOS

Espacio muestral

$E = \{1, 2, 3, 4, 5, 6\}$

REGLA DE LAPLACE

$$P(A) = \frac{\text{N.º de casos favorables al suceso } A}{\text{N.º de casos posibles}}$$

AUTOEVALUACIÓN

1. Reconoce los distintos tipos de variables estadísticas

1 Señala la variable cuantitativa continua.

a) Medida de la mano.
b) Lugar de nacimiento.
c) Número de primos.
d) Deporte favorito.

2. Organiza datos en tablas de frecuencias y construye gráficos estadísticos

2 Este diagrama corresponde a las notas de un examen de 40 estudiantes. ¿Cuántos han aprobado?

a) 4
b) 35
c) 34
d) 36

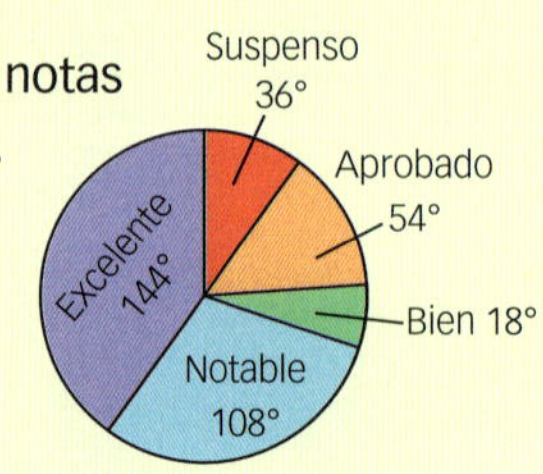

3. Calcula media, mediana, moda y rango

3 Calcula la estatura media, en cm, de un grupo de amigas.

158 159 159 160 162 160 158 158

a) 158
b) 159
c) 159,25
d) 159,5

4. Identifica los experimentos aleatorios

4 Indica los experimentos aleatorios.

a) Pesar 1 kilo de naranjas.
b) Observar si cae de lado el tapón de una botella.
c) Pronosticar el tiempo que hará en una semana.
d) Calcular la raíz cuadrada de 10 000.

5. Calcula probabilidades de sucesos en experimentos aleatorios

5 En una caja hay 4 camisetas verdes y 5 rojas. ¿Cuál es la probabilidad de sacar al azar una verde?

a) $\frac{4}{8}$
b) $\frac{4}{5}$
c) $\frac{5}{9}$
d) $\frac{4}{9}$

VALORA TU APRENDIZAJE

- ¿Usas las matemáticas en otras asignaturas?
- ¿Cumples tus tareas con buena disposición?

SOLUCIONES
de las autoevaluaciones

UNIDAD 1

1. c)
2. a)
3. c)
4. b)
5. d)
6. b)
7. a)
8. b)
9. a)

UNIDAD 2

1. c)
2. a)
3. b)
4. c)
5. b)
6. b)
7. c)
8. d)
9. d)

UNIDAD 3

1. d)
2. a)
3. d)
4. b)
5. a)
6. d)
7. b)
8. b)

UNIDAD 4

1. b)
2. d)
3. b)
4. a)
5. b)
6. c)
7. d)
8. c)
9. d)

UNIDAD 5

1. d)
2. b)
3. a)
4. b)
5. c)
6. a)
7. a)
8. b)
9. b)

UNIDAD 6

1. c)
2. d)
3. c)
4. a)
5. b)
6. a)
7. b)
8. c)

UNIDAD 7

1. d)
2. a)
3. b)
4. a)
5. c)
6. a)
7. a)
8. b)

UNIDAD 8

1. d)
2. a)
3. c)
4. c)
5. b)
6. a)

UNIDAD 9

1. c)
2. a)
3. d)
4. b)
5. d)
6. d)

UNIDAD 10

1. a)
2. c)
3. a)
4. d)
5. b)
6. d)

UNIDAD 11

1. a)
2. a)
3. c)
4. c)
5. b)

UNIDAD I

1. a)
2. d)
3. c)
4. b)
5. d)